Mathematische Begriffe in Beispielen und Bildern

Jörg Neunhäuserer

Mathematische Begriffe in Beispielen und Bildern

2. Auflage

Jörg Neunhäuserer
Goslar, Deutschland

ISBN 978-3-662-60763-3 ISBN 978-3-662-60764-0 (eBook)
https://doi.org/10.1007/978-3-662-60764-0

Die Deutsche Nationalbibliothek verzeichnet diese Publikation in der Deutschen Nationalbibliografie; detaillierte bibliografische Daten sind im Internet über http://dnb.d-nb.de abrufbar.

© Springer-Verlag GmbH Deutschland, ein Teil von Springer Nature 2017, 2020
Das Werk einschließlich aller seiner Teile ist urheberrechtlich geschützt. Jede Verwertung, die nicht ausdrücklich vom Urheberrechtsgesetz zugelassen ist, bedarf der vorherigen Zustimmung des Verlags. Das gilt insbesondere für Vervielfältigungen, Bearbeitungen, Übersetzungen, Mikroverfilmungen und die Einspeicherung und Verarbeitung in elektronischen Systemen.
Die Wiedergabe von allgemein beschreibenden Bezeichnungen, Marken, Unternehmensnamen etc. in diesem Werk bedeutet nicht, dass diese frei durch jedermann benutzt werden dürfen. Die Berechtigung zur Benutzung unterliegt, auch ohne gesonderten Hinweis hierzu, den Regeln des Markenrechts. Die Rechte des jeweiligen Zeicheninhabers sind zu beachten.
Der Verlag, die Autoren und die Herausgeber gehen davon aus, dass die Angaben und Informationen in diesem Werk zum Zeitpunkt der Veröffentlichung vollständig und korrekt sind. Weder der Verlag, noch die Autoren oder die Herausgeber übernehmen, ausdrücklich oder implizit, Gewähr für den Inhalt des Werkes, etwaige Fehler oder Äußerungen. Der Verlag bleibt im Hinblick auf geografische Zuordnungen und Gebietsbezeichnungen in veröffentlichten Karten und Institutionsadressen neutral.

Planung/Lektorat: Andreas Rüdinger
Springer Spektrum ist ein Imprint der eingetragenen Gesellschaft Springer-Verlag GmbH, DE und ist ein Teil von Springer Nature.
Die Anschrift der Gesellschaft ist: Heidelberger Platz 3, 14197 Berlin, Germany

Vorwort

In diesem Buch stellen wir mehr als tausend Definitionen mathematischer Begriffe vor und erläutern sie anhand von Beispielen und Gegenbeispielen. Wo es angebracht ist, finden sich zusätzlich Abbildungen zur Veranschaulichung der Begriffe.

Die Auswahl der Begriffe orientiert sich in jedem Kapitel an den Vorlesungen zum jeweiligen Thema, die an deutschen Hochschulen gehalten werden. Alle wesentlichen Begriffe, die in Mathematikvorlesungen für Bachelor-Studiengänge vorkommen, und auch alle grundlegenden Begriffe der Mathematikvorlesungen in Master-Studiengängen sind in diesem Buch enthalten. Nur Begriffe, die in Spezialvorlesungen und Seminaren zur Vorbereitung auf eine Master-Arbeit in Mathematik vorkommen, werden hier nicht eingeführt.

Dieses Buch ist ein studienbegleitendes Hilfsmittel. Nach der Straffung der Studiengänge im Rahmen des Bologna-Prozesses bleibt in manchen Mathematikvorlesungen bedauerlicherweise nicht genügend Zeit, alle Begriffe anhand von Beispielen und Bildern zu erläutern. Lehrende mögen sich über diesen Missstand beschweren und tun dies zum Teil auch. Wenn Sie als Student einen Begriff in einer Vorlesung nicht richtig verstehen oder sich an die Definition eines verwendeten Begriffs nicht erinnern, bietet dieses Buch Ihnen die Möglichkeit, ihn schnell nachzuschlagen, um ihn besser zu verstehen bzw. sich an eine Definition zu erinnern. Die Lektüre jedes Kapitel dieses Buches bietet Ihnen auch die Möglichkeit, schnell ein fundiertes Verständnis der Begriffe eines Teilgebiets der Mathematik zu erreichen. Dies ist sowohl in der Vorbereitung als auch im Laufe einer Lehrveranstaltung sinnvoll. Insbesondere in mündlichen Prüfungen ist begriffliche Sicherheit ein entscheidendes Bewertungskriterium. Das Buch hilft Ihnen, als Student diese Sicherheit auf- und auszubauen. Wenn Sie ein Kapitel dieses Buches in Vorbereitung einer Prüfung durchgearbeitet haben, können Sie sich in begrifflicher Hinsicht sicher fühlen.

Dieses Buch soll kein Lehrbuch zu einem der behandelten Gebiete ersetzen. Selbstverständlich spielen neben den Definitionen die Sätze und die Beweise in der Mathematik die entscheidende Rolle. Wir weisen zu Beginn jedes Kapitels auf Lehrbücher hin, in denen sich wichtige Sätze und Beweise eines Gebietes finden. In Fällen, bei denen zwei äquivalente Definitionen verwendet werden bzw. sich der Sinn einer Definition erst im Lichte eines Satzes erschließt, erwähnen wir das Resultat und verweisen auf einschlägige Lehrbücher. Genauso gehen wir vor, wenn sich interessante Beispiele für einen Begriff aus einem mathematischen Satz ergeben.

Lehrende an Hochschulen sind heute unvermeidlich hoch-spezialisiert. Trotzdem wäre es fraglos wünschenswert, dass Lehrende einen begrifflichen Überblick über weite Teile ihrer Profession haben. Vielleicht kann dieses Buch auch einen kleinen Beitrag dazu leisten, dass Professoren und Dozenten der Mathematik ihr mathematisches Allgemeinwissen auffrischen.

Die Idee für ein Buch der Definition in der Mathematik stammt von Andreas Rüdinger vom Verlag Springer Spektrum. Ich möchte ihm dafür danken, dass er mir vorgeschlagen hat, ein solches Buch zu schreiben, und dafür, dass er mir bei der Erstellung des Buches zur Seite stand. Mein besonderer Dank gilt weiterhin meiner Frau Katja Hedrich für Ihre Unterstützung, Geduld und Liebe.

Zur zweiten Auflage

In dieser erweiterten Fassung finden der Leser acht neue Abschnitte, die die Definition von weiterführenden mathematischen Begriffen und deren Erläuterung anhand von Beispielen und Bildern enthalten. Zumeist handelt es sich hierbei um Begriffe, denen Studierende eher in Master- als in Bachelor-Studiengängen begegnen.

Goslar
2019

Jörg Neunhäuserer

Inhaltsverzeichnis

Grundlagen

1

Inhaltsverzeichnis

In diesem Kapitel werden grundlegende mathematische Begriffe definiert. Wir geben in den ersten zwei Abschnitten eine Einführung in die Begriffe der Aussagenlogik, der Prädikatenlogik und der naiven Mengenlehre anhand von Definitionen und Beispielen. Die folgenden zwei Abschnitte sind Relationen und Funktionen gewidmet. Wir definieren Relationen und Funktionen und deren wesentliche Eigenschaften. Diese Definitionen werden anhand von paradigmatischen Beispielen erläutert. In den nächsten Abschnitten beschreiben wir die Konstruktionen der natürlichen Zahlen $\mathbb{N}$, der ganzen Zahlen $\mathbb{Z}$, der rationalen Zahlen $\mathbb{Q}$, der reellen Zahlen $\mathbb{R}$ sowie der komplexen Zahlen $\mathbb{C}$ und der Hamilton'schen Quaternionen $\mathbb{H}$. Im folgenden Abschnitt definieren wir unendliche Mengen und thematisieren deren Kardinalität und im letzten Abschnitt werden wir Kategorien einführen.

Zum weiterführenden Studium der Grundlagen der Mathematik mit Sätzen und Beweisen empfehlen wir Rautenberg (2008) und Deiser (2010) sowie Brandenburg (2016) zu Kategorientheorie.

© Springer-Verlag GmbH Deutschland, ein Teil von Springer Nature 2020

J. Neunhäuserer, *Mathematische Begriffe in Beispielen und Bildern*,
https://doi.org/10.1007/978-3-662-60764-0_1

1.1 Logik

Definition 1.1
Eine Aussage ist durch einen Satz mit einem eindeutigen Wahrheitswert w (wahr) oder f (falsch) gegeben. Sind p und q Variablen, die für Aussagen stehen, so bezeichnen:

- $\neg p$ die **Negation** (nicht p),
- $p \wedge q$ die **Konjunktion** (p und q),
- $p \vee q$ die **Disjunktion** (p oder q),
- $p \Rightarrow q$ die **Implikation** (aus p folgt q),
- $p \Leftrightarrow q$ die **Äquivalenz** (p genau dann, wenn q),
- $p \oplus q$ die **Antivalenz** (entweder p oder q).

Die Operationen $\neg$, $\wedge$, $\vee$, $\Rightarrow$, $\Leftrightarrow$, $\oplus$ werden **Junktoren** genannt, und die Wahrheitswerte dieser Verknüpfungen sind in der folgenden Tabelle aufgeführt: ♦

p	q	$\neg p$	$\neg q$	$p \wedge q$	$p \vee q$	$p \Rightarrow q$	$p \Leftrightarrow q$	$p \oplus q$
w	w	f	f	w	w	w	w	f
w	f	f	w	f	w	f	f	w
f	w	w	f	f	w	w	f	w
f	f	w	w	f	f	w	w	f

Beispiel 1.1
Betrachten wir die Aussagen

$$p = \text{Sokrates ist ein Hund,}$$
$$q = \text{Sokrates lebt,}$$

so erhalten wir:

- $\neg p$ = Sokrates ist kein Hund;
- $\neg q$ = Sokrates lebt nicht;
- $p \wedge q$ = Sokrates ist ein Hund und lebt;
- $p \vee q$ = Sokrates ist ein Hund, oder er lebt;
- $p \Rightarrow q$ = Wenn Sokrates ein Hund ist, so lebt er;
- $p \Leftrightarrow q$ = Sokrates ist genau dann ein Hund; wenn er lebt.
- $p \oplus q$ = Sokrates ist entweder ein Hund, oder er lebt.

Ist mit Sokrates der Philosoph gemeint, so haben p und q den Wahrheitswert falsch. Damit haben $\neg q$, $\neg p$, $p \Rightarrow q$ und $p \Leftrightarrow q$ den Wahrheitswert wahr. Die anderen Verknüpfungen haben den Wahrheitswert falsch. Ist mit Sokrates ein lebender Hund gemeint, so sind nur $\neg p$, $\neg q$ und $p \oplus q$ falsch, und die anderen Verknüpfungen sind wahr. ■

Gegenbeispiel 1.2
Folgende Sätze sind keine Aussagen:

- *Gibt es unendlich viele Primzahlzwillinge?*
- *Es gebe unendlich viele Primzahlzwillinge!*
- *Gäbe es doch unendlich viele Primzahlzwillinge.*

Definition 1.2
Ausdrücke, die durch Anwenden der Junktoren $\neg$, $\wedge$, $\vee$, $\Rightarrow$, $\Leftrightarrow$, $\oplus$ nach bestimmten syntaktischen Regeln[1] auf Variablen für Aussagen $p, q, r, s, \ldots$ gewonnen werden, nennt man Formeln der **Boole'schen Aussagenlogik**. Eine Formel α wird **erfüllbar** genannt, wenn es eine Belegung der Variablen in α mit den Wahrheitswerten w oder f gibt, die für α den Wert w induziert. Die Formel α wird **logisch gültig** oder **Tautologie** genannt, wenn sie für jede Belegung der Variablen den Wert w hat. Eine Formel, die für keine Belegung den Wert w hat wird **unerfüllbar** oder **Kontradiktion** genannt. ♦

Beispiel 1.3
Wichtige Tautologien der Aussagenlogik sind:

- $\neg(a \wedge \neg a)$ (Satz des ausgeschlossenen Widerspruchs)
- $\neg a \vee a$ (Satz des ausgeschlossenen Dritten)
- $(a \wedge (a \Rightarrow b)) \Rightarrow b$ (Modus ponendo ponens)
- $(\neg b \wedge (a \Rightarrow b)) \Rightarrow \neg a$ (Modus tollendo tolens)
- $(\neg a \wedge (a \vee b)) \Rightarrow b$ (Modus tollendo ponens)
- $(a \Rightarrow b) \Leftrightarrow (\neg b \Rightarrow \neg a)$ (Kontraposition)
- $\neg(a \vee b) \Leftrightarrow \neg a \wedge \neg b$ (De Morgan I)
- $\neg(a \wedge b) \Leftrightarrow \neg a \vee \neg b$ (De Morgan II)
- $((a \Rightarrow b) \wedge (b \Rightarrow c)) \Rightarrow (a \Rightarrow c)$ (Transitivität)

Ist α eine Tautologie, so ist $\neg\alpha$ eine Kontradiktion. ■

Beispiel 1.4
Die Formel $\alpha := \neg(a \vee b)$ bedeutet weder a noch b und ist erfüllbar, aber keine Tautologie. ■

[1] Wir verzichten hier darauf, die Grammatik einer logischen Sprache einzuführen, und verweisen auf Rautenberg (2008).

Definition 1.3
Ein einstelliges **Prädikat** ist eine Aussageform $A(x)$, die eine Variable x enthält, sodass bei Ersetzung der Variablen durch Elemente aus einem gegebenen Individuenbereich U, auch Universum genannt, eine Aussage mit einem eindeutig bestimmten Wahrheitswert entsteht. Ein n-stelliges Prädikat ist eine Aussageform $A(x_1, \ldots, x_n)$ mit den Variablen $x_1, \ldots x_n$, sodass bei Ersetzung aller Variablen durch Elemente eines Individuenbereichs eine Aussage entsteht. Der **Existenzquantor** $\exists$ überführt ein einstelliges Prädikat $A(x)$ in eine Existenzaussage. Das heißt: $\exists x : A(x)$ ist wahr, genau dann, wenn $A(x)$ für mindestens ein Individuum aus U wahr ist, ansonsten ist die Aussage falsch. Der **Allquantor** $\forall$ überführt ein einstelliges Prädikat in eine Allaussage. Das heißt: $\forall x : A(x)$ ist genau dann wahr, wenn $A(x)$ für alle Individuen aus U wahr ist, und ist ansonsten falsch. Ein Quantor bindet in einem n-stelligen Prädikat $A(x_1, \ldots, x_n)$ eine Variable und erzeugt ein $(n-1)$-stelliges Prädikat. Wird durch n Quantoren jede Variable gebunden, dann ergibt sich eine Aussage. ♦

Beispiel 1.5
Wir betrachten das zweistellige Prädikat $L(x, y) = x$ liebt y. Das Universum besteht aus allen Personen und enthält insbesondere Alice und Peter. Folgende Ausdrücke sind einstellige Prädikate, aber keine Aussagen:

- F(Peter, y) = Peter liebt y.
- $F(x$, Alice) = x liebt Alice.
- $\forall x : F(x, y)$ = Jeder liebt y.
- $\exists x : F(x, y)$ = Es gibt mindestens eine Person, die y liebt.
- $\forall y : F(x, y) = x$ liebt jeden.
- $\exists y : F(x, y) = x$ liebt mindestens eine Person.

Folgende Ausdrücke sind Aussagen

- F(Peter,Alice) = Peter liebt Alice.
- $\forall x : F(x$, Alice) = Jeder liebt Alice.
- $\exists x : F(x$, Alice) = Mindestens eine Person liebt Alice.
- $\forall y : F$(Peter, y) = Peter liebt jeden.
- $\exists y : F$(Peter, y) = Peter liebt mindestens eine Person.
- $\forall x \forall y : F(x, y)$ = Jeder liebt jeden.
- $\exists x \exists y : F(x, y)$ = Es gibt mindestens eine Person, die mindestens eine Person liebt.
- $\forall x \exists y : F(x, y)$ = Jeder liebt mindestens eine Person.
- $\forall y \exists x : F(x, y)$ = Jeder wird von mindestens einer Person geliebt. ■

Definition 1.4
Ausdrücke, die durch Anwenden von Junktoren und Quantoren nach bestimmten

syntaktischen Regeln[2] auf Aussageformen gewonnen werden, nennt man Formeln der **Prädikatenlogik.** Eine solche Formel ist eine Tautologie, wenn sie für jedes Modell, d. h. alle Universen und Aussageformen, wahr ist. Sie ist erfüllbar, wenn sie für mindestens ein Modell wahr ist, und sie ist eine Kontradiktion, wenn dies nicht der Fall ist. ♦

Beispiel 1.6
Wichtige Tautologien der Prädikatenlogik sind:

- $\neg\forall x : A(x) \Leftrightarrow \exists x : \neg A(x)$
- $\neg\exists x : A(x) \Leftrightarrow \forall x : \neg A(x)$
- $(\exists x : A(x)) \vee (\exists x : B(x) \Leftrightarrow \exists x : A(x) \vee B(x))$
- $(\forall x : A(x)) \wedge (\forall x : B(x) \Leftrightarrow \forall x : A(x) \wedge B(x))$
- $(A(x) \Leftrightarrow B(x)) \Rightarrow (\forall x : A(x) \Leftrightarrow \forall x : B(x))$

Ist $\maltese$ im Universum, so sind folgende Aussage Tautologien:

- $\forall x : A(x) \Rightarrow A(\maltese)$
- $(\exists x : A(x) \vee B(\maltese)) \Leftrightarrow \exists x : (A(x) \vee B(\maltese))$
- $(\exists x : A(x) \wedge B(\maltese)) \Leftrightarrow \exists x : (A(x) \wedge B(\maltese))$
- $(\forall x : A(x) \vee B(\maltese)) \Leftrightarrow \forall x : (A(x) \vee B(\maltese))$
- $(\forall x : A(x) \wedge B(\maltese)) \Leftrightarrow \forall x : (A(x) \wedge B(\maltese))$

Wie im Fall der Aussagenlogik ist die Negation einer Tautologie eine Kontradiktion. ■

Beispiel 1.7

$$\forall x : A(x) \Rightarrow \exists x : A(x)$$

ist erfüllbar, aber keine Tautologie, und das Universum könnte kein Individuum enthalten, welches die Aussageform A zu einer wahren Aussage macht.

$$\forall x \exists y : L(x, y) \quad \Leftrightarrow \quad \forall y \exists x : L(x, y)$$

ist erfüllbar, aber keine Tautologie. ■

---

[2] Wir verzichten darauf, die Grammatik der Prädikatenlogik einzuführen, und verweisen wieder auf Rautenberg (2008). Es sei nur angemerkt, dass Quantoren grundsätzlich stärker binden als Junktoren, also nicht geklammert werden müssen.

1.2 Mengen

Definition 1.5
Eine **Menge** im Sinne der naiven Mengenlehre[3] ist eine wohlbestimmte Zusammenfassung von wohlunterschiedenen Objekten unseres Denkens oder unserer Anschauung zu einem Ganzen. Mengen sind durch ihre Elemente eindeutig bestimmt. Ist A eine Menge, so bedeutet $x \in A$, dass x ein Element der Menge A ist, und $x \notin A$ heißt, dass x nicht in A ist. Zwei Mengen A und B sind gleich genau dann, wenn sie die gleichen Elemente haben, d. h. x ist in A genau dann, wenn $x \in B$ ist:

$$A = B :\Leftrightarrow (x \in A \Leftrightarrow x \in B).$$

Die **leere Menge** wird mit $\emptyset$ bezeichnet; sie enthält keine Elemente, also ist $x \notin \emptyset$ für alle x. ♦

Beispiel 1.8
Eine Menge kann durch die Aufzählung der Elemente gegeben werden, z. B.: $A = \{a, b, c, d\}$ oder $B = \{1, 2, 3\}$. ■

Beispiel 1.9
Ist $A(x)$ ein Prädikat, dessen Universum U ein Menge darstellt, so ist

$$A = \{x \in U \mid A(x)\}$$

eine Menge. Die Definition eines Prädikats findet der Leser in Abschn. 1.1. ■

Beispiel 1.10
Die Menge der rationalen Zahlen, die multipliziert mit einer natürlichen Zahl 1 ergeben, also $A = \{r \in \mathbb{Q} | rn = 1 \text{ für ein } n \in \mathbb{N}\}$, ist gleich der Menge der Kehrwerte natürlicher Zahlen, $B = \{1/n | n \in \mathbb{N}\}$. ■

Beispiel 1.11
Die Menge aller natürlichen Zahlen a, b, c mit $a^n + b^n = c^n$ für eine natürliche Zahl n größer als 2 ist gleich der leeren Menge. Dies ist der letzte Satz von Fermat, bewiesen durch Wiles (1995). ■

Gegenbeispiel 1.12
Die Klasse aller Mengen $K = \{x | x \text{ ist eine Menge}\}$ ist keine wohldefinierte Menge, denn sie würde sich selbst als Element enthalten. Dies ist die **Cantor'sche**

---

[3]Der Mengenbegriff lässt sich durch das System von Zermelo und Fränkel axiomatisch einführen. Wir verzichten hier darauf und verweisen auf Deiser (2010).

Antinomie. *Die Klasse aller Klassen, die sich nicht selbst als Element enthalten,* $K = \{x | x \notin x\}$*, ist keine wohldefinierte Menge, denn sie enthält sich selbst als Element genau dann, wenn sie dies nicht tut. Dies ist die* **Russel'sche Antinomie.** *Man führt heute den Begriff der Menge axiomatisch ein, um Antinomien zu vermeiden. Es würde hier zu weit führen, ein Axiomensystem der Mengenlehre vorzustellen. Wie verweisen auf* Deiser (2010).

Definition 1.6
Eine Menge A ist eine **Teilmenge** einer Menge B (in Zeichen $A \subseteq B$), wenn alle x aus A auch in B sind, also $x \in A \Rightarrow x \in B$ ist. B heißt in diesem Fall **Obermenge** von A; siehe Abb. 1.1. Die Menge A ist eine echte Teilmenge von B (in Zeichen: $A \subset B$), wenn $A \subseteq B$ gilt und es mindestens ein $x \in A$ gibt, sodass gilt: $x \notin B$, d. h. $A \neq B$. Die Menge aller Teilmengen von B ist die **Potenzmenge**

$$P(B) = \{A \mid A \subseteq B\}.$$

♦

Beispiel 1.13
Wenn $A = B$ ist, dann gilt trivialerweise $A \subseteq B$ und $B \subseteq A$. Auch die Umkehrung ist offenbar wahr. ■

Beispiel 1.14
Die Menge der geraden natürlichen Zahlen, $G = \{2n | n \in \mathbb{N}\}$, und die der ungerade natürlichen Zahlen, $U = \{2n - 1 | n \in \mathbb{N}\}$, sind enthalten in der Menge der natürlichen Zahlen, $\mathbb{N}$. Es handelt sich um echte Teilmengen: $G,\ U \subset \mathbb{N}$. ■

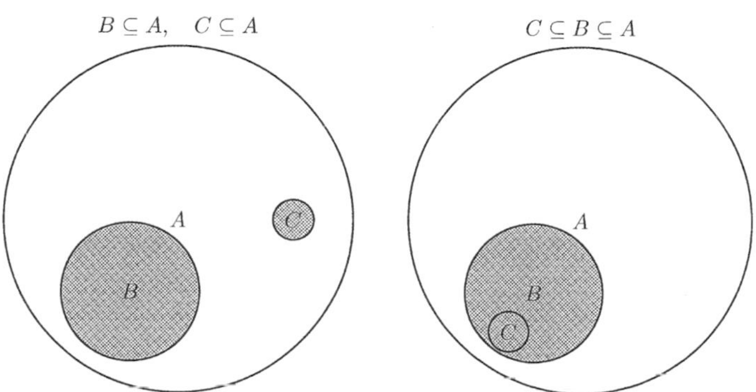

Abb. 1.1 Inklusionen

Beispiel 1.15
Die Potenzmenge der Menge $A = \{1, 2, 3\}$ ist

$$P(A) = \{\emptyset, \{1\}, \{2\}, \{3\}, \{1, 2\}, \{1, 3\}, \{2, 3\}, \{1, 2, 3\}\}.$$

■

Gegenbeispiel 1.16
Die Menge der rationalen Zahlen, $\mathbb{Q}$, ist enthalten in der Menge der reellen Zahlen, $\mathbb{R}$. Die Umkehrung gilt allerdings nicht, denn die Menge der reellen Zahlen ist nicht enthalten in der Menge der rationalen Zahlen, $\mathbb{R} \not\subseteq \mathbb{Q}$, da irrationale Zahlen wie $\sqrt{2}, e, \pi$ existieren; siehe Abschn. 6.6 *in* Neunhäuserer (2015).

Definition 1.7
Die **Vereinigung** von zwei Mengen A und B ist gegeben durch

$$A \cup B = \{x | x \in A \text{ oder } x \in B\};$$

siehe Abb. 1.2. Ist I eine Indexmenge und sind A_i für $i \in I$ Mengen, so ist die Vereinigung der Mengen A_i geben durch

$$\bigcup_{i \in I} A_i = \{x | x \in A_i \text{ für ein } i \in I\}.$$

♦

Beispiel 1.17
Ist A enthalten in B, so ist $A \cup B = B$. ■

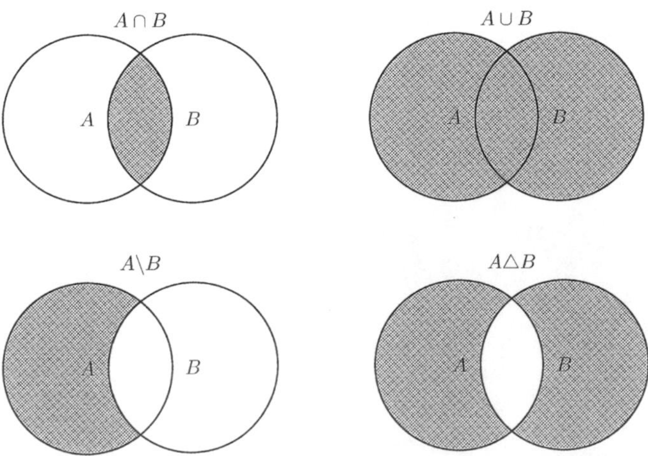

Abb. 1.2 Mengenoperationen

Beispiel 1.18
Die Menge der geraden natürlichen Zahlen, vereinigt mit der Menge der ungeraden natürlichen Zahlen, ist die Menge der natürlichen Zahlen, $G \cup U = \mathbb{N}$. Die Vereinigung der Mengen der Brüche mit dem Nenner q,

$$A_q = \{p/q \,|\, p \in \mathbb{Z},\ p \text{ teilerfremd zu } q\},$$

über die Indexmenge der natürlichen Zahlen, ist die Menge der rationalen Zahlen $\mathbb{Q}$:

$$\bigcup_{q \in \mathbb{N}} A_q = \mathbb{Q}.$$

■

Definition 1.8
Der **Schnitt** von zwei Mengen A und B ist gegeben durch

$$A \cap B = \{x | x \in A \text{ und } x \in B\};$$

siehe Abb. 1.2. Ist I eine Indexmenge und sind A_i für $i \in I$ Mengen, so ist der Schnitt der Mengen A_i gegeben durch

$$\bigcap_{i \in I} A_i = \{x | x \in A_i \text{ für alle } i \in I\}.$$

Gilt $A \cap B = \emptyset$, so heißen die Mengen A und B **disjunkt.** ♦

Beispiel 1.19
Ist A enthalten in B, so ist $A \cap B = A$. ■

Beispiel 1.20
Ist $A = \{n \in \mathbb{Z} | n \geq -1\}$ und $B = \{n \in \mathbb{Z} | n \leq 1\}$ so ist $A \cap B = \{-1, 0, 1\}$. ■

Beispiel 1.21
Sind die Mengen A_q wie in Beispiel 1.15 gegeben, so ist

$$\bigcap_{q \in \mathbb{N}} A_q = \{0\}.$$

■

Definition 1.9
Die **Differenz** A ohne B für Menge A, B ist

$$A \backslash B = \{x \in A | x \notin B\};$$

siehe Abb. 1.2. Ist $A \subset B$, so ist das **Komplement** von A in B:

$$\complement A = B \backslash A.$$

♦

Beispiel 1.22
Ist $A \cap B = \emptyset$, so ist $A \backslash B = A$ und $B \backslash A = B$. ■

Beispiel 1.23
Sind A und B wie in Beispiel 1.17 definiert, so ist $A \backslash B = \{n \in \mathbb{Z} | n \geq 2\}$ und $B \backslash A = \{n \in \mathbb{Z} | n \leq -2\}$. ■

Beispiel 1.24
Das Komplement der rationalen Zahlen $\mathbb{Q}$ in den reellen Zahlen $\mathbb{R}$ sind die irrationalen Zahlen $\mathbb{R} \backslash \mathbb{Q}$. ■

Definition 1.10
Die **symmetrische Differenz** von zwei Mengen A und B ist

$$A \bigtriangleup B = (A \cup B) \backslash (A \cap B);$$

siehe Abb. 1.2. ♦

Beispiel 1.25
Sind A und B wie in Beispiel 1.17 definiert, so ist

$$A \bigtriangleup B = \{n \in \mathbb{Z} \mid n \leq -2 \text{ oder } n \geq 2\}.$$

■

Definition 1.11
Sind A und B Mengen und ist $a \in A$ sowie $b \in B$, so ist das **geordnete Paar** (a, b) von a und b definiert als

$$(a, b) = \{\{a\}, \{a, b\}\}.$$

Man definiert Paare in dieser Weise, um zu gewährleisten, dass gilt:

$$(a, b) = (c, d) \Leftrightarrow a = c \text{ und } b = d.$$

Die Menge aller geordneten Paare ist das **kartesische Produkt**

$$A \times B = \{(a, b) \mid a \in A, b \in B\};$$

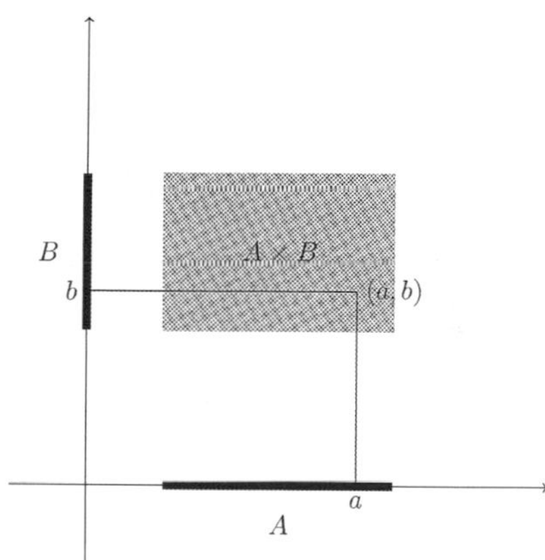

Abb. 1.3 Das kartesische Produkt

siehe Abb. 1.3. Zwei geordnete Paare $(a_1, b_1), (a_2, b_2) \in A \times B$ sind gleich genau dann, wenn $a_1 = a_2$ und $b_1 = b_2$ ist. Das kartesische Produkt von A und A ist

$$A^2 = A \times A = \{(a_1, a_2) \mid a_1, a_2 \in A\}.$$

♦

Beispiel 1.26
Das kartesische Produkt von $A = \{1, 2\}$ und $B = \{1, 2, 3\}$ ist

$$A \times B = \{(1, 1), (1, 2), (1, 3), (2, 1), (2, 2), (2, 3)\}.$$

■

Beispiel 1.27
Die Menge der geordneten Paare natürlicher Zahlen ist

$$\mathbb{N}^2 = \mathbb{N} \times \mathbb{N} = \{(n_1, n_2) \mid n_1, n_2 \in \mathbb{N}\}$$

$$= \{(1, 1), (1, 2), (2, 1), (1, 3), (2, 2), (3, 1) \ldots\}.$$

■

1.3 Relationen

Definition 1.12
Eine **Relation** R zwischen zwei Mengen A und B ist eine Teilmenge des kartesischen Produkts von A und B, also $R \subseteq A \times B$. Dabei steht $a \in A$ in Relation zu $b \in B$,

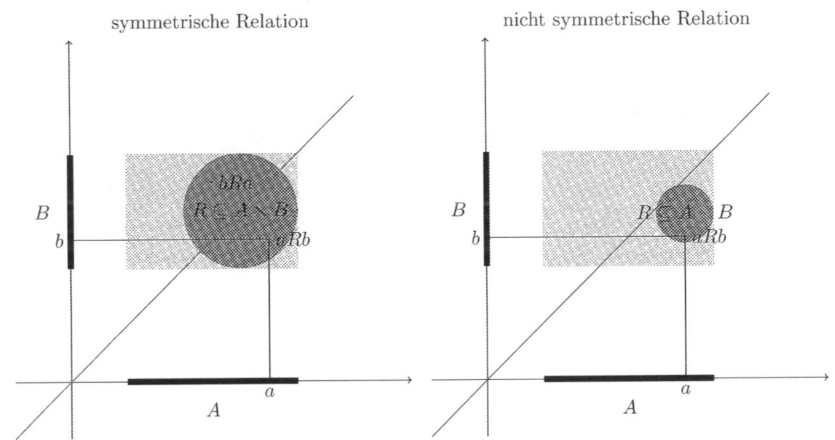

Abb. 1.4 Zwei Relationen in $A \times B$

symbolisch geschrieben aRb, wenn $(a, b) \in R$ ist. Eine Relation auf einer Menge A ist dementsprechend eine Teilmenge von A^2; siehe Abb. 1.4. ♦

Beispiel 1.28
$R = \{(0, 1), (1, 2), (1, 3)\}$ ist eine Relation zwischen den Mengen $\{0, 1\}$ und $\{0, 1, 2, 3\}$ mit $0R1$, $1R2$ und $1R3$. ■

Beispiel 1.29
Die Identität $=$ auf einer Menge A bildet eine Relation auf A mit $R = \{(a, a) | a \in A\} \subseteq A^2$. ■

Gegenbeispiel 1.30
Die Mengen $\{0, (1, 2), (1, 3)\}$ *und* $\{(0, 1), (1, 2), (0, 1, 3)\}$ *beschreiben keine Relationen zwischen den Mengen* $\{0, 1\}$ *und* $\{0, 1, 2, 3\}$

Definition 1.13
Eine Relation $\simeq$ auf A ist eine **Äquivalenzrelation**, wenn für alle $a, b, c \in A$ gilt:

1. Reflexivität: $a \simeq a$,
2. Symmetrie: $a \simeq b \;\Leftrightarrow\; b \simeq a$,
3. Transitivität: $a \simeq b$ und $b \simeq c \Rightarrow a \simeq c$.

Die Mengen

$$\bar{a} = [a] = \{b \in A | a \simeq b\}$$

heißen **Äquivalenzklassen.** Die Menge dieser Klassen wird mit $A/\simeq$ bezeichnet; siehe Abb. 1.5. ♦

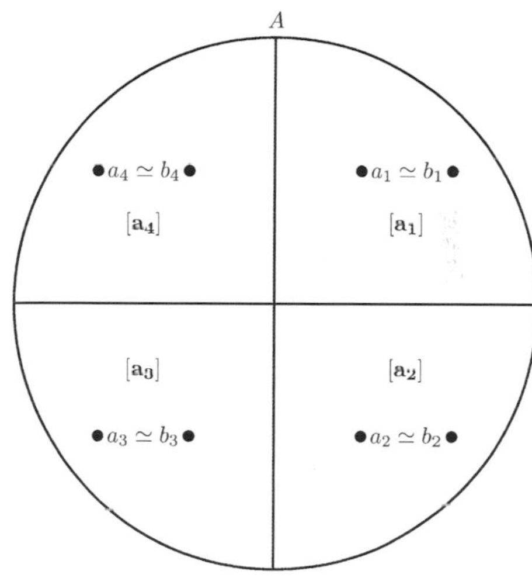

Abb. 1.5 Partition einer Menge A durch ein Äquivalenzrelation $\simeq$

Beispiel 1.31
Die Identität $=$ ist eine Äquivalenzrelation auf einer Menge A mit $\bar{a} = \{a\}$ für alle a aus A. ∎

Beispiel 1.32
Ist A_i für $i \in I$ eine **Partition,** d. h. eine disjunkte Zerlegung, einer Menge A, so definiert der Ausdruck

$$a \simeq b :\Leftrightarrow a, b \in A_i$$

eine Äquivalenzrelation auf A. Die Äquivalenzklassen dieser Relation sind die Mengen A_i. Umgekehrt bilden die Äquivalenzklassen jeder Äquivalenzrelation auf A eine Partition von A. ∎

Beispiel 1.33
Die **Kongruenz modulo** n für $n \in \mathbb{N}$ auf den ganzen Zahlen $\mathbb{Z}$, gegeben durch

$$a \equiv b \bmod \mathrm{n}\ :\ \Leftrightarrow a - b = km \quad \text{für ein} \quad k \in \mathbb{Z}$$

ist eine Äquivalenzrelation. Die Äquivalenzklassen dieser Relation sind die **Restklassen;** vergleiche Beispiel 3.5. ∎

Beispiel 1.34
Ist M eine Menge und ist $A, B \subseteq M$, so definiert $A \equiv B$ genau dann, wenn es eine Bijektion zwischen A und B gibt, eine Äquivalenzrelation auf der Potenzmenge $P(M)$. Die Äquivalenzklassen dieser Relation werden Kardinalitäten oder Kardinalzahlen genannt. ∎

Gegenbeispiel 1.35
Die Relation a teilt b auf den natürlichen Zahlen, d. h. $a|b$, wenn $ar = b$ für $a, r, b \in \mathbb{N}$ ist, ist keine Äquivalenzrelation. 2 *teilt* 4*, aber* 4 *teilt* 2 *nicht.*

Definition 1.14
Eine Relation $\leq$ auf A ist eine **partielle Ordnung,** wenn für alle $a, b, c \in A$ gilt:

1. Reflexivität: $a \leq a$,
2. Antisymmetrie: $a \leq b$ und $b \leq a \;\Rightarrow\; a = b$,
3. Transitivität: $a \leq b$ und $b \leq c \;\Rightarrow\; a \leq c$.

Die Relation $\leq$ ist eine **Ordnung,** wenn sie zusätzlich total ist, d. h. wenn $a \leq b$ oder $b \leq a$ für alle $a, b \in A$ gilt. Eine **strenge Ordnung** $<$ auf einer Menge A ist transitiv und erfüllt die Trichotomie – entweder $a < b$ oder $a = b$ oder $a > b$ – für alle $a, b \in A$. Eine strenge Ordnung induziert eine Ordnung durch

$$a \leq b :\Leftrightarrow a < b \quad \text{oder} \quad a = b;$$

siehe Abb. 1.6 ♦

Beispiel 1.36
Die Relation a teilt b auf den natürlichen Zahlen ist nur eine partielle Ordnung, aber keine Ordnung; 3 teilt nicht 4, und 4 teilt nicht 3. ■

Beispiel 1.37
Eine Ordnung auf den ganzen Zahlen ist gegeben durch

$$a \leq b :\Leftrightarrow a = b + k, \quad \text{mit} \quad k \in \mathbb{N}_0.$$

Der Ausdruck

$$a < b :\Leftrightarrow a = b + k, \quad \text{mit} \quad k \in \mathbb{N}$$

definiert eine strenge Ordnung. ■

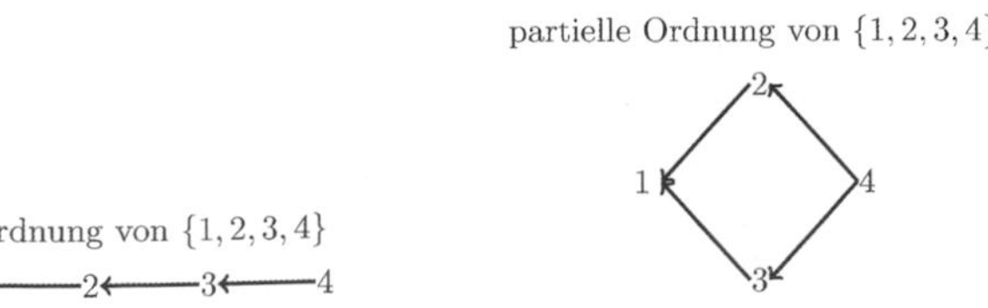

Abb. 1.6 Ordnungen

Beispiel 1.38
Eine Ordnung auf den rationalen Zahlen $\mathbb{Q} = \{p/q \mid p \in \mathbb{Z}, q \in \mathbb{N}\}$ ist gegeben durch

$$p_1/q_1 \leq p_2/q_2 : \Leftrightarrow p_1q_2 \leq p_2q_1,$$

wobei wir die Ordnung auf den ganzen Zahlen aus dem letzten Beispiel verwenden. Eine strenge Ordnung auf $\mathbb{Q}$ ist dementsprechend gegeben durch

$$p_1/q_1 < p_2/q_2 : \Leftrightarrow p_1q_2 < p_2q_1.$$

■

Beispiel 1.39
Die Potenzmenge $P(A)$ einer Menge A ist durch die Inklusion $\subseteq$ partiell geordnet, aber nicht geordnet, wenn A mehr als ein Element hat. Eine Ordnung auf $P(A)$ ist gegeben durch $A \leq B$ genau dann, wenn es eine surjektive Abbildung von B nach A gibt; vergleiche auch Definition 1.19. ■

Definition 1.15
Ist A durch $\leq$ geordnet und ist $B \subseteq A$, so ist B **nach oben beschränkt**, wenn ein $a \in A$ existiert, sodass $b \leq a$ für alle $b \in B$ ist. Ist zusätzlich $a \in B$, so ist a das **Maximum** von B; d. h. es ist $a = \max(B)$. Die Menge B ist **nach unten beschränkt,** wenn ein $a \in A$ existiert, sodass $a \leq b$ für alle $b \in B$ gilt. Wenn zusätzlich $a \in B$ gilt, so ist a das **Minimum** von B; d. h. es ist $a = \min(B)$. ♦

Beispiel 1.40
Die natürlichen Zahlen $\mathbb{N}$ mit der Relation $\leq$ sind nach unten beschränkt, mit $1 = \min(\mathbb{N})$. Sie sind mit dieser Relation aber nicht nach oben beschränkt. ■

Beispiel 1.41
Sei $A = \{r \in \mathbb{Q} \mid 0 < r < 1\}$ und $B = \{r \in \mathbb{Q} \mid 0 \leq r \leq 1\}$. Beide Mengen sind durch 1 nach oben und durch 0 nach unten beschränkt. Die Menge B hat ein Maximum bei 1 und ein Minimum bei 0: $\max(B) = 1$, $\min(B) = 0$. Die Menge A hat kein Maximum und kein Minimum, da 1 und 0 nicht in der Menge enthalten sind. ■

Beispiel 1.42
Die Menge $A = \{r \in \mathbb{Q} \mid r^2 \leq 2\}$ ist durch 3 nach oben und durch -3 nach unten beschränkt. Da $\sqrt{2} \notin \mathbb{Q}$ hat die Menge aber kein Maximum und kein Minimum in den rationalen Zahlen $\mathbb{Q}$. ■

Definition 1.16
Eine Ordnung der Menge A ist eine **Wohlordnung,** wenn jede nicht-leere Teilmenge von A ein Minimum in Bezug auf die Ordnung hat. ♦

Beispiel 1.43
Nach dem Wohlordnungssatz gibt es für jede Menge eine Wohlordnung, allerdings kann eine solche Ordnung zum Beispiel für $\mathbb{R}$ nicht explizit konstruiert werden; siehe Abschn. 1.5 in Neunhäuserer (2015). ■

Beispiel 1.44
Die natürlichen Zahlen sind durch $\leq$ in Beispiel 1.32 wohlgeordnet, aber die ganzen Zahlen sind mit dieser Relation nicht wohlgeordnet. ■

Beispiel 1.45
Die zwei folgenden strengen Ordnungen der ganzen Zahlen

$$0 \prec 1 \prec -1 \prec 2 \prec -2 \prec 3 \prec -3 \prec 4 \prec -4 \ldots$$

$$0 \prec 1 \prec 2 \prec 3 \prec 4 \cdots \prec -1 \prec -2 \prec -3 \prec -4 \ldots$$

sind Wohlordnungen. ■

Beispiel 1.46
Ist die Abbildung $f : \mathbb{N} \to A$ eine Bijektion, so ist A durch

$$a \preceq b :\Leftrightarrow f(a) \leq f(b)$$

wohlgeordnet, vergleiche Definition 1.19. Damit lässt sich zum Beispiel $\mathbb{Q}$ wohlordnen. ■

Definition 1.17
Eine partiell geordnete Menge A ist **induktiv geordnet,** wenn jede geordnete Teilmenge von A ein obere Schranke in A hat. ♦

Beispiel 1.47
Die Potenzmenge $P(A)$ ist durch Inklusion $\subseteq$ induktiv geordnet. Die obere Schranke einer geordneten Teilmenge $T(A) \subseteq P(A)$ ist

$$\bigcup_{B \in T(A)} B \in P(A).$$

■

Gegenbeispiel 1.48
Die Menge der natürlichen Zahlen mit $\leq$ ist nicht induktiv geordnet, da sie geordnet, aber nicht nach oben beschränkt ist.

Beispiel 1.49
Die Menge $\mathbb{N} \cup \{w\}$ mit $w \notin \mathbb{N}$ ist durch $\leq$ induktiv geordnet, wenn wir $n \leq w$ für alle $n \in \mathbb{N}$ setzen. ■

1.4 Funktionen

Definition 1.18
Eine **Funktion** oder **Abbildung** $f : A \to B$ ist eine Relation zwischen einer Menge A und einer Menge B, also $f \subseteq A \times B$, für die gilt:

1. Für alle $x \in A$ gibt es ein $y \in B$ mit $(x, y) \in f$ **(linkstotal)**,
2. $(x, y_1), (x, y_2) \in f$ impliziert $y_1 = y_2$ **(rechtseindeutig)**.

Für $(x, y) \in f$ schreibt man gewöhnlich $f(x) = y$. Ist $X \subseteq A$, so ist das **Bild** von X unter f gegeben durch

$$f(X) := \{y \in B \mid f(x) = y \text{ für ein } x \in A\} \subseteq B.$$

Das Bild von f ist das Bild von A unter f, also $f(A)$. Ist $Y \subseteq B$, so ist das **Urbild** von Y unter f gegeben durch

$$f^{-1}(Y) := \{x \in A \mid f(x) = y \text{ für ein } y \in Y\} \subseteq A.$$

♦

Beispiel 1.50
Sei $A = \{0, 1\}$ und $B = \{a, b\}$. Dann definiert $f = \{(0, a), (1, a)\}$. eine Funktion $f : A \to B$ mit $f(0) = a$, $f(1) = a$, $f(A) = \{a\}$ und $f^{-1}(\{a\}) = \{0, 1\}$ sowie $f^{-1}(\{b\}) = \emptyset$. ■

Gegenbeispiel 1.51
Seien A und B wie im letzten Beispiel gewählt. Die drei Relationen $f = \{(0, a)\}$, $f = \{(0, a), (0, b)\}$ und $f = A \times B$ definieren keine Funktionen $f : A \to B$. Im ersten Fall ist die Relation nicht linkstotal, im zweiten und dritten Fall ist sie nicht rechtseindeutig.

Beispiel 1.52
Eine Funktion $f : \mathbb{N} \to \mathbb{N}$ wird durch $f(n) = 2n$, also $f = \{(n, 2n\} \mid n \in \mathbb{N}\}$, definiert. Es gilt $f(\{1, 2, 3\}) = \{2, 4, 6\}$ und $f(\mathbb{N}) = \{2n \mid n \in \mathbb{N}\}$. Das Bild von f besteht also aus den geraden Zahlen. Weiterhin gilt $f^{-1}(\{1, 2, 3, 4\}) = \{1, 2\}$ und $f^{-1}(\{3\}) = \emptyset$. ■

Gegenbeispiel 1.53
$f(n) = n/2$ definiert keine Funktion $f : \mathbb{N} \to \mathbb{N}$ da $n/2$ für ungerades n keine natürliche Zahl ist. Es handelt sich allerdings um eine Funktion $f : \mathbb{N} \to \mathbb{Q}$.

Definition 1.19
Eine Funktion $f : A \to B$ ist **surjektiv** bzw. **rechtstotal,** wenn $f(A) = B$ gilt. Die Funktion ist **injektiv** bzw. **linkseindeutig,** wenn $(x_1, y), (x_2, y) \in f$ bzw. $f(x_1) = f(x_2)$ die Identität $x_1 = x_2$ impliziert. Ist f injektiv und surjektiv, so ist die Funktion **bijektiv** bzw. **umkehrbar;** siehe Abb. 1.7. Ist f umkehrbar, so ist die **Umkehrfunktion** $f^{-1} : B \to A$ gegeben durch

$$f^{-1} = \{(y, x) \in B \times A \mid (x, y) \in f\}.$$

Es gilt $f^{-1}(y) = x$ genau dann, wenn $f(x) = y$ ist. ♦

Beispiel 1.54
Jede Funktion $f : A \to B$ ist surjektiv auf ihr Bild, d. h. $f : A \to f(A)$ ist surjektiv. Ist die Abbildung auch noch injektiv, so ist sie umkehrbar, mit $f : f(A) \to A$. Dies gilt für die Abbildung in Beispiel 1.45. ■

Beispiel 1.55
Die Funktion $f : \mathbb{Z} \to \mathbb{Z}$ mit $f(n) = -n$ ist bijektiv mit $f^{-1}(n) = f(n)$. Es handelt sich um eine **Involution,** d. h. die Abbildung ist zu sich selbst invers. ■

Beispiel 1.56
Die Abbildung $\lfloor . \rfloor : \mathbb{Q} \to \mathbb{Z}$ mit $\lfloor r \rfloor := \max\{n \in \mathbb{Z} | n \leq r\}$ ist surjektiv, aber nicht injektiv. Das Gleiche gilt für $\lceil . \rceil : \mathbb{Q} \to \mathbb{Z}$ mit $\lceil r \rceil := \min\{n \in \mathbb{Z} | n \geq r\}$. ■

Gegenbeispiel 1.57
Die Abbildung in Beispiel 1.44 *ist weder surjektiv noch injektiv.*

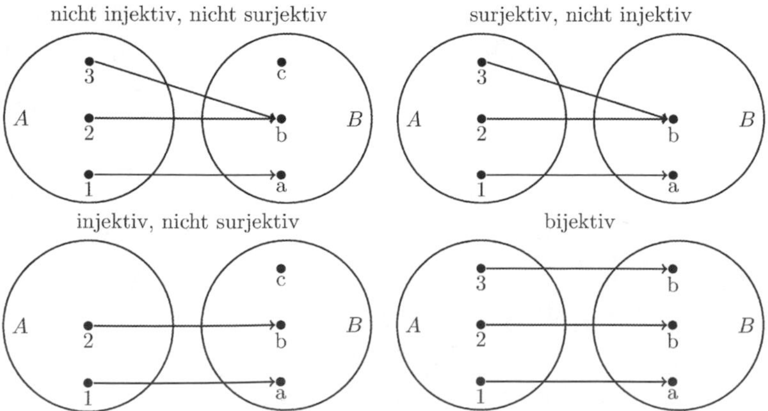

Abb. 1.7 Eigenschaften von Funktionen

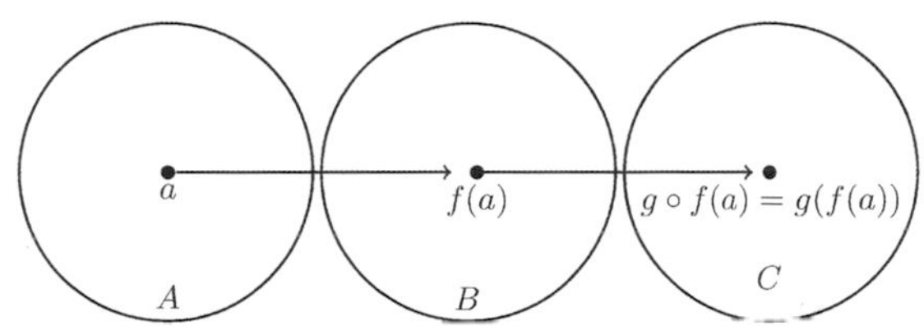

Abb. 1.8 Komposition von Funktionen

Definition 1.20
Die **Komposition,** oder **Hintereinanderausführung**, g nach f von zwei Funktionen $f : A \to B$ und $g : B \to C$ ist die Abbildung $g \circ f : A \to C$ mit $g \circ f(a) = g(f(a))$; siehe Abb. 1.8. Für eine Funktion $f : A \to A$ bezeichnet $f^n : A \to A$ die n-fache Komposition. ♦

Beispiel 1.58
Man betrachte $f, g : \mathbb{N} \to \mathbb{N}$ gegeben durch $f(n) = 2n$ und $g(n) = n + 1$. Für f nach g erhalten wir

$$f \circ g(n) = f(g(n)) = f(n+1) = 2n+2,$$

und für g nach f ergibt sich

$$g \circ f(n) = g(f(n)) = g(2n) = 2n+1.$$

■

Beispiel 1.59
Ist $f : A \to A$ bijektiv, so ist $f(f^{-1}(a)) = f^{-1}(f(a)) = a$ also $f \circ f^{-1} = f^{-1} \circ f = \mathrm{id}$, wobei $\mathrm{id} : A \to A$ mit $\mathrm{id}(a) = a$ die **identische Abbildung** bezeichnet. Ist f eine Involution, so gilt $f^2 = f \circ f = \mathrm{id}$. ■

1.5 Zahlen

Definition 1.21
Die **natürlichen Zahlen** einschließlich der Null sind durch die **Peano-Axiome** bestimmt:

1. 0 ist eine natürliche Zahl.
2. Jede natürliche Zahl n hat genau einen Nachfolger $N(n)$.
3. Es gibt keine natürliche Zahl, deren Nachfolger 0 ist: $N(n) \neq 0$ für alle natürlichen Zahlen.
4. Zwei verschiedene natürliche Zahlen n und m haben verschiedene Nachfolger: $n \neq m \Rightarrow N(n) \neq N(m)$.

5. Sei $A(n)$ eine Aussage über eine beliebige natürliche Zahl n. Es gilt $A(0)$, und $A(n)$ impliziert $A(n+1)$; dann gilt $A(n)$ für alle natürlichen Zahlen n.

Ein mengentheoretisches Modell der natürlichen Zahlen einschließlich der Null $\mathbb{N}_0$, welches die Peano-Axiome erfüllt, erhalten wir durch folgende Definition:

1. $0 := \emptyset \in \mathbb{N}$.
2. Für alle $n \in \mathbb{N}$ ist $N(n) := n \cup \{n\} \in \mathbb{N}$.

Die Menge der natürlichen Zahlen einschließlich der Null ist $\mathbb{N} = \mathbb{N}_0 \backslash \{0\}$. Die **Addition natürlicher Zahlen** ist durch

$$n + 1 = N(n) \text{ und } n + N(m) = N(n+m)$$

rekursiv definiert. Die **Multiplikation natürlicher Zahlen** ist durch

$$n \cdot 0 = 0 \text{ und } n \cdot N(m) = (n \cdot m) + n$$

rekursiv definiert ♦

Beispiel 1.60
Beispiele natürlicher Zahlen sind:

$$1 := N(0) = 0 \cup \{0\} = \{\emptyset\},$$

$$2 := N(1) = 1 \cup \{1\} = \{0, 1\} = \{\emptyset, \{\emptyset\}\},$$

$$3 := N(2) = 2 \cup \{2\} = \{0, 1, 2\} = \{\emptyset, \{\emptyset\}, \{\emptyset, \{\emptyset\}\}\},$$

$$4 := N(3) = 3 \cup \{3\} = \{0, 1, 2, 3\} = \{\emptyset, \{\emptyset\}, \{\emptyset, \{\emptyset\}\}, \{\emptyset, \{\emptyset\}, \{\emptyset, \{\emptyset\}\}\}\}.$$

Hier seien noch einige Rechnungen mit natürlichen Zahlen angegeben:

$$1 + 1 = N(1) = 2,$$

$$1 + 2 = N(1+1) = N(2) = 3,$$

$$2 + 2 = N(2+1) = N(3) = 4,$$

$$1 \cdot 1 = (1 \cdot 0) + 1 = 0 + 1 = 1,$$

$$1 \cdot 2 = (1 \cdot 1) + 1 = 1 + 1 = 2,$$

$$2 \cdot 2 = (2 \cdot 1) + 2 = 2 + 2 = 4.$$

■

Definition 1.22
Die **Ordinalzahlen** lassen sich rekursiv definieren durch:

1. $0 := \emptyset$ ist eine Ordinalzahl.
2. Für alle Ordinalzahlen n ist $n + 1 := n \cup \{n\}$ eine Ordinalzahl.
3. Ist A eine abzählbare Menge von Ordinalzahlen, so ist $\bigcup_{i \in A} i$ eine Ordinalzahl.

♦

Beispiel 1.61
Alle natürlichen Zahlen $1 = \{\emptyset\}$, $2 = 1 \cup \{1\}$, $3 = 2 \cup \{2\}$ usw. sind Ordinalzahlen. ■

Beispiel 1.62
$w := \mathbb{N}$ ist die kleinste transfinite Ordinalzahl. Des Weiteren sind

$$w + 1 := w \cup \{w\} = \{0, 1, 2, \ldots, w\},$$

$$w + 2 := (w + 1) \cup \{w + 1\} = \{0, 1, 2, \ldots w, w + 1\}$$

usw. Ordinalzahlen. Auch

$$2w := \bigcup_{i \in \mathbb{N}} w + i,$$

$$3w := \bigcup_{i \in \mathbb{N}} 2w + i$$

usw. sind Ordinalzahlen. ■

Definition 1.23
Die Äquivalenzklassen der Äquivalenzrelation auf $\mathbb{N}_0 \times \mathbb{N}_0$, gegeben durch

$$(n_1, m_1) \simeq (n_2, m_2) :\Leftrightarrow m_1 + n_2 = m_2 + n_1,$$

definieren die **ganzen Zahlen,** $\mathbb{Z} = (\mathbb{N}_0 \times \mathbb{N}_0)/\simeq$. Die Addition und die Multiplikation auf $\mathbb{Z}$ sind gegeben durch

$$[n_1, m_1] + [n_2, m_2] = [n_1 + n_2, m_1 + m_2],$$

$$[n_1, m_1] \cdot [n_2, m_2] = [n_1 m_2 + m_1 n_2, n_1 n_2 + m_1 m_2].$$

Für $n \in \mathbb{N}$ setzen wir in $\mathbb{Z}$:

$$0 := [0, 0] = \{(k, k) | k \in \mathbb{N}_0\},$$

$$n := [0, n] = \{(k, k+n) | k \in \mathbb{N}_0, \}$$

$$-n := [n, 0] = \{(k+n, k) | k \in \mathbb{N}_0\}.$$

♦

Beispiel 1.63
Hier einige Rechnungen mit ganzen Zahlen:

$$n + (-n) = [0, n] + [n, 0] = [n, n] = [0, 0] = 0,$$

$$0 \cdot n = [0, 0] \cdot [0, n] = [0, 0] = 0,$$

$$1 \cdot n = [0, 1] \cdot [0, n] = [0, n] = n,$$

$$(-n) \cdot m = [n, 0] \cdot [0, m] = [nm, 0] = -nm,$$

$$(-n) \cdot (-m) = [n, 0] \cdot [m, 0] = [0, nm] = nm.$$

■

Definition 1.24
Die Äquivalenzklassen der Äquivalenzrelation auf $\mathbb{Z} \times (\mathbb{Z}\backslash\{0\})$, gegeben durch

$$(p_1, q_1) \simeq (p_2, q_2) :\Leftrightarrow p_1 \cdot q_2 = p_2 \cdot q_1,$$

definieren die **rationalen Zahlen**: $\mathbb{Q} = (\mathbb{Z} \times \mathbb{Z}\backslash\{0\}) / \simeq$. Für $m \in \mathbb{Z}$ und $q \in \mathbb{Z}\backslash\{0\}$ setzen wir wie gewohnt:

$$\frac{p}{q} := [p, q] = \{(rp, rq) | r \in \mathbb{Z}\backslash\{0\}\}.$$

Die Addition und die Multiplikation auf $\mathbb{Q}$ sind gegeben durch

$$\frac{p_1}{q_1} + \frac{p_2}{q_2} = \frac{p_1 q_2 + p_2 q_1}{q_1 q_2},$$

$$\frac{p_1}{q_1} \cdot \frac{p_2}{q_2} = \frac{p_1 p_2}{q_1 q_2}.$$

♦

Beispiel 1.64
Für $n \in \mathbb{Z}$ gilt

$$n = \frac{n}{1} = [n, 1] = \{(nr, r) || r \in \mathbb{Z}\backslash\{0\}\}$$

und speziell

$$1 = \frac{1}{1} = [1, 1] = \{(r, r) || r \in \mathbb{Z} \backslash \{0\}\},$$

$$0 = \frac{0}{1} = [0, 1] = \{(0, r) | r \in \mathbb{Z} \backslash \{0\}\}.$$

Weiterhin gilt für $q_1 \neq 0$ und $q_2 \neq 0$:

$$\frac{p_1}{q_1} + \frac{-p_1}{q_2} = \frac{0}{q_1 q_2} - [0, q_1 q_2] = [0, 1] - 0,$$

$$\frac{p}{q} \cdot \frac{q}{p} = \frac{pq}{pq} = [pq, pq] = [1, 1] = 1.$$

■

Definition 1.25
Ein **Dedekind'scher Schnitt** ist gegeben durch eine Teilmenge $A \subseteq \mathbb{Q}$, die folgende Bedingungen erfüllt:

1. $A \neq \emptyset$ und $A \neq \mathbb{Q}$.
2. A hat kein Maximum.
3. Für alle $r \in A$ und $s \in \mathbb{Q} \backslash A$ gilt $r < s$.

Die Menge der **reellen Zahlen,** $\mathbb{R}$, ist die Menge aller Dedekind'schen Schnitte. Die rationalen Zahlen $\mathbb{Q}$ werden mit den Schnitten $\bar{s} = \{r \in \mathbb{Q} | r < s\}$ für $s \in \mathbb{Q}$ identifiziert. Sind $\alpha, \beta \in \mathbb{R}$, so ist Summe von α und β gegeben durch

$$\alpha + \beta := \{r + s | r \in \alpha, s \in \beta\}.$$

Die strenge Ordnung der reellen Zahlen ist gegeben durch

$$\alpha < \beta :\Leftrightarrow \alpha \subseteq \beta.$$

Der **Betrag einer reellen Zahl** $|\alpha|$ ist definiert als α, wenn $\alpha \geq 0$ ist, und als $-\alpha$, wenn $\alpha < 0$ ist. Die Definition der Multiplikation reeller Zahlen als Dedekind'sche Schnitte ist etwas aufwendig. Für $\alpha, \beta > 0$ setzen wir

$$\alpha \cdot \beta := \{p \in \mathbb{Q} \mid \text{Es gibt } r \in \alpha, s \in \beta \text{ mit } r, s > 0, \quad \text{sodass gilt: } p \leq r \cdot s\}.$$

Ferner setzen wir $\alpha \cdot 0 = 0 \cdot \alpha = 0$ sowie

$$\alpha \cdot \beta := \begin{cases} (-\alpha) \cdot (-\beta) & \alpha, \beta < 0 \\ -((-\alpha) \cdot (\beta)) & \alpha < 0, \beta > 0 \\ -((\alpha) \cdot (-\beta)) & \alpha > 0, \beta < 0. \end{cases}$$

◆

Beispiel 1.65
Die Wurzel aus 2, definiert als

$$\sqrt{2} := \{s \in \mathbb{Q} \mid s^2 < 2 \text{ oder } s < 0\},$$

ist eine reelle Zahl mit

$$\sqrt{2} \cdot \sqrt{2} = \{r \in \mathbb{Q} | r < 2\} = 2 \; in \; \mathbb{R}.$$

Auf die gleiche Art lässt sich $\sqrt{s}$ für alle rationalen Zahlen $s \geq 0$ einführen. ■

Beispiel 1.66
Ist der Sinus $\sin : \mathbb{Q} \to \mathbb{Q}$ bekannt, lässt sich die **Archimedes-Konstante** $\pi = 3{,}14156\ldots$ wie folgt definieren:

$$\pi := 2 \cdot \{s \in \mathbb{Q} \mid (\sin(s) < 1 \text{ und } s < 2) \text{ oder } s < 0\}.$$

■

Beispiel 1.67
Die **Euler'sche Zahl** $e = 2{,}71828\ldots$ lässt sich durch

$$e := \{s \in \mathbb{Q} \mid s < 1+1/1+1/(1\cdot 2)+1/(1\cdot 2\cdot 3)+\cdots+1/(1\cdot 2\cdot\cdots\cdot k) \text{ für ein } k \in \mathbb{N}\}$$

in $\mathbb{R}$ definieren; siehe Abb. 1.9. ■

Definition 1.26
Die **komplexen Zahlen** sind definiert als $\mathbb{C} = \mathbb{R} \times \mathbb{R}$; siehe Abb. 1.10. Wir setzen $a+bi := (a, b) \in \mathbb{C}$ und bestimmen die Addition und die Multiplikation komplexer Zahlen durch

$$(a_1 + b_1 i) + (a_2 + b_2 i) = (a_1 + a_2 + (b_1 + b_2)i),$$

$$(a_1 + b_1 i) \cdot (a_2 + b_2 i) = (a_1 \cdot a_2 - b_1 \cdot b_2) + (a_1 \cdot b_2 + b_1 \cdot a_2)i.$$

Insbesondere ist $i^2 = -1$. Der **Realteil** der komplexen Zahl $z = a+bi$ ist $\mathrm{Re}(z) = a$, und der **Imaginärteil** von z ist $\mathrm{Im}(z) = b$. Die zu z **konjugiert komplexe Zahl** ist $\bar{z} = a - bi$. Den **Betrag einer komplexen Zahl** bestimmen wir als $|z| = \sqrt{z \cdot \bar{z}}$. ♦

-3 -2 $-\frac{3}{2}$ -1 0 1 $\sqrt{2}$ 2 e 3 π

Abb. 1.9 Die reelle Zahlengerade mit einigen reellen Zahlen

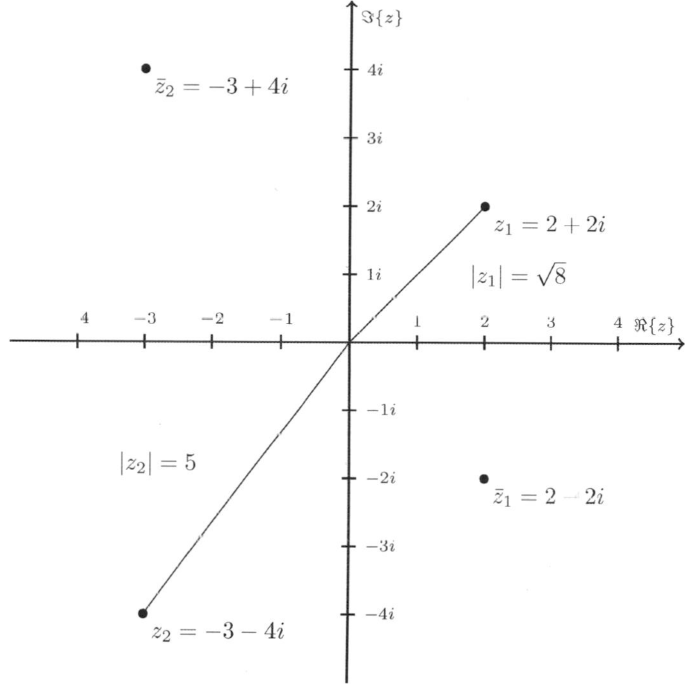

Abb. 1.10 Die komplexen Zahlen $\mathbb{C}$

Beispiel 1.68
Ist $z = 2 + 3i$, so erhalten wir $z + z = 4 + 6i$ und $z - 3z = -4 - 6i$ sowie $z^2 = z \cdot z = -5 + 12i$. Weiterhin ist $\text{Re}(z) = 4$, $\text{Im}(z) = 3$ und $\bar{z} = 2 - 3i$ sowie $z \cdot \bar{z} = 13$ und $|z| = \sqrt{13}$. ■

Beispiel 1.69
Für alle komplexen Zahlen $z = a + bi$ gilt

$$z + (-z) = (a + bi) + (-a - bi) = 0,$$

$$|z|^2 = z \cdot \bar{z} = (a + bi)(a - bi) = a^2 + b^2,$$

$$z \cdot \frac{\bar{z}}{z\bar{z}} = (a + bi) \cdot (\frac{a}{a^2 + b^2} - \frac{b}{a^2 + b^2} i) = 1.$$

■

Definition 1.27
Die **Hamilton'schen Quaternionen** $\mathbb{H}$ sind gegeben durch

$$\mathbb{H} = \{a + bi + cj + dk \mid a, b, c, d \in \mathbb{R}\},$$

wobei die Addition und die Subtraktion auf $\mathbb{H}$ koordinatenweise definiert sind und die Multiplikation durch die Hamilton'schen Regeln

$$i^2 = j^2 = k^2 = -1,$$

$$ij = k \quad jk = i \quad ki = j,$$

$$ji = -k \quad kj = -i \quad ik = -j$$

gegeben ist. Die **konjugierte Quaternion** $\bar{h}$ zu einer Quaternion $h = a+bi+cj+dk$ ist $\bar{h} = a - bi - cj - dk$. Der Betrag von h ist gegeben durch

$$|h| = \sqrt{h \cdot \bar{h}} = \sqrt{a^2 + b^2 + c^2 + d^2}.$$

. ♦

Beispiel 1.70
Es gilt

$$(1 + 2j) + (2i + 3k) = 1 + 2i + 2j + 3k,$$

$$(1 + 2j) \cdot (2i + 3k) = 8i - k,$$

$$(2i + 3k) \cdot (1 + 2j) = -4i + 7k,$$

$$|2i + 3k| = \sqrt{13} \quad |1 + 2j| = \sqrt{5}.$$

■

Beispiel 1.71
Für jede Quaternion h gilt

$$h \cdot (\bar{h}/|h|^2) = (\bar{h}/|h|^2) \cdot h = 1.$$

Also ist $h^{-1} = \bar{h}/|h|^2$. ■

1.6 Kardinalitäten

Definition 1.28
Eine Menge A ist unendlich, wenn es eine bijektive Abbildung $f : A \to B$ gibt und B eine echte Teilmenge von A ist, $A \subset B$. ♦

Beispiel 1.72
Die Menge der natürlichen Zahlen $\mathbb{N}$ ist offenbar unendlich. Genauso sind die Mengen der geraden und der ungeraden natürlichen Zahlen unendlich. ■

Beispiel 1.73
Ist A unendlich und gibt es eine injektive Abbildung $f : A \to B$, so ist B unendlich. Ist speziell $A \subseteq B$, so ist B unendlich, wenn A unendlich ist. Die Menge der ganzen Zahlen $\mathbb{Z}$, die Menge der rationalen Zahlen $\mathbb{Q}$, die Menge der reellen Zahlen $\mathbb{R}$ sowie die Menge der komplexen Zahlen $\mathbb{C}$ sind unendlich. ■

Gegenbeispiel 1.74
Gibt es eine bijektive Abbildung $f : \{1, 2, \ldots, n\} \to A$, so ist A nicht unendlich.

Definition 1.29
Zwei Mengen A haben die gleiche **Kardinalität,** wenn es eine bijektive Abbildung $f : A \to B$ gibt. Man schreibt hierfür $|A| = |B|$. Eine Menge A ist **abzählbar unendlich**, wenn $|A| = |\mathbb{N}|$ ist. Man sagt in diesem Fall, dass A die Kardinalität Aleph Null $\aleph_0$ hat: $|A| = \aleph_0$ ♦

Beispiel 1.75
Es gilt

$$|\mathbb{N}| = |\mathbb{Z}| = |\mathbb{Q}| = \aleph_0;$$

siehe Abschn. 1.2 in Neunhäuserer (2015). ■

Beispiel 1.76
Ist A abzählbar unendlich, $|A| = \aleph_0$, so ist die Menge A^n aller Abbildungen $f : \{1, \ldots n\} \to A$ abzählbar unendlich: $|A^n| = \aleph_0$; siehe Abschn. 1.2 in Neunhäuserer (2015). ■

Definition 1.30
Eine unendliche Menge A ist **überabzählbar unendlich,** wenn sie nicht abzählbar unendlich ist. ♦

Beispiel 1.77
Die Menge der reellen Zahlen $\mathbb{R}$ ist überabzählbar unendlich; siehe Abschn. 1.3 in Neunhäuserer (2015). ■

Beispiel 1.78
Ist A überabzählbar unendlich und gibt es eine injektive Abbildung $f : A \to B$, so ist B überabzählbar unendlich. Ist speziell $A \subseteq B$, so ist B überabzählbar unendlich, wenn A überabzählbar unendlich ist. ■

Beispiel 1.79
Die Potenzmenge der natürlichen Zahlen $\mathbb{N}$ ist überabzählbar unendlich und hat die Kardinalität der reellen Zahlen

$$|\mathbb{R}| = |P(\mathbb{N})| =: 2^{\aleph_0},$$

siehe Abschn. 1.5 in Neunhäuserer (2015). ■

Beispiel 1.80
Gilt $|A| = 2^{\aleph_0}$, so hat die Menge $A^{\mathbb{N}}$ aller Folgen $f : \mathbb{N} \to A$ die gleiche Kardinalität $|A^{\mathbb{N}}| = 2^{\aleph_0}$. Auch die Menge der stetigen Funktionen $f : \mathbb{R} \to \mathbb{R}$ hat diese Kardinalität; siehe Abschn. 1.5 in Neunhäuserer (2015).

Definition 1.31
Gibt es eine injektive Abbildung $f : A \to B$, aber keine bijektive Abbildung, so ist die Kardinalität von B größer als die von A, d. h. es gilt: $|A| < |B|$. ♦

Beispiel 1.81
Es ist leicht zu sehen, dass die Potenzmenge $P(A)$ einer Menge A eine größere Kardinalität als A hat: $|P(A)| > |A|$. Es gilt

$$|\mathbb{N}| < |P(\mathbb{N})| = |\mathbb{R}| < |P(\mathbb{R})| < |P(P(\mathbb{R}))| < |P(P(P(\mathbb{R})))| < \ldots;$$

siehe Abschn. 1.5 in Neunhäuserer (2015). ■

Beispiel 1.82
Die Kardinalzahl Aleph Eins $\aleph_1$ ist definiert als die kleinste Kardinalzahl größer als $\aleph_0$. Die Kontinuumshypothese besagt, dass $\aleph_1 = 2^{\aleph_0}$ ist. Diese Hypothese ist unabhängig von den anderen Axiomen der Mengenlehre; siehe hierzu Gödel (1940) und Cohen (1966). ■

1.7 Kategorien

Definition 1.32
Gegeben sei eine Klasse $\mathfrak{C}$ von Objekten. Eine **Kategorie** besteht aus den Objekten zusammen mit Mengen $\mathfrak{C}(A, B)$ von **Morphismen,** bzw. **Pfeilen** $f : A \to B$ für Objekte A und B, wobei folgende Bedingungen gelten:

1. $\mathfrak{C}(A, B) \cap \mathfrak{C}(\bar{A}, \bar{B}) \neq \emptyset$ impliziert $A = \bar{A}$ und $B = \bar{B}$.
2. Für drei Objekte A, B C und Morphismen $f : A \to B$ und $g : B \to C$ existiert ein zusammengesetzter Morphismus $g \circ f : A \to C$.
3. Die Operation $\circ$ erfüllt das Assoziativgesetz $(f \circ g) \circ h = f \circ (g \circ h)$.
4. Für jedes Objekt A existiert ein identischer Morphismus $\mathrm{id}_A : A \to A$, sodass $f \circ \mathrm{id}_A = f$ und $f = \mathrm{id}_B \circ f$ für alle Morphismen $f : A \to B$ gilt.

Eine Kategorie heißt **klein,** falls die Klasse der Objekte eine Menge bildet.[4] ♦

[4]Manche Autoren lassen auch Klassen von Morphismen, die keine Mengen sind, zu und bezeichnen die hier definierten Kategorien als lokal klein.

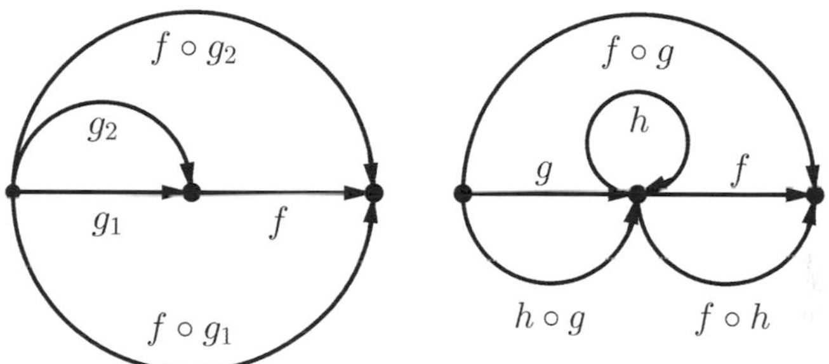

Abb. 1.11 Zwei Kategorien mit drei Objekten

Beispiel 1.83
Zwei Kategorien mit drei Objekten zeigt Abb. 1.11. ■

Beispiel 1.84
Mengen als Objekte zusammen mit allen Abbildungen zwischen zwei Mengen als Morphismen bilden eine Kategorie. Der zusammengesetzte Morphismus ist hierbei die Hintereinanderausführung der Abbildungen. Diese Kategorie ist nicht klein, da die Klasse aller Mengen keine Menge bildet. Betrachten wir jedoch Teilmengen einer vorgegebenen Menge M als Objekte, also $\mathfrak{C} = P(M)$ und alle Abbildungen zwischen $A \subseteq M$ und $B \subseteq M$ als Morphismen, so erhalten wir eine kleine Kategorie. ■

Beispiel 1.85
Algebraische Strukturen wie Gruppen, Ringe und Körper und auch Vektorräume als Objekte zusammen mit den Homomorphismen als Morphismen bilden Kategorien, siehe hierzu Kap. 2 und 3. ■

Beispiel 1.86
Die topologischen Räume zusammen mit den stetigen Abbildungen als Morphismen bilden eine Kategorie, siehe hierzu Kap. 5. ■

Definition 1.33
Seien $\mathfrak{C}$ und $\mathfrak{D}$ Kategorien. Ein **(kovarianter) Funktor** besteht aus Abbildungen $F : \mathfrak{C} \to \mathfrak{D}$ und $F = F_{A,B} : \mathfrak{C}(A, B) \to \mathfrak{D}(F(A), F(B))$ mit $F(\text{id}_A) = \text{id}_{F(A)}$ für alle A aus $\mathfrak{C}$ und $F(g \circ f) = F(g) \circ F(f)$ für alle Morphismen $f \in \mathfrak{C}(A, B)$, $g \in \mathfrak{C}(B, C)$ und alle A, B, C aus $\mathfrak{C}$. Ein **kontravarianter Funktor** ist ein kovarianter Funktor zwischen $\mathfrak{C}^\star$ und $\mathfrak{D}$, wobei die Morphismen der **dualen Kategorie** $\mathfrak{C}^\star$ durch $\mathfrak{C}^\star(A, B) = \mathfrak{C}(B, A)$ gegeben sind. ♦

Beispiel 1.87
Die Abbildungen $F(A) = A$ und $F(f) = f$ definieren den identischen Funktor

auf einer Kategorie. Für ein Objekt C definieren $F(A) = C$ für alle Objekte A und $F(f) = \mathrm{id}_C$ für alle Morphismen f einen konstanten Funktor. ■

Beispiel 1.88
Sei $(G, \circ)$ eine Gruppe, siehe Kap. 2. Die Abbildungen $F((G, \circ)) = G$ und $F(f) = f$ definieren einen Funktor von der Kategorie der Gruppen in die Kategorie der Mengen. Dieser Funktor eliminiert die Gruppenstruktur und wird Vergissfunktor genannt. In gleicher Weise lassen sich Funktoren von allen Kategorien, die Mengen mit einer zusätzlichen Struktur als Objekte enthalten, definieren. ■

Beispiel 1.89
Sei $\mathfrak{C}$ eine Kategorie und A ein Objekt dieser Kategorie. Die Abbildungen $F(X) = \mathfrak{C}(A, X)$ und $F(f)(g) = f \circ g$ definieren den **kovarianten Hom-Funktor** in die Kategorie der Mengen. Die Abbildungen $F(X) = \mathfrak{C}(X, A)$ und $F(f)(g) = g \circ f$ definieren den **kontravarianten Hom-Funktor** in die Kategorie der Mengen. ■

Definition 1.34
Zwei Kategorien $\mathfrak{C}$ und $\mathfrak{D}$ heißen **isomorph,** wenn es Funktoren $F : \mathfrak{C} \to \mathfrak{D}$ und $G : \mathfrak{D} \to \mathfrak{C}$ gibt sodass $F \circ G$ der identische Funktor auf $\mathfrak{D}$ und $G \circ F$ der identische Funktor auf $\mathfrak{C}$ ist. ♦

Beispiel 1.90
Wir betrachten zwei Kategorien $\mathfrak{C}$ und $\mathfrak{D}$ mit den natürlichen Zahlen als Objekte. Die Morphismen von n nach m in $\mathfrak{C}$ sind die linearen Abbildungen von $\mathbb{R}^n$ nach $\mathbb{R}^m$, also

$$\mathfrak{C}(n, m) = \{f : \mathbb{R}^n \to \mathbb{R}^m \,|\, f \text{ ist linear}\}.$$

Die Morphismen von $\mathfrak{D}$ sind die $n \times m$ Matrizen, also

$$\mathfrak{D}(n, m) = \{A | A \in \mathbb{R}^{n \times m}\}$$

mit der Matrixmultiplikation. Die beiden Kategorien sind isomorph. Die Funktoren sind durch die Identität auf den Objekten und Abbildungen, die linearen Abbildungen Matrizen und Matrizen lineare Abbildungen zuordnen, gegeben. Siehe hierzu Kap. 3 zur linearen Algebra.

Diskrete Mathematik

2

Inhaltsverzeichnis

In diesem Kapitel stellen wir zentrale Begriffe der diskreten Mathematik vor. Wir führen zunächst mit Permutationen, Kombinationen und Variationen die Grundbegriffe der elementaren Kombinatorik ein und zeigen Beispiele. Im nächsten Abschnitt definieren wir wichtige kombinatorische Zahlenfolgen, wie Fibonacci-, Bell-, Stirling-, Euler- und Catalan-Zahlen. Im Abschn. 2.3 findet der Leser einen Überblick über die Grundbegriffe der Graphentheorie mit vielen Beispielen und Bildern, insbesondere definieren wir den Grad von Knoten, Wege in Graphen und den Zusammenhang von Graphen. Im folgenden Abschn. 2.4 führen wir einige spezielle Graphen, wie bipartite Graphen, Bäume, planare Graphen und insbesondere platonische Graphen ein und zeigen hierbei Beispiele mit Abbildungen. In Abschn. 2.5 wird kurz das weiterführende Konzept der gewichteten und der gefärbten Graphen besprochen und im letzten Abschnitt gehen wir auf Matchings ein.

Für eine Darstellung der Sätze und Beweise der Kombinatorik empfehlen wir Jacobs und Jungnickel (2003). Eine schöne Einführung in die Methoden der Graphentheorie bietet Aigner (2015).

2.1 Permutationen, Kombinationen und Variationen

Definition 2.1
Eine **Permutation** von $\{1, \ldots, n\}$ ist eine bijektive Abbildung $\sigma : \{1, \ldots n\} \rightarrow \{1, \ldots n\}$. Die **Fakultät** von $n \in \mathbb{N}$,

© Springer-Verlag GmbH Deutschland, ein Teil von Springer Nature 2020

J. Neunhäuser, *Mathematische Begriffe in Beispielen und Bildern*,
https://doi.org/10.1007/978-3-662-60764-0_2

$$n! := 1 \cdot 2 \cdot 3 \cdot \ldots \cdot n,$$

ist die Anzahl dieser Permutationen. Zusätzlich ist $0! = 1$ definiert; siehe Abb. 2.1.

$(m, \sigma(m), \sigma^2(m), \ldots, \sigma^{k-1}(m))$ ist ein **Zyklus** der Länge k einer Permutation σ, wenn $\sigma^k(m) = m$ und $\sigma^i(m)$ für $i = 0, \ldots, k-1$ paarweise verschieden sind. Ein **Fixpunkt** ist ein Zyklus der Länge 1 und eine **Transposition** ist ein Zyklus der Länge 2. ♦

Beispiel 2.1
Eine beliebige Permutation von $\{1, \ldots, n\}$ lässt sich folgendermaßen darstellen:

$$\begin{pmatrix} 1 & 2 & \ldots & n \\ \sigma(1) & \sigma(2) & \ldots & \sigma(n) \end{pmatrix}.$$

Zum Beispiel ist

$$\begin{pmatrix} 1\,2\,3\,4 \\ 2\,1\,4\,3 \end{pmatrix}$$

eine Permutation der Menge $\{1, 2, 3, 4\}$, die zwei Transpositionen (12) und (34) enthält. Die Permutation schreiben wir in Kurzform als (12)(34). Die Anzahl aller Permutationen von 4 Elementen ist $4! = 24$. ■

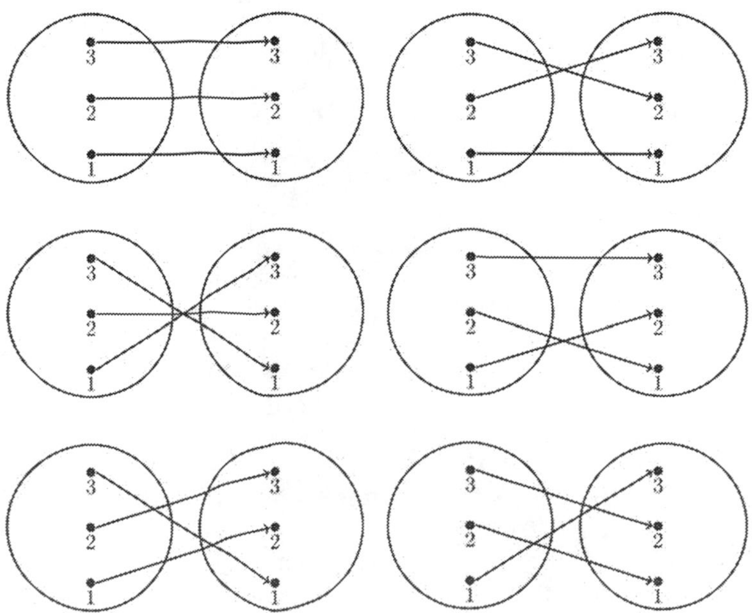

Abb. 2.1 Die $3! = 6$ Permutationen von $\{1, 2, 3\}$

Beispiel 2.2

$$\begin{pmatrix} 1 & 2 & 3 & 4 \\ 2 & 3 & 1 & 4 \end{pmatrix}$$

enthält einen Zyklus der Länge 3 und einen Fixpunkt. Diese Permutation schreibt man in Kurzform $(123)(4)$. Die Permutation

$$\begin{pmatrix} 1 & 2 & 3 & 4 \\ 2 & 1 & 3 & 4 \end{pmatrix}$$

enthält eine Transposition und zwei Fixpunkte, man schreibt für die Permutation auch $(12)(3)(4)$. In der Zyklenschreibweise werden Fixpunkte in der Literatur manchmal auch weggelassen: $(12)(3)(4) = (12)$. ■

Definition 2.2
Eine Permutation, die sich als Hintereinanderausführung einer geraden Anzahl von Transpositionen schreiben lässt, heißt gerade, sonst heißt die Permutation ungerade. Das **Signum** $\text{sgn}(\sigma)$ einer Permutation σ ist $+1$ für gerade Permutationen und -1 für ungerade Permutationen. ♦

Beispiel 2.3

$$\begin{pmatrix} 1 & 2 & 3 & 4 \\ 2 & 1 & 4 & 3 \end{pmatrix} = \begin{pmatrix} 1 & 2 & 3 & 4 \\ 2 & 1 & 3 & 4 \end{pmatrix} \circ \begin{pmatrix} 1 & 2 & 3 & 4 \\ 1 & 2 & 4 & 3 \end{pmatrix} = (12)(3)(4) \circ (34)(1)(2)$$

und

$$\begin{pmatrix} 1 & 2 & 3 & 4 \\ 2 & 3 & 1 & 4 \end{pmatrix} = \begin{pmatrix} 1 & 2 & 3 & 4 \\ 2 & 1 & 3 & 4 \end{pmatrix} \circ \begin{pmatrix} 1 & 2 & 3 & 4 \\ 1 & 3 & 2 & 4 \end{pmatrix} = (12)(23)$$

sind gerade Permutationen.

$$\begin{pmatrix} 1 & 2 & 3 & 4 \\ 2 & 1 & 3 & 4 \end{pmatrix} = (12)(3)(4)$$

und

$$\begin{pmatrix} 1 & 2 & 3 & 4 \\ 2 & 3 & 4 & 1 \end{pmatrix} = (12)(23)(34)$$

sind ungerade Permutationen. ■

Beispiel 2.4
Jeder Zyklus gerader Länge ist eine ungerade Permutation, und jeder Zyklus ungerader Länge ist eine gerade Permutation. ■

Definition 2.3
Eine Abbildung $V : \{1, \ldots, k\} \to \{1, \ldots, n\}$ ist eine **Variation** der Länge k aus n Objekten mit Wiederholung. Eine injektive Abbildung $V : \{1, \ldots, k\} \to \{1, \ldots, n\}$ ist eine Variation der Länge k aus n Objekten ohne Wiederholung. $K(i)$ wird in beiden Fällen das i-te aus $\{1, \ldots, n\}$ ausgewählten Objekt genannt. ♦

Beispiel 2.5
Jeder Variation V lässt sich durch ein k-Tupel $(V(1), V(2), \ldots, V(k))$ mit $V(i) \in \{1, \ldots n\}$ schreiben. $(1, 2, 3)$ ist eine Variation ohne Wiederholung der Länge 3, und $(1, 1, 3)$ ist eine Variation der Länge 3 mit Wiederholung. ■

Beispiel 2.6
Die Variationen der Länge 2 aus 3 Objekten mit Wiederholung sind:

$$(1, 1), (2, 2), (3, 3), (1, 2), (1, 3), (2, 1), (2, 3), (3, 2), (3, 1).$$

Die Variationen der Länge 2 aus 3 Objekten ohne Wiederholung sind:

$$(1, 2), (1, 3), (2, 1), (2, 3), (3, 2), (3, 1).$$

■

Definition 2.4
Eine Teilmenge K von $\{1, \ldots, n\}$ mit $k \leq n$ Elementen wird **Kombination** von k Elementen aus n Objekten ohne Wiederholung genannt. Die Elemente in K werden ausgewählt genannt. Für $n \leq g$ ist eine Abbildung $K : \{1, \ldots n\} \to \{0, \ldots, k\}$ mit $\sum_{i=1}^{n} K(i) = k$ eine Kombination von k Elementen aus n Objekten mit Wiederholung. $K(i)$ gibt an, wie oft $i \in \{1, \ldots n\}$ ausgewählt wurde. Die **Binomialkoeffizienten** n über k sind definiert als

$$\binom{n}{k} = \frac{n!}{k!(n-k)!} = \frac{(n-k+1) \cdot \ldots \cdot n}{1 \cdot 2 \cdot \ldots \cdot (n-k)}.$$

Dies ist die Anzahl der Kombinationen von k Elementen aus n Objekten ohne Wiederholung. Angemerkt sei, dass die Anzahl der Kombinationen von k Elementen aus n Objekten mit Wiederholung durch

$$\binom{n+1-k}{k}$$

gegeben ist. ♦

Beispiel 2.7
Die Kombinationen von 2 Elementen aus $\{1, 2, 3, 4\}$ ohne Wiederholung sind $\{1, 2\}, \{1, 3\}, \{1, 4\}, \{2, 3\}, \{2, 4\}, \{3, 4\}$. Dementsprechend ist die Anzahl gleich $\binom{4}{2} = 6$. ■

Beispiel 2.8
Eine Kombination von k Elementen aus n Objekten mit Wiederholung kann durch ein Tupel $(K(1), \ldots, K(n))$ mit $\sum_{i=1}^{n} K(i) = k$ beschrieben werden. So beschreiben $(1, 0, 1, 1)$ und $(3, 0, 0, 0)$ Kombinationen von 3 Elementen aus $\{1, 2, 3, 4\}$ mit Wiederholung. ■

Beispiel 2.9
Die Kombinationen von 2 Elementen aus $\{1, 2, 3\}$ mit Wiederholung sind durch $(2, 0, 0), (0, 2, 0), (0, 0, 2), (1, 1, 0), (1, 0, 1), (0, 1, 1)$ gegeben. Auch hier ist die Anzahl gleich $\binom{4}{2} = 6$. ■

2.2 Kombinatorische Zahlenfolgen

Definition 2.5
Die **Fibonacci-Zahlen** F_n sind durch die Rekursion $F_{n+1} = F_{n+1} + F_{n-1}$ mit $F_1 = 1$ und $F_2 = 1$ gegeben, damit gilt

$$(F_n) = (1,\ 1,\ 2,\ 3,\ 5,\ 8,\ 13,\ 21,\ 34,\ 55,\ \ldots).$$

Kombinatorisch ist F_{n+2} die Anzahl der Folgen in $\{0, 1\}^n$, in denen auf eine 1 keine 1 folgt. ♦

Beispiel 2.10
Die Folgen in $\{0, 1\}^3$, in denen auf eine 1 keine 1 folgt, sind:

$$(0, 0, 0), (1, 0, 0), (1, 0, 1), (0, 0, 1), (0, 1, 0).$$

Die Anzahl dieser Folgen ist $F_5 = 5$. ■

Definition 2.6
Die **Bell'sche Zahl** B_n ist die Anzahl der Partitionen einer n-elementigen Menge. Äquivalent hierzu ist die Folge der Bell'schen Zahlen durch die Rekursion

$$B_{n+1} = \sum_{k=0}^{n} \binom{n}{k} B_k,$$

mit $B_1 = 1$, gegeben.[1] Es gilt

$$(B_n) = (1,\ 2,\ 5,\ 15,\ 52,\ 203,\ 877,\ 4140,\ \ldots).$$

♦

[1] Siehe hierzu Kap. 16 in Jacobs und Jungnickel (2003).

Beispiel 2.11
Die Partitionen von $\{1, 2, 3\}$ sind

$$\{\{1, 2, 3\}\}, \{\{1\}, \{2\}, \{3\}\}, \{\{1, 2\}, \{3\}\}, \{\{1\}, \{2, 3\}\}, \{\{1, 3\}, \{2\}\}.$$

Die Anzahl dieser Partitionen ist $B_3 = 5$. ■

Definition 2.7
Die **Stirling-Zahlen erster Art**, $s_{n,k}$, sind die Anzahlen der Permutationen von $\{1, \ldots, n\}$ mit k Zyklen; siehe Abschn. 2.1. Äquivalent hierzu sind die Stirling-Zahlen erster Art durch die Rekursion

$$s_{n+1,k} = s_{n,k-1} + n s_{n,k},$$

mit $s_{n,0} = 0$ für $n > 0$ und $s_{n,n} = 1$ für alle n, gegeben.[2] Damit erhalten wir folgende Tabelle:

$s_{n,k}$	$n = 1$	$n = 2$	$n = 3$	$n = 4$	$n = 5$	$n = 6$
$k = 1$	1	1	2	6	24	120
$k = 2$		1	3	11	50	274
$k = 3$			1	6	35	225
$k = 4$				1	10	85
$k = 5$					1	15
$k = 6$						1

Die **Stirling-Zahlen zweiter Art**, $S_{n,k}$, sind die Anzahlen der Partitionen von $\{1, \ldots, n\}$ mit k-elementigen Mengen. Äquivalent hierzu sind die Stirling-Zahlen zweiter Art durch die Rekursion

$$S_{n+1,k} = S_{n,k-1} + k S_{n,k},$$

mit $S_{n,0} = 0$ für $n > 0$ und $S_{n,n} = 1$ für alle n, gegeben. Damit erhalten wir folgende Tabelle: ♦

$S_{n,k}$	$n = 1$	$n = 2$	$n = 3$	$n = 4$	$n = 5$	n=6
$k = 1$	1	1	1	1	1	1
$k = 2$		1	3	7	15	31
$k = 3$			1	6	25	90
$k = 4$				1	10	65
$k = 5$					1	15
$k = 6$						1

[2] Zu den Stirling-Zahlen erster und zweiter Art siehe Kap. 17 in Jacobs und Jungnickel (2003).

Beispiel 2.12
Die Permutation von $\{1, 2, 3\}$ mit drei Zyklen ist die Identität $(1)(2)(3)$. Die Permutationen mit zwei Zyklen sind $(12)(3)$, $(13)(2)$, $(23)(1)$, und die Permutationen mit einem Zyklus sind (123), (132). Wir verwenden hier die Zyklenschreibweise aus Definition 2.1. Dieser Aufzählung der Permutationen entspricht $s_{3,3} = 1$, $s_{3,2} = 3$ und $s_{3,1} = 2$. ■

Beispiel 2.13
Die Partition von $\{1, 2, 3\}$ mit drei Elementen ist $\{\{1\}, \{2\}, \{3\}\}$. Die Partitionen mit zwei Elementen sind $\{\{1, 2\}, \{3\}\}$ und $\{\{1\}, \{2, 3\}\}$ sowie $\{\{1, 3\}, \{2\}\}$, und die Partition mit einem Element ist $\{\{1, 2, 3\}\}$. Also gilt $S_{3,3} = 1$, $S_{3,2} = 2$ und $S_{3,1} = 1$. ■

Definition 2.8
Die **Euler-Zahl** $E_{n,k}$ ist die Anzahl der Permutationen von $\{1, \ldots, n\}$, in denen genau k Elemente größer als das jeweils vorhergehende sind. Äquivalent hierzu sind die Euler-Zahlen durch die Rekursion

$$E_{n,k} = (n - k)E_{n-1,k-1} + (k + 1)S_{n-1,k},$$

mit $E_{0,0} = 1$ und $E_{0,k} = 0$ für $k > 0$, gegeben.[3] Wir erhalten damit folgende Tabelle:

$E_{n,k}$	$n = 1$	$n = 2$	$n = 3$	$n = 4$	$n = 5$	$n = 6$
$k = 0$	1	1	1	1	1	1
$k = 1$		1	4	11	26	57
$k = 2$			1	11	66	302
$k = 3$				1	26	302
$k = 4$				0	1	57
$k = 5$					0	1

♦

Beispiel 2.14
Die Permutation von $\{1, 2, 3\}$ ohne Anstieg ist die Identität, die Permutationen mit einem Anstieg sind $(12)(3)$, $(23)(1)$, $(13)(2)$, (132), und die Permutation mit zwei Anstiegen ist (123) in der Zyklenschreibweise aus Definition 2.1. Wir sehen, dass $E_{3,0} = 1$, $E_{3,1} = 4$ und $E_{3,2} = 1$ ist. ■

Definition 2.9
Die **Catalan-Zahl** C_n ist die Anzahl der möglichen Beklammerungen eines Produkts mit n Multiplikationen. Äquivalent hierzu sind die Catalan-Zahlen durch die Rekursion

[3] Siehe hierzu wieder Kap. 16 in Jacobs und Jungnickel (2003).

$$C_{n+1} = \sum_{k=0}^{n} C_k C_{n-k}$$

mit $C_1 = C_0 = 1$ gegeben.[4] Wir erhalten aus der Rekursion

$$(C_n) = (1,\ 2,\ 5,\ 14,\ 42,\ 132,\ 429,\ 1430,\ \ldots).$$

♦

Beispiel 2.15
Die Beklammerungen von drei Multiplikationen sind

$$(ab)(cd),\ (a(bc))d,\ a((bc)d),\ ((ab)c)d,\ a(b(cd)),$$

und es gilt $C_3 = 5$. ■

2.3 Grundbegriffe der Graphentheorie

Definition 2.10
Ein **ungerichteter Graph** G ist ein geordnetes Paar (V, E), wobei V eine endliche oder abzählbar unendliche Menge von **Knoten** ist und die Menge der **Kanten** E eine Teilmenge aller 2-elementigen Teilmengen von V ist. Bei einem **gerichteten Graph** ist V eine Teilmenge aller geordneten Paare $V \times V$. Die Kardinalität von V ist die **Ordnung des Graphen,** und die Kardinalität von E wird als **Größe des Graphen** bezeichnet. Ein Graph ist endlich, wenn seine Ordnung endlich ist. ♦

Beispiel 2.16
$G = (\{1, 2, 3, 4\}, \{\{1, 2\}, \{1, 3\}, \{1, 4\}, \{2, 4\}\})$ ist ein ungerichteter Graph der Ordnung 4 und der Größe 4; siehe Abb. 2.2. ■

Beispiel 2.17
$G = (\{1, 2, 3, 4\}, \{(3, 3), (1, 2), (2, 1), (1, 3), (4, 1)\})$ ist ein gerichteter Graph der Ordnung 4 und der Größe 5; siehe Abb. 2.2. ■

Beispiel 2.18
Ist $V = \{1, \ldots, n\}$ und $E = \{\{i, j\} \mid 1 \leq i < j \leq n\}$, so ist $K_n := (V, E)$, der ungerichtet **vollständige Graph** der Ordnung n; siehe Abb. 2.3. Die Größe dieses Graphen ist $n(n-1)/2$. ■

[4] Für einen Beweis dieser Äquivalenz verweisen wir auf Jacobs und Jungnickel (2003).

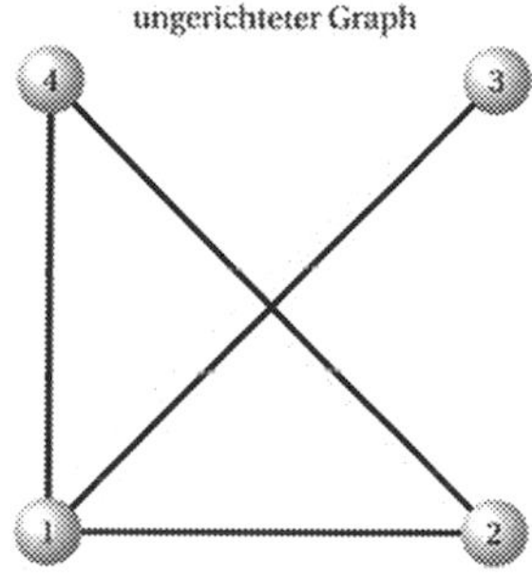

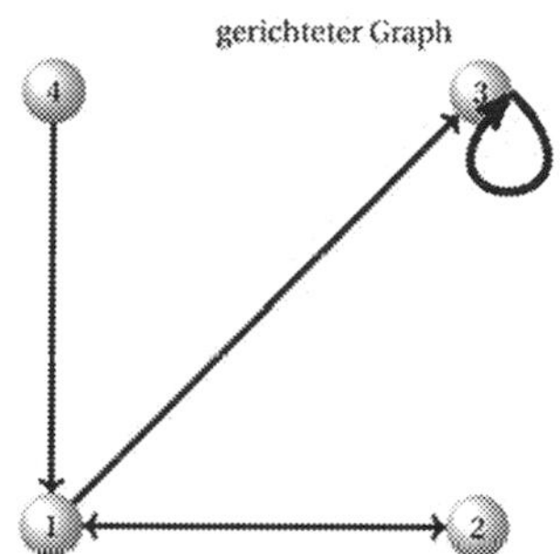

Abb. 2.2 Die Graphen in Beispiel 2.16 und 2.17

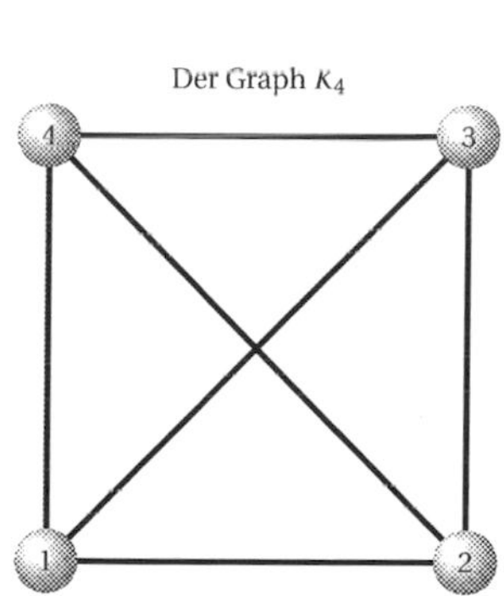

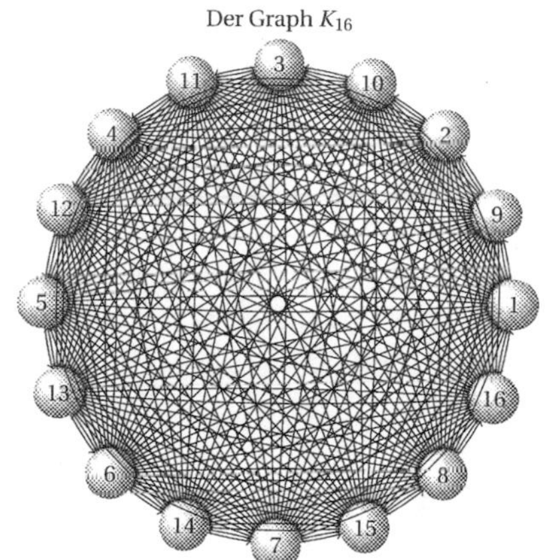

Abb. 2.3 Zwei vollständige Graphen

Beispiel 2.19
Ein Beispiel eines unendlichen Graphen ist der Strahl $S = (\mathbb{N}, \{\{i, i+1\} | i \in \mathbb{N}\})$. ■

Beispiel 2.20
Jeder gerichtete Graph $G = (V, E)$ induziert einen ungerichteten Graphen $G = (V, \tilde{E})$ vermöge $\tilde{E} = \{\{a, b\} | (a, b) \in E\}$. Umgekehrt kann man einen ungerichteten Graphen in einen gerichteten Graphen umwandeln, indem man die Kanten orientiert. ■

Definition 2.11
In einem Graphen sind gerichtete **parallele Kanten** Kanten mit denselben Endknoten, und **Schlingen** sind Kanten, deren Endknoten zusammenfallen. Ein Graph mit parallelen Kanten wird auch **Multigraph** genannt, ein Graph mit Schlingen und parallelen Kanten heißt **Pseudograph,** und ein Graph ohne solche Kanten wird **schlichter Graph** oder einfach nur Graph genannt. ♦

Beispiel 2.21
Jeder ungerichtete Graph ist schlicht. $G = (\{1, 2\}, \{(1, 2)\})$ ist ein schlichter gerichteter Graph. ■

Beispiel 2.22
In Beispiel 2.17 sind die Kanten $(1, 2)$ und $(2, 1)$ parallel, und $(3, 3)$ ist eine Schlinge. Es handelt sich um einen Pseudographen. ■

Definition 2.12
Zwei Knoten i und j in einem Graphen heißen **adjazent** oder benachbart, wenn die Knoten durch mindestens eine Kante verbunden sind, in Zeichen: $i \sim j$. Eine solche Kante nennt man **inzident** zu den Knoten i und j. Die Menge aller Knoten, die adjazent zu i sind, wird als **Nachbarschaft des Knotens**indexNachbarschaft eines Knotens i bezeichnet: $N(i) = \{j \in V \mid j \sim i\}$. Der **Grad eines Knotens** $d(i)$ ist die Anzahl der Kanten, die i mit anderen Knoten verbinden; eine Schlinge wird dabei doppelt gezählt. Ein Knoten mit Grad 0 heißt **isolierter Knoten,** und ein Knoten mit Grad 1 heißt **Endknoten.** Ist der Grad aller seiner Knoten konstant, so heißt ein Graph **regulär.** ♦

Beispiel 2.23
In Beispiel 2.16 ist $N(1) = \{2, 3, 4\}$, $N(2) = \{1, 4\}$, $N(3) = \{1\}$, $N(4) = \{1, 2\}$ sowie $d(1) = 3$, $d(2) = 2$, $d(3) = 1$ und $d(4) = 2$. Der Knoten 3 ist ein Endknoten. ■

Beispiel 2.24
In Beispiel 2.17 ist $N(1) = \{2, 3, 4\}$, $N(2) = \{1\}$, $N(3) = \{3, 1\}$, $N(4) = \{1\}$ sowie $d(1) = 3$, $d(2) = 1$, $d(3) = 2$ und $d(4) = 1$. Der Knoten 4 ist ein Endknoten. ■

Beispiel 2.25
Im vollständigen Graphen K_n aus Definition 2.12 gilt $N(i) = \{j \in \{1, \ldots, n\} \mid j \neq i\}$ und $d(i) = n - 1$. Für $n = 1$ ist 1 isoliert, für $n = 2$ sind 1 und 2 Endknoten, und für $n > 2$ gibt es keine Endknoten. Vollständige Graphen sind regulär. ■

Definition 2.13
Eine **Kantenfolge** eines Graphen $G = (V, E)$ ist eine Folge von (nicht notwendigerweise verschiedenen) Kanten der Form $v_0v_1, v_1v_2, \ldots, v_{r-1}v_r \in E$; hierbei ist $ij = \{i, j\}$ im Fall eines ungerichteten Graphen und $ij = (i, j)$ im Fall einer gerichteten Kantenfolge in einem gerichteten Graphen. Wir bezeichnen solch eine Kantenfolge mit $W = (v_0, v_1, \ldots, v_r)$. v_0 heißt **Anfangsknoten** und v_r **Endknoten** der Kantenfolge. Wenn Anfangsknoten und Endknoten übereinstimmen, heißt W **geschlossen.** Wenn alle Kanten in W verschieden sind, heißt W **Kantenzug.** Wenn alle Knoten (außer v_0 und v_r), die in W auftreten, verschieden sind, heißt W ein **Weg.** r ist die Länge des Weges. Ein geschlossener Weg wird Kreis genannt. Ein Graph heißt **zusammenhängend,** wenn je zwei Knoten durch einen Weg verbunden sind. Eine Komponente eines Graphen G ist ein maximaler zusammenhängender

Teilgraph von G, d. h. wenn man einer Komponente einen Knoten hinzufügt, ist der resultierende Graph nicht mehr zusammenhängend; siehe Abb. 2.4. ♦

Beispiel 2.26
Alle Graphen in den obigen Beispielen sind zusammenhängend. Ein Weg im vollständigen Graphen K_n in Beispiel 2.12, der i und j mit $i < j$ verbindet, ist $(i, i+1, \ldots, j)$. Ein Kreis im Graphen K_n mit $n \geq 3$ ist durch $W = (1, 2, 3, 1)$ gegeben, und in K_2 gibt es keine Kreise. ■

Beispiel 2.27
Als Kreis der Länge $p \geq 3$ wird der Graph $C_p = (\{1, \ldots, p\}, \{12, 23 \ldots, p1\})$ bezeichnet. Seine Kanten sind durch den geschlossenen Weg $W = (1, 2, \ldots, p)$ bestimmt. Die Graphen C_p sind regulär mit $N(i) = 2$ für jeden Knoten i. ■

Beispiel 2.28
Der **Nullgraph** $N_p = (\{1, \ldots, p\}, \emptyset)$ ohne Kanten ist total unzusammenhängend. Seine Komponenten bestehen aus den einzelnen Knoten. ■

Beispiel 2.29
Der Graph $G = (\{1, 2, 3, 4\}, \{12, 34\})$ hat die zwei Komponenten $(\{1, 2\}, \{12\})$ und $(\{3, 4\}, \{34\})$ ■

Definition 2.14
Ein Weg in einem Graphen $G = (V, E)$ heißt **Euler-Weg,** wenn er jede Kante in E genau einmal enthält; sind zusätzlich Anfangs- und Endknoten identisch, spricht man von einem **Euler-Kreis.** Ein Graph heißt **Euler'sch,** wenn er einen Euler-Kreis aufweist. Ein Weg heißt **Hamilton-Weg,** wenn er jeden Knoten in V genau einmal enthält; sind zusätzlich Anfangs- und Endknoten identisch, spricht man von einem **Hamilton'schen Kreis.** Ein Graph heißt **Hamilton'sch,** wenn er einen Hamilton'schen Kreis aufweist. ♦

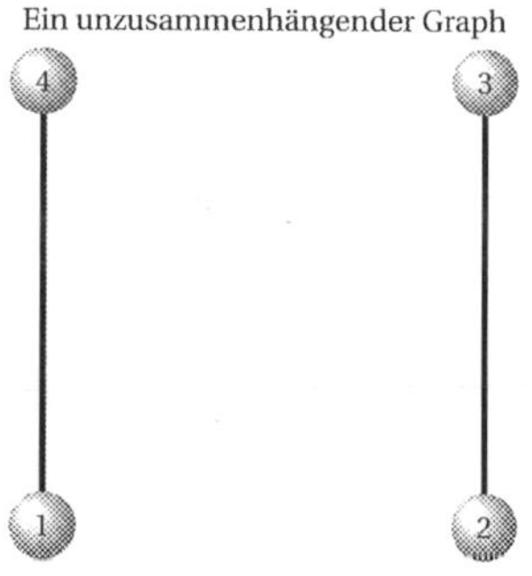

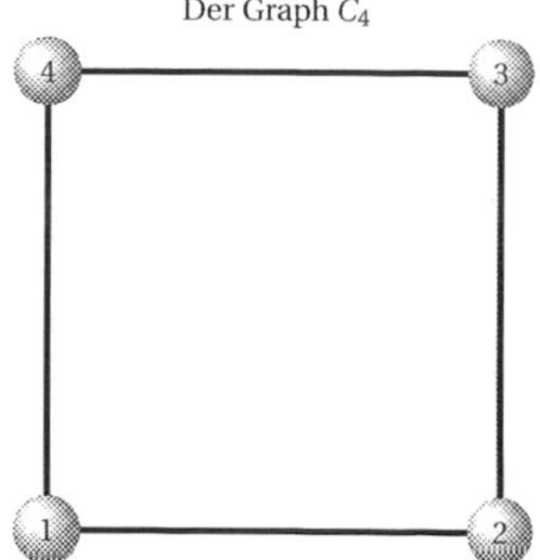

Abb. 2.4 Zwei Graphen auf $\{1, 2, 3, 4\}$

Beispiel 2.30
Der vollständige Graph K_3 ist, wie jeder Kreis C_p mit $p \geq 4$, offenbar Hamilton'sch und Euler'sch. ■

Beispiel 2.31
Der vollständige Graph K_4 ist Hamilton'sch, aber nicht Euler'sch. K_5 ist Hamilton'sch und Euler'sch mit dem Euler-Weg $W = (1, 2, 3, 4, 5, 1, 3, 5, 2, 4, 1)$. Allgemein ist der vollständige Graph K_n Hamilton'sch für alle n, aber nur für ungerade n Euler'sch; siehe Kap. 14 in Jacobs und Jungnickel (2003). ■

Gegenbeispiel 2.32
Der Graph $(\{1, 2, 3, 4, 5\}, \{12, 23, 13, 34, 35, 45\})$ *ist Euler'sch mit dem Euler-Weg* $W = (3, 1, 2, 3, 4, 5, 3)$, *aber nicht Hamilton'sch.*

Definition 2.15
Zwei Graphen $G_1 = (V_1, E_1)$, $G_2 = (V_2, E_2)$ sind **isomorph,** wenn es eine Bijektion $f : V_1 \to V_2$ gibt, die Adjazenz-erhaltend ist. D. h. es ist $ij \in E_1$ genau dann, wenn $f(i)f(j) \in E_2$ ist; siehe Abb. 2.5. ♦

Beispiel 2.33
Die Graphen

$$G_1 = (\{1, 2, 3, 4, 5\}, \{12, 23, 34, 45, 51, 13\}\}$$

und

$$G_2 = (\{1, 2, 3, 4, 5\}, \{12, 23, 34, 45, 51, 24\}\}$$

sind isomorph, vermittels $f(i) = i + 1$ für $i \in \{1, \ldots, 4\}$ und $f(5) = 1$. ■

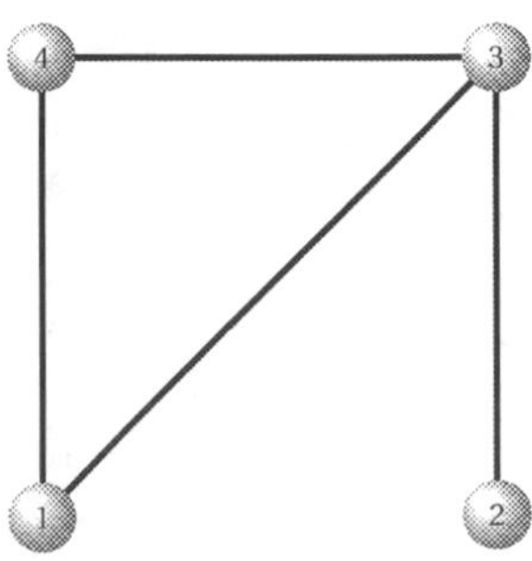

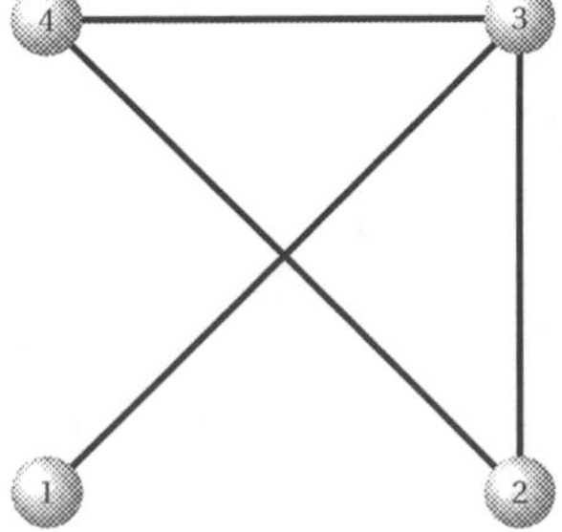

Abb. 2.5 Zwei isomorphe Graphen

Gegenbeispiel 2.34
Die Graphen

$$G_1 = \{(\{1, 2, 3, 4, 5, 6\}, \{12, 23, 34, 45, 56, 61, 13\}\}$$

und

$$G_2 = (\{1, 2, 3, 4, 5, 6\}, \{12, 23, 34, 45, 56, 61, 14\}\}$$

sind nicht isomorph. Der erste Graph enthält Kreise der Länge 3 und 5, der zweite Graph enthält zwei Kreise der Länge 4 und keinen Kreis der Länge 3 oder 5.

2.4 Spezielle Graphen

Definition 2.16
Ein ungerichteter Graph $G = (V, E)$ ist **bipartit,** wenn die Knotenmenge V in zwei Mengen A und B zerlegt werden kann, so dass alle Kanten in E einen Knoten aus A mit einem Knoten aus B verbinden; siehe Abb. 2.6. ♦

Beispiel 2.35
Für $n, m \geq 1$ ist der **vollständige bipartite Graph** $K_{n,m}$ gegeben durch $K_{n,m} = (A \cup B, \{\{a, b\} \mid a \in A, b \in B\})$, wobei A eine n-elementige und B eine zu A disjunkte m-elementige Menge ist. Die bipartiten Graphen $S_m = K_{1,m}$ mit $m \geq 3$ werden **Sterne** genannt. ■

Gegenbeispiel 2.36
Der vollständige Graph K_n ist nicht bipartit für $n > 3$.

Definition 2.17
Ein kreisfreier Graph heißt **Wald.** Ein zusammenhängender Wald heißt **Baum;** siehe Abb. 2.7. Ein Knoten eines Baumes mit Grad 1 wird als **Blatt** bezeichnet. ♦

Beispiel 2.37
Der Stern S_m in Beispiel 2.33 ist ein Baum mit $m - 1$ Blättern. ■

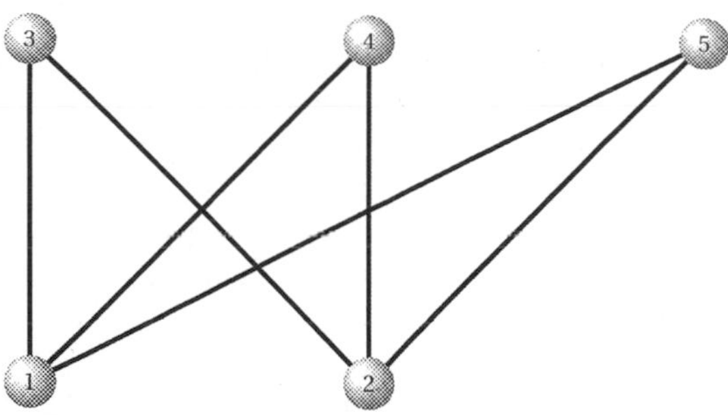

Abb. 2.6 Der vollständige bipartite Graph $K_{2,3}$

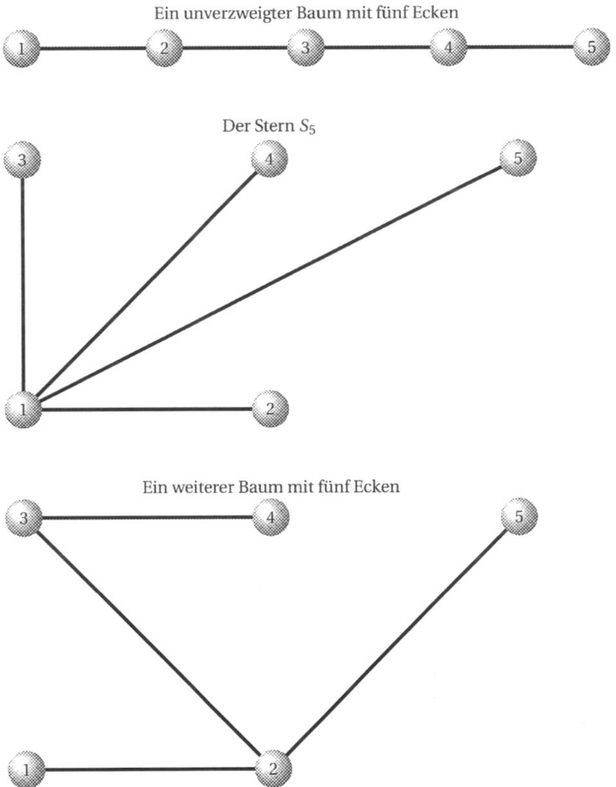

Abb. 2.7 Die Bäume der Ordnung 5

Beispiel 2.38
Bis auf Isomorphie gibt es drei Bäume der Ordnung 5: den unverzweigten Baum $(\{1, 2, 3, 4, 5\}, \{12, 23, 34, 45\})$, den Baum $(\{1, 2, 3, 4, 5\}, \{12, 23, 34, 25\})$ und den Stern S_5; siehe Abb. 2.7. ■

Definition 2.18
Ein **Komet** ist ein Baum mit der Eigenschaft, dass das Entfernen der Blätter einen Stern ergibt. Eine **Raupe** ist ein Baum mit der Eigenschaft, dass das Entfernen der Blätter einen unverzweigten Baum (mit mindestens 2 Knoten) ergibt; siehe Abb. 2.8. Ein **Hummer** ist ein Baum mit der Eigenschaft, dass das Entfernen der Blätter eine Raupe ergibt. ♦

Beispiel 2.39
Der Graph $G = (\{1, 2, 3, 4, 5, 6\}, \{12, 23, 14, 25, 36\})$ ist eine Raupe. Verlängern der Blätter ergibt den Hummer

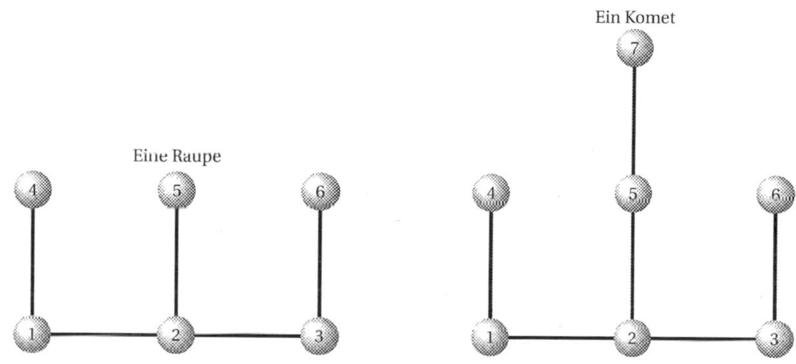

Abb. 2.8 Raupe und Komet

$$G = (\{1, 2, 3, 4, 5, 6, 7, 8, 9, 10\}, \{12, 13, 37, 14, 48, 25, 59, 36, 610\}).$$

■

Beispiel 2.40
Der Graph $G = (\{1, 2, 3, 4, 5, 6\}, \{12, 23, 14, 25, 36, 57\})$ ist ein Komet. ■

Definition 2.19
Ein Graph G ist **planar,** wenn er sich ohne Überschneidungen in die Ebene $\mathbb{R}^2$ einbetten lässt; d. h. es gibt einen zu G isomorphen Graphen $\tilde{G}$, dessen Kanten stetige Kurven in der Ebene sind, die sich nur in Anfangs- und Endpunkten schneiden. Die **Länder** von $\tilde{G}$ sind die Gebiete, die durch die Kanten von $\tilde{G}$ begrenzt sind. ♦

Beispiel 2.41
Bäume und Kreise sind planar. Ebenso ist der vollständige Graph K_4 planar; siehe Abb. 2.9. ■

Gegenbeispiel 2.42
Der vollständige Graph K_5 und der vollständige bipartite Graph $K_{3,3}$ sind nicht planar. Mehr noch, alle nicht planaren Graphen enthalten einen dieser beiden Graphen; siehe Diestel (2010).

Definition 2.20
Ein zusammenhängender regulärer planarer Graph ist **platonisch,** wenn seine Länder eine konstante Anzahl von Kanten haben. ♦

Beispiel 2.43
Es gibt fünf platonische Graphen:

- den Tetraeder mit drei Kanten um jedes Gebiet und Knoten vom Grad drei,
- den Würfel mit vier Kanten um jedes Gebiet und Knoten vom Grad drei,

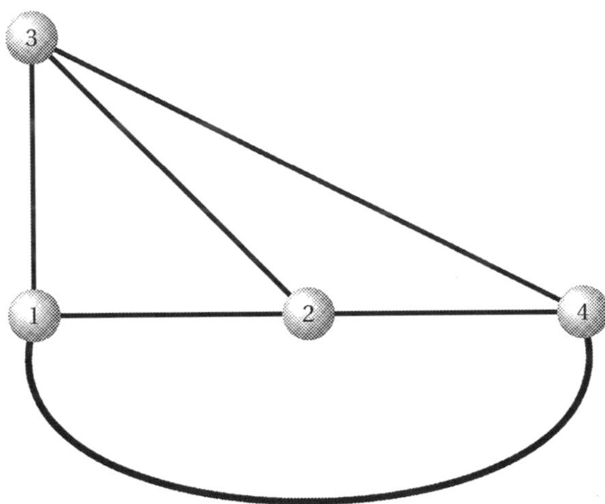

Abb. 2.9 Der Graph K_4 ist planar

- den Oktaeder mit drei Kanten um jedes Gebiet und Knoten vom Grad vier,
- den Dodekaeder mit fünf Kanten um jedes Gebiet und Knoten vom Grad drei,
- den Ikosaeder mit drei Kanten um jedes Gebiet und Knoten vom Grad fünf.

Vergleiche hierzu die Abb. 2.10 und 3.10 in Neunhäuserer (2015). ■

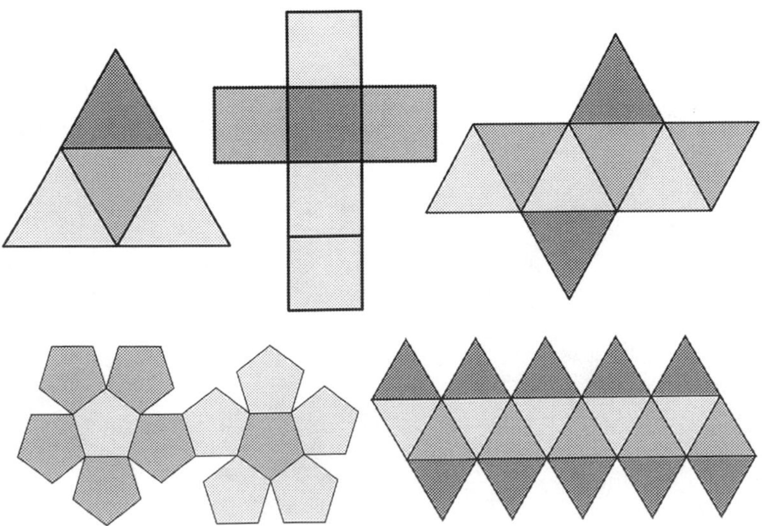

Abb. 2.10 Die Graphen der Netze der fünf platonischen Körper

2.5 Gefärbte und gewichtete Graphen

Definition 2.21
Ein ungerichteter Graph $G = (V, E)$ mit einer surjektiven Abbildung $f : V \to C \subseteq \mathbb{N}$ heißt **knoten-gefärbt.** C ist die Menge der verwendeten Farben. Man nennt eine Knotenfärbung gültig, wenn benachbarte Knoten nicht dieselbe Farbe haben, d.h. wenn gilt: $\{v, w\} \in E \Rightarrow f(v) \neq f(w)$. Ein Graph G heißt k-knoten-färbbar wenn es eine gültige Knotenfärbung von G mit k Farben gibt. Die kleinste Anzahl von Farben einer gültigen Knotenfärbung von G heißt **chromatische Zahl** $\chi(G)$. ♦

Beispiel 2.44
Die identische Abbildung ergibt eine Färbung des vollständigen Graphen K_n mit n Farben. Diese Färbung ist optimal; also gilt $\chi(K_n) = n$. ■

Beispiel 2.45
Ein bipartiter Graph G mit der Knotenmenge $A \cup B$ ist 2-färbbar durch $f(a) = 1$ für $a \in A$ und $f(b) = 2$ für $b \in B$; es gilt $\chi(G) = 2$. ■

Beispiel 2.46
Der berühmte Vier-Farben-Satz besagt, dass jeder planare Graph G 4-färbbar ist, $\chi(G) \leq 4$; siehe Kap. 14 in Jacobs und Jungnickel (2003) und den Beweis in Appel und Haken (1989). ■

Definition 2.22
Ein ungerichteter Graph $G = (V, E)$ mit einer surjektiven Abbildung $f : E \to C \subseteq \mathbb{N}$ heißt **kantengefärbt;** siehe Abb. 2.11. Man nennt eine Kantenfärbung gültig, wenn Kanten mit einem gemeinsamen Knoten nicht dieselbe Farbe haben, d. h. wenn gilt:

$$\{va, wa\} \in E,\ v \neq w \Rightarrow f(va) \neq f(wa).$$

Ein Graph G heißt k-kanten-färbbar, wenn es eine gültige Kantenfärbung von G mit k Farben gibt. Die kleinste Anzahl von Farben einer gültigen Kantenfärbung von G heißt **chromatischer Index,** $\chi'(G)$; siehe Abb. 2.11. ♦

Beispiel 2.47
Ein Kreis C_{2p} gerader Länge ist 2-kanten-färbbar; es gilt $\chi'(C_{2p}) = 2$. Ein Kreis ungerader Länge C_{2p+1} ist 3-kanten-färbbar, und es gilt $\chi'(C_{2p+1}) = 3$. ■

Beispiel 2.48
Der vollständige Graph K_{2n} ist $(2n - 1)$-kanten-färbbar, $\chi'(K_{2n}) = 2n - 1$. Für den vollständigen Graphen K_{2n+1} brauchen wir $2n + 1$ Farben: $\chi'(K_{2n+1}) = 2n + 1$. ■

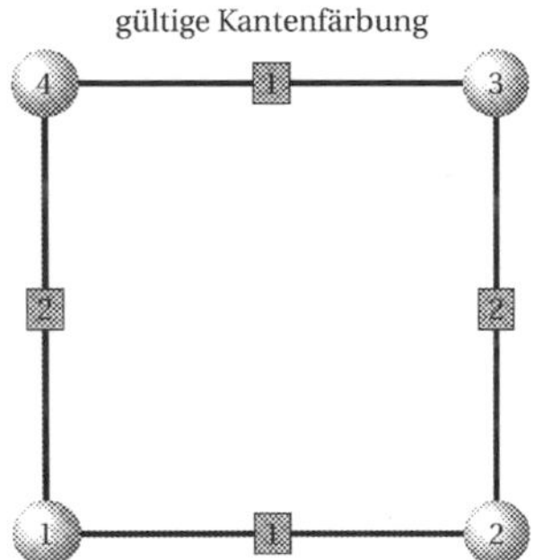

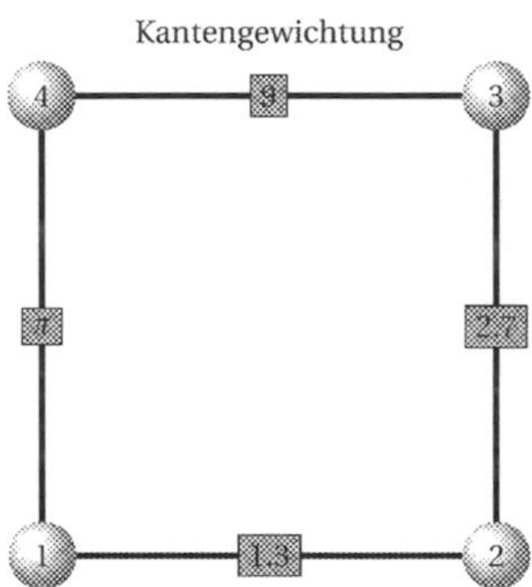

Abb. 2.11 Der Kreis C_4 kantengefärbt und kantengewichtet

Definition 2.23
Ein Graph $G = (V, E)$ mit einer Abbildung $d : E \to \mathbb{R}$ heißt **kantengewichtet;** siehe Abb. 2.11. Liegt eine Abbildung $\tilde{d} : V \to \mathbb{R}$ vor, dann heißt der Graph **knotengewichtet.** $d(e)$ ist das Gewicht der Kante e, und $\tilde{d}(v)$ ist das Gewicht eines Knotens. ♦

Beispiel 2.49
Gewichtete Graphen werden in der angewandten Mathematik untersucht; siehe Tittmann (2011). Ein typisches Beispiel für einen kantengewichteten Graphen ist eine Menge von Städten und die Straßenverbindungen zwischen den Städten gegeben. Die Kantengewichte sind die Längen der verbindenden Straßen. Wählt man als Gewichte die Größen der Städte, erhält man einen knotengewichteten Graphen. ■

Beispiel 2.50
Ein elektrisches Netzwerk mit den Widerständen der Verbindungen lässt sich durch einen kantengewichteten Graphen beschreiben. ■

2.6 Matchings

Definition 2.24
Sei $G = (V, E)$ ein endlicher ungerichteter Graph. $M \subseteq E$ ist ein **Matching,** manchmal auch **Paarung** genant, wenn keine zwei Kanten aus E eine gemeinsame Ecke in V haben. ♦

Beispiel 2.51
Im vollständigen Graphen K_3 bildet jede Kante ein Matching, zwei Kanten bilden jedoch kein Matching, da sie eine Ecke gemeinsam haben. Siehe hierzu Beispiel 1.18. ■

Beispiel 2.52
Im vollständigen Graphen K_4, dargestellt als Quadrat, bilden zwei gegenüberliegende Kanten ein Matching und auch die beiden Diagonalen bilden ein Matching. Alle anderen Paare von Kanten bilden kein Matching. Siehe hierzu Beispiel 1.18 und Abb. 1.3. ■

Definition 2.25
Ein Matching M eines endlichen ungerichteten Graphen $G = (V, E)$ heißt **erweiterbar,** wenn es eine Kante $e \in E$ gibt sodass $M \cup \{e\}$ ein Matching ist. Ein Matching M von G heißt **maximal,** wenn es unter allen Matchings von G maximale Kardinalität hat. Ist M ein solches Matching, so wird dessen Kardinalität **Matchingzahl** von G genannt und mit $\nu(G)$ bezeichnet.. Ein Matching M heißt **perfekt,** wenn die Kanten in M an allen Ecken in V anliegen, also $2|M| = |V|$ gilt. ♦

Beispiel 2.53
Abb. 2.12 zeigt ein Matching, das erweiterbar ist, und ein Matching, das nicht erweiterbar und trotzdem nicht maximal ist. ■

Beispiel 2.54
Abb. 2.13 zeigt ein perfektes Matching, und ein maximales Matching, das nicht perfekt ist. ■

Beispiel 2.55
Der vollständige Graph K_{2n} mit $2n$ Ecken besitzt offenbar ein perfektes Matching und seine Matchingzahl ist damit n; $\nu(K_{2n}) = n$. Der vollständige Graph K_{2n+1} mit $2n + 1$ Ecken besitzt, wie alle Graphen mit einer ungeraden Anzahl von Ecken, kein perfektes Matching, aber dieser Graph hat ein Matching der Kardinalität n; also $\nu(K_{2n}) = n$. Siehe hierzu Beispiel 2.18. ■

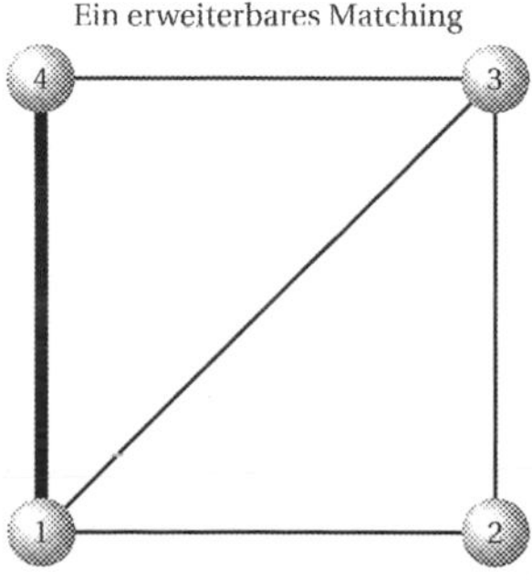

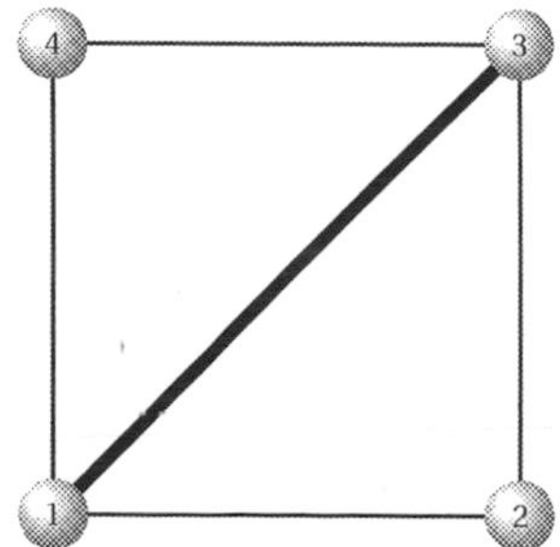

Abb. 2.12 Nicht maximale Matchings

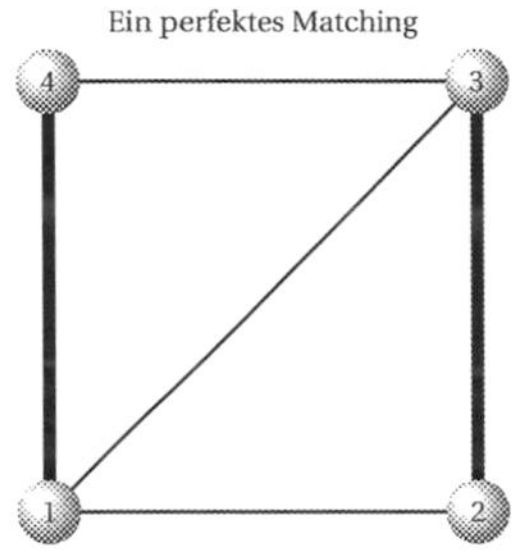

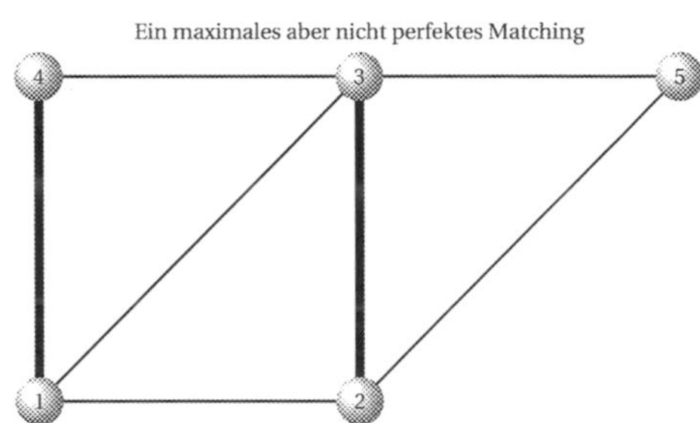

Abb. 2.13 Maximale Matchings

Beispiel 2.56
Der Stern S_m mit $m \geq 3$ besitzt kein perfektes Matching, jedes Matching besteht nur aus einer Kante und ist maximal, also $\nu(S_m) = 1$. Siehe hierzu Beispiel 2.35. ■

Beispiel 2.57
Sei M ein Matching eines endlichen ungerichteten Graphen $G = (V, E)$. Ein Weg in G heißt **erweiternd** oder **augmentierend** (in Bezug auf M) wenn der Start- und der Endknoten des Weges nicht gematcht sind, d. h. diese Knoten liegen an keiner Kante in M an, und die Kanten des Weges liegen abwechselnd in $E \setminus M$ und M. Ein erweiternder Weg definiert ein Matching M', indem die Kanten des Weges, die in M liegen, entfernt und die Kanten des Weges, die nicht in M liegen, hinzugefügt werden. Das resultierende Matching hat eine Kante mehr als das Matching M, also $|M'| = |M| + 1$. ■

Beispiel 2.58
Ein erweiternder Weg im linken Matching in Abb. 2.12 ist $(3, 4), (4, 1), (1, 2)$. Ein erweiternder Weg im rechten Matching ist $(4, 3), (3, 1), (1, 2)$. Beide Wege definieren ein perfektes Matching. ■

Gegenbeispiel 2.59
Zu einem maximalen Matching gibt es offenbar keinen erweiternden Weg. Auch die Umkehrung gilt: Zu jedem Matching, das nicht maximal ist, lässt sich ein erweiternder Weg finden. Dies ist der Satz von Berge.

Algebraische Strukturen

3

Inhaltsverzeichnis

In diesem Kapitel findet der Leser eine Einführung in die Grundbegriffe der Algebra, die Studierende zum Teil schon in den Grundvorlesungen zur Linearen Algebra oder in einer Vorlesung zur Algebra kennen lernen. Wir definieren in den ersten drei Abschnitten die algebraischen Strukturen Gruppe, Ring und Körper und gehen dann auf strukturerhaltende Abbildungen (Homomorphismen) ein. Im Abschnitt über Gruppen führen wir insbesondere die symmetrische Gruppe, die Restklassengruppe und Matrizengruppen ein, definieren Untergruppen, Normalteiler sowie Faktorgruppen und entwickeln zum Schluss den Begriff der auflösbaren Gruppe. Im Abschnitt über Ringe definieren wir insbesondere Integritätsbereiche, euklidische Ringe, Hauptidealringe sowie faktorielle Ringe und geben hierbei sowohl Beispiele als auch Gegenbeispiele an. Im Abschnitt über Körper bestimmen wir Quotientenkörper, Zerfällungskörper und Körpererweiterungen und definieren Eigenschaften von Körpererweiterungen wie Normalität, Separabilität und Auflösbarkeit. Im nächsten Abschnitt des Kapitels werden Homomorphismen und Isomorphismen zwischen Gruppen, Ringen und Körpern definiert, und es wird die Automorphismengruppe einer Körpererweiterung eingeführt. Der Leser findet auch hier zahlreiche Beispiel vor. Im letzten Abschnitt führen wir mit Moduln und Algebren noch weiterführende algebraische Strukturen ein und geben Beispiele dieser Strukturen.

Eine ausgezeichnete kurze Einführung in die Hauptresultate der Algebra bietet Stroth (2012), und eine ausführlichere Darstellung findet der Leser in Bosch (2003).

© Springer-Verlag GmbH Deutschland, ein Teil von Springer Nature 2020

J. Neunhäuser, *Mathematische Begriffe in Beispielen und Bildern*,
https://doi.org/10.1007/978-3-662-60764-0_3

3.1 Gruppen

Definition 3.1
Eine **Gruppe** ist eine Menge G mit einer Verknüpfung $\circ : G \times G \to G$, die folgende Bedingungen für alle $u, v, w \in G$ erfüllt:

1. Existenz eines neutralen Elements $\mathrm{o} \in G$ mit $v \circ \mathrm{o} = \mathrm{o} \circ v = v$,
2. Existenz inverser Elemente $\tilde{v} \in V$ mit $v \circ \tilde{v} = \tilde{v} \circ v = \mathrm{o}$,
3. Assoziativgesetz: $u \circ (v \circ w) = (u \circ v) \circ w$.

Gilt zusätzlich das Kommutativgesetz $u \circ v = v \circ u$ für alle $u, v \in G$, so heißt die Gruppe **Abel'sch.** ♦

Beispiel 3.1
Die ganzen Zahlen $(\mathbb{Z}, +)$, die rationalen Zahlen $(\mathbb{Q}, +)$, die reellen Zahlen $(\mathbb{R}, +)$ und die komplexen Zahlen $(\mathbb{C}, +)$ bilden jeweils mit der Addition Abel'sche Gruppen. Die rationalen Zahlen $(\mathbb{Q}\backslash\{0\}, \cdot)$, die reellen Zahlen $(\mathbb{R}\backslash\{0\}, \cdot)$ und die komplexen Zahlen $(\mathbb{C}\backslash\{0\}, \cdot)$ bilden ohne die Null mit der Multiplikation ebenfalls Abel'sche Gruppen. Das neutrale Element bezüglich der Multiplikation ist die Eins. ■

Gegenbeispiel 3.2
Die natürlichen Zahlen mit der Addition $(\mathbb{N}, +)$ bilden keine Gruppe; es gibt kein neutrales Element und keine inversen Elemente. Die ganzen Zahlen ohne die Null mit der Multiplikation $(\mathbb{Z}\backslash\{0\}, \cdot)$ bilden keine Gruppe; es fehlen inverse Elemente, das neutrale Element ist vorhanden.

Beispiel 3.3
Es gibt jeweils eine Gruppe mit 2 bzw. mit 3 Elementen und zwei Gruppen mit 4 Elementen, wie aus den folgenden Verknüpfungstafeln zu ersehen ist.

$\mathbb{Z}_2$	o	a
o	o	a
a	a	o

$\mathbb{Z}_3$	o	a	b
o	o	a	b
a	a	b	o
b	b	o	a

$\mathbb{Z}_4$	o	a	b	c
o	o	a	b	c
a	a	b	c	o
b	b	c	o	a
c	c	o	a	b

$\mathbb{V}$	o	a	b	c
o	o	a	b	c
a	a	o	c	b
b	b	c	o	a
c	c	b	a	o

Die ersten drei Gruppen hier sind **zyklisch,** d. h. jedes Element ist von der Form a^n. Diese Gruppen sind Abel'sch. Die letzte Gruppe heißt **Klein'sche Vierergruppe** und ist die kleinste nicht-zyklische Gruppe. ■

Beispiel 3.4
Die Menge aller Bijektionen $\mathrm{BIJ}(X)$ auf einer Menge X mit der Hintereinanderausführung

$$f \circ g(x) = f(g(x))$$

bildet eine Gruppe, bei der das neutrale Element die Identität $\mathrm{id}(x) = x$ und das inverse Element zu $f \in \mathrm{BIJ}(X)$ die Umkehrabbildung $f^{-1} \in \mathrm{BIJ}(X)$ ist. Speziell heißt die Menge der Permutationen $S_n = \mathrm{BIJ}(\{1, \ldots n\})$, mit der Hintereinanderausführung die **symmetrische Gruppe.** Diese Gruppe ist für $n \geq 3$ nicht Abel'sch; siche Abb. 3.1 und auch die Definitionen 1.19 und 2.1. ■

Gegenbeispiel 3.5
Die Menge aller Abbildungen X^X auf einer Menge X mit mehr als zwei Elementen bildet keine Gruppe in Bezug auf die Hintereinanderausführung; nicht alle Abbildungen haben Umkehrabbildungen. Die Menge aller injektiven Abbildungen oder aller surjektiven Abbildungen auf einer unendlichen Menge X bildet mit der Hintereinanderausführung aus dem gleichen Grunde keine Gruppe.

Beispiel 3.6
Die Menge der invertierbaren $(n \times n)$-Matrizen $A \in \mathbb{K}^{n \times n}$ über einem Körper $\mathbb{K}$ bildet mit der **Matrizenmultiplikation**

$$A \cdot B = (a_{ij})_{i,j=1,\ldots n} \cdot (b_{ij})_{i,j=1,\ldots,n} = (\sum_{j=1}^{n} a_{ij} b_{jk})_{i,k=1,\ldots n}$$

die **allgemeine lineare Gruppe** $\mathrm{GL}(n, \mathbb{K})$. Die Operation ist für $n \geq 2$ nicht Abel'sch; zum Beispiel gilt

$$\begin{pmatrix} 1 & 2 \\ 1 & 0 \end{pmatrix} \cdot \begin{pmatrix} 1 & 1 \\ 1 & 1 \end{pmatrix} = \begin{pmatrix} 3 & 3 \\ 1 & 1 \end{pmatrix}$$

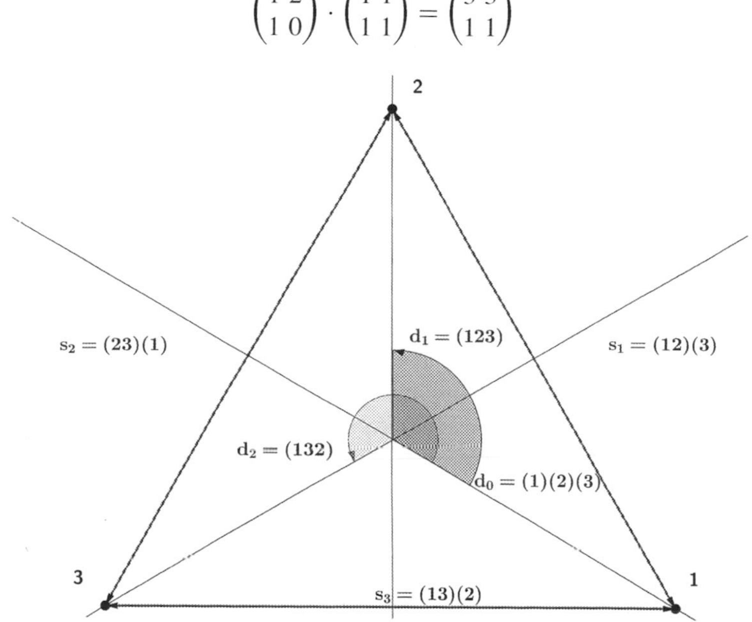

Abb. 3.1 Wirkung der Gruppe S_3 auf das gleichseitige Dreieck

und

$$\begin{pmatrix} 1 & 1 \\ 1 & 1 \end{pmatrix} \cdot \begin{pmatrix} 1 & 2 \\ 1 & 0 \end{pmatrix} = \begin{pmatrix} 2 & 2 \\ 2 & 2 \end{pmatrix}.$$

■

Definition 3.2
Eine Teilmenge U einer Gruppe G ist eine **Untergruppe,** wenn U mit der Verknüpfung $\circ$ auf G selbst eine Gruppe bildet. Eine Untergruppe N ist ein **Normalteiler,** wenn für alle $g \in N$ gilt:

$$g \circ N = \{g \circ n | n \in N\} = \{n \circ g | n \in N\} = N \circ g.$$

Die Menge $G/N = \{g \circ N | g \in G\}$ mit der Verknüpfung

$$(u \circ N) \circ (v \circ N) = u \circ v \circ N$$

ist die **Faktorgruppe.** Das neutrale Element in dieser Gruppe ist N. ♦

Beispiel 3.7
Für $n \in \mathbb{N}$ ist die Menge $n\mathbb{Z} = \{nk | k \in \mathbb{Z}\}$ ein Normalteiler von $(\mathbb{Z}, +)$. Die Faktorgruppe

$$\mathbb{Z}_n := \mathbb{Z}/n\mathbb{Z} = \{\bar{k} := k + n\mathbb{Z} | k \in \{0, 1, \ldots, n-1\}\}$$

ist die **Restklassengruppe** mit neutralem Element $\bar{0} = \mathbb{Z}$. Diese Gruppe ist Abel'sch; man vergleiche hiermit auch Beispiel 2.29. $\mathbb{Z}_n \backslash \{\mathbb{Z}\} = \mathbb{Z}_n \backslash \{\bar{0}\}$ bildet eine Abel'sche Gruppe mit der Multiplikation

$$\bar{u} \cdot \bar{v} = (u + \mathbb{Z}) \cdot (v + \mathbb{Z}) = u \cdot v + \mathbb{Z}$$

genau dann, wenn n eine Primzahl ist. Nur dann existieren alle inversen Restklassen in Bezug auf die Multiplikation. ■

Beispiel 3.8
Die Menge der geraden Permutationen bildet mit der Hintereinanderausführung die alternierende Gruppe A_n; siehe Definition 2.2. Diese Gruppe ist ein Normalteiler der symmetrischen Gruppe S_n. Die Gruppe S_n/A_n besteht aus zwei Elementen und ist isomorph zu $\mathbb{Z}_2$; siehe Definition 3.20. ■

Beispiel 3.9
Die **Diedergruppe** D_4, gegeben als

$$D_4 = \{\mathrm{id}, (1234), (13)(24), (1432), (14)(23), (13)(2)(4), (12)(34), (24)(1)(3)\},$$

ist eine Untergruppe der symmetrischen Gruppe S_4 mit 8 Elementen. Die ersten vier Permutationen kann man als die Wirkung der Drehungen eines Quadrats auf die Ecken $\{1, 2, 3, 4\}$ interpretieren, und die anderen Permutationen lassen sich als die Wirkung der Spiegelungen dieses Quadrats auf die Ecken verstehen; siehe Abb. 3.2. Die allgemeine Diedergruppe D_n beschreibt die Wirkung der n Drehungen und n Spiegelungen eines regelmäßigen n-Eck auf die Ecken. Sie ist eine Untergruppe der symmetrischen Gruppe S_n. ■

Beispiel 3.10
Die Menge der Matrizen über $\mathbb{R}$ mit Determinante 1 bildet die **spezielle lineare Gruppe** $\mathrm{SL}(n, \mathbb{R}) = \{A \in \mathrm{GL}(n, \mathbb{R}) | \det(A) = 1\}$; diese ist ein Normalteiler der **allgemeinen linearen Gruppe** $\mathrm{GL}(n, \mathbb{R})$ über $\mathbb{R}$ bezüglich der Matrizenmultiplikation. Der Quotient $\mathrm{GL}(n, \mathbb{R})/\mathrm{SL}(n, \mathbb{R})$ ist isomorph zur Gruppe $(\mathbb{R}\backslash\{0\}, \cdot)$; siehe Definition 3.20. ■

Gegenbeispiel 3.11
Die Untergruppe $U = \{\mathrm{id}, (12)(3)\}$ *der symmetrischen Gruppe* S_3 *ist kein Normalteiler, wegen*

$$(123) \circ U = \{(123), (13)(2)\} \neq \{(123), (1)(23)\} = U \circ (123);$$

siehe hierzu Definition 2.1.

Definition 3.3
Eine Gruppe G mit neutralem Element o ist **auflösbar**, wenn es eine Folge von Untergruppen N_i, $i = 0, \ldots, n$, von G gibt, sodass gilt:

$$\{\mathrm{o}\} = N_0 \subseteq N_1 \subseteq \cdots \subseteq N_{n-1} \subseteq N_n = G,$$

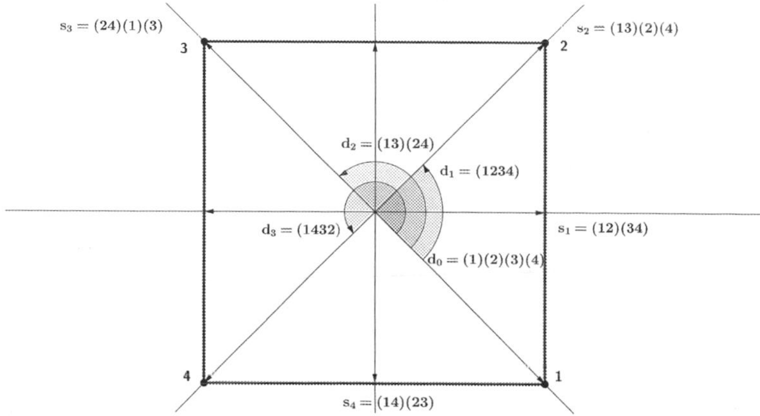

Abb. 3.2 Wirkung der Diedergruppe D_4 auf das Quadrat

wobei N_i ein Normalteiler von N_{i+1} ist und der Quotient N_{i+1}/N_i eine Abel'sche Gruppe darstellt. ♦

Beispiel 3.12
Alle Abel'schen Gruppen sind trivialerweise auflösbar. ■

Beispiel 3.13
Die Gruppe S_3 ist auflösbar mittels der Folge von Untergruppen

$$\{\mathrm{id}\} \subseteq A_3 \subseteq S_3.$$

Die Gruppe S_4 ist auflösbar mittels

$$\{\mathrm{id}\} \subseteq V =: \{\mathrm{id}, (1,2)(3,4), (1,3)(2,4), (1,4)(2,3)\} \subseteq A_4 \subseteq S_4,$$

da V Abel'sch ist. ■

Gegenbeispiel 3.14
Die symmetrischen Gruppen S_n für $n \geq 5$ sind nicht auflösbar. Der Beweis dieses Satzes ist nicht trivial; siehe Kap. 5 *in* Stroth (2012).

3.2 Ringe

Definition 3.4
Eine Abel'sche Gruppe $(R, +)$ mit neutralem Element 0 ist ein **Ring,** wenn eine Verknüpfung $\cdot : R \to R$ existiert, die folgende Bedingungen für alle $u, v, w \in G$ erfüllt:

1. Existenz einer Eins $1 \in R$ mit $v \cdot 1 = 1 \cdot v = v$,
2. Assoziativgesetz: $u \cdot (v \cdot w) = (u \cdot v) \cdot w$,
3. Distributivgesetz: $u \cdot (v + w) = u \cdot v + u \cdot w$ und $(v + w) \cdot u = v \cdot u + w \cdot u$.

Gilt zusätzlich das Kommutativgesetz $u \cdot v = v \cdot u$ für alle $u, v \in R$, so heißt ein Ring **kommutativ.** Ein kommutativer Ringe ist ein **Integritätsbereich,** wenn er **nullteilerfrei** ist, d. h. wenn für alle $u, v \in R$ mit $u \neq 0$ und $v \neq 0$ gilt: $u \cdot v \neq 0$. ♦

Beispiel 3.15
Die ganzen Zahlen $(\mathbb{Z}, +, \cdot)$, die rationalen Zahlen $(\mathbb{Q}, +, \cdot)$, die reellen Zahlen $(\mathbb{R}, +, \cdot)$ und die komplexen Zahlen $(\mathbb{C}, +, \cdot)$ jeweils mit der Addition und Multiplikation, bilden Integritätsbereiche. ■

Beispiel 3.16
Die Restklassen $(\mathbb{Z}_n, +, \cdot)$ in Beispiel 3.5 bilden einen kommutativen Ring, der **Restklassenring** genannt wird. Dieser hat keine Nullteiler genau dann, wenn n eine Primzahl ist. In $\mathbb{Z}_4$ gilt etwa $\bar{2} \cdot \bar{2} = \bar{0}$. ■

Beispiel 3.17
Ist R ein Ring, so bilden die $(n \times n)$-Matrizen $R^{n\times n}$ mit der eintragsweisen Matrixaddition und der Matrixmultiplikation den **vollen Matrizenring** über R. Dieser ist für $n \geq 2$ nicht kommutativ, auch wenn R kommutativ ist; siehe auch Beispiel 3.4. ■

Gegenbeispiel 3.18
Die allgemeine lineare Gruppe $\mathrm{GL}(\mathbb{R}, n)$ *in Beispiel* 3.4 *bildet für* $n \geq 2$ *keinen Ring mit der Matrixaddition und der Matrixmultiplikation. Die Summe von zwei invertierbaren Matrizen ist im Allgemeinen nicht invertierbar.*

Beispiel 3.19
Die **Gauß'schen Zahlen**

$$\mathbb{Z}[i] = \{a + bi \mid a, b \in \mathbb{Z}\}$$

bilden mit der Addition und der Multiplikation komplexer Zahlen $\mathbb{C}$ aus Definition 2.25 einen Integritätsbereich. ■

Definition 3.5
Sei R ein Ring. Die Polynome über R

$$R[x] := \left\{ \sum_{k\in\mathbb{N}} a_k x^k \mid a_k \neq 0 \text{ für endlich viele k} \right\}$$

bilden den **Polynomring** mit der Addition

$$\sum_{k\in\mathbb{N}} a_k x^k + \sum_{k\in\mathbb{N}} b_k x^k = \sum_{k\in\mathbb{N}} (a_k + b_k) x^k$$

und der Multiplikation

$$\sum_{k\in\mathbb{N}} a_k x^k \cdot \sum_{k\in\mathbb{N}} b_k x^k = \sum_{k\in\mathbb{N}} \left(\sum_{i=0}^{k} a_i b_{k-i} \right) x^k.$$

Der **Grad eines Polynoms** $\sum_{k\in\mathbb{N}} a_k x^k \in R[x]$ ist $\mathrm{Grad}(p) = \max\{k \mid a_k \neq 0\}$. Wir merken an, dass sich die Polynome über R formal beschreiben lassen als Menge aller Abbildungen $R^{(\mathbb{N})}$ von $\mathbb{N}$ in den Ring R, die nur für endlich viele $k \in \mathbb{N}$ Werte ungleich null in R annehmen. ♦

Beispiel 3.20
Die Polynome mit ganzzahligen Koeffizienten $\mathbb{Z}[x]$ bilden einen Integritätsbereich. Das Gleiche gilt für die Polynome mit Koeffizienten in $\mathbb{Q}$, $\mathbb{R}$ oder $\mathbb{C}$. Es ist nicht schwer, zu zeigen, dass $R[x]$ ein Integritätsbereich ist, falls R ein solcher ist. ■

Definition 3.6
Sei R ein Integritätsbereich und $a, b \in R$. Dann gilt: a teilt b (auch geschrieben als $a|b$), wenn es ein $r \in R$ gibt, sodass $a \cdot r = b$ ist. $a \in R$ ist eine **Einheit,** wenn es ein $b \in R$ gibt, sodass $a \cdot b = 1$ ist; die Einheiten sind also die Teiler von 1. Die multiplikative Gruppe der Einheiten wird mit $R^{\times}$ bezeichnet. ♦

Beispiel 3.21
Die Einheiten im Ring der ganzen Zahlen $\mathbb{Z}$ sind 1 und -1, also $Z^{\times} = \{1, -1\}$. Das Gleiche ist im Polynomring $\mathbb{Z}[x]$ der Fall. ■

Beispiel 3.22
Im Ring der Gauß'schen Zahlen $\mathbb{Z}[i]$ gilt $\mathbb{Z}[i]^{\times} = \{1, -1, i, -i\}$. ■

Beispiel 3.23
Im Polynomring $\mathbb{R}[x]$ sind die Einheiten die Polynome vom Grad 0 außer dem Nullpolynom. Damit gilt $\mathbb{R}[x]^{\times} = \mathbb{R}\backslash\{0\}$. Die Einheiten aller Polynomringe über einem Körper sind durch die Elemente des Körpers außer der 0 gegeben. ■

Definition 3.7
Sei R ein Integritätsbereich, $p \in R$, $p \neq 0$, und sei p keine Einheit. Dann ist p ein **irreduzibles Element** in R, wenn die Teiler von p ausschließlich Einheiten sind. p ist ein **Primelement** in R, wenn gilt:

$$p|a \cdot b \;\Rightarrow\; p|a,\; mboxoder\; p|b.$$

♦

Beispiel 3.24
In $\mathbb{Z}$ sind die irreduziblen Elemente und die Primelemente gegeben durch $\pm p$, wobei p eine Primzahl ist. ■

Beispiel 3.25
Es ist leicht zu sehen, dass Primelemente irreduzibel sind, aber die Umkehrung gilt nicht in allen Ringen. Man betrachte hierzu als Beispiel den Ring

$$\mathbb{Z}\left[\sqrt{-5}\right] = \left\{a + b\sqrt{-5} \mid a, b \in \mathbb{Z}\right\}.$$

3 ist irreduzibel in diesem Ring, da

$$3 = \left(a - b\sqrt{5}\right)\left(c - d\sqrt{5}\right)$$

$a = \pm 1$ und $b = 0$ impliziert. Die Teiler von 3 sind also Einheiten. 3 ist aber kein Primelement, da 3 ein Teiler von

$$9 = \left(3 + \sqrt{5}\right)\left(3 - \sqrt{5}\right)$$

ist, ohne einen der Faktoren zu teilen. ■

Definition 3.8
Ein Integritätsbereich R wird **euklidischer Ring** genannt, wenn es eine Abbildung $\phi : R\backslash\{0\} \to \mathbb{N}_0$ gibt, sodass gilt:

1. Ist $ab \neq 0$ so ist $\phi(ab) \geq \phi(a)$;
2. für $a, b \in R$ mit $a \neq 0$ gibt es $q, r \in R$, mit $b = qa + r$, wobei $r = 0$ oder $\phi(r) < \phi(a)$ ist.

$b = qa + r$ können wir als Division von b durch a mit Rest r verstehen, wobei der Wert von der Funktion ϕ des Restes r kleiner ist als der Wert von a. ♦

Beispiel 3.26
$\mathbb{Z}$ mit $\phi(x) = |x|$ ist ein euklidischer Ring. Auch $\mathbb{Z}[i]$ mit

$$\phi(z) = |z|^2 = |a + bi|^2 = a^2 + b^2$$

bildet einen euklidischen Ring. ■

Beispiel 3.27
Der Polynomring $\mathbb{R}[x]$ bildet mit $\phi(p) = \text{Grad}(p)$ einen euklidischen Ring. Dies gilt für alle Polynomringe über Körper. ■

Gegenbeispiel 3.28
Die Polynome $\mathbb{Z}[x]$ über $\mathbb{Z}$ bilden keinen euklidischen Ring. Dies ist nicht leicht zu zeigen; siehe Kap. 1 *in* Stroth (2012).

Definition 3.9
Sei R ein kommutativer Ring und $I \subseteq R$. Dann ist I ein **Ideal,** wenn $(I, +)$ eine Untergruppe von $(R, +)$ ist und $aI = \{ax \mid x \in I\} \subseteq I$ für alle $a \in R$ gilt. Ein Ideal heißt **Hauptideal,** wenn es die Form $I = aR = \{ar \mid r \in R\}$ hat. Ein Ideal heißt **Primideal,** wenn $ab \in I$ genau dann der Fall ist, wenn $a \in I$ oder $b \in I$ ist. Ein Integritätsbereich R heißt **Hauptidealring,** wenn jedes Ideal in R ein Hauptideal ist. ♦

Beispiel 3.29
Es ist nicht schwer zu zeigen, dass jeder euklidische Ring ein Hauptidealring ist. Die obigen Beispiele euklidischer Ringe sind also auch Beispiele für Hauptidealringe. ■

Beispiel 3.30
In $\mathbb{Z}[x]$ bestimmt $I = \{2p + xq \mid p, q \in \mathbb{Z}[x]\}$ ein Ideal, das kein Hauptideal ist. $\mathbb{Z}[x]$ ist damit kein Hauptidealring. ■

Beispiel 3.31
Der Ring $\mathbb{Z}[(1+\sqrt{-19})/2]$ ist ein Hauptidealring, der nicht euklidisch ist; siehe Kap. 1 in Stroth (2012). ■

Beispiel 3.32
In $\mathbb{Z}$ ist $p\mathbb{Z}$ offenbar genau dann ein Primideal, wenn p ein Primelement ist und dies ist genau dann der Fall, wenn p irreduzibel ist. Dies lässt sich auf alle Hauptidealringe verallgemeinern. ■

Definition 3.10
Sei R ein Integritätsbereich. R ist **faktoriell,** auch **Ring mit eindeutiger Primfaktorzerlegung** (EPZ-Ring) genannt, falls sich alle $a \in R$ mit $a = 0$, wobei a keine Einheit ist, als

$$a = p_1 \cdot p_2 \cdots p_k$$

mit irreduziblen Elementen $p_1, p_2, \ldots, p_k \in R$ schreiben lassen und diese Zerlegung bis auf die Multiplikation mit Einheiten und die Reihenfolge der Faktoren eindeutig ist. ♦

Beispiel 3.33
Es lässt sich zeigen, dass alle Hauptidealringe faktoriell sind; siehe Stroth (2012). Wir kennen also schon eine Reihe von faktoriellen Ringen. ■

Beispiel 3.34
$\mathbb{Z}[x]$ ist ein faktorieller Ring, der kein Hauptidealring ist, wir verweisen für den Beweis wieder auf Stroth (2012). Ein Beispiel einer Primfaktorzerlegung in diesem Ring ist

$$x^6 - 1 = (x-1)(x+1)(x^2+x+1)(x^2-x+1).$$

Es sei noch angemerkt, dass sich mit einigem Aufwand zeigen lässt, dass der Polynomring $R[x]$ ein faktorieller Ring ist, wenn R faktoriell ist. ■

Gegenbeispiel 3.35
Der Ring $\mathbb{Z}[\sqrt{5}]$ in Beispiel 3.19 *ist nicht faktoriell, da in einem faktoriellen Ring irreduzible Elemente Primelemente sind.*

Definition 3.11
Sei R ein Integritätsbereich und $a, b \in R$. Dann heißt c **größter gemeinsamer Teiler** (ggT) von a, b, wenn c sowohl a als auch b teilt und jeder Teiler von a und b auch c teilt. ♦

Beispiel 3.36
In faktoriellen Ringen existiert der ggT und lässt sich aus der Primfaktorzerlegung ablesen. So erhält man etwa

$$\mathrm{ggT}(x^6 - 1, x^3 + 2x^2 + 2x + 1) = x^2 + x + 1$$

in $\mathbb{Z}[x]$. ■

Beispiel 3.37
In euklidischen Ringen bestimmt man den ggT effizient mit dem euklidischen Algorithmus; siehe Abschn. 11.1. ■

Gegenbeispiel 3.38
Im Ring $[\sqrt{5}]$ *haben nicht alle Paare von Elementen einen ggT; siehe hierzu* Kap. 1 *in* Stroth (2012).

3.3 Körper

Definition 3.12
Sei $(K, +, \cdot)$ ein Ring. Ist $(K\backslash\{0\}, \cdot)$ eine Gruppe, so ist $(K, +, \cdot)$ ein **Schiefkörper;** ist diese Gruppe Abel'sch, so ist $(K, +, \cdot)$ ein **Körper.** Körper sind also kommutative Ringe, in denen die inversen Elemente der Multiplikation existieren. ♦

Beispiel 3.39
Die rationalen Zahlen $(\mathbb{Q}, +, \cdot)$, die reellen Zahlen $(\mathbb{R}, +, \cdot)$ und die komplexen Zahlen $(\mathbb{C}, +, \cdot)$ sind Körper. Diese Körper nennt man **Zahlenkörper.** ■

Beispiel 3.40
Die Hamilton'schen Quaternionen $(\mathbb{H}, +, \cdot)$ aus Definition 2.27 bilden einen Schiefkörper, aber keinen Körper, da die Multiplikation nicht kommutativ ist. ■

Beispiel 3.41
Der Restklassenring $(\mathbb{Z}_p, +, \cdot)$ in Beispiel 3.12 bildet einen Körper genau dann, wenn p eine Primzahl ist. In diesem Fall ist $ggT(p, r) = 1$ für alle r mit $1 \leq r < p$, und damit ist $1 = nr + mp$ mit $n, m \in \mathbb{Z}$. Die Restklasse $\bar{r}$ ist also die inverse Restklasse zu $\bar{r}$. Der Restklassenring $\mathbb{Z}_p$ wird auch **Galois-Körper** der Ordnung p genannt. ■

Gegenbeispiel 3.42
Die Polynomringe in Definition 3.5 *bilden keinen Körper, denn in ihnen fehlen die inversen Elemente der Multiplikation.*

Definition 3.13
Sei $(R, +, \cdot)$ Integritätsbereich. Der Quotientenkörper von R ist gegeben durch $K = R \times (R\backslash\{0\})/ \sim$, wobei die Äquivalenzrelation $\sim$ durch

$$(a, b) \sim (c, d) :\Leftrightarrow ad = cb$$

definiert ist. Mit der Festlegung $\frac{a}{b} = (a, b)$ sind die Addition und die Multiplikation in K durch

$$\frac{a}{b} + \frac{c}{d} = \frac{ad + cb}{bd} \quad \frac{a}{b} \cdot \frac{c}{d} = \frac{ac}{bd}$$

festgelegt. ♦

Beispiel 3.43
Der Quotientenkörper von $\mathbb{Z}$ ist $\mathbb{Q}$, und die hier gegebene allgemeine Konstruktion stimmt mit der Konstruktion von $\mathbb{Q}$ in Definition 2.24 überein. ■

Beispiel 3.44
Der Quotientenkörper der Polynomringe $\mathbb{Z}[x]$ und $\mathbb{Q}[x]$ ist der **rationale Funktionenkörper**

$$\mathbb{Z}(x) = \mathbb{Q}(x) = \{f/g \mid f, g \in \mathbb{Z},\ g \neq 0\} = \{f/g \mid f, g \in \mathbb{Q},\ g \neq 0\}.$$

Die Räume sind identisch, da der Quotientenkörper von $\mathbb{Z}[x]$ die rationalen Zahlen $\mathbb{Q}$ und damit ganz $\mathbb{Q}(x)$ enthält. Generell ersetzt man beim Übergang eines Polynomringes zu einem rationalen Funktionenkörper $R[x]$ durch $R(x)$. ■

Definition 3.14
Seien $(k, +, \cdot)$ und $(K, +, \cdot)$ zwei Körper mit $k \subseteq K$, wobei die Verknüpfungen in k die Einschränkungen der Verknüpfungen in K sind. k heißt in diesem Fall **Unterkörper** von K, und K wird **Körpererweiterung** von k genannt. Ein Element $a \in K$ heißt **algebraisch** über k, wenn ein Polynom $f \in k[x]\backslash\{0\}$ mit $f(a) = 0$ existiert. Ist dies nicht der Fall, nennen wir a **transzendent.** Sind alle $a \in K$ algebraisch über k, so heißt die Körpererweiterung K algebraisch, sonst heißt sie transzendent. Der **Grad der Körperweiterung** $[K : k]$ ist die Dimension von K als Vektorraum über k; siehe Definition 4.5. ♦

Beispiel 3.45
Der Körper $\mathbb{Q}(\sqrt{2}) = \{a + b\sqrt{2} \mid a, b \in \mathbb{Q}\}$ ist eine algebraische Erweiterung von $\mathbb{Q}$ vom Grad 2. Das Gleiche gilt für $\mathbb{Q}(i) = \{a + bi \mid a, b \in \mathbb{Q}\}$, wobei $i = \sqrt{-1}$ die imaginäre Einheit ist. ■

Beispiel 3.46
Der Körper der **algebraischen Zahlen,**

$$\mathbb{A} = \{z \in \mathbb{C} \mid \exists p \in \mathbb{Q}[x], p \neq 0 \ :\ p(z) = 0\},$$

ist eine algebraische Erweiterung von $\mathbb{Q}$. Der Grad der Erweiterung ist abzählbar unendlich. ■

Beispiel 3.47
Die reellen Zahlen $\mathbb{R}$ bilden eine transzendente Erweiterung von $\mathbb{Q}$, da es nicht-algebraische Zahlen gibt. Der Grad der Erweiterung ist überabzählbar unendlich. ■

Beispiel 3.48
Der Quotientenkörper $\mathbb{Q}(x)$ des Polynomringes $\mathbb{Q}[x]$ ist eine transzendente Erweiterung von $\mathbb{Q}$. Der Grad der Erweiterung ist abzählbar unendlich. Das Gleiche gilt für den Quotientenkörper $\mathbb{Q}(\pi)$ des Ringes der Polynome $\mathbb{Q}[\pi]$ in π, da π keine algebraische Zahl ist. Dies ist das berühmte Resultat von Lindemann (1882). ■

Definition 3.15
Ist $\alpha \in K$, und ist K eine Körpererweiterung von $\mathbb{Q}$ vom Grad 2^n für ein $n \in \mathbb{N}$, so nennen wir α mit **Zirkel und Lineal konstruierbar.** Die Motivation für diese Definition ist, dass sich mit Zirkel und Lineal Summe, Differenz, Produkt und Quotienten von zwei Zahlen und die Quadratwurzel einer gegeben Zahl konstruieren lassen; siehe Neunhäuserer (2015). ♦

Beispiel 3.49
$\alpha = \cos(2\pi/5) = (\sqrt{5} - 1)/4$ ist mit Zirkel und Lineal konstruierbar. Dies gilt auch für $\alpha = \cos(2\pi/17)$; diese Zahl ist enthalten in einer Körpererweiterung von $\mathbb{Q}$ vom Grad 8. Geometrisch bedeutet dies, dass die Winkel $2\pi/5$ und $2\pi/17$ und damit das regelmäßige Fünfeck und das regelmäßige Siebzehneck mit Zirkel und Lineal konstruierbar sind. ■

Gegenbeispiel 3.50
π, $\sqrt[3]{2}$ *und* $\cos(\pi/9)$ *sind nicht mit Zirkel und Lineal konstruierbar. Im ersten Fall ist der Grad eines Erweiterungskörpers, der die Zahl enthält, unendlich, und in den beiden anderen Fällen ist der Grad der Erweiterung gleich drei;* $\cos(\pi/9)$ *ist die Lösung von* $x^3 - 3x - 1 = 0$. *Geometrisch bedeutet dies, dass die Quadratur des Kreises, die Verdopplung des Würfelvolumens, und die Dreiteilung eines Winkels mit Zirkel und Lineal nicht möglich sind.*

Definition 3.16
Sei K eine Körpererweiterung von k, und sei $a \in K$ algebraisch. Ein Polynom $f \in K[x]$ mit 1 als führendem Koeffizienten heißt **Minimalpolynom** von a über K, wenn $f(a) = 0$ und f minimal bezüglich des Grades mit dieser Eigenschaft ist. Man kann zeigen, dass das Minimalpolynom existiert und eindeutig ist; siehe Kap. 2 in Stanley (1999). ♦

Beispiel 3.51
Das Minimalpolynom von $\sqrt{2} \in \mathbb{R}$ über $\mathbb{Q}$ ist $f = x^2 - 2$. Das Minimalpolynom von $i \in \mathbb{C}$ über $\mathbb{Q}$ ist $f = x^2 + 1$. ■

Gegenbeispiel 3.52
Die Polynome $f = 2x^2 - 4$ *oder* $f = x^3 - 2x$ *sind keine Minimalpolynome von* $\sqrt{2}$, *obwohl* $\sqrt{2}$ *eine ihrer Nullstellen in* $\mathbb{R}$ *ist.*

Definition 3.17
Sei k ein Körper, und sei $f \in k[x]$ ein Polynom. Ein Erweiterungskörper K von k heißt **Zerfällungskörper** von f über k, wenn Folgendes zutrifft:

1. f in K zerfällt in **Linearfaktoren,** d. h. es ist

$$f = c(x - \alpha_1) \cdot \ldots \cdot (x - \alpha_n)$$

   für $c \in k$ und $\alpha_1, \ldots, \alpha_n \in K$;
2. K mit dieser Eigenschaft ist minimal, d. h. K ist der Schnitt aller Körper, die die Eigenschaft **1.** haben.

Wir schreiben in diesem Fall $K = k(\alpha_1, \ldots, \alpha_n)$ und die α_i werden **adjungierte Nullstellen** genannt. Ist $F \subseteq k[x]$ eine Menge von Polynomen, die in K in Linearfaktoren zerfallen, und ist K minimal mit dieser Eigenschaft, so ist K der Zerfällungskörper von F über k. Ist K ein Zerfällungskörper einer Menge von Polynomen $F \in k[x]$, so heißt K **normale Körpererweiterung** von k. Schließlich wird ein Körper K **algebraisch abgeschlossen** genannt, wenn jedes Polynom in $K[x]$ schon in K in Linearfaktoren zerfällt. ♦

Beispiel 3.53
Die Körper der algebraischen Zahlen, $\mathbb{A}$, und der komplexen Zahlen, $\mathbb{C}$, sind algebraisch abgeschlossen. Die zweite Aussage ist der bekannte Fundamentalsatz der Algebra; siehe Kap. 6 in Neunhäuserer (2015). Der Körper der reellen Zahlen ist nicht algebraisch abgeschlossen, da $f = x^2 + 1 \in \mathbb{R}[x]$ in $\mathbb{R}$ nicht in Linearfaktoren zerfällt. ■

Beispiel 3.54
Sei $f = x^2 - 2 \in \mathbb{Q}[x]$. In $\mathbb{C}$ gilt $f = (x - \sqrt{2})(x + \sqrt{2})$. Der Zerfällungskörper von f über $\mathbb{Q}$ ist damit $\mathbb{Q}(\sqrt{2})$, und diese Erweiterung ist normal. ■

Beispiel 3.55
Sei $f = x^4 - x^2 - 2 \in \mathbb{Q}[x]$. In $\mathbb{C}$ erhalten wir $f = (x - \sqrt{2})(x + \sqrt{2})(x - i)(x + i)$. Der Zerfällungskörper von f über $\mathbb{Q}$ ist also $\mathbb{Q}(i, \sqrt{2})$ und diese Erweiterung ist normal. ■

Beispiel 3.56
Der Zerfällungskörper von $f = x^n - 1 \in \mathbb{Q}[x]$ mit $n \in \mathbb{N}$ wird n-ter **Kreisteilungskörper** genannt. Die Nullstellen von f in $\mathbb{C}$ sind die **Einheitswurzeln**

$$\zeta_n^k = \cos(2\pi k/n) + \sin(2\pi k/n)i \quad k = 0 \ldots n - 1,$$

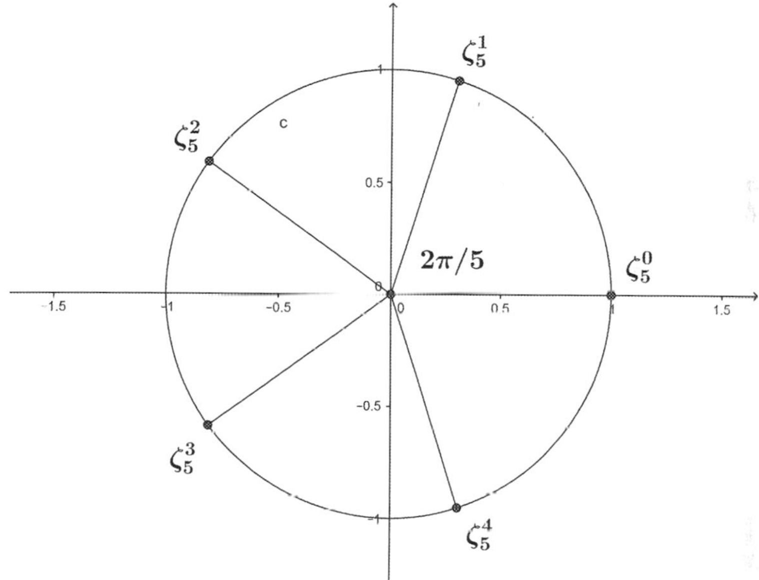

Abb. 3.3 Die fünften Einheitswurzeln

und der Kreisteilungskörper entsteht durch Adjunktion von ζ_n^1; siehe Abb. 3.3. Man vergleiche hierzu auch Beispiel 9.27. ■

Gegenbeispiel 3.57
Der Körper $\mathbb{Q}(\sqrt[3]{2})$ ist keine normale Körpererweiterung von $\mathbb{Q}$. Das Minimalpolynom von $\sqrt[3]{2}$ ist $f = x^3 - 2$ und zerfällt in $\mathbb{Q}(\sqrt[3]{2})$ nicht in Linearfaktoren. Der Zerfällungskörper K dieses Polynoms ist

$$\mathbb{Q}(\sqrt[3]{2}, \omega),$$

wobei $\omega = (\sqrt[3]{2}i - 1)/2$ eine dritte Einheitswurzel ist. Die drei Lösungen von $f(x) = 0$ sind $\sqrt[3]{2}, \sqrt[3]{2}\omega, \sqrt[3]{2}\omega^2 \in K$.

Definition 3.18
Sei k ein Körper. Ein Polynom $f \in k[x]$ heißt **separabel,** wenn f in seinem Zerfällungskörper nur einfache Nullstellen hat, also in verschiedene Linearfaktoren zerfällt. Der Körper k heißt **perfekt,** wenn jedes irreduzible Polynom $f \in k[x]$ separabel ist. Ist K ein Erweiterungskörper von k und ist $a \in K$ algebraisch über k, so heißt a separabel, wenn das Minimalpoynom von a separabel ist. Sind alle Elemente aus K separabel über k, so wird die Körpererweiterung separabel genannt. ♦

Beispiel 3.58
Man kann zeigen, dass alle Körper, in denen jede Summe von Einsen $1 + \cdots + 1$ nicht null ist, einen perfekten Körper bilden; siehe Stroth (2012). $\mathbb{Q}$, $\mathbb{R}$ und $\mathbb{C}$ sind damit perfekt, und alle oben angegebenen Körpererweiterungen sind damit separabel. ■

Gegenbeispiel 3.59
Seien p eine Primzahl, $\mathbb{Z}_p$ der Körper der Restklassen sowie $k = \mathbb{Z}_p(t)$ der Quotientenkörper der Polynome in $\mathbb{Z}_p[t]$. Das Polynom $f = x^p - t$ ist irreduzibel in $K[t]$. Man betrachte nun den Körper $K = k(\sqrt[p]{t})$. Es gilt

$$x^p - t = (x - \sqrt[p]{t})^p.$$

Das Polynom ist nicht separabel; es zerfällt nicht in verschiedene Linearfaktoren. Damit ist die Körpererweiterung K über k nicht separabel.

Definition 3.19
Zusammenfassend wird eine algebraische Körpererweiterung **Galois'sch** genannt, wenn sie normal und separabel ist. ♦

Definition 3.20
Seien k ein perfekter Körper und $f \in k[x]$ ein Polynom mit Zerfällungskörper K. f heißt durch Radikale (oder Wurzeln) **auflösbar,** wenn eine Folge von Körpererweiterungen k_i existiert, sodass gilt:

$$k = k_0 \subseteq k_1 \subseteq \cdots \subseteq k_{n-1} \subseteq K \subseteq k_n$$

sowie $k_{i+1} = k_i(\sqrt[n_i]{a_i})$ für $a_i \in k_i$ und $n_i \in \mathbb{N}$. Die Erweiterung $k_i \subseteq k_{i+1}$ wird einfache **Radikalerweiterung** genannt. ♦

Beispiel 3.60
Seien $f = x^3 - 2$ in $\mathbb{Q}[x]$ und K der Zerfällungskörper von f. Dann ist f auflösbar durch die Körpererweiterungen

$$\mathbb{Q} \subseteq \mathbb{Q}(\sqrt[3]{2}) \subseteq \mathbb{Q}(\sqrt[3]{2}, \omega) = K,$$

wobei $\omega = (\sqrt[3]{2}i - 1)/2$ eine dritte Einheitswurzel ist. ■

Beispiel 3.61
Die Lösungen aller Gleichungen $f(x) = 0$ mit $f \in \mathbb{Q}[x]$ vom Grad kleiner 5 lassen sich durch verschachtelte Wurzeln angeben; siehe Neunhäuserer (2015). f ist in diesem Fall auflösbar im Sinne obiger Definition. ■

Gegenbeispiel 3.62
Das Polynom $f = x^5 - x + 1 \in \mathbb{Q}[x]$ ist nicht auflösbar, d. h. die Lösungen von $f(x) = 0$ lassen sich nicht durch verschachtelte Wurzeln angeben. Die Galois-Gruppe von f, die wir im nächsten Abschnitt definieren, ist die symmetrische Gruppe

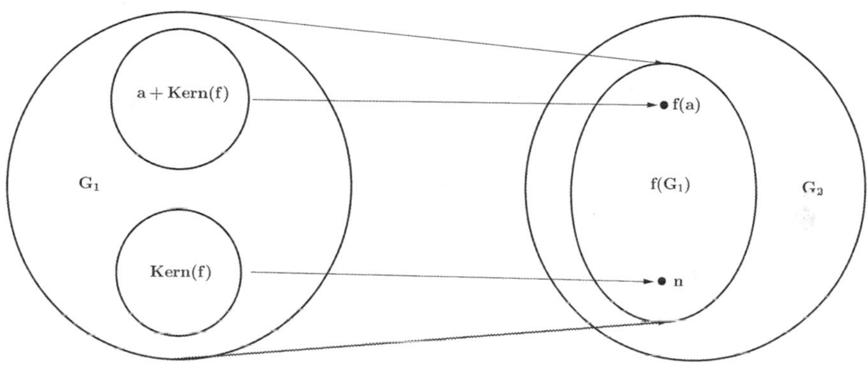

Abb. 3.4 Kern und Bild eines Gruppenhomomorphismus

S_5. *Diese Gruppe ist im Sinne der Definition* 3.3 *nicht auflösbar und die Galois-Theorie folgert, dass* f *nicht auflösbar ist. Eine Ausarbeitung der Galois-Theorie findet der Leser in* Bosch (2003).

3.4 Homomorphismen

Definition 3.21
Seien $(G_1, \circ)$ und $(G_2, \circ)$ zwei Gruppen. Eine Abbildung $f : G_1 \to G_2$ heißt **Gruppenhomomorphismus,** wenn $f(a \circ b) = f(a) \circ f(b)$ für alle $a, b \in G_1$ gilt. Ist f zusätzlich bijektiv, sprechen wir von einem **Gruppenisomorphismus;** siehe Abb. 3.4. Ein Gruppenisomorphismus $f : G \to G$ wird auch **Gruppenautomorphismus** genannt. Der **Kern eines Gruppenhomomorphismus** ist

$$\text{Kern}(f) = \{g \in G_1 \mid f(g) = n\},$$

wobei hier n das neutrale Element in G_2 bezeichnet. ♦

Beispiel 3.63
Man betrachte die Gruppe $(\mathbb{Z}, +)$. Für $a \in \mathbb{Z}$ ist die Abbildung $f_a : \mathbb{Z} \to a\mathbb{Z}$ ein Homomorphismus. Ist $a = \pm 1$, so handelt es sich sogar um einen Automorphismus. Für $a \neq 0$ ist die Abbildung injektiv und damit $\text{Kern}(f) = 0$. Im Fall $a = 0$ ist der Kern ganz $\mathbb{Z}$. ■

Beispiel 3.64
Man betrachte die Gruppe $(\mathbb{Z}, +)$ und die Restklassengruppe $(\mathbb{Z}_n, +)$ für $n \in \mathbb{N}$. Die Abbildung $f : \mathbb{Z} \to \mathbb{Z}_n$, gegeben durch $f(q) = q + n\mathbb{Z}$, ist ein Homomorphismus mit $\text{Kern}(f) = n\mathbb{Z}$. ■

Beispiel 3.65
Seien $G = \{g_1, \ldots, g_n\}$ eine beliebige endliche Gruppe mit einer Verknüpfung $\circ$ und S_n die Menge der Bijektionen $f : G \to G$. Die Abbildung $T : G \to S_n$, gegeben durch $T(g) = f_g$, wobei $f_g(a) = a \circ g$ ist, ist ein Homomorphismus. Die Abbildung ist sogar injektiv, sodass $T : G \to T(G)$ einen Isomorphismus darstellt. ■

Definition 3.22
Seien $(R_1, +, \cdot)$ und $(R_2, +, \cdot)$ zwei Ringe. Eine Abbildung $f : R_1 \to R_2$ heißt **Ringhomomorphismus,** wenn

$$f(a + b) = f(a) + f(b) \text{ und } f(a \cdot b) = f(a) \cdot f(b)$$

für alle $a, b \in R_1$ und zusätzlich $f(1) = 1$ gilt. Ist f zusätzlich bijektiv, sprechen wir von einem **Ringisomorphismus.** Ein Ringhomomorphismus $f : G \to G$ wird auch **Ringautomorphismus** genannt. Der **Kern eines Ringhomomorphismus** ist $\text{Kern}(f) = \{g \in R_1 \mid f(g) = 0\}$. Sind R_1 und R_2 nicht nur Ringe, sondern Körper, so wird ein Ringhomomorphismus **Körperhomomorphismus** genannt. Ein **Körperisomorphismus** und ein **Körperautomorphismus** sind in gleicher Weise definiert. ♦

Beispiel 3.66
Die Abbildung in Beispiel 3.49 bildet nicht nur einen Gruppen-, sondern auch einen Ringhomomorphismus. Die Abbildung in Beispiel 3.48 ist kein Ringhomomorphismus. ■

Beispiel 3.67
Seien $R[x]$ ein Polynomring über einem Ring R und S ein Ring mit $R \subseteq S$ sowie $s \in S$. Die Abbildung $f : R[x] \to S$, mit

$$f\left(\sum_{k=0}^{n} a_k x^k\right) = \sum_{k=0}^{n} a_k s^k,$$

definiert einen Ringhomomorphismus. Dieser wird **Einsetzungshomomorphismus** genannt. ■

Beispiel 3.68
Die Abbildung $f : \mathbb{Z}[x] \to \mathbb{Z}[\pi]$, gegeben durch

$$f\left(\sum_{k=0}^{n} a_k x^k\right) = \sum_{k=0}^{n} a_k \pi^k,$$

ist ein Ringisomorphismus. ■

Beispiel 3.69
Die Abbildung $\mathbb{R}[x] \to \mathbb{C}$, gegeben durch

$$f\left(\sum_{k=0}^{n} a_k x^k\right) = \sum_{k=0}^{n} a_k i^k,$$

ist ein Ringhomomorphismus mit $\mathrm{Kern}(f) = \{(x^2+1)p \mid p \in \mathbb{R}[x]\}$. ■

Beispiel 3.70
Die Abbildung $f : \mathbb{C} \to \mathbb{C}$, gegeben durch $f(x+iy) = x - iy$, ist ein Körperautomorphismus. Das Gleiche gilt für $f : \mathbb{Q}[\sqrt{2}] \to \mathbb{Q}[\sqrt{2}]$, gegeben durch $f(x+\sqrt{2}y) = x - \sqrt{2}y$. ■

Definition 3.23
Die **Automorphismengruppe** $(\mathrm{Aut}(K), \circ)$ eines Körpers K ist die Menge der Automorphismen von K mit der Hintereinanderausführung $\circ$ von Abbildungen als Verknüpfung. Sei K eine Körpererweiterung eines Körpers k. Die **Galois-Gruppe** von K über k ist die Gruppe der Automorphismen von K, die k elementweise festhalten:

$$\mathrm{Gal}(K:k) = \{f \in \mathrm{Aut}(K) \mid f(x) = x \ \forall x \in k\}.$$

Die Galois-Gruppe eines Polynoms $f \in k[x]$ ist $\mathrm{Gal}(f) = \mathrm{Gal}(K:k)$, wobei K der Zerfällungskörper von f ist. Die Kardinalität der Galois-Gruppe stimmt in diesem Fall mit dem Grad der Körpererweiterung überein und wird auch mit $[K:k]$ bezeichnet. ♦

Beispiel 3.71
Es gilt $\mathrm{Gal}(\mathbb{C}:\mathbb{R}) = \{\mathrm{id}, f\}$ und $\mathrm{Gal}(\mathbb{Q}(\sqrt{2}):\mathbb{Q}) = \{\mathrm{id}, f\}$, wobei id die identische Permutation ist und f jeweils wie in Beispiel 3.55 definiert wird. Diese Galois-Gruppe ist isomorph zu $\mathbb{Z}_2$. ■

Beispiel 3.72
Die Galois-Gruppe von $\mathbb{Q}[\sqrt[3]{2}]$ über $\mathbb{Q}$ enthält nur die Identität. Die anderen Nullstellen des Minimalpolynoms $x^3 - 2$ von $\sqrt[3]{2}$ sind komplex, liegen nicht in $\mathbb{Q}[\sqrt[3]{2}]$ und induzieren keinen Automorphismus. Damit gilt

$$|\mathrm{Gal}(\mathbb{Q}[\sqrt[3]{2}]:\mathbb{Q})| = 1 < 3 = [\mathbb{Q}[\sqrt[3]{2}]:\mathbb{Q}].$$

Ist $K = \mathbb{Q}(\sqrt[3]{2}, \omega)$ der Zerfällungskörper von $x^3 - 2$, so sind die Elemente der Galois-Gruppe durch die Permutationen der drei Nullstellen von $f(x) = x^3 - 2$ in $\mathbb{C}$ bestimmt. Damit ist $\mathrm{Gal}(f) = \mathrm{Gal}(K:\mathbb{Q})$ isomorph zur symmetrischen Gruppe S_3 und $[K:\mathbb{Q}] = 6$. ■

Beispiel 3.73
Das Polynom $f = x^4 - 5 \in \mathbb{Q}[x]$ hat in $\mathbb{C}$ die vier Nullstellen $\{\pm\sqrt[4]{5},\ \pm i\sqrt[4]{5}\}$. Der Zerfällungskörper von f über $\mathbb{Q}$ ist $\mathbb{Q}[i, \sqrt[4]{5}]$ und die Körpererweiterung hat den Grad 8. Für einen Automorphismus f in der Galois-Gruppe dieser Erweiterungen gilt

$$f(i) = \pm i \text{ und } f\left(\sqrt[4]{5}\right) \in \left\{\pm\sqrt[4]{5}, \pm i\sqrt[4]{5}\right\};$$

dies beschreibt die 8 Elemente der Gruppe $\mathrm{Gal}(f) = \mathrm{Gal}(\mathbb{Q}[i, \sqrt[4]{5}] : \mathbb{Q})$ eindeutig. ■

Beispiel 3.74
Die Galois-Gruppe des Polynoms $f = x^5 - x + 1 \in \mathbb{Q}[x]$ über $\mathbb{Q}$ ist gegeben durch die Permutationen der fünf verschiedenen Nullstellen von f in $\mathbb{C}$ und ist damit isomorph zu S_5; vergleiche Gegenbeispiel 3.14. ■

3.5 Moduln und Algebren

Definition 3.24
Sei $(R, +, \cdot)$ ein kommutativer Ring und $(M, \circ)$ eine Abel'sche Gruppe. Ferner sei eine Abbildung $\cdot : R \times M \to M$ gegeben. Gilt

1. $(r_1 \cdot r_2) \cdot m = r_1 \cdot (r_2 \cdot m)$,
2. $1 \cdot m = m$,
3. $(r_1 + r_2) \cdot m = (r_1 \cdot m) \circ (r_2 \cdot m)$,
4. $r \cdot (m \circ n) = (r \cdot m) \circ (r \cdot n)$

für alle $r, r_1, r_2 \in R$ und alle $m, n \in M$, so heißt $(G, \circ, \cdot)$ **R-Modul** oder kurz **Modul.** Wenn R nicht kommutativ ist, werden zuweilen **Linksmoduln** und **Rechtsmoduln** betrachtet, bei denen die Multiplikation von Gruppenelementen mit Ringelementen von rechts bzw. von links durchgeführt wird. ♦

Beispiel 3.75
Jeder Vektorraum ist ein $\mathbb{K}$-Modul, wobei $\mathbb{K}$ ein Körper ist. Wir gehen in Kap. 5 ausführlich auf Vektorräume ein. ■

Beispiel 3.76
Jede Abel'sche Gruppe $(M, \circ)$ wird ein $\mathbb{Z}$-Modul, wenn wir $\cdot : \mathbb{Z} \times M \to M$ durch $1 \cdot m = m, 0 \cdot m = o$ und

$$k \cdot m = \underbrace{(m \circ \cdots \circ m)}_{k\text{-mal}}$$

$$(-k) \cdot m = \underbrace{(\tilde{m} \circ \cdots \circ \tilde{m})}_{k\text{-mal}}$$

definieren. o ist hier das neutrale Element in M und $\tilde{m}$ das inverse Element zu $m \in M$. ■

Beispiel 3.77
Ein Ideal in einem Ring R ist ein R-Modul, insbesondere ist also R selbst ein R-Modul. Siehe hierzu Abschn. 2.2. ■

Beispiel 3.78
Ist $(R, +, \cdot)$ ein kommutativer Ring und $n \in \mathbb{N}$, so ist R^n ein R-Modul, wenn man Addition und Multiplikation koordinatenweise definiert. Insbesondere ist $\mathbb{Z}^n$ ein $\mathbb{Z}$-Modul. Solche Module werden **freie Module** genant. Allgemeiner bilden die Abbildungen $F(I, R)$ von I nach R für eine beliebige Indexmenge I mit der argumentweisen Addition $(f + g)(i) = f(i) + g(i)$ und der argumentweisen Multiplikation $(r \cdot f)(i) = r \cdot f(i)$ ein R-Modul. Ist R nicht kommutativ, so bildet R^n bzw. $F(I, R)$ ein Rechtsmodul oder Linksmodul, abhängig davon ob man die Multiplikation mit Elementen aus R von rechts oder von links definiert. ■

Definition 3.25
Sei R ein kommutativer Ring, $(A, +, \cdot)$ ein R-Modul und $\times : A \times A \to A$ eine bilineare Abbildung, so nennt man $(A, +, \times, \cdot)$ eine **Algebra** über R oder eine **R-Algebra.** Bilinear bedeutet:

1. $(a + b) \times c = (a \times c) + (b \times c)$
2. $a \times (b + c) = (a \times b) + (a \times c)$
3. $r \cdot (a \times b) = (r \cdot a) \times b = a \times (r \cdot b)$

für alle $a, b, c \in A$ und alle $r \in R$. Ist $\times$ zusätzlich assoziativ, d. h. $a \times (b \times c) = (a \times b) \times c$ für alle $a, b, c \in A$, so spricht man von einer **assoziativen Algebra.** Ist $\times$ zusätzlich kommutativ, d. h. $a \times b = b \times a$ für alle $a, b \in A$, so spricht man von einer **kommutativen Algebra.** ♦

Beispiel 3.79
Der Polynomring $R[x]$ über einem kommutativen Ring R bildet eine Algebra über R. Siehe hierzu Definition 2.5. Diese ist assoziativ und kommutativ. ■

Beispiel 3.80
Der volle Matrizenring $R^{n \times n}$ über einem kommutativen Ring R bildet eine Algebra über R. Siehe hierzu Beispiel 2.7. Diese ist assoziativ, aber im Allgemeinen nicht kommutativ. ■

Beispiel 3.81
Sei $(R, +, \cdot)$ ein kommutativer Ring und $(R^3, +, \cdot)$ das R-Modul, das durch die koordinatenweise Addition und koordinatenweise Multiplikation mit Elementen aus

R gegeben ist. Wir definieren das **Kreuzprodukt** $\times : R^3 \times R^3 \to R^3$ durch

$$a \times b = \begin{pmatrix} a_1 \\ a_2 \\ a_3 \end{pmatrix} \times \begin{pmatrix} b_1 \\ b_2 \\ b_3 \end{pmatrix} = \begin{pmatrix} a_2 b_3 - a_3 b_2 \\ a_3 b_1 - a_1 b_3 \\ a_1 b_2 - a_2 b_1 \end{pmatrix}.$$

$(R^3, +, \times, \cdot)$ bildet eine nicht kommutative und nicht assoziative Algebra. ■

Definition 3.26
Sei $(A, +, \times, \cdot)$ eine Algebra. Wir setzen $[a, b] = a \times b$. Gilt die Antisymmetrie $[a, b] = -[b, a]$ und die **Jakobi-Identität**

$$[a, [b, c]] + [b, [c, a]] + [c, [a, b]] = 0$$

für alle $a, b, c \in A$, so nennt man $[\cdot, \cdot]$ die **Lie-Klammer** und $(A, +, \times, \cdot)$ eine **Lie-Algebra.** ♦

Beispiel 3.82
$(R^3, +, \times, \cdot)$ aus Beispiel 3.81 bildet eine Lie-Algebra. ■

Beispiel 3.83
Sei $(R, +, \cdot)$ ein kommutativer Ring. Das Modul der Matrizen $(R^{n\times n}, +, \cdot)$ mit der Abbildung $\times : R^{n\times n} \times R^{n\times n} \to R^{n\times n}$, gegeben durch

$$A \times B = AB - BA,$$

definiert die **allgemeine lineare Lie-Algebra** $\mathfrak{gL}(n, R)$. ■

Beispiel 3.84
Jede assoziative Algebra $(A, +, \times, \cdot)$ wird zu einer Lie-Algebra $(A, +, \tilde{\times}, \cdot)$ indem man

$$a \tilde{\times} b = [a, b] = a \times b - b \times a$$

setzt. ■

Lineare Algebra

4

Inhaltsverzeichnis

Wir geben in diesem Kapitel einen Überblick über die Begriffe der linearen Algebra, die üblicherweise zu Beginn des Mathematikstudiums eingeführt werden. Zunächst definieren wir Vektorräume sowie deren Unterräume und Quotientenräume. Wir zeigen hierbei zahlreiche Beispiele und veranschaulichen die Operationen auf Vektoren durch Abbildungen. Danach besprechen wir linear unabhängige und erzeugende Systeme und führen damit insbesondere den Begriff der Basis eines Vektorraumes und den Begriff der Dimension ein. Wir kommen anschließend zum zentralen Thema der linearen Algebra, nämlich den linearen Abbildungen zwischen Vektorräumen. Neben der Definition und Beispielen solcher Abbildungen findet der Leser als Anwendung noch eine Einführung der Lösung linearer Gleichungssysteme sowie die Definition von Dualräumen und dualen Abbildungen. Im vierten Abschnitt werfen wir einen Blick auf Multilinearformen und Tensoren und definieren als wichtigstes Beispiel die Determinante. Der fünfte Abschnitt ist den Mitteln gewidmet, die wir haben, um lineare Abbildungen zu untersuchen. Wir führen Eigenwerte, Eigenräume sowie Haupträume ein und definieren damit die Diagonalisierbarkeit und die Jordan'sche Normalform einer linearen Abbildung. Den Abschluss des Kapitels bilden die Definitionen des Skalarprodukts sowie der Norm und des Winkels von Vektoren mit Beispielen und Bildern.

Es gibt viele gute Lehrbücher zur Linearen Algebra, wir verweisen hier auf Bosch (2014) und FischerI (2013).

© Springer-Verlag GmbH Deutschland, ein Teil von Springer Nature 2020

J. Neunhäuserer, *Mathematische Begriffe in Beispielen und Bildern*,
https://doi.org/10.1007/978-3-662-60764-0_4

4.1 Vektorräume

Definition 4.1
Seien $\mathbb{K}$ ein Körper und V eine Menge. Wir betrachten eine Addition

$$+ : V \times V \to V$$

und eine **Skalarmultiplikation**

$$\cdot : \mathbb{K} \times V \to V.$$

$(V, +, \cdot)$ bildet einen **Vektorraum** über dem Körper $\mathbb{K}$ (kurz $\mathbb{K}$-Vektorraum), wenn $(V, +)$ eine Abel'sche Gruppe ist und zusätzlich

1. $(\lambda \cdot \mu) \cdot v = \lambda \cdot (\mu \cdot v)$,
2. $1 \cdot v = v$,
3. $(\lambda + \mu) \cdot v = \lambda \cdot v + \mu \cdot v$,
4. $\mu \cdot (v + w) = \mu \cdot v + \mu \cdot w$

für alle $v, w \in V$ und alle $\lambda, \mu \in \mathbb{K}$ gilt. Die Elemente in V werden **Vektoren** genannt, und die Elemente im Körper $\mathbb{K}$ heißen in diesem Zusammenhang **Skalare.** ♦

Beispiel 4.1
Jeder Körper bildet einen Vektorraum über sich, wenn wir die Multiplikation als Skalarmultiplikation betrachten. Ist $\mathbb{K}_1$ ein Teilkörper des Körpers $\mathbb{K}_2$ so bildet $\mathbb{K}_2$ einen Vektorraum über $\mathbb{K}_1$, wenn wir wieder die Multiplikation als Skalarmultiplikation interpretieren. $\mathbb{C}$ ist damit ein $\mathbb{R}$-Vektorraum und auch ein $\mathbb{Q}$-Vektorraum. $\mathbb{R}$ ist ein Vektorraum über $\mathbb{Q}$; siehe auch Abschn. 3.3. ■

Beispiel 4.2
Seien $\mathbb{K}$ ein Körper, $n \in \mathbb{N}$ und $\mathbb{K}^n$ das n-fache kartesische Produkt von $\mathbb{K}$. Dann ist

$$\mathbb{K}^n = \left\{ \begin{pmatrix} v_1 \\ \vdots \\ v_n \end{pmatrix} \mid v_i \in \mathbb{K},\ i = 1, \ldots, n \right\}$$

also die Menge der n-Tupel mit Einträgen in $\mathbb{K}$. Definieren wir eine Addition und Skalarmultiplikation koordinatenweise durch

$$\begin{pmatrix} v_1 \\ \vdots \\ v_n \end{pmatrix} + \begin{pmatrix} w_1 \\ \vdots \\ w_n \end{pmatrix} = \begin{pmatrix} v_1 + w_1 \\ \vdots \\ v_n + w_n \end{pmatrix}, \qquad \lambda \cdot \begin{pmatrix} v_1 \\ \vdots \\ v_n \end{pmatrix} = \begin{pmatrix} \lambda \cdot v_1 \\ \vdots \\ \lambda \cdot v_n \end{pmatrix},$$

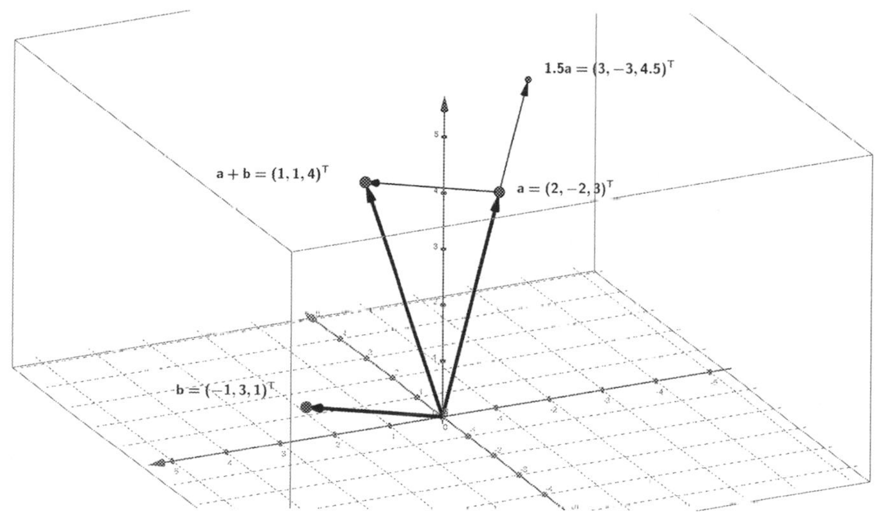

Abb. 4.1 Addition und Skalarmultiplikation im $\mathbb{R}^3$

so bildet $(\mathbb{K}^n, +, \cdot)$ einen Vektorraum über dem $\mathbb{K}$; siehe Abb. 4.1. Man nennt diesen Raum **Koordinatenraum**. Die Vektoren in diesem Raum werden konventionell wie oben als Spaltenvektoren geschrieben. Wir können $v \in \mathbb{K}^n$ auch als **Transponierte** eines Zeilenvektors schreiben:

$$v = \begin{pmatrix} v_1 \\ \vdots \\ v_n \end{pmatrix} = (v_1, \ldots, v_n)^T.$$

■

Beispiel 4.3
Sei $\mathbb{K}$ ein Körper. Wir betrachten die Menge der $(n \times m)$-Matrizen mit n Zeilen und m Spalten

$$\mathbb{K}^{n\times m} = \{(a_{ij})_{\substack{i=1,\ldots,n \\ j=1,\ldots,m}} \mid a_{ij} \in \mathbb{K},\ i = 1, \ldots, n,\ j = 1, \ldots, m\}$$

über $\mathbb{K}$. Formal lässt sich eine Matrix A in $\mathbb{K}^{n\times m}$ als Abbildung $A : \{1, \ldots, n\} \times \{1, \ldots, m\} \to \mathbb{K}$ mit $A(i, j) = a_{ij}$ auffassen. Definieren wir nun eine Addition und eine Skalarmultiplikation auf $\mathbb{K}^{n\times m}$ koordinatenweise durch

$$(A + B)(i, j) = A(i, j) + B(i, j) \quad (\lambda \cdot A)(i, j) = \lambda \cdot A(i, j),$$

so ist $(\mathbb{K}^{n\times m}, +, \cdot)$ ein Vektorraum über $\mathbb{K}$. Dieser wird $(n \times m)$-**Matrizenraum** über dem Körper $\mathbb{K}$ genannt. ■

Beispiel 4.4
Sei $\mathbb{K}$ ein Körper, V ein Vektorraum über $\mathbb{K}$ und X eine beliebige Menge. Die Menge der Abbildungen

$$F(X, V) = \{f \mid f : X \to V\}$$

von X nach V bildet mit der punktweise definierten Addition und Skalarmultiplikation,

$$(f + g)(x) = f(x) + g(x), \quad (\lambda \cdot f)(x) = \lambda \cdot f(x),$$

für $x \in X$ und $\lambda \in \mathbb{K}$ einen Vektorraum $(F(X, V), +, \cdot)$ über $\mathbb{K}$. Im Fall von Koordinaten und Matrizenräumen ist X eine endliche Menge. Ist $X = \mathbb{N}$, so wird der Vektorraum $(F(X, V), +, \cdot)$ **Folgenraum** genannt, und ist X überabzählbar unendlich, so spricht man von einem **Funktionenraum**. Spezielle Folgenräume und Funktionenräume spielen in der Funktionalanalysis eine zentrale Rolle; siehe Kap. 10. ■

Gegenbeispiel 4.5
Die Menge $GL(n, \mathbb{R})$ der invertierbaren $(n \times n)$-Matrizen mit Einträgen in $\mathbb{R}$ bildet mit der komponentenweisen Addition und Skalarmultiplikation keinen Vektorraum über $\mathbb{R}$. Die Summe invertierbar Matrizen ist nicht notwendigerweise invertierbar.

Definition 4.2
Seien $(V, +, \cdot)$ ein Vektorraum über $\mathbb{K}$ und $U \subseteq V$. Bildet U mit den Verknüpfungen, die auf V definiert sind, einen Vektorraum über $\mathbb{K}$, so heißt $(U, +, \cdot)$ **Untervektorraum** von $(V, +, \cdot)$. Ist U ein Untervektorraum, und $v \in V$, so wird $v + U$ **affiner Unterraum** von V genannt; siehe Abb. 4.2. ♦

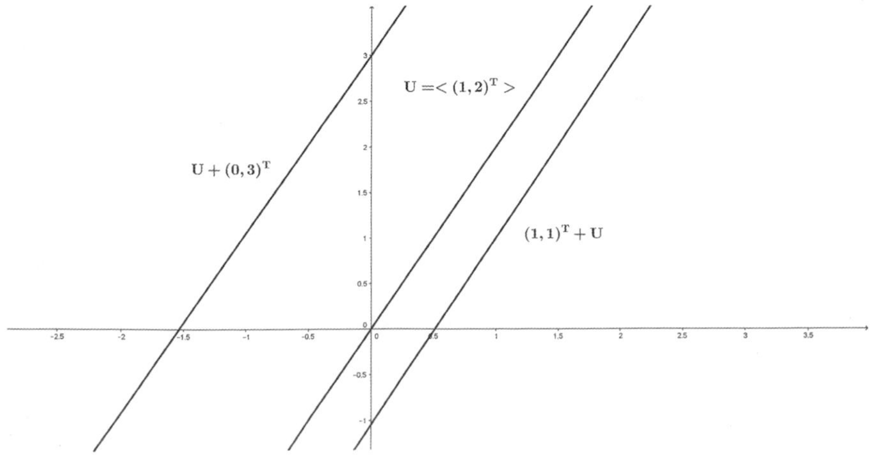

Abb. 4.2 Untervektorraum und affine Unterräume im $\mathbb{R}^2$

Beispiel 4.6
Die Menge $U = \{(\lambda, 2\lambda)^T \mid \lambda \in \mathbb{R}\}$ bildet einen Untervektorraum des $\mathbb{R}^2$ über dem Körper $\mathbb{R}$. Zudem ist

$$U + (1, 1)^T = \{(\lambda + 1, 2\lambda + 1)^T \mid \lambda \in \mathbb{R}\}$$

ein affiner Unterraum des $\mathbb{R}^2$. ■

Beispiel 4.7
Die Menge $U = \{(\lambda i + \mu, 2\lambda + \mu)^T \mid \lambda, \mu \in \mathbb{R}\}$ bildet einen Untervektorraum des $\mathbb{C}^2$ über dem Körper $\mathbb{R}$. Zudem ist

$$U + (1, i)^T = \{(\lambda i + \mu + 1, 2\lambda + \mu + i)^T \mid \lambda, \mu \in \mathbb{R}\}$$

ein affiner Unterraum des $\mathbb{C}^2$. ■

Beispiel 4.8
Sei $(V, +, \cdot)$ ein beliebiger Vektorraum über einem Körper $\mathbb{K}$, und seien $v_1, \ldots, v_n$ Vektoren in V. Ein Vektor der Form $\sum_{i=1}^{n} \lambda_i v_i$ mit $\lambda_i \in \mathbb{K}$ heißt **Linearkombination** der Vektoren. Die Menge all dieser Linearkombinationen,

$$< v_1, \ldots, v_n >= \Big\{ \sum_{i=1}^{n} \lambda_i v_i \mid \lambda_i \in \mathbb{K},\ i = 1, \ldots, n \Big\},$$

bildet einen Untervektorraum von V. Man spricht auch von dem durch die Vektoren **aufgespannten Unterraum** oder dem **Erzeugnis** der Vektoren. Der Unterraum U in Beispiel 4.5 lässt sich auch als das Erzeugnis $U =< (1, 2)^T >$ schreiben, und der Unterraum in Beispiel 4.6 hat die Form $U =< (i, 2)^T, (1, 1)^T >$. ■

Beispiel 4.9
Sei $(V, +, \cdot)$ ein Vektorraum über einem Körper $\mathbb{K}$ mit zwei Untervektorräumen U_1 und U_2. Der Schnitt $U_1 \cap U_2$ und auch die Summe

$$U_1 + U_2 = \{v_1 + v_2 \mid v_1 \in V_1,\ v_2 \in V_2\}$$

bilden einen Untervektorraum von V. ■

Beispiel 4.10
Man betrachte den Vektorraum der Folgen $\mathbb{K}^{\mathbb{N}} = F(\mathbb{N}, \mathbb{K})$ mit Folgengliedern aus einem Körper $\mathbb{K}$. Die Menge

$$\mathbb{K}^{(\mathbb{N})} = \{(x_n)_{n \in \mathbb{N}} \mid x_n \neq 0 \text{ für endliche viele } n \in \mathbb{N}\}$$

bildet einen Untervektorraum des Folgenraumes $\mathbb{K}^{\mathbb{N}}$ mit der koordinatenweisen Addition und Skalarmultiplikation. ■

Gegenbeispiel 4.11
Sei $(V, +, \cdot)$ ein Vektorraum über einem Körper $\mathbb{K}$, und seien $v_1, \ldots, v_n$ Vektoren in V. Der affine Unterraum

$$w + < v_1, \ldots, v_n >$$

für $w \in V$ ist kein Untervektorraum von V, wenn $w \notin < v_1, \ldots, v_n >$ ist. In diesem Fall ist das neutrale Element 0 der Addition nicht im Raum enthalten.

Definition 4.3
Seien V ein $\mathbb{K}$-Vektorraum und U ein Untervektorraum von V. Die Menge der affinen Unterräume

$$V/U = \{v + U \mid v \in V\}$$

bildet mit der Addition und der Skalarmultiplikation

$$(v_1 + U) + (v_2 + U) = (v_1 + v_2) + U \text{ und } \lambda \cdot (v + U) = \lambda \cdot v + U$$

einen Vektorraum über $\mathbb{K}$. Dieser wird **Quotientenraum** genannt. ♦

Beispiel 4.12
Seien $\mathbb{K}$ ein Körper und $x, y \in \mathbb{K}$ sowie $y \neq 0$. Man betrachte den Untervektorraum $U =< (x, y)^T >$ des Vektorraumes $V = \mathbb{K}^2$ über $\mathbb{K}$. Der Quotientenraum ist gegeben durch

$$V/U = \{(a, 0)^T + U \mid a \in \mathbb{K}\};$$

siehe Abb. 4.2. ■

Beispiel 4.13
Man betrachte den Unterraum $U =< (1, 0, 0)^T, (0, 1, 0)^T >$ des Vektorraumes $V = \mathbb{R}^3$ über $\mathbb{R}$. Der Quotientenraum ist gegeben durch

$$V/U = \{(0, 0, a)^T + U \mid a \in \mathbb{R}\}.$$

■

4.2 Lineare Unabhängigkeit, Basis und Dimension

Definition 4.4
Seien V ein Vektorraum über dem Körper $\mathbb{K}$ und $B \subseteq V$. Dann heißt B **linear unabhängig,** wenn für jede endliche Teilmenge $\{b_1, \ldots, b_n\} \subseteq B$ gilt:

$$\sum_{i=1}^{n} \lambda_i b_i = 0, \ \lambda_i \in \mathbb{K} \Rightarrow \lambda_i = 0, \ i = 1, \ldots, n.$$

Das heißt, eine Linearkombination endlich vieler Vektoren aus B ist nur dann null in V, wenn die Koeffizienten der Linearkombination null sind. Ist B nicht-linear unabhängig, so wird B **linear abhängig** genannt. B ist ein **erzeugendes System** von V, wenn sich alle $v \in V$ als eine lineare Kombination

$$v = \sum_{i=1}^{n} \lambda_i b_i$$

mit $n \in \mathbb{N}$ und $\lambda_i \in \mathbb{K}$ sowie $b_i \in B$ für $i = 1, \ldots, n$ schreiben lassen. Ein linear unabhängiges erzeugendes System von V ist eine **Basis** des Vektorraumes V. ♦

Beispiel 4.14
Man betrachte den Vektorraum $\mathbb{R}^3$ über $\mathbb{R}$. Die Menge $A = \{(1, 0, 0)^T, (0, 1, 1)^T, (1, 1, 1)^T\}$ ist linear abhängig. Entfernen wir einen Vektor, so sind die verbleibenden Vektoren linear unabhängig, aber keine Basis. Für das Erzeugnis gilt

$$< \begin{pmatrix} 0 \\ 1 \\ 1 \end{pmatrix}, \begin{pmatrix} 1 \\ 1 \\ 1 \end{pmatrix} >=< \begin{pmatrix} 0 \\ 1 \\ 1 \end{pmatrix}, \begin{pmatrix} 1 \\ 0 \\ 0 \end{pmatrix} >=< \begin{pmatrix} 1 \\ 0 \\ 0 \end{pmatrix}, \begin{pmatrix} 1 \\ 1 \\ 1 \end{pmatrix} >=< \begin{pmatrix} \mu \\ \lambda \\ \lambda \end{pmatrix} \mid \mu, \lambda \in \mathbb{R}\}.$$

Dagegen bildet die Menge $B = \{(1, 0, 0)^T, (1, 1, 0)^T, (1, 1, 1)^T\}$ eine Basis des $\mathbb{R}^3$; siehe Abb. 4.3. ■

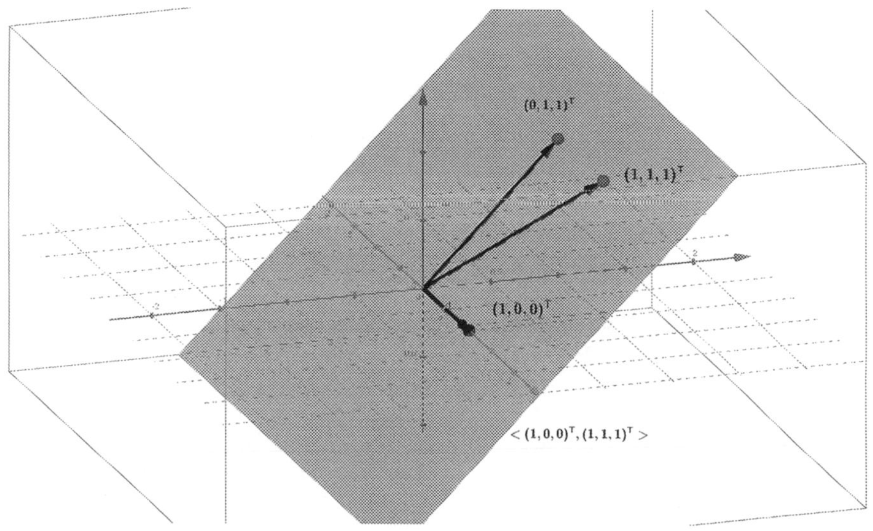

Abb. 4.3 Das Erzeugnis der Vektoren in Beispiel 4.14

Beispiel 4.15
Die Menge $B = \{(1, 0)^T, (0, 1)^T, (i, 0)^T, (0, i)^T\}$ bildet eine Basis des Vektorraumes $\mathbb{C}^2$ über dem Körper $\mathbb{R}$. Über dem Körper $\mathbb{C}$ ist B jedoch linear abhängig; schon zwei Vektoren aus B bilden in diesem Fall eine Basis. ■

Beispiel 4.16
Die **kanonische Basis** des Koordinatenraumes $\mathbb{K}^n$ über einem Körper $\mathbb{K}$ ist die Menge der **Einheitsvektoren** $B = \{e_i \mid i = 1, \ldots, n\}$. Die Einheitsvektoren sind gegeben durch $e_i = (\delta_{ij})_{j=1,\ldots,n}$, wobei $\delta_{ij} = 1$ für $i = j$ ist und $\delta_{ij} = 0$ sonst. ■

Beispiel 4.17
Die **kanonische Basis** des Matrizenraumes $\mathbb{K}^{n \times m}$ über einem Körper $\mathbb{K}$ ist die Menge der **Einheitsmatrizen** $B = \{E_{ij} \mid i = 1, \ldots, n,\ j = 1, \ldots, m\}$. Die Einheitsmatrizen sind gegeben durch $E_{ij} = (\delta_{ij}\delta_{kl})_{\substack{i=1,\ldots,n \\ j=1,\ldots,m}}$, wobei $\delta_{ij}\delta_{kl} = 1$ für Paare mit $(i, j) = (k, l)$ ist und $\delta_{ij}\delta_{kl} = 0$ sonst. ■

Beispiel 4.18
Die kanonische Basis des Raumes $\mathbb{K}^{(\mathbb{N})}$ in Beispiel 4.9 ist die Menge der **Einheitsfolgen** $B = \{e_i \mid i \in \mathbb{N}\}$. Die Einheitsfolgen sind gegeben durch $e_i = (\delta_{ij})_{j \in \mathbb{N}}$, wobei $\delta_{ij} = 1$ für $i = j$ ist und $\delta_{ij} = 0$ sonst. Die Menge B ist zwar linear unabhängig im gesamten Folgenraum $\mathbb{K}^{\mathbb{N}}$, bildet aber keine Basis dieses Raumes. ■

Beispiel 4.19
Der Basisexistenzsatz garantiert die Existenz einer Basis für jeden Vektorraum; siehe Bosch (2014). So hat auch der Vektorraum der reellen Zahlen $\mathbb{R}$ über dem Körper der rationalen Zahlen $\mathbb{Q}$ eine Basis. Diese Basis wird **Hamel-Basis** genannt und lässt sich nicht explizit angeben. Genauso haben der Folgenraum $\mathbb{R}^{\mathbb{N}}$ und der Funktionenraum $F(\mathbb{R}, \mathbb{R})$ über dem Körper $\mathbb{R}$ Basen, die sich allerdings nicht explizit angeben lassen. ■

Definition 4.5
Die **Dimension eines Vektorraumes** V über einem Körper $\mathbb{K}$ ist die Kardinalität einer Basis des Vektorraumes. Wir bezeichnen diese Kardinalität mit $\dim_{\mathbb{K}} V$. Die Größe ist wohldefiniert, da sich zeigen lässt, dass je zwei Basen eines Vektorraumes die gleiche Kardinalität haben. ♦

Beispiel 4.20
Aus den Beispielen 4.14 bis 4.16 erhalten wir unmittelbar $\dim_{\mathbb{K}} \mathbb{K}^n = n$ und $\dim_{\mathbb{K}} \mathbb{K}^{n \times m} = n \cdot m$ sowie $\dim_{\mathbb{K}} \mathbb{K}^{(\mathbb{N})} = \aleph_0$, d. h. die Basis des letzten Raumes ist abzählbar unendlich. ■

Beispiel 4.21
Offenbar gilt $\dim_{\mathbb{R}} \mathbb{C} = 2$, da die Menge $\{1, i\}$ eine Basis von $\mathbb{C}$ über $\mathbb{R}$ ist. Weiterhin gilt $\dim_{\mathbb{R}} \mathbb{C}^n = 2 \cdot n$; eine Basis des Raumes ist gegeben durch $B = \{e_k \mid k = 1, \ldots, n\} \cup \{i \cdot e_k \mid k = 1, \ldots, n\}$, wobei e_k die Einheitsvektoren im $\mathbb{R}^n$ sind. ■

Beispiel 4.22
Ist die Menge von Vektoren, $B = \{v_1, \ldots, v_n\}$, eines $\mathbb{K}$-Vektorraumes linear unabhängig, so gilt für die Dimension des erzeugten Untervektorraums:

$$\dim_{\mathbb{K}} < v_1, \ldots, v_n >= n.$$

Ist die Menge linear abhängig, so ist die Dimension des erzeugten Unterraumes notwendigerweise kleiner als n. ■

Beispiel 4.23
Für die Räume in Beispiel 4.17 gilt $\dim_{\mathbb{R}} \mathbb{R}^{\mathbb{N}} = \dim_{\mathbb{R}} F(\mathbb{R}, \mathbb{R}) = \aleph_1$, und die Basis dieser Räume ist überabzählbar. ■

4.3 Lineare Abbildung

Definition 4.6
Seien V und W zwei $\mathbb{K}$-Vektorräume. Eine Abbildung $f : V \to W$ heißt **linear**, wenn für alle $u, v \in V$ und alle $\lambda \in \mathbb{K}$ gilt:

$$f(v + w) = f(v) + f(w) \text{ und } f(\lambda v) = \lambda f(v).$$

Eine lineare Abbildung wird auch **Vektorraumhomomorphismus** genannt. Ist f zusätzlich bijektiv, so heißt f **Vektorraumisomorphismus**. Existiert eine solche Abbildung, so heißen V und W isomorph. Geschrieben wird dies als $V \cong W$. Der Vektorraum aller linearen Abbildungen zwischen V und W wird mit $\mathrm{Hom}_{\mathbb{K}}(V, W)$ bezeichnet. Die Addition und die Skalarmultiplikation auf Funktionenräumen hatten wir in Beispiel 4.4 eingeführt, und es ist leicht zu zeigen, dass die Linearität von Abbildungen bei diesen Verknüpfungen erhalten bleibt. ♦

Beispiel 4.24
Die Abbildung $f : \mathbb{R}^2 \to \mathbb{R}^2$, gegeben durch

$$f\begin{pmatrix} x \\ y \end{pmatrix} = \begin{pmatrix} 2x + y \\ x + y \end{pmatrix},$$

ist eine lineare Abbildung des $\mathbb{R}$-Vektorraumes $\mathbb{R}^2$ in sich. Da die Abbildung bijektiv ist, handelt es sich sogar um einen Isomorphismus; siehe Abb. 4.4. Die Abbildung $f : \mathbb{C} \to \mathbb{R}^2$, gegeben durch $f(x+iy) = (x, y)^T$, ist ein Vektorraumisomorphismus zwischen den $\mathbb{R}$-Vektorräumen $\mathbb{C}$ und $\mathbb{R}^2$. ■

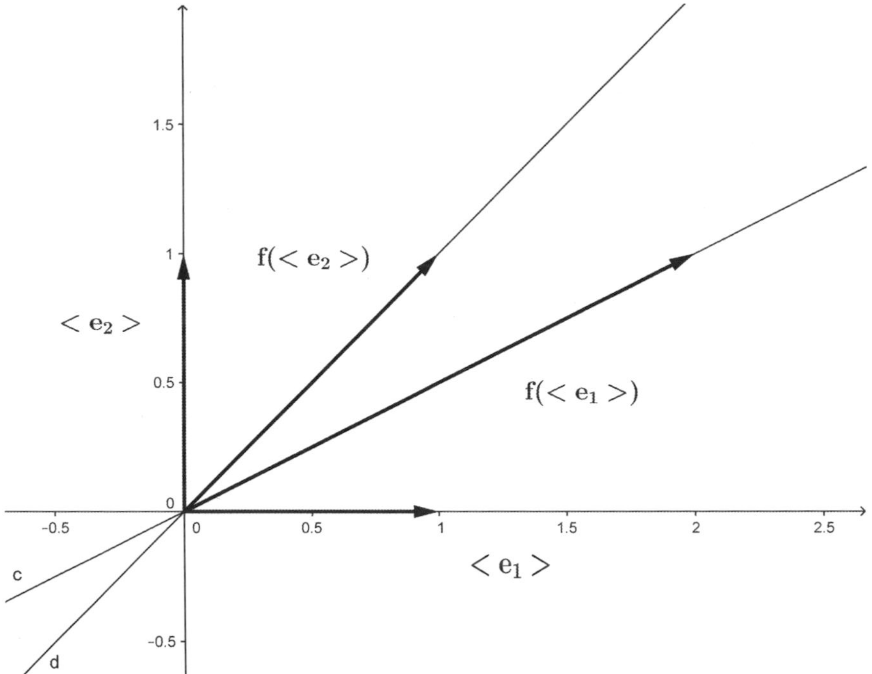

Abb. 4.4 Die Wirkung der Abbildung f in Beispiel 4.24 auf die Achsen

Beispiel 4.25
Die Abbildung $f : \mathbb{R}^3 \to \mathbb{R}^2$, gegeben durch

$$f\begin{pmatrix} x \\ y \\ z \end{pmatrix} = \begin{pmatrix} 2x + 3y + z \\ x + y + z \end{pmatrix},$$

ist eine lineare Abbildung vom Vektorraum $\mathbb{R}^3$ in den Vektorraum $\mathbb{R}^2$ über dem Körper $\mathbb{R}$. Da die Abbildung nicht injektiv ist, handelt es sich um keinen Isomorphismus. Die Abbildung $f : \mathbb{R}^2 \to \mathbb{R}^3$, gegeben durch

$$f\begin{pmatrix} x \\ y \end{pmatrix} = \begin{pmatrix} 2x + 3y \\ x + y \\ x - y \end{pmatrix},$$

ist eine lineare Abbildung von $\mathbb{R}^3$ nach $\mathbb{R}^2$. Sie ist nicht surjektiv, also auch kein Isomorphismus. Eine nicht injektive und nicht surjektive lineare Abbildung des $f : \mathbb{R}^2 \to \mathbb{R}^2$ ist zum Beispiel gegeben durch

$$f\begin{pmatrix} x \\ y \end{pmatrix} = \begin{pmatrix} x + 2y \\ 3x + 6y \end{pmatrix}.$$

■

Beispiel 4.26
Sei $A = (a_{ij})_{\substack{i=1,\ldots,n\\ j=1,\ldots,m}}$ eine Matrix aus dem Raum $\mathbb{K}^{n\times m}$. Die Matrix induziert eine lineare Abbildung $f_A : \mathbb{K}^m \to \mathbb{K}^a$ mittels

$$f_A(v) = A \cdot v := (\sum_{j=1}^{m} a_{ij} v_j)_{i=1,\ldots,n},$$

wobei $v = (v_1, \ldots, v_n)^T$ ist. Darüber hinaus lässt sich leicht zeigen, dass die Abbildung $T : \mathbb{K}^{n\times m} \to \mathrm{Hom}_{\mathbb{K}}(\mathbb{K}^m, \mathbb{K}^n)$, gegeben durch $T(A) = f_A$, ein Vektorraumisomorphismus ist. Also gilt

$$\mathbb{K}^{n\times m} \cong \mathrm{Hom}_{\mathbb{K}}(\mathbb{K}^m, \mathbb{K}^n).$$

■

Beispiel 4.27
Seien $\mathbb{K}$ ein Körper, V ein Vektorraum über $\mathbb{K}$ sowie X eine beliebige Menge und $F(X, V)$ der $\mathbb{K}$-Vektorraum der Abbildungen von X in V. Die Abbildung $T : F(X, V) \to F(X, V)$, gegeben durch $Tf(x) = \lambda f(x)$ mit $\lambda \in \mathbb{K}$, ist linear. Eine solche Abbildung wird **linearer Operator** genannt. Das Studium linearer Operatoren auf Funktionen- und Folgenräumen ist ein zentrales Thema der Funktionalanalysis; siehe Abschn. 10.4. ■

Beispiel 4.28
Sei $\mathbb{K}$ ein Körper. Der $\mathbb{K}$-Vektorraum $\mathbb{K}^{(\mathbb{N})}$ der Folgen mit endlichem Träger in Beispiel 4.9 ist isomorph zum Raum der Polynome $\mathbb{K}[x]$, also $\mathbb{K}^{\mathbb{N}} \cong \mathbb{K}[x]$. Ein Isomorphismus $T : \mathbb{K}^{\mathbb{N}} \to \mathbb{K}[x]$ ist gegeben durch

$$T((a_k)) = \sum_{k=0}^{\infty} a_k x^k.$$

■

Gegenbeispiel 4.29
Die Abbildung $f : \mathbb{R}^2 \to \mathbb{R}^2$, gegeben durch

$$f\begin{pmatrix} x \\ y \end{pmatrix} = \begin{pmatrix} x^2 + y \\ x - y \end{pmatrix},$$

ist nicht-linear. Reelle nicht-lineare Abbildungen werden in der reellen Analysis untersucht; siehe Kap. 7. Die Abbildung $f : \mathbb{C} \to \mathbb{C}$, gegeben durch $f(z) = z^2$, ist nicht-linear. Solche holomorphen Abbildungen sind Thema der Funktionentheorie; siehe Kap. 9.

Definition 4.7
Seien V ein $\mathbb{K}$-Vektorraum mit einer Basis $B = \{b_1, \ldots, b_n\}$ und W ein $\mathbb{K}$-Vektorraum mit einer Basis $C = \{c_1, \ldots, c_m\}$ sowie $f : V \to W$ eine lineare Abbildung. Die **Abbildungsmatrix** $M_B^C(f) = (a_{ij})_{\substack{i=1,\ldots,n \\ j=1,\ldots,m}}$ von f in Bezug auf die Basen B und C ist gegeben durch die Darstellung der Bilder der Basisvektoren aus B bezüglich C:

$$f(b_i) = \sum_{j=1}^{m} a_{ij} c_j,$$

für $i = 1, \ldots, n$. ♦

Beispiel 4.30
Man betrachte die lineare Abbildung $f : \mathbb{R}^2 \to \mathbb{R}^2$, die durch

$$f((x, y)^T) = (2x - 3y, x - 2y)^T$$

gegeben ist. Bezüglich der kanonischen Basis B des $\mathbb{R}^2$ ist die Abbildungsmatrix

$$M_B^B(f) = \begin{pmatrix} 2 & -3 \\ 1 & -2 \end{pmatrix}.$$

■

Bezüglich der Basis $B = \{(2, 1)^T, (1, 1)^T\}$ des $\mathbb{R}^2$ erhalten wir die Abbildungsmatrix

$$M_B^B(f) = \begin{pmatrix} 1 & -1 \\ 0 & -1 \end{pmatrix}.$$

Definition 4.8
Seien V und W zwei $\mathbb{K}$-Vektorräume und $f : V \to W$ eine lineare Abbildung. Der Unterraum $\mathrm{Kern}(f) = \{v \in V \mid f(v) = 0\}$ von V wird **Kern** von f genannt. Der Unterraum $f(V) = \{f(v) \mid v \in V\}$ von W ist das Bild von f. Der **Rang** $\mathrm{Rang}(f)$ von f ist die Dimension des Bildes, und der **Defekt** $\mathrm{Def}(f)$ von f ist die Dimension des Kerns. ♦

Beispiel 4.31
Für einen Isomorphismus $f : V \to W$ zweier Vektorräume gilt: $\mathrm{Kern}(f) = \{0\}$ und $f(V) = W$. Der Defekt der Abbildung ist also null, und der Rang der Abbildung stimmt mit der Dimension von W überein. ■

Beispiel 4.32
Sei $f : \mathbb{R}^2 \to \mathbb{R}^2$ durch $f((x, y)^T) = (x + y, 3x + 3y)^T$ gegeben. Das Bild von f ist

$$f(\mathbb{R}^2) =< (1, 3)^T) >= \{(\lambda, 3\lambda)^T \mid \lambda \in \mathbb{R}\}.$$

Der Kern von f ist

$$\text{Kern}(f) =< (1, -1)^T >= \{(\lambda, -\lambda)^T \mid \lambda \in \mathbb{R}\}.$$

Damit sind der Rang und der Defekt der Abbildung gleich 1; siehe Abb. 4.5. ■

Beispiel 4.33
Sei $f : \mathbb{R}^3 \to \mathbb{R}^2$ durch $f((x, y, z)^T) = (x + y + z, x + y)^T$ gegeben. Das Bild von f ist $f(\mathbb{R}^3) = \mathbb{R}^2$, und der Kern ist $\text{Kern}(f) =< (1, -1{,}0)^T >$. Damit ist der Rang der Abbildung gleich 2, und der Defekt ist gleich 1. ■

Definition 4.9
Sei $f : \mathbb{K}^n \to \mathbb{K}^m$ eine lineare Abbildung. $f(x) = 0$ für $x \in \mathbb{K}^n$ beschreibt ein **homogenes lineares Gleichungssystem** (HLGS) mit m Gleichungen und n Variablen. Der **Lösungsraum** $\mathbb{L}_0$ des HLGS ist der Kern von f. Sei $b \in \mathbb{K}^m$. $f(x) = b$ ist ein **inhomogenes lineares Gleichungssystem** (ILGS) mit m Gleichungen und n Variablen. Das System ist lösbar, wenn $b \in f(\mathbb{K}^n)$, also b im Bild von f ist. Ist x_0 eine Lösung, d. h. $f(x_0) = b$, so ist der Lösungsraum $\mathbb{L}_b$ des ILGS gegeben durch $x_0 + \text{Kern}(f)$. ♦

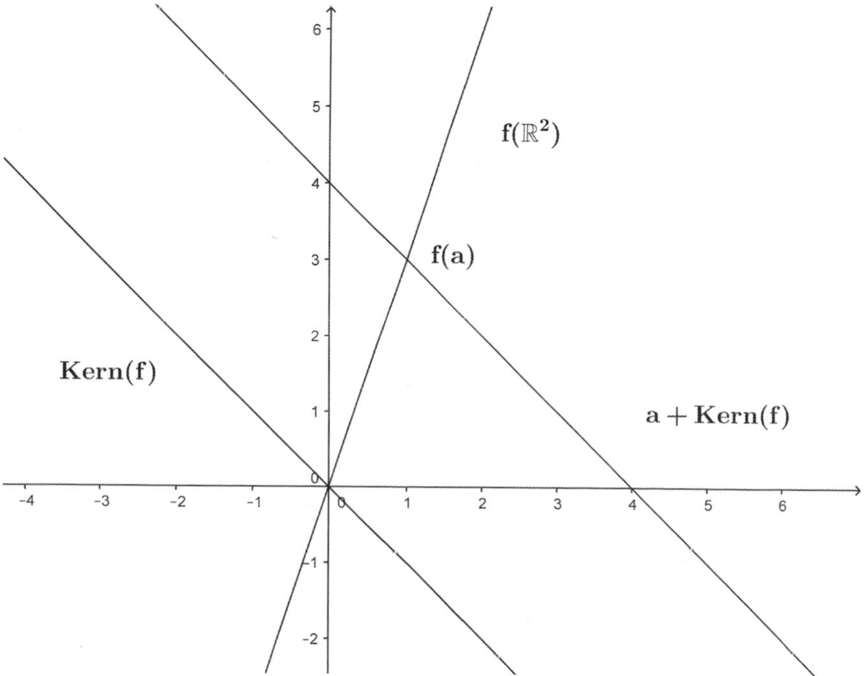

Abb. 4.5 Bild und Kern der Abbildung f in Beispiel 4.32 auf die Achsen

Beispiel 4.34
Lösungen HLGS finden sich in den letzten beiden Beispielen. Ist f wie in Beispiel 4.30 definiert, so hat das ILGS $f((x, y)^T) = (1, 3)^T$ die Lösung $(1, 0)^T$, und der Lösungsraum ist

$$\mathbb{L}_{(1,3)^T} = (1, 0)^T + < (1, 3)^T > .$$

$f((x, y)^T) = (1, 1)^T$ hat keine Lösung. Ist f wie in Beispiel 4.33 gegeben, so hat das ILGS $f((x, y, z)^T) = (3, 2)^T$ die Lösung $(1, 1, 1)^T$, und der Lösungsraum ist

$$\mathbb{L}_{(3,2)^T} = (1, 1, 1)^T + < (1, -1, 0)^T > .$$

Die Lösungen linearer Gleichungssysteme werden effizient mit dem Gauß'schen Algorithmus bestimmt; siehe Abschn. 14.5. ■

Definition 4.10
Sei V ein $\mathbb{K}$-Vektorraum. Der **Dualraum** $V^\star$ von V ist der Raum aller linearen Abbildungen $f : V \to \mathbb{K}$; also ist $V^\star = \mathrm{Hom}_{\mathbb{K}}(V, \mathbb{K})$. ♦

Beispiel 4.35
Der Dualraum des Vektorraumes $\mathbb{K}^n$ ist gegeben durch $(\mathbb{K}^n)^\star = \{f_a \mid a \in \mathbb{K}^n\}$, wobei gilt:

$$f_a(v) = \sum_{i=1}^{n} a_i v_i ,$$

für $a = (a_1, \ldots, a_n)^T$ und $v = (v_1, \ldots, v_n)^T$. Da $Ta = f_a$ eine lineare Bijektion zwischen $\mathbb{K}^n$ und dem Dualraum $(\mathbb{K}^n)^\star$ beschreibt, sind diese Räume isomorph. ■

Beispiel 4.36
Beispiele von Dualräumen unendlich-dimensionaler Vektorräume sind ein Thema der Funktionalanalysis; siehe Abschn. 10.1. ■

Definition 4.11
Seien V und W zwei $\mathbb{K}$-Vektorräume und $f : V \to W$ eine lineare Abbildung. Die **duale Abbildung** $f^\star : W^\star \to V^\star$ ist gegeben durch $f^\star(w^\star)(v) : = w^\star(f(v))$, wobei $v \in V$ und $w^\star \in W^\star$ ist. Sei nun $V = \mathbb{K}^n$. In diesem Fall identifizieren wir $(V^\star)^\star = V^\star = V$. Eine lineare Abbildung $f : V \to V$ heißt **symmetrisch**, wenn $f^\star = f$ ist, und **schiefsymmetrisch,** wenn $f^\star = -f$ ist. Ist $\mathbb{K} = \mathbb{C}$, so ist $f : V \to V$ **Hermite'sch**, wenn $f^\star = \bar{f}$ ist, wobei $\bar{f}$ die Komplex-Konjugierte von f ist. ♦

Beispiel 4.37
Sei $f_A : \mathbb{K}^m \to \mathbb{K}^n$ durch eine Matrix $A = (a_{ij})_{\substack{i=1,\ldots,n \\ j=1,\ldots,m}}$ gegeben, $f_A = A \cdot v$. Die duale Abbildung $f_A^\star : \mathbb{K}^n \to \mathbb{K}^m$ ist gegeben durch die **transponierte Matrix** $A^T = (a_{ji})_{\substack{j=1,\ldots,m \\ i=1,\ldots,n}}$, also $f_A^\star = f_{A^T}$. ■

Beispiel 4.38
Ist $f_A : \mathbb{K}^n \to \mathbb{K}^n$ durch eine Matrix $A = (a_{ij})_{i,j=1,\ldots n}$ gegeben, so ist die Abbildung symmetrisch genau dann, wenn die Matrix symmetrisch ist, also $A^T = A$ gilt. Die Abbildung ist schiefsymmetrisch, wenn A schiefsymmetrisch ist, d. h. $A^T = -A$ gilt. Ist $\mathbb{K} = \mathbb{C}$ so ist f_A Hermite'sch genau dann, wenn A Hermite'sch ist, also wenn $A^T = \bar{A}$ gilt. ■

4.4 Multilinearformen, Tensoren und die Determinante

Definition 4.12
Sei V ein $\mathbb{K}$-Vektorraum. Eine n-**Multilinearform** (kurz n-Linearform) auf V ist eine Abbildung $\omega : V^n \to \mathbb{K}$, die in jeder Koordinate linear ist, d. h. es gilt:

$$\omega(v_1, \ldots, v_i + \lambda w_i, \ldots, v_n) = \omega(v_1, \ldots, v_i, \ldots, v_n) + \lambda\omega(v_1, \ldots, w_i, \ldots, v_n)$$

für alle $i \in \{1, \ldots, n\}$. Eine n-Multilinearform heißt **symmetrisch**, wenn

$$\omega(v_1, \ldots, v_i, \ldots, v_j, \ldots, v_n) = \omega(v_1, \ldots, v_j, \ldots, v_i \ldots, v_n)$$

für alle $i, j \in \{1, \ldots, n\}$ gilt; sie heißt **alternierend**, wenn

$$\omega(v_1, \ldots, v_i, \ldots, v_j, \ldots, v_n) = 0$$

gilt, falls $v_i = v_j$ ist, für ein Paar von Indizes $i, j \in \{1, \ldots n, \}$ mit $i \neq j$. ♦

Beispiel 4.39
Seien $u = (u_1, u_2)^T$, $v = (v_1, v_2)^T$, $w = (w_1, w_2)^T$ drei Vektoren im $\mathbb{R}^2$. Dann definiert

$$\omega(u, v, w) = u_1 + u_2 + v_1 + v_2 + w_1 + w_2$$

eine symmetrische 3-Multilinearform auf $\mathbb{R}^2$. Auch

$$\omega(u, v, w) = 2u_1 + 3u_2 + 2v_1 + 3v_2 + 2w_1 + 3w_2$$

ist eine symmetrische Form. Die 3-Multilinearform

$$\omega(u, v, w) = u_1 + u_2 + 2v_1 + 3v_2 + 2w_1 + 3w_2$$

ist jedoch nicht symmetrisch. ■

Beispiel 4.40
Seien $u = (u_1, u_2)^T$, $v = (v_1, v_2)^T$ zwei Vektoren aus $\mathbb{R}^2$. Dann definiert

$$\omega(u, v) = u_1 v_2 + u_2 v_1$$

eine symmetrische 2-Multilinearform auf $\mathbb{R}^2$. ■

Beispiel 4.41
Das reelle Skalarprodukt auf $\mathbb{R}^n$ definiert eine symmetrische 2-Multilinearform; siehe Definition 4.20. ■

Definition 4.13
Die **Determinante** einer Matrix $A = (a_{ij})_{i,j=1,\ldots,n} \in \mathbb{R}^{n\times n}$ ist gegeben durch

$$\det(A) := \sum_{\pi} \operatorname{sgn}(\pi) \prod_{i=1}^{n} a_{i\pi(i)},$$

wobei sich die Summe über alle Permutationen π von $\{1, \ldots, n\}$ erstreckt. $\operatorname{sgn}(\pi)$ ist das Signum der Permutation

$$\operatorname{sgn}(\pi) = \prod_{1\leq k,l\leq n} \frac{\pi(k) - \pi(l)}{k - l} \in \{1, -1\};$$

siehe auch Definition 2.2. Die Determinante ist die eindeutig bestimmte alternierende n-Multilinearform auf den Spaltenvektoren der Matrix, die $\det(I_n) = 1$ erfüllt. I_n ist hierbei die Matrix der identischen Abbildung; $I_n = (\delta_{ij})_{i,j=1\ldots n}$ mit $\delta_{ij} = 1$ für $i = j$ und $\delta_{ij} = 0$ sonst. ♦

Beispiel 4.42
Für $A = (a_{ij})_{i,j=1,2} \in \mathbb{R}^{2\times 2}$ gilt

$$\det(A) = a_{11}a_{22} - a_{12}a_{21}.$$

Dies ist eine alternierende 2-Multilinearform auf den Spaltenvektoren der Matrix. ■

Beispiel 4.43
Für $A = (a_{ij})_{i,j=1,2,3} \in \mathbb{R}^{3\times 3}$ gilt die **Formel von Sarrus:**

$$\det(A) = a_{11}a_{22}a_{33} + a_{12}a_{23}a_{31} + a_{13}a_{21}a_{32} - a_{11}a_{23}a_{32} - a_{13}a_{22}a_{31} - a_{12}a_{21}a_{33}.$$

Dies ist eine alternierende 3-Multilinearform auf den Spaltenvektoren der Matrix. ■

Definition 4.14
Seien V ein $\mathbb{K}$-Vektorraum und $V^\star$ sein Dualraum. Eine $(p+q)$-Multilinearform auf $(V^\star)^p \times V^q$ wird (p,q)-**Tensor** genannt. Man spricht von einem p-fach **kontravarianten** und q-fach **kovarianten** Tensor. Der $\mathbb{K}$-Vektorraum der (p,q)-Tensoren mit der Addition und der Skalarmultiplikation aus V wird **Tensorprodukt** genannt und mit

$$\bigotimes_{i=1}^{p} V^\star \otimes \bigotimes_{i=1}^{q} V$$

bezeichnet. ♦

Beispiel 4.44
Die oben angegebenen Multilinearformen sind kovariante Tensoren. ■

Beispiel 4.45
Eine lineare Abbildung $f : V^\star \to \mathbb{K}$ ist ein 1-kontravarianter Tensor. ■

Beispiel 4.46
Die Vektorraum der $(1,1)$-Tensoren $(\mathbb{K}^n)^\star \otimes \mathbb{K}^n$ ist isomorph zum Raum der Matrizen $\mathbb{K}^{n\times n}$. ■

4.5 Eigenwerte, Eigenräume und Haupträume

Definition 4.15
Sei V ein $\mathbb{K}$-Vektorraum mit $\mathbb{K} = \mathbb{R}$ oder $\mathbb{K} = \mathbb{C}$ und $f : V \to V$ linear. $\lambda \in \mathbb{K}$ ist ein **Eigenwert** von f, wenn gilt:

$$f(v) = \lambda v,$$

für ein $v \in V$ mit $v \neq 0$. Ein solcher Vektor V wird **Eigenvektor** zum Eigenwert λ genannt. Der Unterraum

$$E_\lambda(f) = \{v \in V \mid f(v) = \lambda v\}$$

von V wird **Eigenraum** zum Eigenwert λ genannt. Die Dimension des Unterraumes $\dim_{\mathbb{K}} E_\lambda(f)$ ist die **geometrische Vielfachheit** des Eigenwertes λ. ♦

Beispiel 4.47
Sei $f : \mathbb{R}^2 \to \mathbb{R}^2$ gegeben durch

$$f\begin{pmatrix} x \\ y \end{pmatrix} = \begin{pmatrix} 3x \\ 3y \end{pmatrix}.$$

Die Abbildung hat den Eigenwert 3; für den zugehörigen Eigenraum gilt $E_3(f) = \mathbb{R}^2$, und die geometrische Vielfachheit des Eigenwertes ist 2. ■

Beispiel 4.48
Sei $f : \mathbb{R}^2 \to \mathbb{R}^2$ durch

$$f\begin{pmatrix} x \\ y \end{pmatrix} = \begin{pmatrix} 5x - 8y \\ -x + 3y \end{pmatrix}$$

gegeben. Die Abbildung hat die Eigenwerte $\lambda_1 = 1$ und $\lambda_2 = 7$. Die zugehörigen Eigenräume sind

$$E_1(f) =< \begin{pmatrix} 2 \\ 1 \end{pmatrix} > \quad \text{und} \quad E_7(f) =< \begin{pmatrix} 4 \\ -1 \end{pmatrix} >,$$

und die geometrische Vielfachheit der Eigenwerte ist jeweils 1; siehe Abb. 4.6. ■

Beispiel 4.49
Sei $f : \mathbb{R}^2 \to \mathbb{R}^2$ durch

$$f\begin{pmatrix} x \\ y \end{pmatrix} = \begin{pmatrix} 5x - 3y \\ -6x + y \end{pmatrix}$$

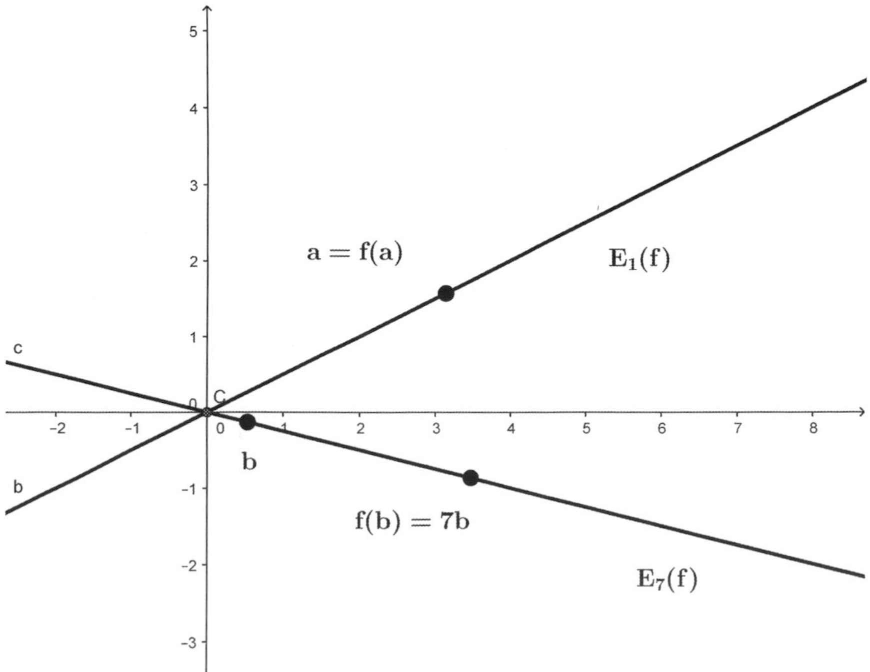

Abb. 4.6 Die Eigenwerte der Abbildung f in Beispiel 4.48

gegeben. Die Abbildung hat keine reellen Eigenwerte. Betrachten wir die Abbildung allerdings auf $\mathbb{C}^2$, so erhält man die komplexen Eigenwerte $\lambda_1 = 2 + 3i$ und $\lambda_2 = 2 - 3i$. Die zugehörigen Eigenräume sind

$$E_{2+3i}(f) =< \begin{pmatrix} 1 \\ 1-i \end{pmatrix} > \quad E_{2-3i}(f) =< \begin{pmatrix} 1 \\ 1+i \end{pmatrix} >,$$

und die geometrische Vielfachheit der Eigenwerte ist jeweils 1. ■

Definition 4.16
Sei $f : \mathbb{K}^n \to \mathbb{K}^n$ mit $\mathbb{K} = \mathbb{R}$ oder $\mathbb{K} = \mathbb{C}$ linear mit $f(x) = Ax$ für $A \in \mathbb{K}^n$. Dann heißt

$$\Xi_f(\lambda) = \det(A - \lambda \cdot E_n),$$

für $\lambda \in \mathbb{K}$, **charakteristisches Polynom** von f. Man kann zeigen, dass die Nullstellen des charakteristischen Polynoms gerade die Eigenwerte von f sind; siehe Bosch (2014). Die Vielfachheit einer solchen Nullstelle wird **algebraische Vielfachheit** des Eigenwertes λ genannt. ♦

Beispiel 4.50
Die charakteristischen Polynome in den drei oben angegebenen Beispielen linearer Abbildungen sind

$$\Xi_f(\lambda) = (\lambda - 3)^2,$$

$$\Xi_f(\lambda) = \lambda^2 - 8\lambda + 7 = (\lambda - 1)(\lambda - 7,)$$

$$\Xi_f(\lambda) = \lambda^2 - 4\lambda + 13 = (\lambda - 2 - 3i)(\lambda - 2 + 3i).$$

In diesen Beispielen stimmt die algebraische Vielfachheit der Eigenwerte jeweils mit der geometrischen Vielfachheit überein. ■

Beispiel 4.51
Man betrachte die lineare Abbildung $f : \mathbb{R}^2 \to \mathbb{R}^2$

$$f\begin{pmatrix} x \\ y \end{pmatrix} = \begin{pmatrix} y \\ 0 \end{pmatrix}.$$

Das charakteristische Polynom ist $\Xi_f(\lambda) = \lambda^2$. Es gibt nur den Eigenwert $\lambda = 0$ mit der algebraischen Vielfachheit 2. Der Eigenraum ist $E_0(f) =< (1, 0)^T >$, und damit ist die geometrische Vielfachheit gleich 1. ■

Definition 4.17
Sei $f : \mathbb{K}^n \to \mathbb{K}^n$ mit $\mathbb{K} = \mathbb{R}$ oder $\mathbb{K} = \mathbb{C}$ linear mit $f(x) = Ax$ für $A \in \mathbb{K}^{n\times n}$. Dann heißt f **diagonalisierbar**, wenn es eine Basis B des $\mathbb{K}^n$ gibt, die aus Eigenvektoren von f besteht. Offenbar bedeutet dies, dass die Abbildungsmatrix $M_B^B(f)$

Diagonalform hat. In der Diagonalen der Matrix stehen die Eigenwerte von f, und alle anderen Einträge der Matrix sind null. Man zeigt in der linearen Algebra, dass eine Abbildung genau dann diagonalisierbar ist, wenn das charakteristische Polynom in Linearfaktoren zerfällt und die geometrische und die algebraische Vielfachheit der Eigenwerte übereinstimmen; siehe hierzu Bosch (2014). ♦

Beispiel 4.52
Die Abbildungen in Beispielen 4.48 ist diagonalisierbar. Die Abbildung in Beispiel 4.49 ist auf $\mathbb{C}^2$ diagonalisierbar, jedoch nicht als Abbildung des $\mathbb{R}^2$. Die Abbildung in Beispiel 4.47 ist nicht diagonalisierbar. ■

Definition 4.18
Seien $f : \mathbb{K}^n \to \mathbb{K}^n$ mit $\mathbb{K} = \mathbb{R}$ oder $\mathbb{K} = \mathbb{C}$, linear mit der Darstellung $f(x) = Ax$, und $\lambda \in \mathbb{K}$ ein Eigenwert von f mit algebraischer Vielfachheit r. Der Raum

$$H_\lambda(f) = \{x \in \mathbb{K}^n \mid (A - \lambda \cdot E_n)^r x = 0\}$$

heißt Hauptraum von f zum Eigenwert λ. Die Vektoren in einem Hauptraum werden Hauptvektoren genannt. Der Hauptraum ist ein Unterraum von $\mathbb{K}^n$ und enthält den Eigenraum $E_\lambda(f)$. ♦

Beispiel 4.53
Sei $f : \mathbb{R}^3 \to \mathbb{R}^3$ durch

$$f\begin{pmatrix} x \\ y \\ z \end{pmatrix} = \begin{pmatrix} 5x + 4y + 2z \\ y - z \\ -x - y + 3z \end{pmatrix}$$

gegeben. Das charakteristische Polynom ist

$$\Xi_f(\lambda) = -(\lambda - 4)^2(\lambda - 1),$$

und die Eigenwerte sind $\lambda = 4$, mit algebraischer Vielfachheit 2, sowie $\lambda = 1$ mit algebraischer Vielfachheit 1. Wir erhalten

$$E_4(f) =< \begin{pmatrix} -2 \\ -1 \\ 3 \end{pmatrix} >, \qquad H_4(f) =< \begin{pmatrix} -2 \\ -1 \\ 3 \end{pmatrix}, \begin{pmatrix} -10 \\ 1 \\ 0 \end{pmatrix} >,$$

$$H_1(f) = E_1(f) =< \begin{pmatrix} -1 \\ 1 \\ 0 \end{pmatrix} >;$$

siehe Abb. 4.7. ■

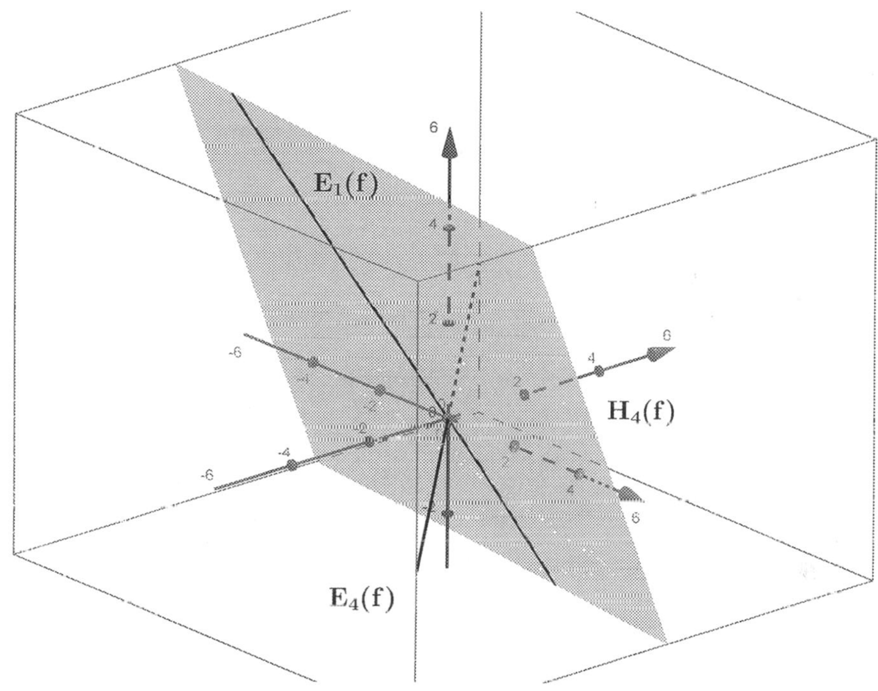

Abb. 4.7 Eigenräume und Haupträume der Abbildung f in Beispiel 4.53

Definition 4.19
Sei $f : \mathbb{C}^n \to \mathbb{C}^n$ linear. Eine Basis B des $\mathbb{C}^n$ heißt **Jordan-Basis** zu f, wenn die Abbildungsmatrix von f die **Jordan'sche Normalform** hat, d. h.

$$M_B^B(f) = \begin{pmatrix} B_1 & & 0 \\ & \ddots & \\ 0 & & B_k \end{pmatrix} \text{ mit } B_j = \begin{pmatrix} \lambda_j & 1 & & & 0 \\ & \lambda_j & 1 & & \\ & & \ddots & \ddots & \\ & & & \lambda_j & 1 \\ 0 & & & & \lambda_j \end{pmatrix} \in \mathbb{C}^{s_j \times s_j},$$

wobei die Einträge von λ_j die Eigenwerte von f sind und s_j deren algebraische Vielfachheit bezeichnet. Die Jordan-Basis setzt sich aus Basen der Haupträume von f zusammen, und jedem Hauptraum entspricht ein **Jordan-Block** B_j. Das Verfahren, wie man die Jordan-Basis für die Haupträume bestimmt, findet der Leser in Bosch (2014). ♦

Beispiel 4.54
Eine Jordan-Basis der Abbildung f in Beispiel 4.50 ist

$$B = \left\{ \begin{pmatrix} -1 \\ 1 \\ 0 \end{pmatrix}, \begin{pmatrix} -2 \\ -1 \\ 3 \end{pmatrix}, \begin{pmatrix} -10/3 \\ 1/3 \\ 0 \end{pmatrix} \right\}.$$

Diese Basis ergibt die Jordan'sche Normalform

$$M_B^B(f) = \begin{pmatrix} 1 & 0 & 0 \\ 0 & 4 & 1 \\ 0 & 0 & 4 \end{pmatrix}.$$

■

4.6 Skalarprodukt, Norm und Winkel

Definition 4.20
Sei V ein Vektorraum über dem Körper $\mathbb{R}$. Eine positive definite symmetrische Bilinearform $\langle \cdot, \cdot \rangle : V \times V \to \mathbb{R}$ heißt **Skalarprodukt** oder **inneres Produkt** auf V. Das heißt, für alle $x, y, z \in V$ und $\lambda \in \mathbb{R}$ gilt:

1. $\langle x + y, z \rangle = \langle x, z \rangle + \langle y, z \rangle$ und $\langle x, \lambda y \rangle = \lambda \langle x, y \rangle$,
2. $\langle x, y \rangle = \langle y, x \rangle$,
3. $\langle x, x \rangle \geq 0$ und $\langle x, x \rangle = 0$ genau dann, wenn $x = 0$ ist.

Sei V ein Vektorraum über dem Körper $\mathbb{C}$. Eine positive definite **Hermite'sche Sesquilinearform** $\langle \cdot, \cdot \rangle : V \times V \to \mathbb{C}$ heißt Skalarprodukt oder inneres Produkt auf V. Das heißt, für alle $x, y, z \in V$ und $\lambda \in \mathbb{C}$ gilt:

1. $\langle x + y, z \rangle = \langle x, z \rangle + \langle y, z \rangle$ und $\langle x, y + z \rangle = \langle x, y \rangle + \langle x, z \rangle$,
2. $\langle \lambda x, y \rangle = \bar{\lambda} \langle x, y \rangle$ und $\langle x, \lambda y \rangle = \lambda \langle x, y \rangle$,
3. $\langle x, y \rangle = \overline{\langle y, x \rangle}$,
4. $\langle x, x \rangle \geq 0$ und $\langle x, x \rangle = 0$ genau dann, wenn $x = 0$ ist.

♦

Beispiel 4.55
Des **Standardskalarprodukt** auf $\mathbb{R}^n$ ist gegeben durch

$$\langle x, y \rangle = \sum_{i=1}^{n} x_i y_i .$$

Des Standardskalarprodukt auf $\mathbb{C}^n$ ist gegeben durch

$$\langle x, y \rangle = \sum_{i=1}^{n} \overline{x}_i y_i .$$

Identifizieren wir den Matrizenraum $\mathbb{K}^{n\times m}$ mit $\mathbb{K}^{nm}$ für $\mathbb{K} = \mathbb{R}$ oder $\mathbb{K} = \mathbb{C}$, so erhalten wir in gleicher Weise das Standardskalarprodukt auf den Matrizenräumen. ■

Beispiel 4.56
Sei $A \in \mathbb{R}^{n\times n}$ eine symmetrische Matrix. Dann definiert

$$\langle x, y\rangle_A := \langle Ax, y\rangle$$

ein Skalarprodukt auf $\mathbb{R}^n$, falls A positiv definit ist, also $\langle Ax, x\rangle > 0$ für $x \neq 0$ gilt. Ist $A \in \mathbb{C}^{n\times n}$ eine positive definite Hermite'sche Matrix, so definiert der Ausdruck ein Skalarprodukt auf $\mathbb{C}^n$. ■

Beispiel 4.57
Man betrachte den Folgenraum in Beispiel 4.9. Auf $\mathbb{R}^{(\mathbb{N})}$ definiert

$$\langle x, y\rangle = \sum_{i=1}^{\infty} x_i y_i$$

und auf $\mathbb{C}^{(\mathbb{N})}$ definiert

$$\langle x, y\rangle = \sum_{i=1}^{\infty} \overline{x}_i y_i$$

jeweils ein Skalarprodukt. Identifizieren wir den Raum der Polynome $\mathbb{K}[x]$ für $\mathbb{K} = \mathbb{R}$ oder $\mathbb{K} = \mathbb{C}$ mit $\mathbb{K}^{(\mathbb{N})}$, so erhalten wir hierdurch auch ein Skalarprodukt auf diesen Räumen; siehe hierzu Beispiel 4.26. ■

Gegenbeispiel 4.58
Auf dem Raum aller Folgen $\mathbb{K}^{\mathbb{N}}$ definieren die Ausdrücke im letzten Beispiel kein Skalarprodukt, da die verwendeten Reihen im Allgemeinen nicht konvergieren.

Beispiel 4.59
Beispiele für Skalarprodukte auf geeigneten Folgenräumen und Funktionenräumen findet der Leser in Abschn. 10.3. ■

Definition 4.21
Sei V ein Vektorraum über $\mathbb{K}$, mit $\mathbb{K} = \mathbb{R}$ oder $\mathbb{K} = \mathbb{C}$. Eine Abbildung $||\cdot|| : V \to \mathbb{R}$ mit

1. $||x|| \geq 0$, $||x|| = 0 \Leftrightarrow x = 0$,
2. $||\lambda x|| = |\lambda| \cdot ||x||$,
3. $||x + y|| \leq ||x|| + ||y||$,

für alle $\lambda \in \mathbb{K}$ und $x, y \in V$, heißt **Norm** auf V. Für $v \in V$ wird $||v||$ die **Länge** des Vektors v genannt und $(V, ||\cdot||)$ nennt man **normierten Raum**. ♦

Beispiel 4.60
Jeder Vektorraum mit einem Skalarprodukt $(V, \langle\cdot,\cdot\rangle)$ wird durch die Definition

$$||x|| = \sqrt{\langle x, x\rangle}$$

zu einem normierten Raum. $||\cdot||$ heißt die durch das Skalarprodukt induzierte Norm. Alle Räume mit Skalarprodukt, die wir oben angegeben haben, sind damit normierte Räume. ■

Beispiel 4.61
Beispiele normierter Räume, in denen die Norm nicht durch ein Skalarprodukt induziert wird, finden sich in den Abschn. 10.1 und 10.2. ■

Definition 4.22
Sei $(V, \langle\cdot,\cdot\rangle)$ ein Vektorraum mit einem Skalarprodukt. $x, y \in V$ heißen **orthogonal** oder **senkrecht** (in Zeichen: $x \perp y$), wenn $\langle x, y\rangle = 0$ gilt. $B \subseteq V$ mit $0 \notin B$ heißt **Orthogonalsystem**, wenn je zwei Vektoren aus B orthogonal sind. Ist die Länge der Vektoren in B zusätzlich gleich 1, so spricht man von einem **Orthonormalsystem**. Ist B eine Basis, so spricht man in diesem Fall von einer **Orthogonalbasis** bzw. einer **Orthonormalbasis**. ♦

Beispiel 4.62
Die kanonischen Basen in den Beispielen 4.14 bis 4.16 sind Orthonormalbasen in Bezug auf das Standardskalarprodukt. Die Basis der Einheitsvektoren bildet hierbei im Raum aller Folgen $\mathbb{K}^{\mathbb{N}}$ ein Orthonormalsystem, aber keine Basis. ■

Beispiel 4.63
Weitere Beispiele von Orthonormalsystemen finden sich in den Beispielen 10.28 bis 10.30. ■

Beispiel 4.64
Die Vektoren $(1, 1)^T$ und $(1, -1)^T$ bilden eine Orthogonalbasis des $\mathbb{R}^2$, aber keine Orthonormalbasis. Die Vektoren $(1, 1)^T$ und $(1, -0)^T$ bilden zwar eine Basis des $\mathbb{R}^2$, aber kein Orthogonalsystem. ■

Definition 4.23
Sei $(V, \langle\cdot,\cdot\rangle)$ ein Vektorraum über $\mathbb{R}$ mit einem Skalarprodukt. Der Winkel $\measuredangle : V \times V \to [0, \pi]$ zwischen zwei Vektoren $x, y \in V$ ist dann definiert durch

$$\measuredangle(x, y) = \arccos \frac{\langle x, y\rangle}{||x|| \cdot ||y||}.$$

♦

Beispiel 4.65
Für alle Vektoren x in einem reellen Vektorraum mit Skalarprodukt gilt $\measuredangle(x, x) = 0$ und $\measuredangle(x, -x) = \pi$. Sind zwei Vektoren x und y orthogonal, so erhalten wir $\measuredangle(x, y) = \pi/2$. ■

Beispiel 4.66
Im $\mathbb{R}^2$ mit dem Standardskalarprodukt gilt

$$\measuredangle\left(\begin{pmatrix}1\\0\end{pmatrix}, \begin{pmatrix}1\\1\end{pmatrix}\right) = \measuredangle\left(\begin{pmatrix}0\\1\end{pmatrix}, \begin{pmatrix}1\\1\end{pmatrix}\right) = \pi/4;$$

■

siehe Abb. 4.8.

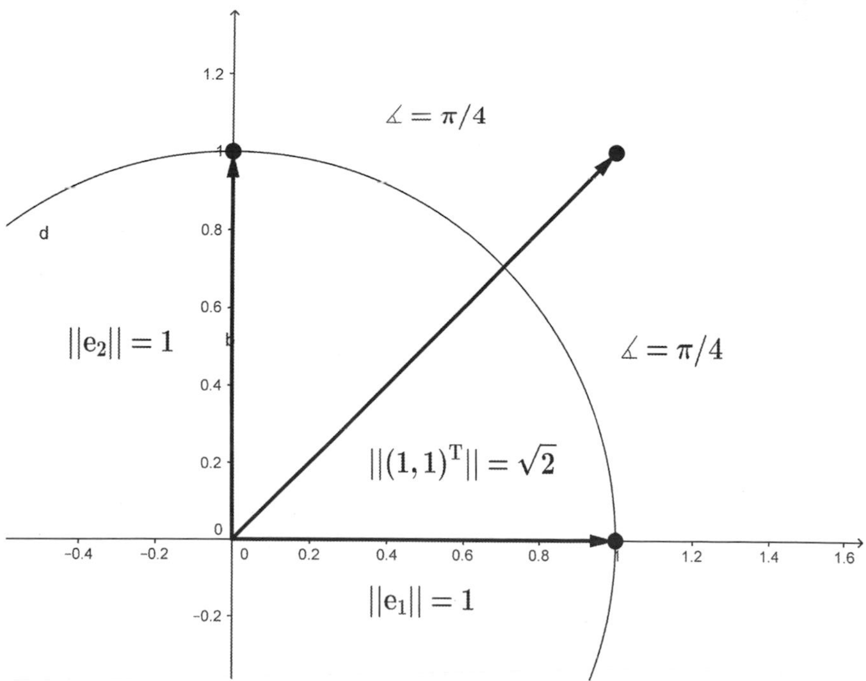

Abb. 4.8 Norm und Winkel

Geometrie

5

Inhaltsverzeichnis

In diesem Kapitel geben wir eine Einführung in die Begriffe ausgewählter Teilgebiete der Geometrie. Als Fortsetzung des letzten Kapitels beginnen wir mit der analytischen Geometrie, die zur Beschreibung und Untersuchung geometrischer Objekte Mittel der linearen Algebra heranzieht. Wir definieren Objekte der elementaren Geometrie und stellen die Bewegungen des $\mathbb{R}^2$ und des $\mathbb{R}^3$ vor. Darüber hinaus führen wir Quadriken und insbesondere Kegelschnitte ein. Im Abschn. 5.2 zeigen wir ein Begriffssystem der synthetischen Geometrie, das im Wesentlichen auf den russischen Mathematiker Kolmogorov (1903–1987) zurückgeht. Wir definieren Inzidenzgeometrien, Anordnungsgeometrien und absolute Geometrien sowie affine, elliptische und hyperbolische Geometrien. Da die Begrifflichkeit in der synthetischen Geometrie sehr uneinheitlich ist, sind hier einige Anmerkungen geboten. Wir setzen der Einfachheit halber den Mengenbegriff in den Definitionen voraus, was manche Autoren mit einer axiomatischen Formulierung umgehen. Die Anordnung von Geraden definieren wir mittels einer Metrik und benutzen hierbei die reellen Zahlen. Es ist möglich, auch dies axiomatisch zu umgehen, wobei gewisse Axiome die Ordnungsvollständigkeit der reellen Zahlen widerspiegeln. Wir verweisen zu diesem Vorgehen auf das System des deutschen Mathematikers Hilbert (1862–1943); siehe Volkert (2015). Im Abschn. 5.3 betrachten wir die sphärischen Modelle der elliptischen projektiven Ebene und des projektiven Raumes sowie das Halbraummodell der hyperbolischen Ebene und des hyperbolischen Raumes. Es gibt eine Vielzahl weiterer Modelle dieser Geometrien, die allerdings in geometrischer Hinsicht isomorph sind. Im Abschn. 5.4

© Springer-Verlag GmbH Deutschland, ein Teil von Springer Nature 2020

J. Neunhäuser, *Mathematische Begriffe in Beispielen und Bildern*,
https://doi.org/10.1007/978-3-662-60764-0_5

und 5.5. werfen wir einen kurzen Blick auf Grundbegriffe der fraktalen Geometrie und der algebraischen Geometrie, die aktuelle Teilgebiet der Geometrie darstellen. Der Leser findet in diesem Kapitel keinen Abschnitt zur Differenzialgeometrie, da wir diese der Analysis zuordnen und daher in Kap. 7 behandeln.

Eine Einführung in die analytische Geometrie für Studienanfänger bietet FischerII (2013). Eine Darstellung von Elementen der synthetischen Geometrie und der nichteuklidischen Geometrie findet der Leser zum Beispiel in Scheid und Schwarz (2009). Das lesenswerte Standardwerk zur fraktale Geometrie ist Falconer (1990) und zur algebraischen Geometrie sei Hulek (2012) empfohlen.

5.1 Analytische Geometrie

Definition 5.1
Eine **Gerade** $\mathfrak{g}$ im euklidischen Raum $\mathbb{R}^n$ mit $n \geq 2$ ist ein affiner Unterraum der Dimension 1:

$$\mathfrak{g} = a + < v > = \{a + \lambda v \mid \lambda \in \mathbb{R}\}, \quad \text{mit} \quad a, v \in \mathbb{R}^n.$$

Hierin ist v der so genannte **Richtungsvektor** der Geraden. Die Gerade durch $a, b \in \mathbb{R}^n$ mit $a \neq b$ ist durch $\mathfrak{g}_{a,b} = b + < (a - b) >$ eindeutig bestimmt, und die **Strecke** zwischen a und b ist

$$\overline{ab} = \mathfrak{s}(a, b) = \{a + \lambda(b - a) \mid \lambda \in [0, 1]\}.$$

Die Länge dieser Strecke ist durch die euklidische Norm $||b - a||$ bestimmt; siehe Abschn. 4.6. Sind $\mathfrak{g}_1 = a_1 + < v_1 >$ und $\mathfrak{g}_2 = a_2 + < v_2 >$ zwei Geraden, die sich schneiden, so ist der **Schnittwinkel** zwischen den Geraden der Winkel zwischen den Richtungsvektoren, $\measuredangle(\mathfrak{g}_1, \mathfrak{g}_2) = \measuredangle(v_1, v_2)$. ♦

Beispiel 5.1
Die Geraden $\mathfrak{g}_1 = (1, 1, 1)^T + < (1, 1, 0)^T >$ und $\mathfrak{g}_2 = (2, 1, 0)^T + < (0, 1, 1)^T >$ im $\mathbb{R}^3$ schneiden sich im Punkt $(2, 2, 1)$, und der Schnittwinkel ist gegeben durch

$$\measuredangle(\mathfrak{g}_1, \mathfrak{g}_2) = \measuredangle\left((1, 1, 0)^T, (0, 1, 1)^T\right) = \arccos(1/2) = \pi/3.$$

Die Strecke von $a = (1, 1, 1)^T$ nach $b = (2, 2, 1)^T$ ist

$$\overline{ab} = \{(1, 1, 1)^T + \lambda(1, 1, 0) \mid \lambda \in [0, 1]\},$$

und die Länge der Strecke ist $||(1, 1, 0)^T|| = \sqrt{2}$; siehe zu diesem Beispiel auch Abb. 5.1. ■

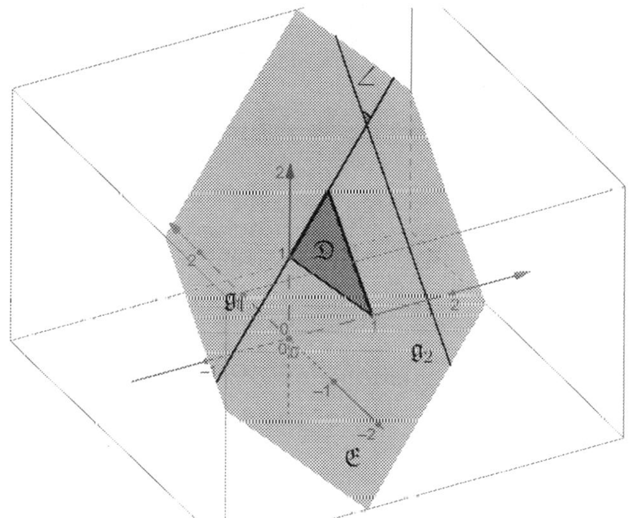

Abb. 5.1 Geraden, Winkel, Ebene und Dreieck in den Beispielen 5.1 und 5.2

Definition 5.2
Eine **Ebene** $\mathfrak{E}$ im Vektorraum $\mathbb{R}^n$ mit $n \geq 2$ ist ein affiner Unterraum der Dimension 2:

$$\mathfrak{E} = a + < v, w > = \{a + \lambda v + \mu w \mid \lambda, \mu \in \mathbb{R}\} \text{ mit } a, v, w \in \mathbb{R}^n,$$

wobei u, v linear unabhängig sind. In $\mathbb{R}^2$ ist die einzige Ebene der Raum selbst. Die Ebene durch drei Punkte $a, b, c \in \mathbb{R}^n$, die nicht auf einer Geraden liegen, ist eindeutig durch $\mathfrak{E}_{a,b,c} = b + < a - b, c - b >$ bestimmt. Das **Dreieck** $\mathfrak{D}(a, b, c)$ mit den Eckpunkten a, b, c in dieser Ebene ist

$$\mathfrak{D}_{a,b,c} = \{a + \lambda(b - a) + \mu(c - a) \mid \lambda, \mu \in [0, 1],\ \lambda + \mu \leq 1\}.$$

Die Kanten dieses Dreiecks sind die Strecken $\overline{ab}, \overline{ac}, \overline{bc}$, und die Innenwinkel des Dreiecks sind die Schnittwinkel der zugehörigen Geraden. Ein **Parallelogramm** $\mathfrak{P}_{a,b,c}$ mit den Eckpunkten $a, b, c, c + b - a$ in der Ebene $\mathfrak{E}$ ist

$$\mathfrak{P}_{a,b,c} = \{a + \lambda(b - a) + \mu(c - a) \mid \lambda, \mu \in [0, 1]\}.$$

Für $2 < k \leq n$ ist eine k-dimensionale **Hyperebene** ein affiner Unterraum der Dimension k des $\mathbb{R}^n$, d. h.

$$\mathfrak{E} = a + < v_1, \ldots, v_k > \text{ mit } a, v_i \in \mathbb{R}^n,$$

wobei die Menge $\{v_1, \ldots, v_k\}$ linear unabhängig ist. Ein k-dimensionales **Parallelepiped** in der Hyperebene $\mathfrak{E}$ ist gegeben durch

$$\left\{ a + \sum_{i=1}^{k} \lambda_i v_i \mid \lambda_i \in [0, 1],\ i = 1, \ldots, k \right\}.$$

Die Ecken dieses Parallelepipeds sind a und $a + v_i$ für $i = 1, \ldots, k$. ♦

Beispiel 5.2
Die Ebene durch die drei Punkte $a = (1, 0, 0)^T, b = (1, 1, 1)^T, c = (0, 0, 1)^T$ ist

$$\mathfrak{E}_{a,b,c} = (1, 0, 0)^T + < (0, 1, 1)^T, (-1, 0, 1)^T >,$$

und das Dreieck mit diesen Eckpunkten ist

$$\mathfrak{D}_{a,b,c} = \left\{ (1, 0, 0)^T + \lambda(0, 1, 1)^T + \mu(-1, 0, 1)^T \mid \lambda, \mu \in [0, 1], \lambda + \mu \leq 1 \right\}.$$

Die Kante $\overline{ab}$ des Dreiecks ist gegeben durch

$$\overline{ab} = \left\{ (1, 0, 0)^T + \lambda(0, 1, 1)^T \mid \lambda \in [0, 1] \right\}.$$

Auch die anderen Kanten wird der Leser leicht bestimmen können; siehe Abb. 5.1. ■

Beispiel 5.3
Der dreidimensionale euklidische Raum, eingebettet in den vierdimensionalen euklidischen Raum, $\tilde{\mathbb{R}}^3 := \{(x, y, z, 0) \mid x, y, z \in \mathbb{R}\}$, ist eine dreidimensionale Hyperebene. Der Würfel $[0, 1]^3 \times \{0\}$ ist ein dreidimensionales **Parallelepiped** in dieser Hyperebene. ■

Definition 5.3
Eine Menge $A \subseteq \mathbb{R}^n$ ist **konvex,** wenn für alle $a, b \in A$ auch die Strecke $\overline{ab}$ in A enthalten ist. ♦

Beispiel 5.4
Geraden, Ebenen, Dreiecke und Parallelogramme sind konvex. Die Vereinigung von jeweils zwei dieser Objekte ist im Allgemeinen nicht konvex. ■

Definition 5.4
Ein **Bewegung** des euklidischen Raumes ist eine isometrische Abbildung $f : \mathbb{R}^n \to \mathbb{R}^n$, d. h. es gilt

$$d(f(x), f(y)) = d(x, y)$$

für alle $x, y \in \mathbb{R}^n$, wobei d der euklidische Abstand $||x - y||$ ist. Zwei Mengen $A, B \subseteq \mathbb{R}^n$ werden **kongruent** genannt, wenn es eine Bewegung $f : \mathbb{R}^n \to \mathbb{R}^n$ mit $f(A) = B$ gibt. Bewegungen des $\mathbb{R}^2$ und $\mathbb{R}^3$ werden auch **Kongruenzabbildungen** genannt. ♦

Beispiel 5.5
Bewegungen der Ebene $\mathbb{R}^2$ sind:

1. Die **Verschiebungen:**

$$f_v \begin{pmatrix} x \\ y \end{pmatrix} = \begin{pmatrix} x \\ y \end{pmatrix} + \begin{pmatrix} v_1 \\ v_2 \end{pmatrix}, \quad v = (v_1, v_2)^T \in \mathbb{R}.$$

2. Die **Drehungen** um den Ursprung mit Drehwinkel $\alpha \in [0, 2\pi)$:

$$R_\alpha \begin{pmatrix} x \\ y \end{pmatrix} = \begin{pmatrix} \cos(\alpha) & -\sin(\alpha) \\ \sin(\alpha) & \cos(\alpha) \end{pmatrix} \begin{pmatrix} x \\ y \end{pmatrix}.$$

3. Die **Spiegelungen** an Geraden durch den Ursprung mit Steigungswinkel $\alpha \in [0, 2\pi)$:

$$S_\alpha \begin{pmatrix} x \\ y \end{pmatrix} = \begin{pmatrix} \cos(2\alpha) & \sin(2\alpha) \\ \sin(2\alpha) & -\cos(2\alpha) \end{pmatrix} \begin{pmatrix} x \\ y \end{pmatrix}.$$

Siehe hierzu Abb. 5.2. Alle Bewegungen der Ebenen lassen sich durch Kompositionen dieser drei Bewegungen darstellen; siehe Scheid und Schwarz (2009). ■

Beispiel 5.6
Bewegungen des $\mathbb{R}^3$ sind Verschiebungen und für $\alpha \in [0, 2\pi)$ die Abbildungen

$$f_\alpha \begin{pmatrix} x \\ y \\ z \end{pmatrix} = \begin{pmatrix} \pm 1 & 0 & 0 \\ 0 & \cos(\alpha) & -\sin(\alpha) \\ 0 & \sin(\alpha) & \cos(\alpha) \end{pmatrix} \begin{pmatrix} x \\ y \\ z \end{pmatrix}.$$

Für den Eintrag $+1$ in der Matrix handelt es sich hier um eine Drehung um die erste Koordinatenachse und für den Eintrag -1 um eine **Drehspiegelung.** Diese Abbildungen reichen aus, um alle Bewegungen des $\mathbb{R}^3$ darzustellen; siehe Scheid und Schwarz (2009). ■

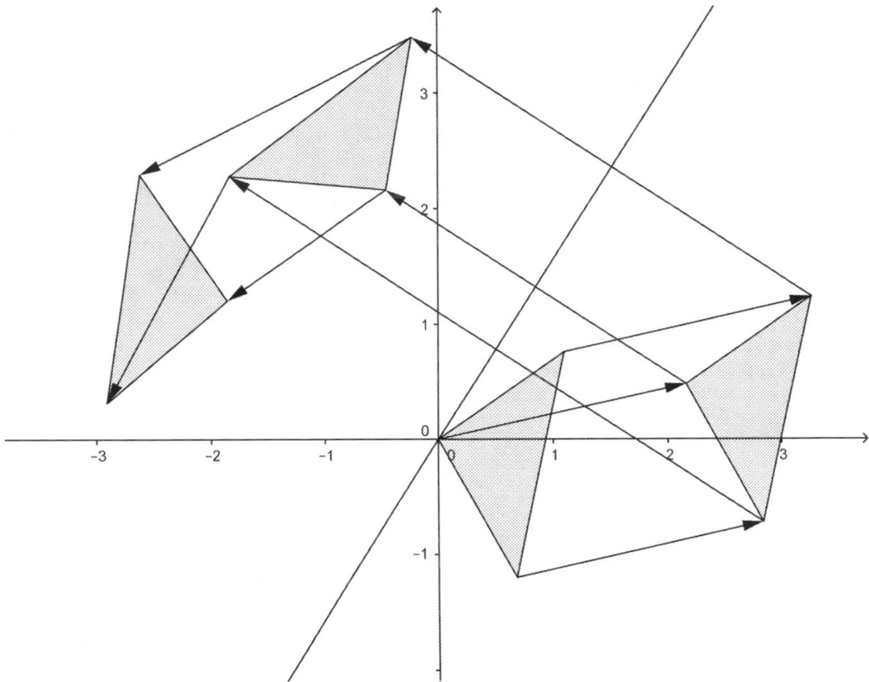

Abb. 5.2 Verschiebung, Spiegelung und Drehung eines Dreiecks im $\mathbb{R}^2$

Beispiel 5.7
Alle Bewegungen des $\mathbb{R}^n$ sind gegeben durch $f(x) = Ax + b$, wobei $b \in \mathbb{R}^n$ und $A \in \mathbb{R}^{n\times n}$ eine **orthogonale Matrix** ist: $\det(A) = \pm 1$. Die orthogonalen Matrizen bilden die **Orthogonale Gruppe** $O(n)$ mit der Matrixmultiplikation. Die Bewegungen mit der Hintereinanderausführung bilden die **Bewegungsgruppe** $B(n)$ des $\mathbb{R}^n$. ■

Beispiel 5.8
Je zwei Geraden, Ebenen und k-dimensionalen Hyperebenen sind im $\mathbb{R}^n$ kongruent. Zwei Dreiecke im $\mathbb{R}^n$ sind genau dann kongruent, wenn alle drei Kanten die gleiche Länge haben. Das Gleiche ist auch der Fall, wenn zwei Kanten und der Winkel zwischen ihnen übereinstimmen. Kreise und Kugeln sind dann und nur dann kongruent, wenn sie den gleichen Radius haben. ■

Definition 5.5
Eine **Ähnlichkeit** des euklidischen Raumes ist eine Abbildung $f : \mathbb{R}^n \to \mathbb{R}^n$, für die es eine Konstante $c \neq 0$ gibt, sodass

$$d(f(x), f(y)) = c \cdot d(x, y) \text{ für alle } x, y \in \mathbb{R}^n,$$

gilt. d ist der euklidische Abstand. Zwei Mengen $A, B \subseteq \mathbb{R}^n$ werden **ähnlich** genannt, falls es eine Ähnlichkeit $f : \mathbb{R}^n \to \mathbb{R}^n$ mit $f(A) = B$ gibt. ♦

Beispiel 5.9
Alle Ähnlichkeiten des $\mathbb{R}^n$ sind gegeben durch $f(x) = \lambda Ax + b$, wobei $\lambda \in \mathbb{R}\backslash\{0\}$, $b \in \mathbb{R}^n$ und $A \in \mathbb{R}^{n\times n}$ eine orthogonale Matrix ist. Damit sind die Abbildungen in den Beispielen 5.5 und 5.6 Ähnlichkeiten des $\mathbb{R}^2$ bzw. $\mathbb{R}^3$, wenn wir die Matrizen mit einer beliebigen Konstanten multiplizieren. ■

Beispiel 5.10
Zwei Dreiecke im $\mathbb{R}^n$ sind ähnlich genau dann, wenn sie in zwei (und damit in allen) Winkel übereinstimmen. Alle Kreise im $\mathbb{R}^2$ und alle Kugeln im $\mathbb{R}^3$ sind einander ähnlich. ■

Definition 5.6
Eine **Quadrik** im euklidischen Raum $\mathbb{R}^n$ ist gegeben durch

$$\begin{aligned} Q &= \left\{ (x_1, \dots, x_n)^T \in \mathbb{R}^n \mid \sum_{i,j=1}^{n} a_{ij}x_ix_j + 2\sum_{i=1}^{n} b_ix_i + c = 0 \right\} \\ &= \left\{ x \in \mathbb{R}^n \mid x^T Ax + \langle b, x\rangle + c \right\}. \end{aligned}$$

Hierbei sind $A = (a_{ij})_{i,j=1,\dots,n}$ eine Matrix in $\mathbb{R}^{n\times n}$, b ein Vektor in $\mathbb{R}^n$ und $c \in \mathbb{R}$ eine Konstante. ♦

Beispiel 5.11
Ebene Quadriken werden auch **Kegelschnitte** genannt, da sie sich als Schnitt einer Ebene mit einem Kegel darstellen lassen; siehe Scheid und Schwarz (2009). Sei im Folgenden $a, b \in \mathbb{R}$ und $a, b > 0$. Beispiel für ebene Quadriken sind:

1. Die **Ellipsen** um den Ursprung mit Halbachsenlängen $a, b > 0$, gegeben durch die Gleichung
$$\frac{x^2}{a^2} + \frac{y^2}{b^2} = 1.$$
Ist $r = a = b$, so handelt es sich hier um einen **Kreis** mit dem Radius r.
2. Die **Hyperbeln,** gegeben durch die Gleichung
$$\frac{x^2}{a^2} - \frac{y^2}{b^2} = 1.$$
3. Die **Parabeln,** gegeben durch die Gleichung
$$\frac{x^2}{a^2} - 2y = 1.$$

4. Zwei Geraden, die sich im Ursprung schneiden, gegeben durch
$$\frac{x^2}{a^2} - \frac{y^2}{b^2} = 0.$$
5. Zwei parallele Geraden gegeben durch $x^2 = a^2$.
6. Die Gerade $x = 0$, der Ursprung und die leere Menge.

Siehe hierzu Abb. 5.3. Es lässt sich zeigen, dass jede ebene Quadrik kongruent zu einer dieser Quadriken ist. Mehr noch, jede ebene Quadrik ist ähnlich zu einer der hier gelisteten Quadriken mit $a = b = 1$. Es sei noch angemerkt, dass die letztgenannten drei Typen von Quadriken als **ausgeartet** bezeichnet werden. ■

Beispiel 5.12
Sei im folgenden $a, b, c \in \mathbb{R}$ und $a, b, c > 0$. Beispiele für Quadriken im Raum $\mathbb{R}^3$ sind:

1. Die **Ellipsoide,** gegeben durch die Gleichung
$$\frac{x^2}{a^2} + \frac{y^2}{b^2} + \frac{z^2}{c^2} = 1.$$
Ist $r = a = b = c$ so handelt es sich hier um die **Kugeloberfläche** mit dem Radius r.

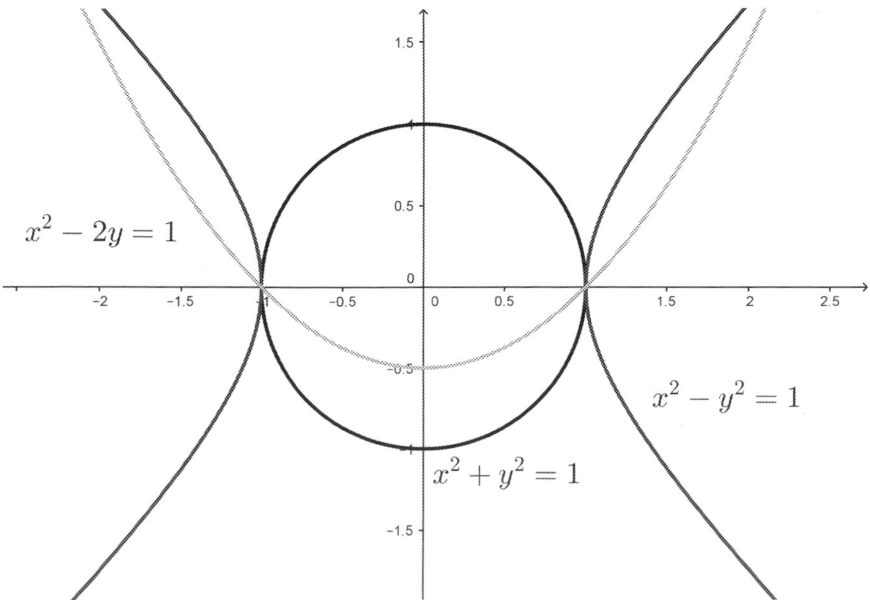

Abb. 5.3 Kreis, Hyperbel und Parabel mit $a = b = 1$

2. Die **einschaligen und zweischaligen Hyperboloide** gegeben durch die Gleichung

$$\frac{x^2}{a^2}+\frac{y^2}{b^2}-\frac{z^2}{c^2}=1 \quad \text{bzw.} \quad \frac{x^2}{a^2}-\frac{y^2}{b^2}-\frac{z^2}{c^2}=1.$$

3. Die **elliptischen und hyperbolischen Paraboloide,** gegeben durch die Gleichung

$$\frac{x^2}{a^2}+\frac{y^2}{b^2}-2z=1 \quad \text{bzw.} \quad \frac{x^2}{a^2}-\frac{y^2}{b^2}-2z=1.$$

4. Die **elliptischen Kegel,** gegeben durch die Gleichung

$$\frac{x^2}{a^2}+\frac{y^2}{b^2}-\frac{z^2}{c^2}=0.$$

5. Die **elliptischen, hyperbolischen und parabolischen** Zylinder, der Reihe nach gegeben durch

$$\frac{x^2}{a^2}+\frac{y^2}{b^2}=1, \qquad \frac{x^2}{a^2}-\frac{y^2}{b^2}=1, \qquad \frac{x^2}{a^2}+2y=0;$$

Hier ist $z \in \mathbb{R}$ beliebig.

Siehe hierzu die Abb. 5.4 und 5.5. Abgesehen von flachen Quadriken (Ebenen, Geraden, Punkten), die wir hier nicht auflisten, ist jede Quadrik in $\mathbb{R}^3$ kongruent zu einer der Quadriken in der Liste. Betrachten wir Ähnlichkeiten, so genügen die Quadriken

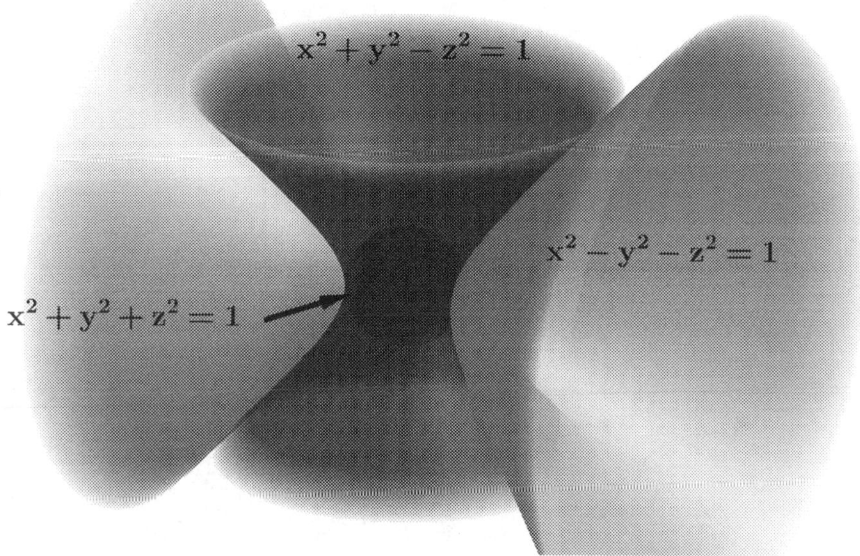

Abb. 5.4 Kugeloberfläche sowie einschaliges und zweischaliges Hyperboloid mit $a=b=c=1$

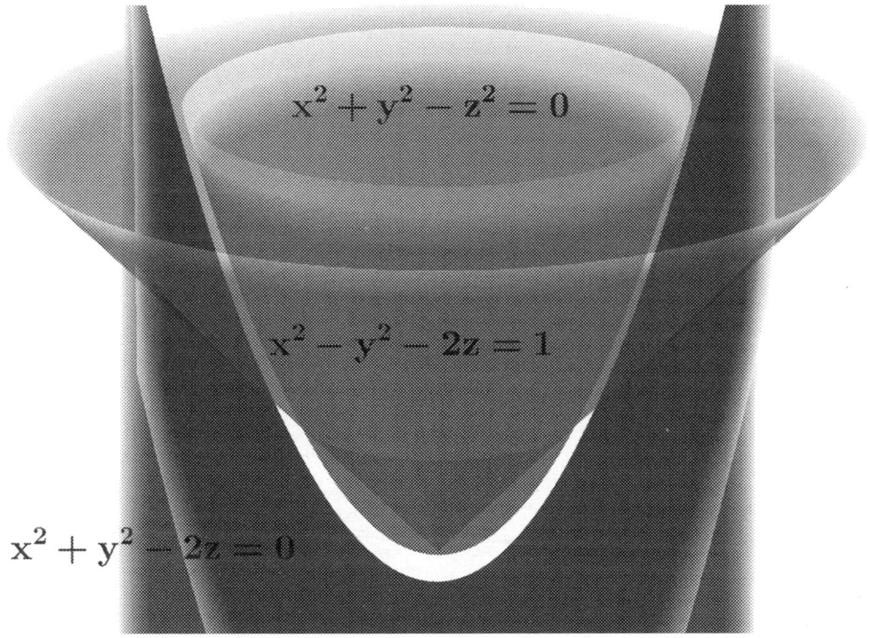

Abb. 5.5 Kegel sowie elliptisches und hyperbolisches Paraboloid für $a = b = 1$

der Liste mit $a = b = c = 1$, um alle nicht flachen Quadriken zu beschreiben; siehe Meyberg und Vachenauer (2003). Wir merken noch an, dass die gelisteten Quadriken auch **Flächen zweiter Ordnung** genannt werden. Diese Notation ist in der Literatur jedoch nicht ganz eindeutig. ∎

5.2 Synthetische Geometrie

Definition 5.7
Seien P eine nicht-leere Menge sowie G und E zwei nichtleere Mengen von Teilmengen von P. Wir nennen die Elemente von P im folgenden Punkte, die Elemente von G Geraden und die Elemente von E Ebenen. (P, G, E) bildet eine **Inzidenzgeometrie,** wenn Folgendes gilt:

1. Zu zwei Punkten aus P gibt es genau eine Gerade aus G, die diese Punkte enthält.
2. Jede Gerade aus G enthält mindestens zwei Punkte aus P.
3. Es gibt mindestens drei Punkte aus P, die nicht **kollinear** sind, d. h., sie sind nicht in einer Geraden aus G enthalten.
4. Zu je drei nicht kollinearen Punkten aus P gibt es genau eine Ebene aus E, die diese drei Punkte enthält. Jede Ebene aus E enthält mindestens drei Punkte aus P.

5. Wenn zwei Punkte einer Geraden aus G in einer Ebene aus E liegen, so liegen alle Punkte der Geraden in dieser Ebene.
6. Wenn zwei Ebenen aus E einen Punkt aus P gemeinsam haben, so haben sie noch mindestens einen weiteren Punkt aus P (und damit eine ganze Gerade) gemeinsam.

Eine Inzidenzgeometrie heißt **eben,** wenn die einzige Ebene ganz P ist, also $E = \{P\}$ gilt; ansonsten nennt man die Geometrie **räumlich.** ♦

Beispiel 5.13
$P = \{a, b, c\}$, $G = \{\{a, b\}, \{a, c\}, \{b, c\}$ und $E = \{P\}$ definieren eine ebene Inzidenzgeometrie. Ist $P = \{a, b, c, d\}$ und besteht G aus allen zweielementigen Teilmengen von P und E aus allen dreielementigen Teilmengen von P, so ist (P, G, E) eine räumliche Inzidenzgeometrie. ■

Beispiel 5.14
Ist $P = \mathbb{R}^n$ mit $n \geq 2$, G die Menge aller eindimensionalen affinen Unterräume von P, und ist E die Menge aller zwei-dimensionalen affinen Unterräume von P, so ist (P, G, E) eine Inzidenzgeometrie. Diese Geometrie ist die **euklidische Inzidenzgeometrie;** sie ist eben genau dann, wenn $n = 2$ ist; siehe hierzu auch den vorigen Abschnitt zur analytischen Geometrie. ■

Definition 5.8
In einer Inzidenzgeometrie (P, G, E) sind zwei Geraden **parallel,** wenn sie in einer Ebene liegen und keine gemeinsamen Punkte haben. Eine Inzidenzgeometrie heißt **affin,** wenn es zu jeder Geraden g aus G und zu jedem Punkt p aus P, der nicht auf der Geraden liegt, eine eindeutig bestimmte Gerade aus G gibt, die P enthält und parallel zu g ist. Sie heißt **hyperbolisch,** wenn es zu jeder Geraden g aus G und zu jedem Punkt p aus P, der nicht auf der Geraden liegt, mehr als eine Gerade aus G gibt, die P enthält und parallel zu g ist. Eine Inzidenzgeometrie heißt **elliptisch,** wenn es zu einer gegebenen Gerade g und zu einem Punkt P, der nicht auf der Geraden liegt, keine zu g parallele Gerade gibt, die durch p geht. ♦

Beispiel 5.15
Die euklidische Inzidenzgeometrie in Beispiel 5.14 ist affin. Die beiden Geometrien in Beispiel 5.13 sind elliptisch. ■

Beispiel 5.16
Eine endliche affine Inzidenzgeometrie ist gegeben durch $P = \{a, b, c, d\}$ sowie $G = \{\{a, b\}, \{a, c\}, \{c, b\}, \{a, d\}, \{b, d\}, \{c, d\}\}$ und $E = \{P\}$. Eine endliche hyperbolische Inzidenzgeometrie ist gegeben durch eine ebene Geometrie mit fünf Punkten, wobei die Geraden jeweils zwei Punkte enthalten. ■

Beispiel 5.17
Kontinuierliche elliptische und hyperbolische Geometrien stellen wir erst im nächsten Abschnitt des Kapitels vor. ■

Definition 5.9
Sei (P, G, E) eine Inzidenzgeometrie. Ist auf P eine Metrik $d : P \times P \to \mathbb{R}_0^+$ definiert, nennt man (P, G, E, d) **metrische Geometrie;** siehe auch Abschn. 6.1. Die **abgeschlossene Strecke** zwischen $x, y \in P$ mit $x \neq y$ in einer metrischen Geometrie ist

$$(x, y) = \{z \in P \mid d(x, z) + d(z, y) = d(x, y)\}.$$

Die **offene Strecke** ist $(x, y = [x, y]\backslash\{x, y\}$. Der **Strahl** von x durch y ist

$$[x, \infty)_y = \{z \in P \mid z \in [x, y] \text{ oder } y \in (x, z)\}.$$

♦

Beispiel 5.18
Die **euklidische metrische Geometrie** ist gegeben durch die euklidische Inzidenzgeometrie in Beispiel 5.14, zusammen mit der euklidischen Metrik. Sind $a, b \in \mathbb{R}^n$, erhalten wir, wie zu erwarten, als Strecke $[a, b] = \{a + \lambda(b - a) \mid \lambda \in [0, 1]\}$ und als Strahl $[a, \infty)_b := \{a + \lambda(b - a) \mid \lambda \geq 0\}$. ■

Beispiel 5.19
Betrachten wir die diskrete Metrik auf einer Inzidenzgeometrie, so sind die Strecke und die Strahlen gegeben durch $(a, b) = [a, b] = [x, \infty)_y = \{a, b\}$. ■

Definition 5.10
Eine metrische Geometrie (P, G, E, d) ist eine metrische **Anordnungsgeometrie,** wenn Folgendes gilt:

1. Zu jedem Punkt x aus P und zu jedem Strahl $[x, \infty)_y$ sowie zu jeder Zahl $r \in \mathbb{R}^+$ gibt es auf dem Strahl $[x, \infty)_y$ genau einen Punkt z aus P mit $d(x, z) = r$.
2. Zu jeder Ebene $\mathcal{E}$ aus E und zu jeder Geraden g aus G in dieser Ebene gibt es eindeutige disjunkte nicht-leere **offene Halbebenen** $\mathcal{E}_1, \mathcal{E}_2 \subseteq P$ mit $\mathcal{E}_1 \cup \mathcal{E}_2 = \mathcal{E}\backslash g$. Zwei Punkte $a, b \in H\backslash g$ liegen genau dann in derselben Halbebene, wenn $[a, b]$ die Gerade g nicht schneidet.
3. Zu jeder Ebene $\mathcal{E}$ aus E mit $\mathcal{E} \neq P$ gibt es eindeutige disjunkte nicht-leere **offene Halbräume** $H_1, H_2 \subseteq P$ mit $H_1 \cup H_2 = P\backslash\mathcal{E}$. Zwei Punkte $a, b \in P\backslash\mathcal{E}$ liegen genau dann im selben Halbraum, wenn $[a, b]$ die Ebene $\mathcal{E}$ nicht schneidet.

Ist die metrische Anordnungsgeometrie eben, können wir auf die dritte Bedingung verzichten. Eine ebene metrische Anordnungsgeometrie (P, G, E, d) heißt **ebene absolute Geometrie,** wenn es für Punkte $a, b \in P$ und $\bar{a}, \bar{b} \in P$ mit $d(a, b) = d(\bar{a}, \bar{b}) > 0$ genau zwei Isometrien $\phi_1, \phi_2 : P \to P$ gibt, sodass gilt: $\phi_i(a) = \bar{a}$,

$\phi_i(b) = \bar{b}$. Eine Halbebene bezüglich der Geraden durch a und b wird bei jeder dieser Bewegungen auf eine andere Halbebene bezüglich der Geraden durch c und d abgebildet. Eine räumliche metrische Anordnungsgeometrie (P, G, E, d) heißt **räumliche absolute Geometrie,** wenn es für Punkte $a, b, c \in P$ und $\bar{a}, \bar{b}, \bar{c} \in P$ mit $d(a, b) = d(\bar{a}, \bar{b}) > 0$, $d(a, c) = d(\bar{a}, \bar{c}) > 0$ und $d(b, c) = d(\bar{b}, \bar{c}) > 0$ genau zwei Isometrien $\phi_1, \phi_2 : P \to P$ gibt, sodass gilt: $\phi_i(a) = \bar{a}$, $\phi_i(b) - \bar{b}$ und $\phi_i(c) = \bar{c}$ für $i = 1, 2$. Ein Halbraum bezüglich der Ebene durch a, b, c wird bei jeder dieser Bewegungen auf eine andere Halbebene bezüglich der Ebene durch $\bar{a}, \bar{b}, \bar{c}$ abgebildet. ♦

Beispiel 5.20
Die Ebene $\mathbb{R}^2$ mit den eindimensionalen affinen Unterräumen als Geraden und der euklidischen Metrik bildet eine affine ebene absolute Geometrie und ist durch diese Beschreibung sogar (bis auf Isomorphie) eindeutig bestimmt. Man spricht dabei von der **euklidischen Ebene.** Der Raum $\mathbb{R}^3$ mit den eindimensionalen affinen Unterräumen als Geraden und den zweidimensionalen affinen Unterräumen als Ebenen sowie der euklidischen Metrik bildet eine affine räumliche absolute Geometrie und ist durch diese Beschreibung sogar (bis auf Isomorphie) eindeutig bestimmt. Man spricht dabei vom **euklidischen Raum.** ■

Beispiel 5.21
Elliptische und hyperbolische absolute Geometrien stellen wir im nächsten Kapitel vor. ■

Beispiel 5.22
Der Raum $\mathbb{R}^n$ für $n \geq 4$ mit den eindimensionalen affinen Unterräumen als Geraden und den zweidimensionalen affinen Unterräumen als Ebene sowie der euklidischen Metrik bildet im Sinne unsere Definition keine räumliche affine absolute Geometrie, und die dritte Bedingung für eine Anordnungsgeometrie gilt nicht. In der Vektorraumtheorie und der Topologie werden diese Räume allerdings trotzdem euklidische Räume genannt. ■

5.3 Nicht-euklidische Geometrie

Definition 5.11
Die reelle **projektive Ebene** (im sphärischen Modell) ist gegeben durch die Oberfläche der Einheitskugel (auch 2-Sphäre $\mathbb{S}^2$ genannt), bei der antipodale Punkte identifiziert werden:

$$P = \mathbb{P}^2 := \mathbb{S}^2/\sim = \left\{(x, y, z) \in \mathbb{R}^3 \mid x^2 + y^2 + z^2 = 1\right\}/\sim,$$

wobei $(x, y, z) \sim (\bar{x}, \bar{y}, \bar{z})$ ist, wenn $(x, y, z) = (\bar{x}, \bar{y}, \bar{z})$ oder $(x, y, z) = -(\bar{x}, \bar{y}, \bar{z})$ gilt. Ein **Großkreis** auf der Kugeloberfläche ist der Schnitt der Kugeloberfläche mit einer Ebene durch den Ursprung im euklidischen Raum $\mathbb{R}^3$. Die Geraden G in der projektiven Ebene sind durch die Großkreise, bei denen antipodale Punkte identifiziert werden, gegeben. Die Identifikation der Antipoden gewährleistet, dass zwei Geraden einen eindeutigen Schnittpunkt haben. $(P, G, \{P\})$ bestimmt eine ebene elliptische Inzidenzgeometrie im Sinne der Definitionen im vorigen Abschnitt. Der Abstand des kürzesten Weges zwischen zwei Punkten p_1 und p_2 auf der Sphäre $\mathbb{S}^2$ ist $d(p_1, p_2) = \arccos(\langle p_1, p_2\rangle)$; er nimmt Werte in $[0, \pi]$ an. Auf der projektiven Ebene $\mathbb{P}^2$ definieren wir nun die **projektive Metrik** durch $\tilde{d}(p_1, p_2) = \arccos(|\langle p_1, p_2\rangle|)$. Die Werte der Metrik liegen in $[0, \pi]$ und sind unabhängig von den gewählten Repräsentanten der Punkte in dieser Ebene. $(P, G, \{P\}, \tilde{d})$ bildet eine ebene elliptische absolute Geometrie, im Sinne der synthetischen Geometrie. Es sei noch angemerkt, dass die Isometrie von $\mathbb{P}^2$ durch die Matrizen in der **projektiven orthogonalen Gruppe** $PO(3) = O(3)/\pm$ beschrieben werden; hierbei werden orthogonale Matrizen A und $-A$ identifiziert. ♦

Beispiel 5.23
Zwei Punkte in $\mathbb{P}^2$ seien durch $p_1 = \{(1, 0, 0), (-1, 0, 0)\}$, $p_2 = \{(0, 1, 0), (0, -1, 0)\}$ gegeben. Die Gerade durch diese Punkte in der projektiven Ebene ist ein Kreis im $\mathbb{R}^3$, bei dem wir antipodale Punkte identifizieren: $g = \{\{(x, y, 0), (-x, -y, 0)\} \mid x^2 + y^2 = 1\}$. Der Abstand der Punkte in der projektiven Ebene ist $\tilde{d}(p_1, p_2) = \pi/2$; siehe Abb. 5.6. ■

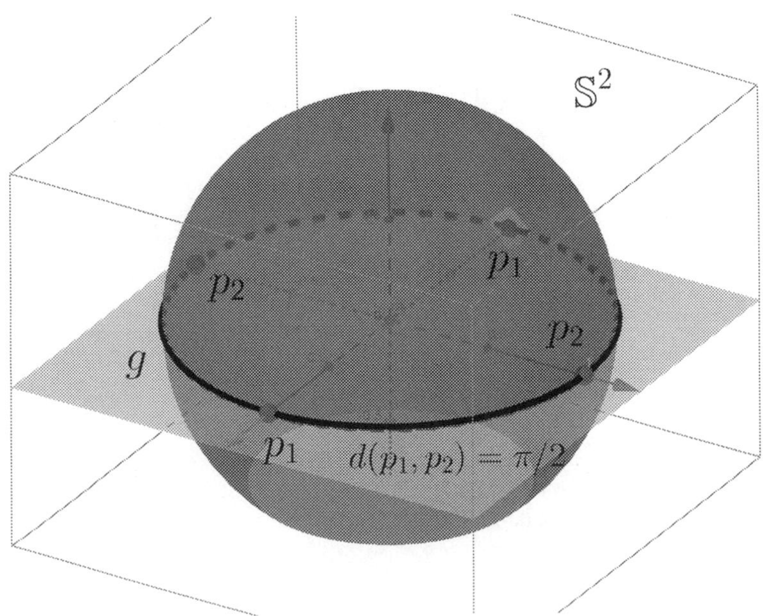

Abb. 5.6 Punkte und Gerade in Beispiel 5.23 auf der Sphäre

Definition 5.12
Der reelle **projektive Raum** (im sphärischen Modell) ist gegeben durch die 3-Sphäre $\mathbb{S}^3$, bei der antipodale Punkte identifiziert werden:

$$P = \mathbb{P}^3 = \mathbb{S}^3/\sim = \left\{(x, y, u, v) \in \mathbb{R}^4 \mid x^2 + y^2 + u^2 + v^2 = 1\right\}/\sim,$$

wobei gilt: $v_1 \sim v_2 \Leftrightarrow v_1 = v_2$ oder $v_1 = -v_2$ für $v_1, v_2 \in \mathbb{S}^3$. Die Geraden G in $\mathbb{P}^3$ sind die Großkreise in $\mathbb{S}^3$ mit der Identifikation der Antipoden. Dabei ist solch ein Großkreis der Schnitt eines eindimensionalen Unterraumes in $\mathbb{R}^4$ mit $\mathbb{S}^3$. Die Ebenen E in $\mathbb{P}^3$ sind die 2-Sphären in $\mathbb{S}^3$ mit der Identifikation der Antipoden. Dabei ist solch ein Sphäre der Schnitt eines zweidimensionalen Unterraumes in $\mathbb{R}^4$ mit $\mathbb{S}^3$. (P, G, E) bestimmt eine räumliche elliptische Inzidenzgeometrie im Sinne der Definitionen im vorigen Abschnitt. Definieren wir eine Metrik genau wie in Definition 5.11, so ist $(P, G, E, \tilde{d})$ eine räumliche elliptische absolute Geometrie, deren Isomorphismen durch die projektive orthogonale Gruppe $PO(4) = O(4)/\pm$ gegeben sind, wobei wir die orthogonale Matrizen A und $-A$ identifizieren. ♦

Beispiel 5.24
Drei Punkte in $\mathbb{P}^3$ seien durch

$$p_1 = \{(1, 0, 0, 0), (-1, 0, 0, 0)\}, \qquad p_2 = \{(0, 1, 0, 0), (0, -1, 0, 0)\},$$

$$p_3 = \{(0, 0, 1, 0), (0, 0, -1, 0)\}$$

gegeben. Die Gerade durch p_1 und p_2 im projektiven Raum ist ein Kreis im $\mathbb{R}^4$, bei dem wir antipodale Punkte identifizieren:

$$g = \left\{\{(x, y, 0, 0), (-x, -y, 0, 0)\} \mid x^2 + y^2 = 1\right\}.$$

Eine Ebene im projektiven Raum, die alle drei Punkte enthält, ist eine 2-Sphäre im $\mathbb{R}^4$ mit identifizierten Antipoden:

$$E = \left\{\{(x, y, z, 0), (-x, -y, -z, 0)\} \mid x^2 + y^2 + z^2 = 1\right\}.$$

■

Definition 5.13
Die **hyperbolische Ebene** (im Halbebenenmodell) ist gegeben durch die Menge der Punkte

$$P = \mathbb{H}^2 = \left\{(x, y) \in \mathbb{R}^2 \mid y > 0\right\}.$$

Die Geraden G in der hyperbolischen Ebene sind die Halbkreise in $\mathbb{H}^2$ mit Mittelpunkt auf der x-Achse und die Halbgeraden in $\mathbb{H}^2$, die senkrecht auf der x-Achse stehen. $(P, G, \{P\})$ bildet im Sinne der Definitionen des vorigen Abschnitts eine ebene hyperbolische Inzidenzgeometrie. Mit der **hyperbolischen Metrik**

$$h((x_1, y_1), (x_2, y_2)) = \operatorname{arcosh}\left(1 + \frac{(x_2 - x_1)^2 + (y_2 - y_1)^2}{2y_1 y_2}\right),$$

wobei arcosh die Umkehrfunktion des Cosinus Hyperbolicus $\cosh(x) = (e^x + e^{-x})/2$ ist, bildet $(P, E, \{P\}, h)$ eine ebene hyperbolische absolute Geometrie. Die hyperbolischen Geraden sind die kürzesten Verbindungen zwischen Punkten in Bezug auf diese Metrik. Die Isometrie von $\mathbb{H}^2$ sind durch Matrizen $A \in \mathbb{R}^{2\times 2}$ mit Determinante 1 gegeben, wobei allerdings die Matrizen A und $-A$ dieselbe Isometrie beschreiben. Die Isometriegruppe ist also die **projektive spezielle lineare Gruppe** $\mathrm{PSL}(2, \mathbb{R}) = \mathrm{SL}(2, \mathbb{R})/\pm$, in der wir A und $-A$ identifizieren. ♦

Beispiel 5.25
Die Gerade in $\mathbb{H}^2$ durch $p_1 = (-1, 1)$ und $p_2 = (1, 1)$ ist der Halbkreis $g = \{(x, y) \in \mathbb{H}^2 \mid x^2 + y^2 = 2\}$. Der Abstand zwischen den beiden Punkten in der hyperbolischen Ebene ist

$$h(p_1, p_2) = \operatorname{arcosh}(3).$$

Zwei parallele Geraden zu g durch $p_3 = (2, 2)$ sind $g_1 = \{(x, y) \in \mathbb{H}^2 \mid x^2+y^2 = 4\}$ und $g_2 = \{(x, y) \in \mathbb{H}^2 \mid x = 2\}$; siehe Abb. 5.7. ■

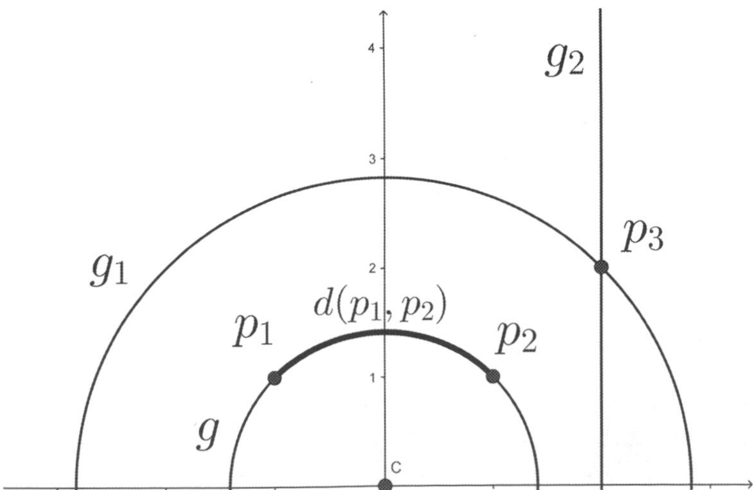

Abb. 5.7 Punkte und Geraden in Beispiel 5.25

Definition 5.14
Der **hyperbolische Raum** (im Halbraummodell) ist gegeben durch die Menge der Punkte

$$P = \mathbb{H}^3 = \{(x, y, z) \in \mathbb{R}^3 \mid z > 0\}.$$

Die Geraden G im hyperbolischen Raum sind die Halbkreise in $\mathbb{H}^3$ mit Mittelpunkt auf der xy-Ebene und senkrecht zu dieser sowie die Halbgeraden in $\mathbb{H}^3$, die senkrecht auf der xy-Ebene stehen. Die Ebenen E sind Halbebenen in $\mathbb{H}^3$, die senkrecht auf der xy-Ebene stehen. (P, G, E) bildet im Sinne der synthetischen Geometrie eine räumliche hyperbolische Inzidenzgeometrie. Mit der hyperbolischen Metrik

$$h((x_1, y_1, z_1), (x_2, y_2, z_2)) = \operatorname{arcosh}\left(1 + \frac{(x_2 - x_1)^2 + (y_2 - y_1)^2 + (z_2 - z_1)^2}{2z_1z_2}\right)$$

bildet $(P, E, \{P\}, h)$ eine räumliche hyperbolische absolute Geometrie. Die Isometriegruppe von $\mathbb{H}^3$ kann durch die projektive spezielle lineare Gruppe $\mathrm{PSL}(2, \mathbb{C}) = \mathrm{SL}(2, \mathbb{C})/\pm$ über $\mathbb{C}$ beschrieben werden. ♦

Beispiel 5.26
Die Gerade in $\mathbb{H}^3$ durch $p_1 = (-1, -1, 1)$ und $p_2 = (1, 1, 1)$ ist der Halbkreis $g = \{(x, y, z) \in \mathbb{H}^3 \mid x^2 + y^2 + z^2 = 3\}$ in der Ebene $E = \{\{(x, y, z) \in \mathbb{H} \mid x = y\}$. Der Abstand zwischen den beiden Punkten im hyperbolischen Raum ist

$$h(p_1, p_2) = \operatorname{arcosh}(5).$$

Zwei parallele Geraden zu g durch $p_3 = (2, 2, 2)$ in der Ebene E sind $g_1 = \{(x, y, z) \in \mathbb{H}^3 \mid x^2 + z^2 = 4\}$ und $g_2 = \{(x, y, z) \in \mathbb{H}^3 \mid x = y = 2\}$; siehe Abb. 5.8. ■

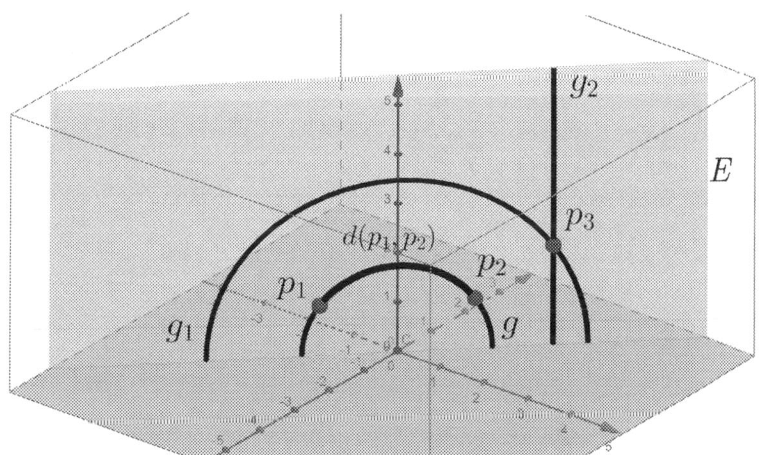

Abb. 5.8 Punkte, Geraden und Ebene in Beispiel 5.26

5.4 Fraktale Geometrie

Definition 5.15
Die **Hausdorff-Dimension** einer Menge $A \subseteq \mathbb{R}^n$ ist gegeben durch

$$\dim_H A = \sup\{d \mid H^d(A) = \infty\} = \inf\{d \mid H^d(A) = 0\},$$

wobei H^d das d-dimensionale Hausdorff-Maß ist; siehe Beispiel 8.19. Ist $\dim_H A$ nicht ganzzahlig, so nennen wir A ein **Fraktal.** Wir weisen darauf hin, dass auch manche Mengen mit ganzzahliger Dimension, die eine gewisse Selbstähnlichkeit aufweisen, Fraktale genannt werden; siehe Beispiel 5.30. ♦

Beispiel 5.27
Die **Cantor-Menge** C, gegeben durch

$$C = \left\{\sum_{i=1}^{\infty} s_i 3^{-i} \mid s_i \in \{0, 2\}\right\} \subseteq \mathbb{R},$$

ist ein Fraktal mit $\dim_H C = \log(2)/\log(3)$. Die reellen Zahlen, deren Ziffern in der Dezimalentwicklung gerade sind, bildet ein Fraktal mit $\dim_H C = \log(5)/\log(10)$. ■

Beispiel 5.28
Der Graph der **Weierstraß-Funktionen** $W = \{(x, w(x)) | x \in [-1, 1]\}$ für

$$w(x) = \sum_{k=0}^{\infty} a^{-k} \cos\left(2^k \pi x\right),$$

mit $a \in (1, 2)$, ist ein Fraktal; siehe Abb. 5.9. Es wird vermutet, dass seine Hausdorff-Dimension durch $\dim_H W = 2 - \log(a)/\log(2)$ gegeben ist. Für die **Takahi-Landsberg-Kurven** $L = \{(x, l(x)) | x \in [-1, 1]\}$ mit

$$l(x) = \sum_{k=0}^{\infty} a^{-k} s\left(2^k x\right),$$

wobei $s(x) = 1 - 2|x - 1/2|$ von $[0, 1]$ periodisch auf ganz $\mathbb{R}$ fortgesetzt wird, ist dies bekannt; siehe hierzu Falconer (1990). ■

Definition 5.16
Seien $T_i : A \to A$ für $i = 1, \dots, n$ Kontraktionen einer abgeschlossenen Menge $A \subseteq \mathbb{R}^n$ (oder allgemeiner eines vollständigen metrischen Raumes), d. h. es gibt Konstanten $c_i \in (0, 1)$ für die Abbildungen mit

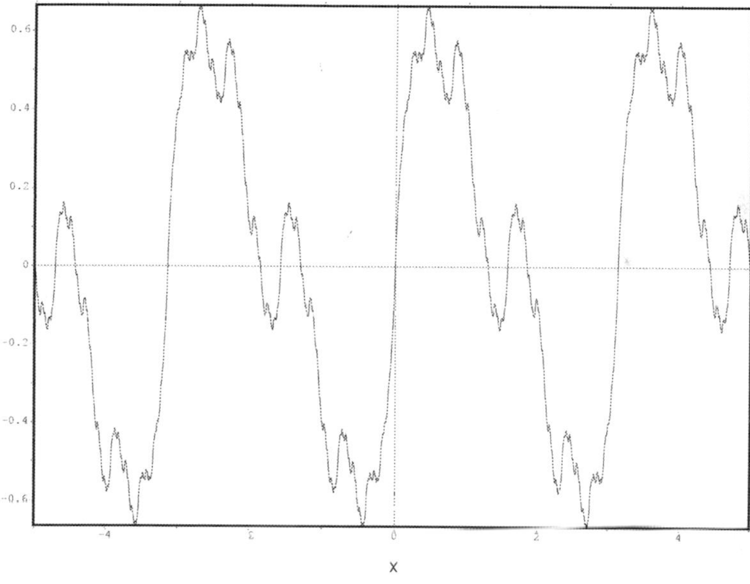

Abb. 5.9 Eine Weierstraß-Funktion

$$d(T_i(x), T_i(y)) \leq c_i d(x, y)$$

für alle $x, y \in A$. Man kann in der fraktalen Geometrie zeigen, dass eine eindeutig bestimmte kompakte Menge $K \subseteq A$ mit

$$K = \bigcup_{i=1}^{n} T_i(K)$$

existiert; siehe Falconer (1990). Eine solche Menge heißt **Attraktor eines iterierten Funktionensystems** und wird manchmal auch **selbst-ähnlich** genannt. K ist selbst-ähnlich im eigentlichen Sinne, wenn die Kontraktionen T_i tatsächlich Ähnlichkeiten sind. ♦

Beispiel 5.29
Der Attraktor der Kontraktionen $T_1(x) = 1/3x$ und $T_2(x) = 1/3x + 2/3$ auf $[0, 1]$ ist die Cantor-Menge C in Beispiel 5.27, da $C = T_1(C) \cup T_2(C)$ ist. Die Cantor-Menge ist also selbst-ähnlich. ■

Beispiel 5.30
Auf $\mathbb{R}^2$ betrachten wir die drei Kontraktionen

$$T_1(x) = \begin{pmatrix} 1/2 & 0 \\ 0 & 1/2 \end{pmatrix} x, \quad T_2(x) = \begin{pmatrix} 1/2 & 0 \\ 0 & 1/2 \end{pmatrix} x + \begin{pmatrix} 1/2 \\ 0 \end{pmatrix}$$

$$\text{und} \quad T_3(x) = \begin{pmatrix} 1/2 & 0 \\ 0 & 1/2 \end{pmatrix} x + \begin{pmatrix} 1/4 \\ \sqrt{3}/4 \end{pmatrix}.$$

Abb. 5.10 Annäherung des Sierpinski-Dreiecks

Der Attraktor dieser Abbildungen S ist ein selbst-ähnliches Fraktal mit $\dim_H S = \log(3)/\log(2)$. Dieses Fraktal wird **Sierpinski-Dreieck** genannt; siehe Abb. 5.10. ■

Beispiel 5.31
Auf $\mathbb{R}^2$ betrachten wir die Ähnlichkeiten mit Kontraktionsfaktor $\sqrt{2}/2$, gegeben durch

$$T_1(x) = \frac{1}{2}\begin{pmatrix} 1 & 1 \\ -1 & 1 \end{pmatrix} x \quad \text{und} \quad T_2(x) = \frac{1}{2}\begin{pmatrix} -1 & 1 \\ -1 & -1 \end{pmatrix} x + \begin{pmatrix} 1 \\ 0 \end{pmatrix}.$$

Der Attraktor D dieses iterierten Funktionensystems ist ein Fraktal mit $\dim_H D = \log(2)/\log(\sqrt{2}) = 2$. Der Graph von D wird **Drachenkurve** genannt; siehe Abb. 5.11. ■

Abb. 5.11 Annäherung der Drachenkurve

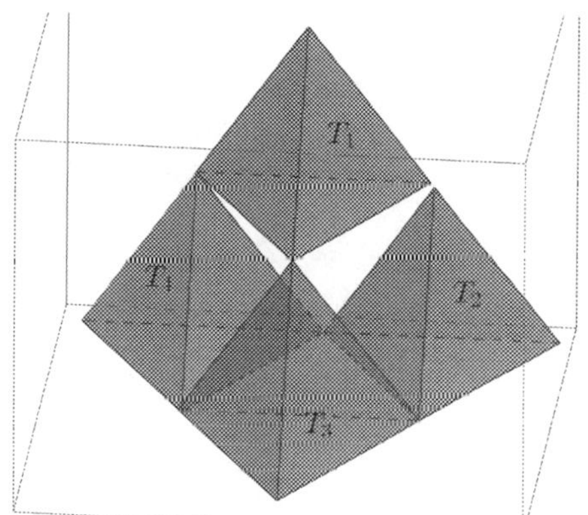

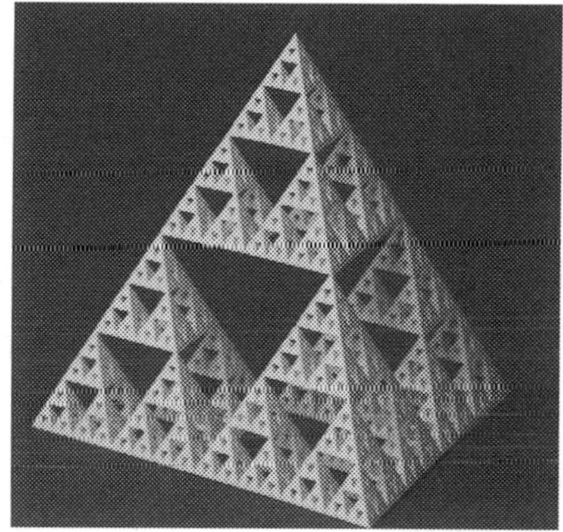

Abb. 5.12 Konstruktion und Annäherung des Sierpinski-Tetraeders

Beispiel 5.32
Wir betrachten auf einem Tetraeder vier Ähnlichkeiten mit der Kontraktionsrate $1/2$, die die Bildtetraeder in die Ecken des ursprünglichen Tetraeders verschieben; siehe Abb. 5.11. Der Attraktor dieses iterierten Funktionensystems wird **Sierpinski-Tetraeder** $\mathfrak{S}$ genannt und ist selbst-ähnlich mit $\dim_H \mathfrak{S} = \log(4)/\log(2) = 2$; siehe Abb. 5.12. Konstruieren wir in gleicher Weise eine fraktale Pyramide mittels fünf Ähnlichkeiten, so erhalten wir ein Fraktal mit der Hausdorff-Dimension $\log(5)/\log(2) > 2$. ■

5.5 Algebraische Geometrie

Definition 5.17
Sei $\mathbb{K}$ ein Körper und $n \in \mathbb{N}$. Eine **affine Varietät** in $\mathbb{K}^n$ ist eine Menge der Form

$$V_{\mathbb{K}^n}(P) = V(P) = \{x \in \mathbb{K}^n \mid p(x) = 0 \text{ für alle } p \in P\},$$

wobei P eine Menge von Polynomen mit n Variablen und Koeffizienten in $\mathbb{K}$ ist; $P \subseteq \mathbb{K}[x_1, \ldots, x_n]$. ♦

Beispiel 5.33
Die Kegelschnitte, die wir in Beispiel 4.11 eingeführt haben, sind affine Varietäten in $\mathbb{R}^2$, die durch ein Polynom gegeben sind. Weitere Beispiele sind etwa die **Neilsche Parabel** $V(y^3 - x^2)$ oder die **Schleifenkurve** $V(x^3 - x^2 + y^2)$, siehe Abb. 5.13. ■

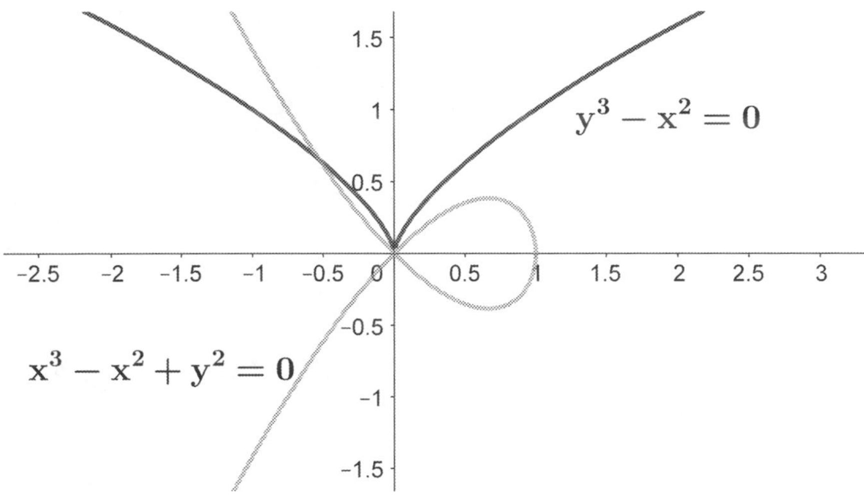

Abb. 5.13 Neilsche Parabel und Schleifenkurve

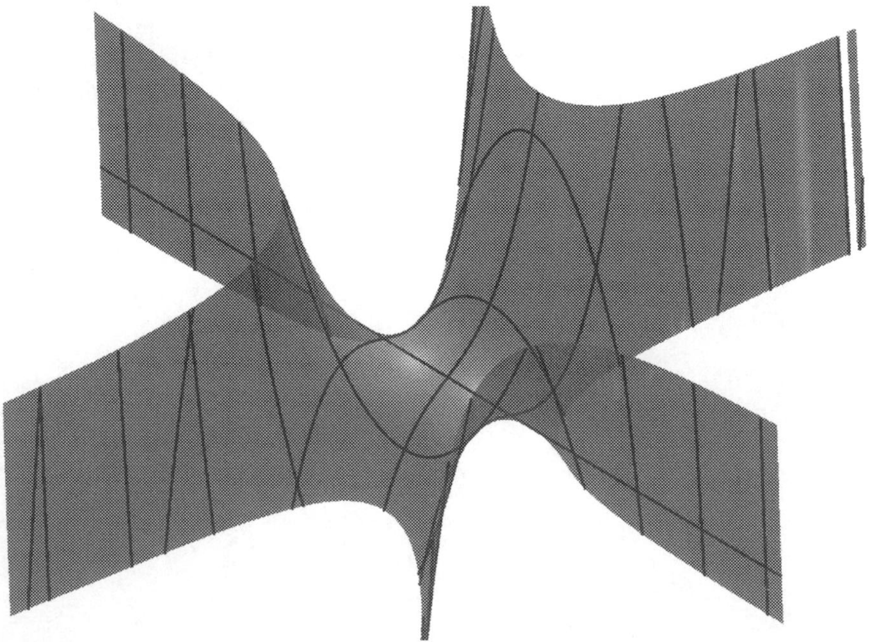

Abb. 5.14 Der Affensattel gegeben durch $x^3 - 3xy^2 - z = 0$

Beispiel 5.34
Die Quadriken, die wir in Beispiel 4.12 eingeführt haben, sind affine Varietäten in $\mathbb{R}^3$, die durch ein Polynom gegeben sind. Ein weiteres Beispiel ist etwa der **Affensattel** $V(x^3 - 3xy^2 - z)$, siehe Abb. 5.14. ■

Beispiel 5.35
Ein Beispiel einer affinen Varietät in $\mathbb{R}^2$, das durch zwei Polynome erzeugt wird, ist:

$$V\left(x^2+y^2-1, x-y\right) = \left\{(1/\sqrt{2}, \sqrt{2}), (-1/\sqrt{2}, -\sqrt{2})\right\}.$$

Ein Beispiel einer affinen Varietät in $\mathbb{R}^3$, das durch zwei Polynome erzeugt wird, ist:

$$V\left(x^2+y^2+z^2-1, x-y\right) = \left\{(x,x,z)|2x^2+z^2=1\right\}.$$

■

Beispiel 5.36
Der Schnitt beliebiger vieler und die Vereinigung endlicher affiner Varietäten in $\mathbb{K}^n$ ist eine affine Varietät in $\mathbb{K}^n$. D. h. die affinen Varietäten definieren als abgeschlossene Menge eine Topologie auf $\mathbb{K}^n$, die **Zariski-Topologie** genannt wird. Siehe hierzu Abschn. 5.1. ■

Definition 5.18
Eine affine Varietät V heißt **reduzibel,** wenn sie sich in der Form $V = V_1 \cup V_2$ mit zwei affinen Varietäten V_1, V_2 ungleich V schreiben lässt. Wenn eine affine Varietät nicht reduzibel ist, heißt sie **irreduzibel.** ♦

Beispiel 5.37
Ein Beispiel einer reduziblen affinen Varietät in $\mathbb{R}^2$ ist

$$V(xy+x) = V(x) \cup V(y+1),$$

die aus zwei Geraden besteht. Ein Beispiel einer reduziblen affinen Varietät in $\mathbb{R}^3$ ist

$$V\left(x^2+y^2-z^2, x\right) = V(y+z, x) \cup V(y-z, x),$$

die auch aus zwei Geraden besteht. ■

Beispiel 5.38
Ist $f \in \mathbb{K}[x_1, \ldots, x_n]$ irreduzibel, so ist $V(f)$ irreduzibel. Unsere Beispiele in 5.33 und 5.34 sind also irreduzible affine Varietäten. Mehr noch, man kann zeigen, dass $V(P)$ irreduzibel ist, genau dann wenn $P \subseteq \mathbb{K}[x_1, \ldots, x_n]$ ein Primideal ist, siehe hierzu Definition 2.9 und Hulek (2012). ■

Definition 5.19
Sei $\mathbb{K}$ ein Körper, $n \in \mathbb{N}$ und $M \subseteq \mathbb{K}^n$. Das **Verschwindeideal** von M in $\mathbb{K}[x_1, \ldots, x_n]$ ist gegeben durch

$$I(M) = \{f \in \mathbb{K}[x_1, \ldots, x_n] | f(x) = 0 \text{ für alle } x \in M\}.$$

Es ist leicht nachzurechnen, dass dies ein Ideal im Ring $\mathbb{K}[x_1, \ldots, x_n]$ im Sinne von Definition 2.9 ist. ♦

Beispiel 5.39
Ist f in $\mathbb{K}[x_1, \ldots, x_n]$ irreduzibel, so ist $I(V(f))$ das von f erzeugte Ideal. Allgemein gilt, $I(V(P)) = P$, wenn P ein Primideal in $\mathbb{K}[x_1, \ldots, x_n]$ ist. Wir haben ein Bijektion zwischen Primidealen in $\mathbb{K}[x_1, \ldots, x_n]$ und irreduziblen affinen Varietäten in $\mathbb{K}^n$. Siehe Hulek (2012). ■

Definition 5.20
Sei $\mathbb{K}$ ein Körper und $n \in \mathbb{N}$. Der **projektive Raum** $\mathbb{K}P^n$ über dem Körper $\mathbb{K}$ ist der Raum der eindimensionalen Unterräume von $\mathbb{K}^{n+1}$, also $\mathbb{K}P^n = \{< v > |v \in \mathbb{K}^{n+1}, v \neq 0\}$, wobei $< v >= \{\lambda v | \lambda \in \mathbb{K}\}$. Ist $\mathbb{K} = \mathbb{R}$, spricht man von einem **reellen projektiven Raum,** ist $\mathbb{K} = \mathbb{C}$, so spricht man von einem **komplexen projektiven Raum.** ♦

Beispiel 5.40
Die **reelle projektive Gerade** $\mathbb{R}P$ kann mittels $f : \mathbb{R}P \to \mathbb{S}^1/\sim$, gegeben durch $f(< v >) = v/||v||$, mit dem Kreis in der Form $\mathbb{S}^1/\sim$ identifiziert werden, wobei die Relation $\sim$ die Punkte $v = (x, y)$ und $-v = (-x, -y)$ identifiziert. ■

Beispiel 5.41
Der reelle projektive Raum $\mathbb{R}P^2$ kann mit der projektiven Ebene $\mathbb{P}^2$ im sphärischen Modell, das wir in 5.11 definiert haben, identifiziert werden. Die Abbildung $f : \mathbb{R}P^2 \to \mathbb{P}^2$ mit $f(< v >) = v/||v||$ leistet dies. Genauso kann $\mathbb{R}P^3$ mit dem projektiven Raum $\mathbb{P}^3$ im sphärischen Modell, das wir in 5.12 definiert haben, identifiziert werden. ■

Beispiel 5.42
Die **komplexe projektive Gerade** $\mathbb{C}P$ kann mit der Riemann'schen Zahlenkugel $\mathbb{C} \cup \{\infty\}$ identifiziert werden. Eine Bijektion $f : \mathbb{C}P \to \mathbb{C} \cup \{\infty\}$ ist gegeben durch $f(< (z, 1) >) = z$ und $f(< (1, 0) >) = \infty$. Siehe hierzu Definition 9.3 ■

Definition 5.21
Sei $\mathbb{K}$ ein Körper und $n \in \mathbb{N}$. Ein Polynom $f \in \mathbb{K}[x_1, \ldots, x_n]$ heißt **homogen** vom Grad $d \in \mathbb{N}$, wenn $f(\lambda x) = \lambda^d f(x)$ für alle $x \in \mathbb{K}$ und alle $\lambda \in \mathbb{K}$ gilt. D. h. die Summe der Exponenten von $x_1, \ldots, x_n$ ist für alle Summanden des Polynoms d. Sei $H \subseteq \mathbb{K}[x_1, \ldots, x_n]$ eine Menge von homogenen Polynomen. Eine **projektive Varietät** im projektiven Raum $\mathbb{K}P^n$ ist eine Menge der Form

$$V_{\mathbb{K}P^n}(H) = \tilde{V}(H) = \{< v >\in \mathbb{K}P^n | h(v) = 0 \text{ für alle } h \in H\}.$$

Die Irreduzibilität von projektiven Varietäten wird genau wie die Irreduzibilität von affinen Varietäten definiert. ♦

Beispiel 5.43
$f(x, y) = xy^3 - 2yx^3$ ist ein homogenes Polynom und damit $\tilde{V}(xy^3 - 2yx^3)$ eine projektiven Varietät in $\mathbb{K}P^2$. ■

Gegenbeispiel 5.44
$f(x, y) = x^2y - x$ ist kein homogenes Polynom und $\tilde{V}(x^2y - x)$ keine projektive Varietät, für inhomogene Polynome ist $\tilde{V}(f)$ nicht wohldefiniert.

Beispiel 5.45
Ist $f \in \mathbb{K}[x_1, \ldots, x_n]$ ein irreduzibles homogenes Polynom, so ist $\tilde{V}(f)$ eine irreduzible projektive Varietät in $\mathbb{K}P^n$. Wie im affinen Fall ist $\tilde{V}(H)$ eine irreduzible projektive Varietät, wenn H ein homogenes Primideal in $\mathbb{K}[x_1, \ldots, x_n]$ ist, und man kann zeigen, dass sich alle irreduziblen projektiven Varietäten in $\mathbb{K}P^n$ so darstellen lassen. ■

Beispiel 5.46
Der Schnitt beliebiger vieler und die Vereinigung endlicher projektiver Varietäten in $\mathbb{K}P^n$ ist eine projektive Varietät in $\mathbb{K}P^n$. ■

Topologie 6

Inhaltsverzeichnis

Wir geben in diesem Kapitel eine Einführung in die Begriffe der allgemeinen Topologie. Zunächst werden metrische und topologische Räume definiert und das Konzept der offenen und abgeschlossenen Mengen vorgestellt. Die Definitionen sind so bestimmt, dass wir im Abschn. 6.2 stetige Abbildungen und Homöomorphismen zwischen topologischen Räumen und die Konvergenz von Folgen und Filtern in diesen Räumen definieren können. Im Abschn. 6.3 stellen wir mit Produkten, Quotienten, Summen und Verklebungen zentrale Konstruktionen von topologischen Räumen vor. Im Abschn. 6.4 wird die Hierarchie der Trennungsqualitäten topologischer Räume mit Beispielen und Gegenbeispielen eingeführt. Zusätzlich definieren in diesem Abschnitt topologische Mannigfaltigkeiten sowie die Kategorien topologischer Räume. Im Abschn. 6.5 finden sich die Definition kompakter Räume und zwei Möglichkeiten der Kompaktifizierung beliebiger topologischer Räume. Zusammenhängende, weg-zusammenhängende und total zusammenhängende topologische Räume werden im Abschn. 6.6 beschrieben. Den Abschluss des Kapitels bildet ein Einstieg in Begriffe der algebraischen Topologie. Wir stellen das Konzept der Homotopie von Abbildungen vor und führen die Fundamentalgruppe eines topologischen Raumes ein. Darüber hinaus werfen wir auch noch kurz einen Blick auf topologische Knoten und deren Isotopie. Den Abschluss des Kapitels bildet ein Abschnitt zu Simplizialkomplexen und Homologiegruppen.

© Springer-Verlag GmbH Deutschland, ein Teil von Springer Nature 2020

J. Neunhäuser, *Mathematische Begriffe in Beispielen und Bildern*,
https://doi.org/10.1007/978-3-662-60764-0_6

Für eine Darstellung der grundlegenden Sätze und Beweise der mengentheoretischen Topologie empfehlen wir Querenburg (2013). Eine Vertiefung der algebraischen Topologie bietet Lück (2005).

6.1 Metrische und topologische Räume: Grundbegriffe

Definition 6.1
Sei X eine nicht-leere Menge und $d : X \times X \to \mathbb{R}$ eine Abbildung. (X, d) ist ein **metrischer Raum**, wenn gelten:

1. Positivität: $d(x, y) \geq 0$,
2. Definitheit: $d(x, y) = 0$ genau dann, wenn $x = y$ ist,
3. Symmetrie: $d(x, y) = d(y, x)$,
4. Dreiecksungleichung: $d(x, z) \leq d(x, y) + d(y, z)$,

für alle $x, y, z \in X$. Die Abbildung d wird **Metrik** oder **Abstand** genannt. ♦

Beispiel 6.1
Auf jeder nicht-leeren Menge definiert $d(x, y) = 0$ für $x = y$ und $d(x, y) = 1$ für $x \neq y$ die **diskrete Metrik.** ■

Beispiel 6.2
Auf $\mathbb{R}^n = \{(x_1, \ldots, x_n) \mid x_i \in \mathbb{R}\}$ gibt

$$d_1(x, y) = \sum_{i=1}^{n} |x_i - y_i|$$

die **Manhattan-Metrik** an, und

$$d_2(x, y) = \sqrt{\sum_{i=1}^{n} |x_i - y_i|^2}$$

beschreibt die **euklidische Metrik;** schließlich ist

$$d_\infty(x, y) = \max\{|x_i - y_i| \mid i = 1, \ldots, n\}$$

die **Maximumsmetrik.** ■

Siehe hierzu Abb. 6.1.

Beispiel 6.3
Ist $(X, ||\cdot||)$ ein normierter Vektorraum, so definiert

$$d(x, y) = ||x - y||$$

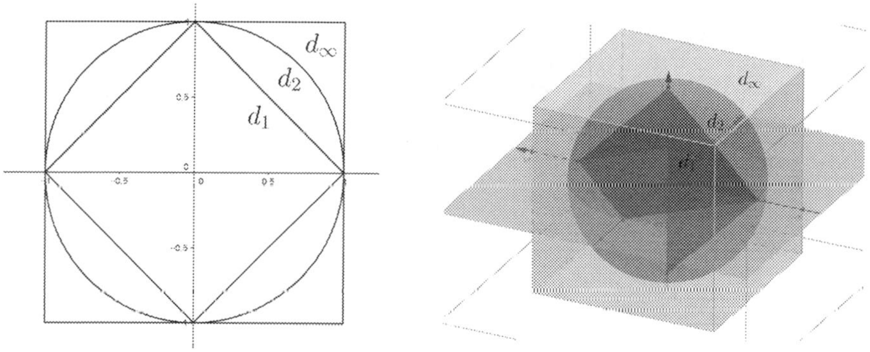

Abb. 6.1 Die Einheitskugel der euklidischen Metrik d_2, der Manhattan-Metrik d_1 und der Maximumsmetrik d_∞ in $\mathbb{R}^2$ und in $\mathbb{R}^3$

eine Metrik auf X; siehe auch Abschn. 8.1. Viele weitere Beispiele normierter Vektorräume und damit metrischer Räume finden sich in Abschn. 10.1. ■

Definition 6.2
Sind (X, d) ein metrischer Raum sowie x in X und $\epsilon > 0$, so ist

$$B_\epsilon(x) = \{y \in X | d(x, y) < \epsilon\}$$

die **offene Kugel** mit Radius ϵ um x, und

$$\overline{B}_\epsilon(x) = \{y \in X | d(x, y) \leq \epsilon\}$$

ist die **abgeschlossene Kugel** mit Radius ϵ um x. ♦

Beispiel 6.4
In der diskreten Metrik ist die offene Kugel gegeben durch $B_\epsilon(x) = \{x\}$ für $\epsilon \leq 1$ und $B_\epsilon(x) = X$ für $\epsilon > 1$. Die abgeschlossene Kugel ist in diesem Fall gegeben durch $\overline{B_\epsilon(x)} = \{x\}$ für $\epsilon < 1$ und $\overline{B_\epsilon(x)} = X$ für $\epsilon \geq 1$. ■

Beispiel 6.5
Betrachten wir die euklidische Metrik auf $\mathbb{R}^2$ oder $\mathbb{C}$, so ist die offene Kugel $B_\epsilon(x)$ eine Kreisscheibe ohne Rand mit Radius ϵ um x. In der Manhattan-Metrik ist $B_\epsilon(x)$ das Quadrat $(x_1 - \epsilon, x_1 + \epsilon) \times (x_2 - \epsilon, x_2 + \epsilon)$ ohne Rand. In der Maximumsmetrik ist $B_\epsilon(x)$ das Quadrat ohne Rand mit der Kantenlänge $\epsilon/\sqrt{2}$ und den Ecken $(x_1, x_2 \pm \epsilon)$, $(x_1 \pm \epsilon, x_2)$. Betrachten wir die entsprechenden abgeschlossenen Kugeln, so erhalten wir dieselben geometrischen Objekte mit Rand. ■

Beispiel 6.6
Betrachten wir die euklidische Metrik auf $\mathbb{R}^3$, so ist die offene Kugel $B_\epsilon(x)$ die gewöhnliche Kugel ohne Rand mit Radius ϵ um x. In der Manhattan-Metrik ist $B_\epsilon(x)$ der Würfel

$$(x_1 - \epsilon, x_1 + \epsilon) \times (x_2 - \epsilon, x_2 + \epsilon) \times (x_3 - \epsilon, x_3 + \epsilon)$$

ohne Rand. In der Maximumsmetrik ist $B_\epsilon(x)$ der Oktaeder ohne Rand mit der Kantenlänge $\epsilon/\sqrt{2}$ und den Ecken

$$(x_1, x_2, x_3 \pm \epsilon), (x_1 \pm \epsilon, x_2, x_3), (x_1, x_2 \pm \epsilon, x_3).$$

Betrachten wir die entsprechenden abgeschlossenen Kugeln, so erhalten wir dieselben geometrischen Objekte mit Rand. ■

Definition 6.3
Seien X eine nicht-leere Menge und $\mathfrak{O}$ eine Menge von Teilmengen von X, $\mathfrak{O} \subseteq P(X)$. Dann ist $(X, \mathfrak{O})$ ein **topologischer Raum,** wenn gilt:

1. $\emptyset, X \in \mathfrak{O}$;
2. Wenn $O_1, O_2 \in \mathfrak{O}$ ist, so gilt $O_1 \cap O_2 \in \mathfrak{O}$;
3. Wenn $O_i \in \mathfrak{O}$ für $i \in I$ ist, so gilt $\bigcup_{i\in I} O_i \in \mathfrak{O}$.

Die Mengen in $\mathfrak{O}$ werden **offene Mengen** genannt. Eine Menge $A \subseteq X$ heißt **abgeschlossene Menge,** wenn sie das Komplement einer offenen Menge ist: $A = X\setminus O$ für $O \in \mathfrak{O}$. ♦

Beispiel 6.7
Ist X eine Menge, so gibt $\mathfrak{O} = \{X, \emptyset\}$ die **triviale Topologie** auf X an. ■

Beispiel 6.8
Werden alle Teilmengen einer nicht-leeren Menge X als offen betrachtet, $\mathfrak{O} = P(X)$, so spricht man von der **diskreten Topologie** auf X. ■

Beispiel 6.9
Ist X eine nicht-leere Menge und $\mathfrak{O} = \{O | X\setminus O \text{ endlich}\} \cup \{\emptyset\}$, so wird $(X, \mathfrak{O})$ als **kofinite Topologie** auf X bezeichnet. Falls X endlich ist, so stimmt diese Topologie mit der diskreten Topologie überein. $\mathfrak{O} = \{O | X\setminus O \text{ abzählbar}\} \cup \{\emptyset\}$ gibt die offenen Mengen der **koabzählbaren Topologie** auf einer unendlichen Menge X an. ■

Definition 6.4
Ist (X, d) ein metrischer Raum, so sind die offenen Mengen der **metrischen Topologie** $\mathfrak{O}$ definiert durch: $O \subseteq X$ ist offen genau dann, wenn es für alle $x \in O$ ein $\epsilon > 0$ gibt, sodass $B_\epsilon(x) \subseteq O$ ist. ♦

Beispiel 6.10
Die diskrete Metrik in Beispiel 6.4 induziert die diskrete Topologie in Beispiel 6.8. ■

Beispiel 6.11
Alle Metriken in Beispiel 6.2 erzeugen dieselbe metrische Topologie $\mathfrak{O}$ auf $\mathbb{R}^n$. Der topologische Raum $(\mathbb{R}^n, \mathfrak{O})$ ist der **euklidische Raum** und $\mathfrak{O}$ wird **euklidische Topologie** genannt. Im Fall $n = 1$ spricht man auch von der **euklidischen Geraden** und im Fall $n = 2$ sprechen wir von der **euklidischen Ebene.** ■

Gegenbeispiel 6.12
Die kofinite Topologie in Beispiel 6.8 *ist für unendliche Mengen nicht durch eine Metrik induziert; genauso wenig ist die triviale Topologie in* Beispiel 6.7 *metrisch; vergleiche hierzu auch* Beispiel 1.24.

Definition 6.5
Sei B eine Teilmenge eines topologischen Raumes X. Der **Abschluss** $\overline{B}$ von B ist der Schnitt aller abgeschlossenen Obermengen von B in X:

$$\overline{B} = \bigcap_{B \subseteq A \text{ abgeschl.}} A.$$

$x \in X$ ist ein **Häufungspunkt** von B, wenn $x \in \overline{B \backslash \{x\}}$ ist. Die Menge aller Häufungspunkte von B wird mit B' bezeichnet. Die Punkte in $B \backslash B'$ sind die **isolierten Punkte** von B.

Das **Innere** B° einer Teilmenge eines topologischen Raumes ist die Vereinigung aller offenen Teilmengen von B:

$$A^\circ = \bigcup_{A \supseteq O \text{ offen}} O.$$

Die Punkte in dieser Menge werden **innere Punkte** genannt. Der **Rand** von A ist die Menge $\partial A = \overline{A} \backslash A^\circ$, und die Punkte in dieser Menge heißen **Randpunkte;** siehe Abb. 6.2. ♦

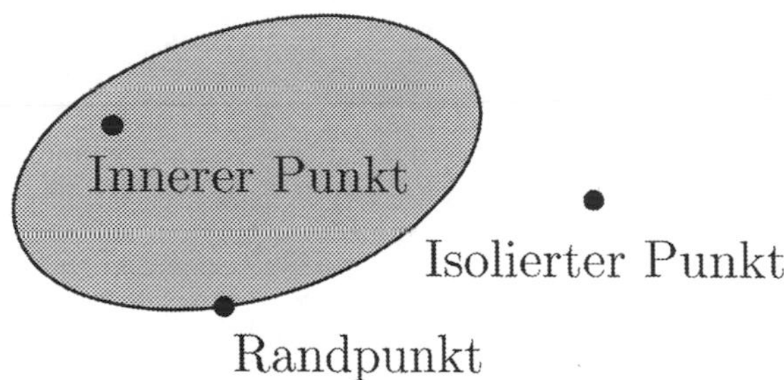

Abb. 6.2 Arten von Punkten in topologischen Räumen

Beispiel 6.13
Es gilt $\overline{\mathbb{Q}} = \mathbb{Q}' = \mathbb{R}$ sowie $\mathbb{Q}^\circ = \emptyset$ und damit $\partial\mathbb{Q} = \mathbb{R}$ in der metrischen Topologie auf den reellen Zahlen. ■

Beispiel 6.14
Sei $A = \{0\} \cup (1, 2] \subseteq \mathbb{R}$ versehen mit der metrischen Topologie. Der Abschluss von A ist $\overline{A} = \{0\} \cup [1, 2]$, und die Menge der Häufungspunkte ist $A' = [1, 2]$. Null ist ein isolierter Punkt von A. Das Innere von A ist $A^\circ = (1, 2)$, und der Rand von A ist damit $\partial A = \{0, 1, 2\}$. ■

Beispiel 6.15
Ist (X, d) ein metrischer Raum, so ist die offene Kugel $B_\epsilon(x)$ offen und die abgeschlossene Kugel $\overline{B}_\epsilon(x)$ abgeschlossen in der metrischen Topologie. Der Rand der Kugel ist $\partial B_\epsilon(x) = \{y \in X \mid d(x, y) = \epsilon\}$. Betrachten wir etwa die euklidischen Ebene $\mathbb{R}^2$, so ist

$$\partial \overline{B_\epsilon(x)} = \partial B_\epsilon(x) = \{(y_1, y_2)^T \in \mathbb{R}^2 \mid (x_1 - y_1)^2 + (x_2 - y_2)^2 = \epsilon^2\}$$

der Kreis um x mit dem Radius ϵ. ■

Beispiel 6.16
In der kofiniten Topologie in Beispiel 6.8 ist der Abschluss jeder unendlichen Menge die gesamte Menge, und das Innere jeder endlichen Menge ist leer. ■

Definition 6.6
Seien $(X, \mathfrak{O})$ ein topologischer Raum und $\mathfrak{B} \subseteq \mathfrak{O}$. Dabei heißt $\mathfrak{B}$ **Basis der Topologie,** wenn jede nicht-leere offene Menge die Vereinigung von Mengen aus $\mathfrak{B}$ ist. $\mathfrak{S} \subseteq \mathfrak{O}$ heißt **Subbasis,** wenn $\{O_1 \cap \cdots \cap O_n \mid n \in \mathbb{N}, O_i \in \mathfrak{S}\}$ eine Basis ist. ♦

Beispiel 6.17
$\mathfrak{B} = \{\{x\} | x \in X\}$ bildet eine Basis der diskreten Topologie in Beispiel 6.8 auf einer Menge X. ■

Beispiel 6.18
Ist (X, d) ein metrischer Raum, so bilden die offenen ϵ-Kugeln $B_\epsilon(x)$ eine Basis der metrischen Topologie. ■

Beispiel 6.19
Ist $(X, \leq)$ eine total geordnete Menge, so bilden die offenen Intervalle $(a, b) = \{x \in X \mid a < x < b\}$ zusammen mit den uneigentlichen offenen Intervallen $(a, \infty) = \{x \in X \mid x > a\}$, $(-\infty, b) = \{x \in X \mid x < b\}$ die Basis der **Ordnungstopologie** auf X. Schon die uneigentlichen offenen Intervalle bilden eine Subbasis dieser Topologie. ■

Beispiel 6.20
Die **Sorgenfrey-Gerade** $S \subseteq \mathbb{R}$ bezeichnet die Menge der reellen Zahlen mit den halboffenen Intervallen $[a, b)$ als Basis der Topologie. ■

Definition 6.7
Ist $(X, \mathfrak{O})$ ein topologischer Raum, so heißt U eine **Umgebung** von $x \in X$, wenn es eine Menge $O \in \mathfrak{O}$ mit $x \in O \subseteq U$ gibt. Die Menge der Umgebungen von x wird mit $\mathfrak{U}(x)$ bezeichnet. $\mathfrak{U}_x \subseteq \mathfrak{U}(x)$ ist eine **Umgebungsbasis** von x, wenn für jedes $U \in \mathfrak{U}(x)$ ein $V \in \mathfrak{U}_x$ mit $V \subseteq U$ existiert. $\{\mathfrak{U}_x | x \in X\}$ ist eine Umgebungsbasis von X, wenn $\mathfrak{U}_x$ für alle $x \in X$ eine Umgebungsbasis von x ist. ♦

Beispiel 6.21
Ist (X, d) ein metrischer Raum, so bildet $\{B_{1/n}(x) \mid n \in \mathbb{N}\}$ eine Umgebungsbasis der metrischen Topologie auf X. ■

Beispiel 6.22
In der Sorgenfrey-Geraden in Beispiel 6.19 ist $\{[x, x + 1/n) \mid n \geq 1\}$ eine Umgebungsbasis von x. ■

Definition 6.8
Ein topologischer Raum $(X, \mathfrak{O})$ erfüllt das **1. Abzählbarkeitsaxiom,** wenn jeder Punkt eine abzählbare Umgebungsbasis hat, und der Raum erfüllt das **2. Abzählbarkeitsaxiom,** wenn er sogar eine abzählbare Basis hat. Eine Teilmenge D eines topologischen Raumes heißt **dicht,** wenn ihr Abschluss der ganze Raum ist: $\overline{D} = X$. Der Raum ist **separabel,** wenn er eine abzählbare dichte Teilmenge hat. ♦

Beispiel 6.23
Gemäß Beispiel 6.19 erfüllt jeder metrische Raum das 1. Abzählbarkeitsaxiom. Ist der Raum zusätzlich separabel, dann erfüllt er auch das 2. Abzählbarkeitsaxiom. ■

Beispiel 6.24
$\mathbb{R}^n$ mit der euklidischen Topologie ist separabel, da $\overline{\mathbb{Q}}^n = \mathbb{R}^n$ ist, und erfüllt das 2. Abzählbarkeitsaxiom. ■

Beispiel 6.25
Gemäß Beispiel 6.24 erfüllt die Sorgenfrey-Gerade S das 1. Abzählbarkeitsaxiom. Es lässt sich zeigen, dass die Sorgenfrey-Gerade separabel ist aber das 2. Abzählbarkeitsaxiom nicht erfüllt; insbesondere handelt es sich also nicht um eine metrische Topologie; siehe hierzu Steen (1978). ■

6.2 Stetigkeit und Konvergenz in topologischen Räumen

Definition 6.9
Seien $(X, \mathfrak{O}_X)$ und $(Y, \mathfrak{O}_Y)$ zwei topologische Räume und $f : X \to Y$ eine Abbildung. f ist **stetig** auf X, wenn das Urbild jeder in Y offenen Menge offen in X ist, d. h. wenn gilt: $f^{-1}(O) \in \mathfrak{O}_X$, für alle $O \in \mathfrak{O}_Y$. Die Abbildung ist stetig in einem Punkt $x \in X$, wenn das Urbild jeder Umgebung von $f(x)$ eine Umgebung um x ist, d. h. wenn $f^{-1}(U) \in \mathfrak{U}(x)$, für alle $U \in \mathfrak{U}(f(x))$ ist; siehe Abb. 6.3. ♦

Beispiel 6.26
Jede konstante Abbildung zwischen zwei topologischen Räumen ist stetig. ■

Beispiel 6.27
Ist X mit der diskreten Topologie versehen, so ist jede Abbildung $f : X \to Y$ stetig – gleichgültig, welche Topologie wir auf Y betrachten. ■

Beispiel 6.28
Sind (X, d_X) und (Y, d_Y) zwei metrische Räume, so ist $f : X \to Y$ stetig in $x \in X$ genau dann, wenn für alle $\epsilon > 0$ ein $\delta > 0$ existiert, sodass gilt:

$$f(B_\delta(x)) \subseteq B_\epsilon(f(x)).$$

Vergleiche hierzu Abschn. 7.3. ■

Beispiel 6.29
Seien (X, d_X) und (Y, d_Y) zwei metrische Räume und $f : X \to Y$ eine Funktion. Dann heißt f **Hölder-stetig** mit Exponent $\alpha \in (0, 1]$, wenn es eine Konstante $C > 0$ gibt, sodass gilt:

$$d_Y(f(x), f(y)) \leq C(d_X(x, y))^\alpha,$$

für alle $x, y \in X$. Hölder-stetige Funktion sind stetig auf ganz X. Im Fall $\alpha = 1$ nennt man f auch **Lipschitz-stetig.** ■

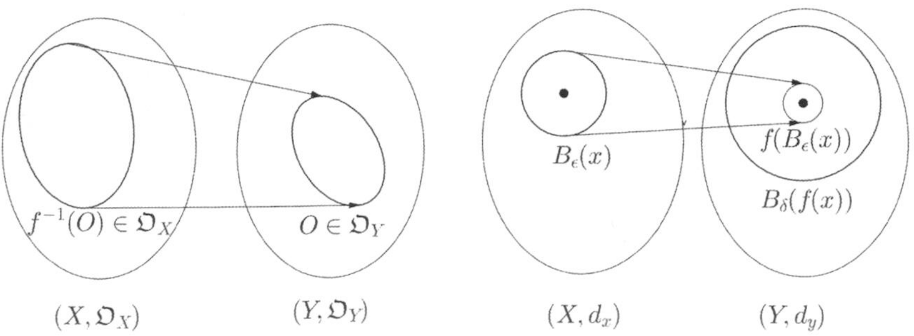

Abb. 6.3 Zur Definition der Stetigkeit in topologischen und metrischen Räumen

Gegenbeispiel 6.30
Sei $id : X \to X$ *die identische Abbildung. Ist der Bildraum mit der diskreten Topologie* $\mathfrak{O}_d$ *versehen, aber der Raum der Urbilder mit einer anderen Topologie* $\mathfrak{O} \neq \mathfrak{O}_d$, *so ist id nicht stetig.*

Definition 6.10
Seien $(X, \mathfrak{O}_X)$ und $(Y, \mathfrak{O}_Y)$ zwei topologische Räume und $f : X \to Y$ eine Abbildung. Dann wird f **offene Abbildung** genannt, wenn das Bild jeder in X offenen Menge offen in Y ist, d. h. wenn gilt: $f(O) \in \mathfrak{O}_Y$, für alle $O \in \mathfrak{O}_Y$. Eine stetige offene Bijektion ist ein **Homöomorphismus.** Existiert ein Homöomorphismus zwischen den beiden topologischen Räumen X und Y, so heißen diese **homöomorph,** in Zeichen: $X \cong Y$. ◆

Beispiel 6.31
Im euklidischen Raum $\mathbb{R}^n$ sind zwei offene Kugeln $B_{\epsilon_1}(x_1)$ und $B_{\epsilon_2}(x_2)$ homöomorph, und ein Homöomorphismus ist etwa durch

$$f : B_{\epsilon_1}(x_1) \to B_{\epsilon_2}(x_2) \quad f(x) = \frac{\epsilon_2}{\epsilon_1}(x - x_1) + x_2$$

gegeben. Das Gleiche gilt für zwei abgeschlossene Kugeln im $\mathbb{R}^n$. ■

Beispiel 6.32
Alle offenen n-dimensionalen **Quader** $(a_1, b_1) \times \cdots \times (a_n, b_n)$ sind im euklidischen Raum $\mathbb{R}^n$ homöomorph zueinander. Das Gleiche gilt für abgeschlossene Quader. ■

Beispiel 6.33
Der offene **Hyperwürfel** $(0, 1)^n$ ist homöomorph zur offenen Kugel $B_1(0)$ im euklidischen Raum $\mathbb{R}^n$. Das Gleiche gilt für den Abschluss dieser Objekte. ■

Beispiel 6.34
Weitere Beispiele zu homöomorphen Räumen finden sich in den Beispielen 6.47 bis 6.49 und 6.74 bis 6.76 ■

Gegenbeispiel 6.35
Eine offene nicht-leere Menge im euklidischen Raum ist nicht homöomorph zu einer abgeschlossenen Menge in diesem Raum.

Definition 6.11
Ein Folge $(x_n)_{n \in \mathbb{N}}$ in einem topologischen Raum X **konvergiert** gegen $x \in X$, $x_n \to x$, wenn für alle Umgebungen U um x ein n_0 existiert, sodass $x_n \in U$ für alle $n \geq n_0$ ist; siehe Abb. 6.4. Ein Punkt $x \in X$ heißt **Häufungspunkt** der Folge $(x_n)_{n \in \mathbb{N}}$, falls in jeder Umgebung von x unendlich viele Folgenglieder liegen. ◆

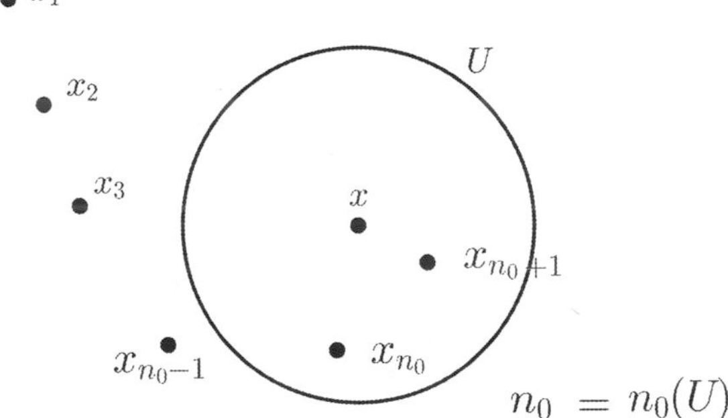

Abb. 6.4 Konvergenz von x_n gegen x

Beispiel 6.36
Ist (X, d) ein metrischer Raum, so konvergiert eine Folge gegen x, $x_n \to x$, genau dann, wenn für alle $\epsilon > 0$ ein n_0 existiert, sodass $d(x_n, x) \leq \epsilon$ für alle $n \geq n_0$ ist. Gilt $d(x_n, x) \leq \epsilon$ für unendlich viele $n \in \mathbb{N}$, so ist x ein Häufungspunkt; siehe auch Abschn. 7.1. ■

Beispiel 6.37
Ist $f : X \to Y$ stetig in $x \in X$, und ist $x_n \to x$, so folgt $f(x_n) \to f(x)$. ■

Definition 6.12
Seien X eine nicht-leere Menge und $\mathfrak{F} \subseteq P(X)$. Dabei heißt $\mathfrak{F}$ **Filter,** wenn gilt:

1. $\emptyset \notin \mathfrak{F}$,
2. $F_1, F_2 \in \mathbb{F} \Rightarrow F_1 \cap F_2 \in \mathbb{F}$,
3. $F_1 \subseteq F_2$ und $F_1 \in \mathfrak{F} \Rightarrow F_2 \in \mathfrak{F}$.

Die Menge der Umgebungen von x, also $\mathfrak{U}(x)$, wird **Umgebungsfilter** von x genannt. Ein Filter $\mathfrak{F}$ **konvergiert** gegen x, wenn er den Umgebungsfilter von x enthält, d. h. wenn gilt: $\mathfrak{U}(x) \subseteq \mathfrak{F}$. Man schreibt in diesem Fall $\mathfrak{F} \to x$. ♦

Beispiel 6.38
Sei $(x_n)_{n \in \mathbb{N}}$ eine Folge in einem topologischen Raum X. Die Menge aller Obermengen der Mengen $F_{n_0} = \{x_n | n > n_0\}$ bildet einen Filter $\mathfrak{F}$. Konvergiert dieser Filter gegen x, so konvergiert insbesondere die Folge gegen x. ■

Beispiel 6.39
Die Obermengen der Intervalle (a, ∞) für $a \in \mathbb{R}$ bilden den **Frechet-Filter** auf $\mathbb{R}$. Dieser ist nicht konvergent. ■

Beispiel 6.40
Sind $F : X \to Y$ eine Abbildung zwischen topologischen Räumen und $\mathfrak{F}$ ein Filter X, so bilden die Obermengen der Mengen $f(F)$, $F \in \mathfrak{F}$, einen Filter $\mathfrak{G}$ in Y. Ist f

stetig in x und $\mathfrak{F} \to x$, so folgt $\mathfrak{G} \to f(x)$. Diese Bedingung charakterisiert sogar die Stetigkeit von f. ∎

Definition 6.13
Ein Filter $\mathfrak{U}$ heißt **Ultrafilter** auf X, wenn für alle $A \subseteq X$ entweder $A \in \mathfrak{U}$ oder $X \setminus A \in \mathfrak{U}$ ist. ♦

Beispiel 6.41
Ist $x_0 \in X$, so definiert $\mathfrak{U} = \{U \subseteq X \mid x_0 \in U\}$ einen Ultrafilter auf X. ∎

Beispiel 6.42
Man kann mithilfe des Zorn'schen Lemmas zeigen, dass jeder Filter in einem Ultrafilter enthalten ist; siehe Satz 5.12 in Neunhäuserer (2015). ∎

6.3 Topologische Konstruktionen

Definition 6.14
Seien $(X, \mathfrak{O})$ ein topologischer Raum und $Y \subseteq X$, so bestimmt

$$\mathfrak{O}_Y := \{Y \cap O \mid O \in \mathfrak{O}\}$$

die **Unterraumtopologie** oder **Spurtopologie** auf Y. ♦

Beispiel 6.43
Die n**-Sphäre**

$$\mathbb{S}^n = \{x \in \mathbb{R}^{n+1} \mid \sum_{i=1}^{n+1} x_i^2 = 1\} \subseteq \mathbb{R}^{n+1}$$

kann mit der Unterraumtopologie des euklidischen Raumes $\mathbb{R}^{n+1}$ versehen werden. $\mathbb{S}^1$ ergibt so die Kreislinie in der euklidischen Ebene mit der Spurtopologie und $\mathbb{S}^2$ ist die Kugeloberfläche im euklidischen Raum. ∎

Definition 6.15
Sei I eine Index-Menge und $(X_i, \mathfrak{O}_i)$ für $i \in I$ eine Familie von topologischen Räumen. X sei das Produkt

$$X = \prod_{i \in I} X_i = \{x \mid x : I \to X_i\},$$

und $p_i : X \to X_i$ seien die Projektion $p_i(x) = x(i)$. Wir definieren die Basis $\mathfrak{B}$ der Produkttopologie auf X durch $B \in \mathfrak{B}$, genau dann, wenn gilt:

$$B = \bigcap_{i \in I} p_i^{-1}(O_i),$$

mit $O_i \in \mathfrak{O}_i$ und $O_i \neq X_i$, für endlich viele $i \in I$. Beliebige Vereinigungen von Mengen aus $\mathfrak{B}$ bestimmen die offenen Mengen der **Produkttopologie** auf X. ♦

Beispiel 6.44
Sei $\mathbb{R}$ mit der euklidischen Topologie versehen. $\mathbb{R}^n$ mit dem Produkt dieser Topologie ist der euklidische Raum mit der metrischen Topologie. ■

Beispiel 6.45
Sei die Topologie von $\mathbb{S}^1$, wie in Beispiel 6.38 bestimmt. Der n-**Torus** ist die Menge

$$\mathbb{T}^n = \prod_{i=1}^{n} \mathbb{S}^1 = \{(s_1, \dots, s_n) \mid s_i \in \mathbb{S}^1\}$$

mit der Produkttopologie; siehe Abb. 6.5. ■

Beispiel 6.46
Sei das Intervall $[0, 1]$ mit der euklidischen Topologie versehen. Die Menge

$$H = \prod_{i=1}^{\infty} [0, 1]$$

mit der Produkttopologie ist der **Hilbert-Würfel.** Diese Produkttopologie wird durch die Metrik

$$d((s_i), (t_i)) = \sum_{i=1}^{\infty} |s_i - t_i| 2^{-i}$$

erzeugt. ■

Definition 6.16
Seien (X, O) ein topologischer Raum und $\sim$ eine Äquivalenzrelation auf X. Ferner seien $X/\sim = \{[x] \mid x \in X\}$ die Menge der Äquivalenzklassen und $\pi : X \to X/\sim$

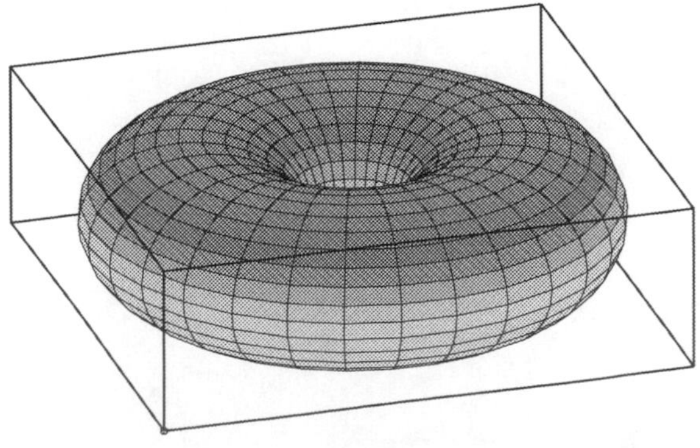

Abb. 6.5 Der Torus $\mathbb{T}^2$ in $\mathbb{R}^3$

die natürliche Projektion. Die **Quotiententopologie** auf $X/\sim$ ist gegeben durch $\mathfrak{O}_\sim := \{\pi^{-1}(O) \mid O \in \mathfrak{O}\}$, also durch die Urbilder der offenen Mengen in X in Bezug auf die Projektion π. ♦

Beispiel 6.47
Seien $X = [0, 1] \subseteq \mathbb{R}$ und $\sim$ die Äquivalenzrelation, die nur die Endpunkte 0 und 1 identifiziert. Mit der Quotiententopologie bildet $X/\sim$ einen topologischen Raum, der homöomorph zum Kreis $\mathbb{S}^1$ mit der euklidischen Unterraumtopologie ist. ■

Beispiel 6.48
Seien $X = [0, 1]^2 \subseteq \mathbb{R}^2$ und $\sim$ die Äquivalenzrelation, die alle Randpunkte von $[0, 1]^2$ identifiziert. Mit der Quotiententopologie bildet $X/\sim$ einen topologischen Raum, der homöomorph zur Kugeloberfläche $\mathbb{S}^2 \subseteq \mathbb{R}^3$ mit der euklidischen Unterraumtopologie ist. ■

Beispiel 6.49
Seien $X = [0, 1]^2 \subseteq \mathbb{R}^2$ und $\sim$ die Äquivalenzrelation auf X, mit $(x, 0) \sim (x, 1)$ für alle $x \in [0, 1]$. Hier bildet $X/\sim$ einen topologischen Raum, der homöomorph zum Zylindermantel $Z = \mathbb{S}^1 \times [0, 1] \subseteq \mathbb{R}^3$ mit der euklidischen Unterraumtopologie ist. ■

Beispiel 6.50
Seien $X = [0, 1]^2 \subseteq \mathbb{R}^2$ und $\sim$ die Äquivalenzrelation auf X, mit $(x, 0) \sim (1-x, 1)$ für alle $x \in [0, 1]$. Mit der Quotiententopologie ist $X/\sim$ das **Möbius-Band;** siehe Abb. 6.6. ■

Beispiel 6.51
Seien $X = [0, 1]^2 \subseteq \mathbb{R}^2$ und $\sim$ die Äquivalenzrelation auf X, mit $(x, 0) \sim (x, 1)$ für alle $x \in [0, 1]$, und zusätzlich $(0, y) \sim (1, y)$ für alle $y \in [0, 1]$. Mit der Quotiententopologie ist $X/\sim$ der **Torus** $\mathbb{T}^2 = \mathbb{S}^1 \times \mathbb{S}^1$. ■

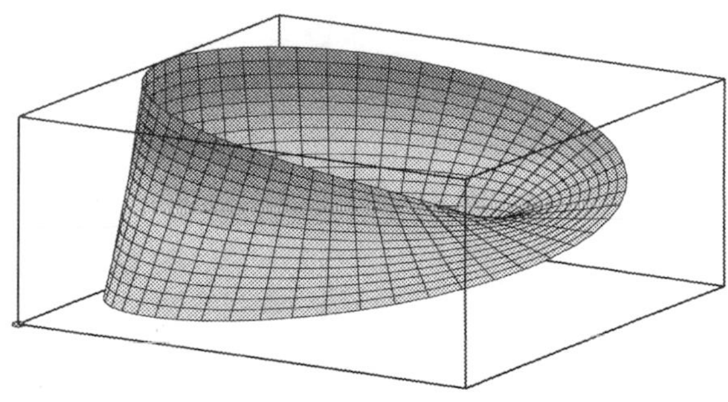

Abb. 6.6 Das Möbius-Band, eingebettet in $\mathbb{R}^3$

Abb. 6.7 Projektion der Klein'schen Flasche in $\mathbb{R}^3$

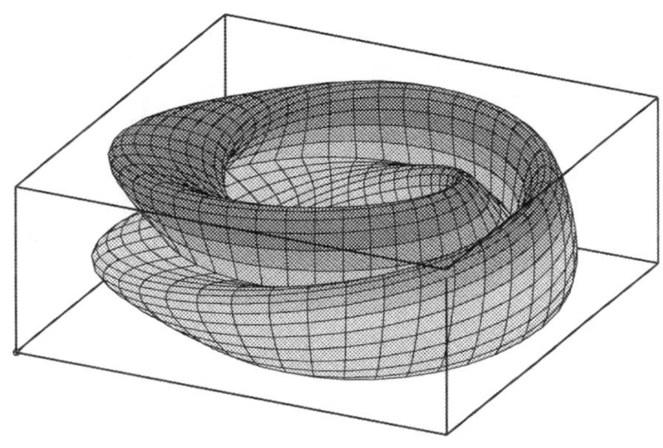

Beispiel 6.52
Seien $X = [0, 1]^2 \subseteq \mathbb{R}^2$ und $\sim$ die Äquivalenzrelation auf X mit $(x, 0) \sim (x, 1)$, für alle $x \in [0, 1]$ und zusätzlich $(0, y) \sim (1, 1 - y)$ für alle $y \in [0, 1]$. Mit der Quotiententopologie ist $X/\sim$ die **Klein'sche Flasche;** siehe Abb. 6.7. ■

Definition 6.17
Seien I eine Index-Menge und $(X_i, \mathfrak{O}_i)$ für $i \in I$ eine Familie von disjunkten topologischen Räumen sowie X die Vereinigung der Mengen X_i. In der **topologischen Summe** der Räume ist $O \subseteq X$ offen, genau dann, wenn $O \cap X_i$ offen in X_i für alle $i \in I$ ist. ♦

Beispiel 6.53
Die letzte Definition ergibt zum Beispiel eine Topologie auf der Vereinigung eines Intervalls (a, b) in $\mathbb{R}$ mit einer Kugel $B_\epsilon(x)$ in der Ebene, jeweils mit der Unterraumtopologie. ■

Definition 6.18
Seien X und Y disjunkte topologische Räume, $A \subseteq X$ eine abgeschlossene Teilmenge und $f : A \to Y$ eine Abbildung. Wir definieren auf der topologischen Summe $X \cup Y$ eine Äquivalenzrelation $\sim$ durch

$$v \sim w :\Leftrightarrow \begin{cases} v = w, & v, w \in X \cup Y \\ f(v) = f(w) & v, w \in A \\ v = f(w) & v \in Y, w \in A \\ w = f(v) & v \in A, w \in Y. \end{cases}$$

Die Menge $X \cup Y/\sim$ mit der Quotiententopologie ist die **Verklebung** von X und Y mittels f. Man schreibt hierfür auch $X \cup_f Y$; siehe Abb. 6.8. ♦

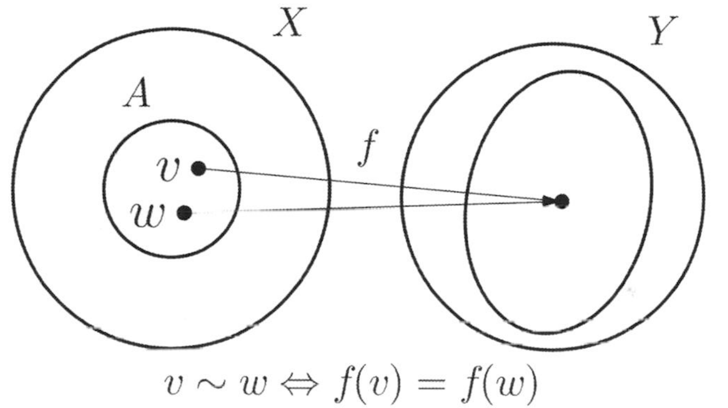

Abb. 6.8 Verkleben topologischer Räume

Beispiel 6.54
Seien $X = [0, 1]$, $Y = [2, 3]$, $A = \{0, 1\}$ und $f(0) = 2$ sowie $f(1) = 3$. Der Raum $X \cup_f Y$ ist homöomorph zu $\mathbb{S}^1$. ■

Beispiel 6.55
Seien $X = [0, 1]^2$ das Quadrat in der euklidischen Ebene und $Y = \{v\}$ ein topologischer Raum mit einem Punkt. Auf der abgeschlossenen Menge $A = \{0\} \times [0, 1]$ definieren wir eine Abbildung f durch $f(a) = v$. Der Raum $X \cup_f Y$ ist der Kegel über $[0, 1]^2$, mit der Spitze in $\{v\}$. ■

6.4 Trennungseigenschaften

Definition 6.19
Sei $(X, \mathfrak{O})$ ein topologischer Raum. Dann gelten folgende Definitionen:

- X heißt **T_0-Raum**, falls für zwei Punkte in X eine offene Menge in X existiert, die genau einen der beiden Punkte enthält.
- X heißt **T_1-Raum**, falls zwei beliebige Punkte offene Umgebung haben, in der jeweils der andere Punkt nicht liegt.
- X heißt **T_2-Raum** oder **Hausdorff-Raum,** falls zwei beliebige Punkte offene disjunkte Umgebung haben.
- X heißt **regulär,** falls jeder Punkt $x \subset X$ und jede abgeschlossene Menge $A \subseteq X$ mit $x \notin A$ abgeschlossene disjunkte offene Umgebungen haben.
- X heißt **T_3-Raum**, falls er regulär und Hausdorff'sch ist.
- X heißt **normal,** falls disjunkte abgeschlossene Menge in X disjunkte offene Umgebungen haben.
- X heißt **T_4-Raum**, falls er normal und Hausdorff'sch ist.

Siehe hierzu Abb. 6.9. ♦

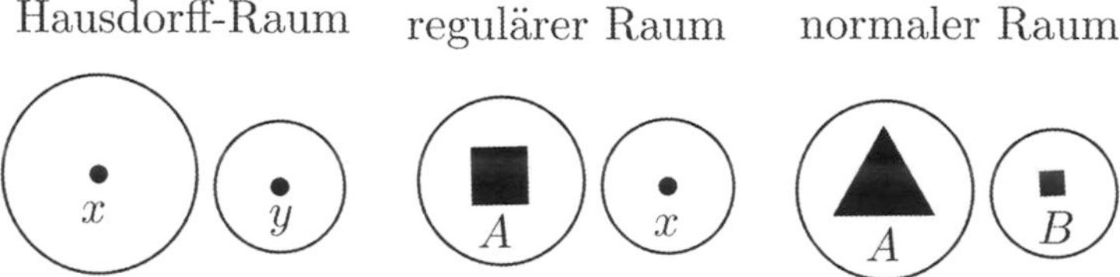

Abb. 6.9 Trennungseigenschaften topologischer Räume

Beispiel 6.56
Jeder T_1-Raum ist offenbar ein T_0-Raum. Der **Sierpinski-Raum** $X = \{0, 1\}$ mit $\mathfrak{O} = \{X, \{0\}, \emptyset\}$ ist ein T_0-Raum, aber kein T_1-Raum. ∎

Beispiel 6.57
Jeder T_2-Raum ist offenbar ein T_1-Raum. Eine unendliche Menge X mit der kofiniten Topologie in Beispiel 6.9 ist ein T_1-Raum, aber kein T_2-Raum. ∎

Beispiel 6.58
Jeder T_3-Raum ist gemäß unserer Definition ein T_2-Raum. Die Umkehrung gilt allerdings nicht. Sei $(\mathbb{R}, \mathfrak{O})$ die euklidische Gerade. Wir ersetzen die Familie $\mathfrak{O}(0)$ der offenen Mengen um 0 durch $\mathfrak{O}'(0) = \{U \setminus M \mid U \in \mathfrak{O}(0)\}$, wobei $M = \{1/n \mid n \in \mathbb{N}\}$ ist, und erhalten so eine Topologie $\mathfrak{O}'$ auf $\mathbb{R}$. Der Raum $(\mathbb{R}, \mathfrak{O}')$ ist ein T_2-Raum, aber nicht regulär. Der Nullpunkt und M können nicht durch offene Umgebungen getrennt werden. Insbesondere ist der Raum damit kein T_3-Raum. ∎

Beispiel 6.59
Es lässt sich zeigen, dass jeder T_4-Raum auch ein T_3-Raum ist. Die Umkehrung gilt nicht. Zum Beispiel ist der **Niemytzki-Raum** ein T_3-Raum, der nicht normal und daher kein T_4-Raum ist. Um diesen Raum zu definieren, bestimmen wir die Basis einer Topologie auf $X = \{(x, y) \in \mathbb{R}^2 \mid y \geq 0\}$ durch

$$\mathfrak{B} = \mathfrak{O} \cup \{\{x\} \cup U_{x,\epsilon} \mid x \in \mathbb{R}, \epsilon > 0\},$$

wobei $U_{x,\epsilon}$ die offene Kreisscheibe mit dem Radius ϵ in der oberen Halbebene ist, welche die Achse in x berührt. $\mathfrak{O}$ ist hier die gewöhnliche euklidische Topologie auf X; siehe auch Steen (1978). ∎

Beispiel 6.60
Sind (X, d) ein metrischer Raum und $\mathfrak{O}_d$ die von der Metrik erzeugte Topologie, so bildet $(X, \mathfrak{O}_d)$, wie leicht zu sehen ist, einen T_4-Raum. Umgekehrt ist jeder T_4-Raum, der das zweite Abzählbarkeitsaxiom gemäß Definition 6.8 erfüllt, **metrisierbar,** d. h. es gibt eine Metrik, die die Topologie erzeugt; siehe auch Querenburg (2013). ∎

Definition 6.20
Eine Teilmenge $A \subseteq X$ eines topologischen Raumes $(X, \mathfrak{O})$ heißt **nirgends dicht,** falls das Innere ihres Abschlusses leer ist, $\overline{X}^{\circ} = \emptyset$. Eine abzählbare Vereinigung

nirgends dichter Mengen nennt man **mager** oder von **1. Kategorie.** Falls eine Menge nicht mager ist, heißt sie **fett** oder von **2. Kategorie.** Das Komplement einer mageren Menge heißt **residuell.** ♦

Beispiel 6.61
Jeder abzählbare T_1-Raum ohne isolierte Punkte ist mager in sich. ■

Beispiel 6.62
Die rationalen Zahlen und die Cantor-Menge, die wir in Beispiel 6.74 einführen, sind mager in $\mathbb{R}$. Die irrationalen Zahlen sind residuell in $\mathbb{R}$. ■

Beispiel 6.63
Jede dichte offene Menge in einem topologischen Raum ist residuell. ■

Beispiel 6.64
Der Satz von Baire besagt, dass jeder kompakte T_2-Raum und jeder vollständige metrische Raum fett in sich ist; siehe auch Abschn. 5.7 in Neunhäuserer (2015). ■

Definition 6.21
Ein T_2-Raum M mit einer abzählbaren Basis der Topologie heißt n-dimensionale **topologische Mannigfaltigkeit,** wenn jeder Punkt $x \in M$ eine Umgebung hat, die homöomorph zu einer offenen Teilmenge des $\mathbb{R}^n$ ist. Eine 2-dimensionale topologische Mannigfaltigkeit wird **topologische Fläche** genannt. ♦

Beispiel 6.65
Die im vorigen Abschnitt konstruierten Räume $\mathbb{S}^n$, $\mathbb{T}^n$ sind n-dimensionale topologische Mannigfaltigkeiten. Die Sphäre $\mathbb{S}^2$, der Torus $\mathbb{T}^2$, das Möbius-Band sowie die Klein'sche Flasche sind topologische Flächen. ■

Beispiel 6.66
Differenzierbare Mannigfaltigkeiten sind insbesondere topologische Mannigfaltigkeiten, mit denen sich die Differenzialgeometrie befasst; siehe auch Abschn. 7.6. ■

6.5 Kompaktheit

Definition 6.22
Ein Hausdorff-Raum $(X, \mathfrak{O})$ heißt **kompakt,** wenn jede offene Überdeckung von X eine endliche Teilüberdeckung hat. Eine Teilmenge $Y \subseteq X$ heißt kompakt, wenn Y mit der Unterraumtopologie kompakt ist. ♦

Beispiel 6.67
Jedes abgeschlossene Intervall $[a, b] \subseteq \mathbb{R}$ ist kompakt. Allgemeiner besagt der Satz von Heine-Borel, dass eine Teilmenge K des euklidischen Raumes genau dann kompakt ist, wenn sie abgeschlossen und beschränkt ist, d. h. wenn $K \subseteq B_\epsilon(0)$ für ein $\epsilon > 0$ ist; siehe auch Abschn. 5.2 in Neunhäuserer (2015). ■

Gegenbeispiel 6.68
Eine offene echte Teilmenge des euklidischen Raumes $\mathbb{R}^n$ ist nicht kompakt, da sie nicht abgeschlossen ist. Der euklidische Raum $\mathbb{R}^n$ selbst ist nicht kompakt; er ist zwar abgeschlossen, aber nicht beschränkt.

Definition 6.23
Ein metrischer Raum (X, d) heißt **total beschränkt,** wenn die Überdeckung $\{B_\epsilon(x) | x \in X\}$ für jedes $\epsilon > 0$ eine endliche Teilüberdeckung hat. ♦

Beispiel 6.69
Ein metrischer Raum ist genau dann kompakt, wenn er total beschränkt und abgeschlossen ist; siehe wiederum Abschn. 5.2 in Neunhäuserer (2015).

Beispiel 6.70
Der Hilbert-Würfel in Beispiel 6.42 ist kompakt. ■

Definition 6.24
Ein Hausdorff-Raum $(X, \mathfrak{O})$ heißt **lokal kompakt,** wenn jeder Punkt $x \in X$ eine kompakte Umgebung hat. ♦

Beispiel 6.71
Jeder diskrete topologische Raum ist lokal kompakt. ■

Beispiel 6.72
Der euklidische Raum $\mathbb{R}^n$ ist lokal kompakt, da abgeschlossene Kugeln in diesem Raum kompakt sind. ■

Definition 6.25
Seien $(X, \mathfrak{O})$ ein lokal kompakter Raum und $\infty \notin X$. Wir definieren eine Topologie auf $X \cup \{\infty\}$ durch

$$\mathfrak{O}_\infty = \mathfrak{O} \cup \{(X \cup \{\infty\}) \backslash K \mid K \subseteq X \text{ kompakt}\}.$$

Der Raum $(X \cup \{\infty\}, \mathfrak{O}_\infty)$ heißt **Alexandroff-Kompaktifizierung** von X. ♦

Beispiel 6.73
Die Alexandroff-Kompaktifizierung des euklidischen Raumes $\mathbb{R}^n$ ist die n-Sphäre $\mathbb{S}^n$. ■

Beispiel 6.74
Die Alexandroff-Kompaktifizierung der natürlichen Zahlen ist homöomorph zu $\{0\} \cup \{1/n \mid n \in \mathbb{N}\}$ mit der Ordnungstopologie; siehe Beispiel 6.18. ■

Definition 6.26
Seien $(X, \mathfrak{O})$ ein topologischer Raum und $\mathrm{C}(X)$ die Menge aller stetigen Abbildungen $f : X \to [0, 1]$. Sei weiterhin $[0, 1]^{C(X)}$ mit der Produkttopologie versehen. Der Unterraum $\beta X = \overline{\{(f(x))_{f \in \mathrm{C}(X)} \mid x \in X\}} \subseteq [0, 1]^{\mathrm{C}(X)}$ heißt **Stone-Čech-Kompaktifizierung** von X. ♦

Beispiel 6.75
Ist X ein kompakter Hausdorff Raum, so sind X und βX homöomorph. ■

Beispiel 6.76
Ist $\mathbb{N}$ mit der diskreten Topologie ausgestattet so kann die Stone-Čech-Kompaktifizierung $\beta\mathbb{N}$ mit der Menge der Ultrafilter auf $\mathbb{N}$ identifiziert werden. $\beta\mathbb{N}$ wird **Parovicenko-Raum** genannt. ■

6.6 Zusammenhang

Definition 6.27
Ein topologischer Raum $(X, \mathfrak{O})$ ist **zusammenhängend,** wenn die einzigen offenen und abgeschlossenen Mengen in $\mathfrak{O}$ die leere Menge und der ganze Raum X sind. ♦

Beispiel 6.77
Der euklidische Raum $\mathbb{R}^n$ ist zusammenhängend. Auch offene und abgeschlossene Würfel $(0, 1)^n$ und $[0, 1]^n$ im $\mathbb{R}^n$ sind mit der Unterraumtopologie zusammenhängend. ■

Gegenbeispiel 6.78
$X = [1, 2] \cup [3, 4] \subseteq \mathbb{R}$ *ist mit der Unterraumtopologie der euklidischen Geraden nicht zusammenhängend. Beide Intervalle sind offen und abgeschlossen in* X.

Definition 6.28
Seien $(X, \mathfrak{O})$ ein topologischer Raum und $x, y \in X$. Wir definieren eine Äquivalenzrelation $\sim$ auf X durch $x \sim y$ genau dann, wenn eine zusammenhängende Menge $C \subset X$ mit $x, y \in C$ existiert. Die Äquivalenzklassen $C_x = \{y \in X \mid y \sim x\}$ heißen **Zusammenhangskomponenten;** sie bilden eine Partition von X. ♦

Beispiel 6.79
Die Zusammenhangskomponenten im obigen Beispiel sind $[1, 2]$ und $[3, 4]$. ■

Definition 6.29
Ein topologischer Raum $(X, \mathfrak{O})$ heißt **total unzusammenhängend,** wenn alle Zusammenhangskomponenten ein-elementig sind. ♦

Beispiel 6.80
Die rationalen Zahlen $\mathbb{Q}$ sind total unzusammenhängend in der euklidischen Geraden $\mathbb{R}$. ■

Beispiel 6.81
Jeder Raum ist mit der diskreten Topologie total unzusammenhängend. ■

Beispiel 6.82
Die Cantor-Menge, C gegeben durch

$$C = \left\{ \sum_{i=1}^{\infty} s_i 3^{-i} \mid s_i \in \{0, 2\} \right\} \subseteq \mathbb{R},$$

ist total unzusammenhängend, kompakt und ohne isolierte Punkte in der euklidischen Geraden. Mehr noch, sie ist mit diesen Eigenschaften universal; siehe Abb. 6.10 und Abschn. 5.6. in Neunhäuserer (2015). ■

Definition 6.30
Ein topologischer Raum $(X, \mathfrak{O})$ ist **weg-zusammenhängend,** wenn für alle $x, y \in X$ eine stetige Kurve $c : [0, 1] \to X$, mit $c(0) = x$ und $c(1) = y$, existiert; siehe Abb. 6.11. ♦

Beispiel 6.83
Die Kugeln in $\mathbb{R}^n$ sind weg-zusammenhängend und damit auch zusammenhängend. Man kann zeigen, dass weg-zusammenhängende Räume zusammenhängend sind; siehe Querenburg (2013). ■

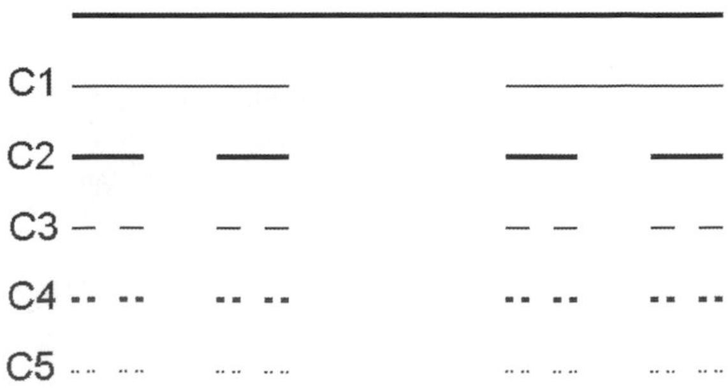

C1
C2
C3
C4
C5

Abb. 6.10 Annäherung der Cantor-Menge durch Mengen C_n mit 2^n Zusammenhangskomponenten

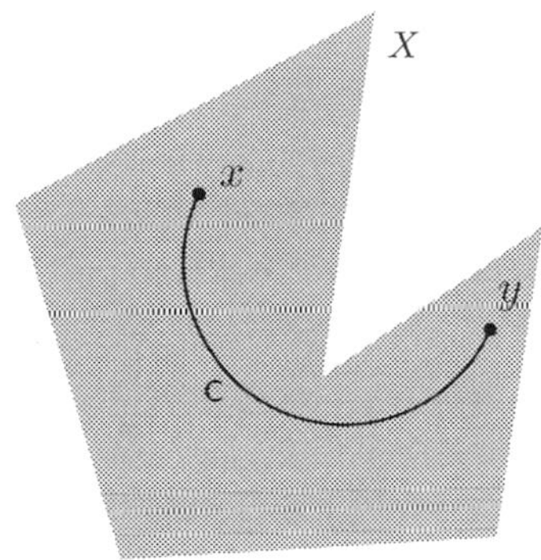

Abb. 6.11 Eine weg-zusammenhängende (aber nicht konvexe) Menge in $\mathbb{R}^2$

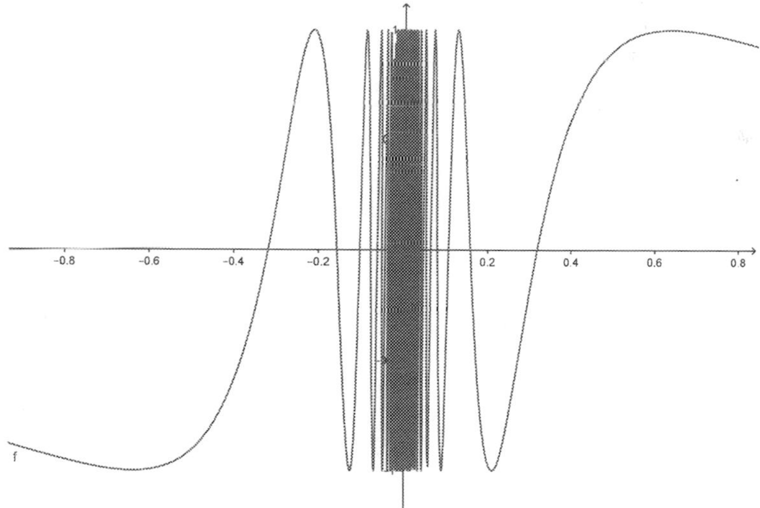

Abb. 6.12 Eine zusammenhängende, aber nicht weg-zusammenhängende Menge

Gegenbeispiel 6.84
Sei $X = \{(0,0)\} \cup \{(x, y) \mid y = \sin(1/x), x \neq 0\} \subseteq \mathbb{R}^2$ *mit der Unterraumtopologie versehen. X ist zusammenhängend, aber nicht weg-zusammenhängend; siehe* Abb. 6.12.

6.7 Homotopie und die Fundamentalgruppe

Definition 6.31
Eine **Homotopie** von Wegen in einem topologischen Raum $(X, \mathfrak{O})$ ist eine Familie von stetigen Wegen $f_i : [0, 1] \to X$, mit $f_t(0) = x_0$ und $f_t(1) = x_1$ für alle $t \in [0, 1]$, sodass $F : [0, 1]^2 \to X$, gegeben durch $F(s, t) = f_t(s)$, stetig ist;

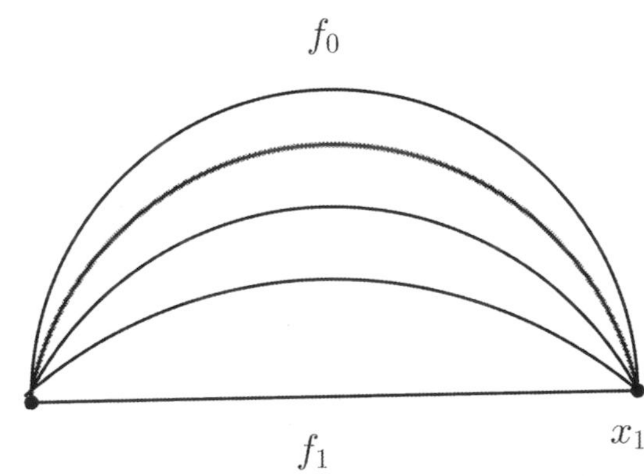

Abb. 6.13 Homotopie von zwei Wegen

siehe Abb. 6.13. Gibt es zwischen zwei Wegen f_0 und f_1 eine Homotopie, so heißen diese Wege homotop, symbolisch: $f_0 \simeq f_1$. Diese ist eine Äquivalenzrelation auf der Menge der Wege mit fixiertem Anfangs- und Endpunkt. Die Äquivalenzklassen dieser Relation werden **Homotopieklasse** genannt. Wir setzen $[f] = \{g : I \to X \mid f \simeq g\}$. ♦

Beispiel 6.85
Zwei Wege f_0 und f_1 in einem euklidischen Raum $\mathbb{R}^n$ mit gleichen Anfangs- und Endpunkten x_0 und x_1 sind homotop durch die Homotopie

$$f_t(s) = (1-t)f_0(s) + tf_1(s).$$

Die Homotopieklasse eines stetigen Weges zwischen diesen Punkten im $\mathbb{R}^n$ besteht aus allen stetigen Wegen zwischen diesen Punkten. Offenbar ist dies in allen konvexen Unterräumen des $\mathbb{R}^n$ der Fall. ■

Definition 6.32
Sei $(X, \mathfrak{O})$ ein topologischer Raum. Wir betrachten stetige Schleifen zum Basispunkt $x_0 \in X$, d. h. stetige Wege mit Anfangs- und Endpunkt x_0. Wir verknüpfen zwei dieser Schleifen durch

$$f \star g(s) = \begin{cases} f(2s), & s \in [0, \frac{1}{2}] \\ g(2s-1), & s \in [\frac{1}{2}, 1]. \end{cases}$$

Die Nullschleife ist der konstante Weg $0(s) = x_0$, und die inverse Schleife zu f ist $\bar{f}$ mit $\bar{f}(s) = f(1-s)$. Wir setzen die Verknüpfung $\star$ auf die Homotopieklassen der Schleifen mit dem Basispunkt x_0 durch $[f] \star [g] = [f \star g]$ fort. Die Menge dieser Homotopieklassen mit der Verknüpfung $\star$ bildet die **Fundamentalgruppe** $\pi_1(X, x_0)$ des topologischen Raumes zum Basispunkt x_0. Die Klasse der **nullhomotopen** Schleifen $[0]$ ist das neutrale Element in dieser Gruppe, und die inverse Homotopieklasse zu $[f]$ ist $[\bar{f}]$. Für weg-zusammenhängende Räume ist die Fundamentalgruppe unabhängig vom Basispunkt. Wir schreiben in diesem Fall $\pi_1(X) = \pi_1(X, x_0)$. ♦

Beispiel 6.86
Im euklidischen Raum $\mathbb{R}^n$ sind alle Schleifen nullhomotop; damit ist die Fundamentalgruppe trivial: $\pi_1(\mathbb{R}^n) = \{[0]\}$. Das Gleiche gilt offenbar für alle konvexen Unterräume des $\mathbb{R}^n$. ■

Beispiel 6.87
Die Fundamentalgruppe des Kreises $\mathbb{S}^1$ ist isomorph zu $(\mathbb{Z}, +)$. Man kann den Isomorphismus $\phi : \mathbb{Z} \to \pi_1(\mathbb{S}^1, (1, 0))$ durch $\phi(k) = [u_k]$ mit $u_k(s) = (\cos(2\pi ks), \sin(2\pi ks))$ angeben. ■

Definition 6.33
Ein weg-zusammenhängender Raum topologischer Raum mit trivialer Fundamentalgruppe heißt **einfach zusammenhängend.** ♦

Beispiel 6.88
Wir haben schon gesehen, dass $\mathbb{R}^n$ einfach zusammenhängend ist. Das Gleiche gilt auch für die n-Sphäre $\mathbb{S}^n$ für $n \geq 2$, da alle Schleifen in diesen Räumen nullhomotop sind. ■

Gegenbeispiel 6.89
Wir haben in Beispiel 6.87 *gesehen, dass* $\mathbb{S}^1$ *nicht nullhomotop ist. Das Gleiche gilt für den n-Torus* $\mathbb{T}^n = \prod_{i=1}^n \mathbb{S}^1$*, für den* $\pi(\mathbb{T}^n) = \mathbb{Z}^n$ *gilt.*

Definition 6.34
Seien $(X, \mathfrak{O}_X)$ und $(Y, \mathfrak{O}_y)$ zwei topologische Räume. Zwei Abbildungen $f, g : X \to Y$ heißen **homotop,** wenn es eine stetige Abbildung $\Phi : X \times [0, 1] \to Y$, mit $\Phi(x, 0) = f(x)$ und $\Phi(x, 1) = g(x)$, gibt. Die Räume X und Y heißen **homotopieäquivalent,** wenn es stetige Abbildungen $f : X \to Y$ und $g : Y \to X$ gibt, deren Kompositionen $f \circ g$ und $g \circ f$ homotop zur Identität sind. Man schreibt in diesem Fall $X \simeq Y$. ♦

Beispiel 6.90
Homöomorphe Räume sind offenbar homotopieäquivalent: $X \cong Y \Rightarrow X \simeq Y$. ■

Beispiel 6.91
Der Kreis $\mathbb{S}^1$ und der Annulus $\mathbb{A} = \{(x, y) \in \mathbb{R}^2 \mid 1 \leq x^2 + y^2 \leq 4\}$ in der euklidischen Ebene sind homotopieäquivalent, aber nicht homöomorph; siehe Steen (1978). ■

Gegenbeispiel 6.92
Der euklidische Raum $\mathbb{R}^n$ *und die n-Sphäre* $\mathbb{S}^n$ *sind nicht homotopieäquivalent, obwohl die Räume für* $n \geq 2$ *die gleiche Fundamentalgruppe haben.*

Definition 6.35
Ein **topologischer Knoten** ist eine stetige Abbildung $k : [0, 1] \to \mathbb{R}^3$, mit $k(0) = k(1)$, die auf $(0, 1)$ injektiv ist. Zwei Knoten k_0 und k_1 sind **isotop,** wenn es eine Homotopie $F : [0, 1]^2 \to \mathbb{R}^3$ gibt, sodass $F(t, 0) = k_0(t)$, $F(t, 1) = k_1(t)$ und $k_s(t) = F(t, s)$ für alle $s \in [0, 1]$ ein Knoten ist. Isotopie von Knoten ist eine Äquivalenzrelation, und zwei Knoten in der gleichen Äquivalenzklasse sind im Sinne der Knotentheorie gleich. ♦

Beispiel 6.93
Der **triviale Knoten** ist zum Beispiel gegeben durch einen Kreis $\{(x, y, 0) \in \mathbb{R}^3 \mid x^2 + y^2 = 1\}$ in $\mathbb{R}^3$. Eine Ellipse in $\mathbb{R}^3$ ist isotop zum trivialen Knoten, also nur eine andere Darstellung dieses Knotens. ■

Beispiel 6.94
Der einfachste Knoten, der nicht isotop zum trivialen Knoten ist, ist der **Kleeblattknoten** mit der Darstellung

$$k(t) = ((2 + \cos(6\pi t)) \cos(4\pi t), (2 + \cos(6\pi t)) \sin(4\pi t), \sin(6\pi t))^T.$$

Siehe hierzu Abb. 6.14. ■

Abb. 6.14 Der Kleeblattknoten

6.8 Simplizialkomplexe und Homologiegruppen

Definition 6.36
Sei $E = \{e_0, e_1, \ldots, e_k\} \subseteq \mathbb{R}^n$ eine **affin-unabhängige,** Menge d. h. dass $\{e_1 - e_0, \ldots, e_k - e_0\}$ linear unabhängig ist. Das von E aufgespannte k**-Simplex** ist gegeben durch

$$\Delta = \Delta(E) = \{x \in \mathbb{R}^n \mid x = \sum_{i=0}^{k} \lambda_i e_i,\ \lambda_i \in [0,1],\ \sum_{i=0}^{k} \lambda_i = 1\}.$$

Ist $\bar{E}$ eine echte Teilmenge von E, so wird $\Delta(\bar{E})$ eine **Facette** oder **Seite** von $\Delta(E)$ genannt. Die Vereinigung aller Facetten eines Simplex Δ bildet dessen **Rand** $\partial\Delta$. ♦

Beispiel 6.95
Die 1-Simplizes sind Strecken, die 2-Simplizes sind Dreiecke und die 3-Simplizes sind Tetraeder. Der Rand eines 1-Simplex besteht aus den beiden Endpunkten der Strecke, der Rand eines 2-Simplex besteht aus der Vereinigung der drei Strecken, die das Dreieck begrenzen und der Rand eines 3-Simplex besteht aus den vier Dreiecken, die das Tetraeder begrenzen. Siehe hierzu Abb. 6.15. ■

Beispiel 6.96
Die Menge $\{x \in \mathbb{R}^n | x_i \geq 0,\ \sum_{i=1}^{n} x_i \leq 1\}$ ist das **Einheitssimplex** in $\mathbb{R}^n$. ■

Definition 6.37
Ein **Simplizialkomplex** $\mathcal{K}$ ist eine Menge von Simplizes in $\mathbb{R}^n$ mit den folgenden Eigenschaften:

1. Jede Facette eines Simplex in $\mathcal{K}$ liegt auch in $\mathcal{K}$.
2. Ist der Schnitt von zwei Simplizes Δ_1, Δ_2 nicht leer, so ist der Schnitt $\Delta_1 \cap \Delta_2$ sowohl eine Facette von Δ_1 als auch eine Facette von Δ_2.

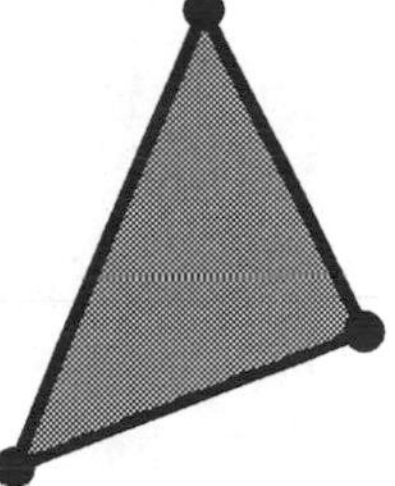
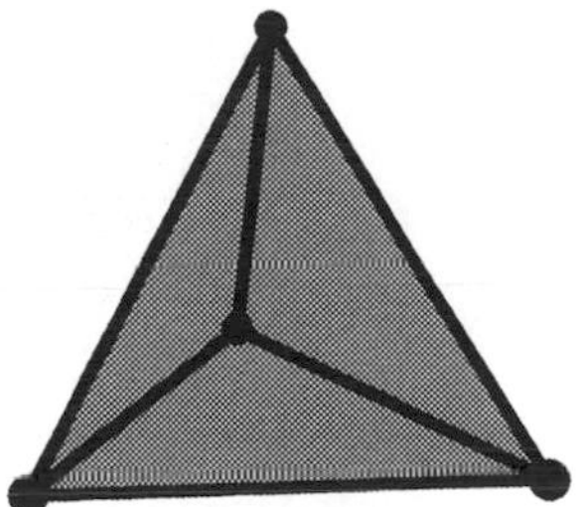

Abb. 6.15 Ein 1-,2- und 3-Simplex in $\mathbb{R}^3$

Die Dimension eines Simplizialkomplex $\mathcal{K}$ ist die größte Zahl $k \geq 0$, sodass $\mathcal{K}$ ein k-Simplex enthält. Man spricht in diesem Falle auch von einem k-Simplizialkomplex. ♦

Beispiel 6.97
Zwei Dreiecke, die genau eine Kante oder genau einen Eckpunkt gemeinsam haben, konstituieren einen 2-Simplizialkomplex. Genauso konstituieren n Dreiecke, die wechselseitig genau eine Kante oder genau einen Eckpunkt gemeinsam haben, einen Simplizialkomplex. ■

Beispiel 6.98
Zwei Tetraeder, die genau eine Seite, eine Kante oder einen Eckpunkt gemeinsam haben, konstituieren einen 3-Simplizialkomplex. Genauso konstituieren n Tetraeder, die wechselseitig genau eine Seite, eine Kante oder einen Eckpunkt gemeinsam haben, einen Simplizialkomplex. ■

Definition 6.38
Ein topologischer Raum heißt **triangulierbar,** wenn er homöomorph zu einem Simplizialkomplex ist. ♦

Beispiel 6.99
Das abgeschlossene Quadrat $[0, 1]^2 \subseteq \mathbb{R}^2$ ist offensichtlich unter Verwendung von zwei Dreiecken triangulierbar. Die abgeschlossene Kreisscheibe ist damit auch triangulierbar, da sie homöomorph zu $[0, 1]^2$ ist. ■

Beispiel 6.100
Eine Triangulation der Sphäre $\mathbb{S}^2 \subseteq \mathbb{R}^3$ und des Torus $\mathbb{T}^2 \subseteq \mathbb{R}^3$ bis auf Homöomorphie durch 2-Simplizes zeigt Abb. 6.16. Hierbei sind die 1-Simplizes mit der gleichen Bezeichnung und die korrespondierenden Randpunkte in $\mathbb{R}^3$ zu identifizieren. ■

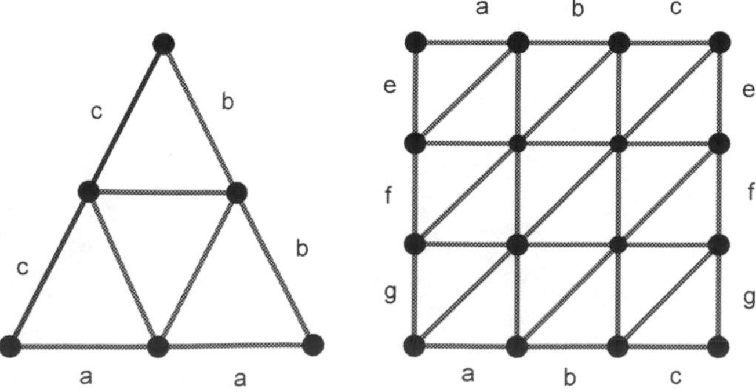

Abb. 6.16 Triangulierung der Sphäre und des Torus

Beispiel 6.101
Kompakte differenzierbare Mannigfaltigkeiten, die wir in 7.27 definieren, sind triangulierbar. Beispielsweise sind alle Sphären $\mathbb{S}^n \subseteq \mathbb{R}^{n+1}$ und alle Tori $\mathbb{T}^n \subseteq \mathbb{R}^{n+1}$ triangulierbar. Das Gleiche gilt für alle topologischen Mannigfaltigkeiten der Dimension kleiner 4, siehe hierzu Definition 5.21 und Moise (1977). ■

Gegenbeispiel 6.102
Nicht kompakte Räume sind offenbar nicht triangulierbar, da ein Simplizialkomplex kompakt ist. So ist etwa das offene Quadrat $(0, 1)^2$ *nicht triangulierbar.*

Gegenbeispiel 6.103
Nicht alle kompakten topologischen Mannigfaltigkeiten der Dimension n mit $n \geq 4$ *sind triangulierbar, siehe* Definition 6.21 *und* Manolescu (2016).

Definition 6.39
Sei $\mathcal{K}$ ein n-Simplizialkomplex. Wir ordnen die Ecken des Simplizialkomplexes $(e_0, \ldots, e_n)$ und identifizieren zwei Ordnungen, wenn sich diese durch eine gerade Permutation ineinander überführen lassen. Jedes Simplex in $\mathcal{K}$ hat damit genau zwei Ordnungen σ_i und $\bar{\sigma}_i$ und wir definieren $-\sigma_i = \bar{\sigma}_i$ also das Inverse eines Simplex durch die Umkehrung seiner Ordnung. Die freie Abel'sche Gruppe über den k-Simplizes in $\mathcal{K}$ ist nun gegeben durch

$$C_k(\mathcal{K}) = \left\{ \sum_{i=1}^{r} \lambda_i \sigma_i \mid \lambda_i \in \mathbb{Z},\ \sigma_i \text{ ist ein } k\text{-Simplex} \right\}$$

und die **Randabbildung** $\partial : C_k(\mathcal{K}) \to C_{k-1}(\mathcal{K})$ ist gegeben durch

$$\partial((e_0, \ldots, e_k)) = \sum_{i=0}^{k} (-1)^i (e_0, \ldots, \neg e_i, \ldots e_k),$$

wobei $\neg e_i$ bedeutet, das e_i ausgelassen wird. Diese Abbildung ist ein Gruppenhomomorphismus und wir definieren nun die k-te **Homologiegruppe** durch den Quotienten

$$\begin{aligned} H_k(\mathcal{K}) &= \mathrm{Kern}(\partial_k)/\mathrm{Im}(\partial_{k+1}) = \mathrm{Kern}(\partial_k)/\partial_{k+1}(C_{k+1}(\mathcal{K})) \\ &= \{\sigma + \partial_{k+1}(C_{k+1}(\mathcal{K})) \mid \partial_k(\sigma) = 0\}. \end{aligned}$$

Ist ein topologischer Raum X durch $\mathcal{K}$ triangulierbar, so setzen wir $H_k(X) = H_k(\mathcal{K})$. Zwei Triangulierugen von X ergeben hierbei die gleichen Homologiegruppen, da diese für homöomorphe Räume gleich sind. Die k-te **Bettizahl** eines Simplizialkomplexes $\beta_k(\mathcal{K})$, bzw. eines triangulierbaren topologischen Raumes $\beta_k(X)$, ist die Dimension von $H_k(X)$ über $\mathbb{Z}$. ♦

Beispiel 6.104
Sei der Kreisring $\mathbb{S}^1$ durch die Kanten eines Dreiecks trianguliert. Wir erhalten $\mathrm{Kern}(\partial_0) \cong \mathbb{Z}^3$ und $\mathrm{Im}(\partial_1) \cong \mathbb{Z}^2$, also $H_0(\mathbb{S}^1) \cong \mathbb{Z}$ und $\beta_0(\mathbb{S}^1) = 1$. Weiterhin gilt $\mathrm{Kern}(\partial_1) \cong \mathbb{Z}$ und $\mathrm{Im}(\partial_2) \cong \{0\}$, also $H_1(\mathbb{S}^1) \cong \mathbb{Z}$ und $\beta_1(\mathbb{S}^1) = 1$. Da $\mathrm{Kern}(\partial_2) = \{0\}$, gilt $H_2(\mathbb{S}^1) \cong \{0\}$ und $\beta_2(\mathbb{S}^1) = 0$. Man kann dieses Ergebnis anschaulich deuten: $\mathbb{S}^1$ hat eine Zusammenhangskomponente, ein zweidimensionales Loch, schließt aber keine Hohlräume ein. ■

Beispiel 6.105
Für die Oberfläche der Kugel $\mathbb{S}^2$ erhält man $H_0(\mathbb{S}^2) \cong H_2(\mathbb{S}^2) \cong \mathbb{Z}$ und $H_1(\mathbb{S}^2) = \{0\}$ also $\beta_0(\mathbb{S}^2) = \beta_2(\mathbb{S}^2) = 1$ und $\beta_1(\mathbb{S}^2) = 0$. Anschaulich gesprochen hat $\mathbb{S}^2$ eine Zusammenhangskomponente, kein zweidimensionales Loch, aber einen Hohlraum. ■

Beispiel 6.106
Für den Torus $\mathbb{T}^2 = \mathbb{S}^1 \times \mathbb{S}^1$ erhalten wir $H_0(\mathbb{T}^2) \cong H_2(\mathbb{T}^2) \cong \mathbb{Z}$ und $H_1(\mathbb{T}^2) \cong \mathbb{Z}^2$ und damit $\beta_0(\mathbb{T}^2) = \beta_2(\mathbb{T}^2) = 1$ aber $\beta_1(\mathbb{T}^2) = 2$. $\mathbb{T}^2$ hat eine Zusammenhangskomponente, zwei zweidimensionale Löcher und einen Hohlraum. ■

Beispiel 6.107
Hat X n Zusammenhangskomponenten, so gilt immer $H_0(X) = \mathbb{Z}^n$ also $\beta_0(X) = n$. ■

7 Analysis: Konvergenz und Differenziation

Inhaltsverzeichnis

In diesem Kapitel findet der Leser eine Einführung in die Grundbegriffe der Analysis, die üblicherweise in einem Vorlesungszyklus zur Analysis behandelt werden. Wir definieren zunächst die Konvergenz und die bestimmte Divergenz von Folgen und Reihen sowie Cauchy-Folgen und führen damit den Begriff der Vollständigkeit ein. In Abschn. 7.2 betrachten wir Potenzreihen und definieren mit ihrer Hilfe elementare Funktionen und deren Umkehrfunktionen. Zu diesen Funktionen zeigen wir einige Abbildungen zur Veranschaulichung. Der recht kurze Abschn. 7.3 ist eigentlichen und uneigentlichen Grenzwerten von Funktionen gewidmet. Im umfangreichen Abschn. 7.4 kommen wir mit dem Thema der differenzierbaren Funktionen zu einem Herzstück der Analysis. Wir definieren partielle und totale Differenzierbarkeit sowie die einfache und die mehrfache Ableitung einer differenzierbaren Funktion. Der Leser findet in den Beispielen unter anderem die Ableitungen aller elementaren Funktionen. Mit Hilfe der Ableitung führen wir weiterhin die Rotation und Divergenz von Vektorfeldern und die Taylor-reihe einer glatten Funktion ein. Im Abschn. 7.5 bieten wir eine Einführung in die Grundbegriffe der Theorie gewöhnlicher Differenzialgleichungen und stellen eine Reihe wichtiger Differenzialgleichungen vor. Abschn. 7.6 ist der Differenzialgeometrie vorbehalten und kann auch als Ergänzung zu Kap. 5 angesehen werden. Wir definieren Mannigfaltigkeiten, Tangentialräume und damit differenzierbare Abbildungen zwischen Mannigfaltigkeiten sowie die beiden Fundamentalformen auf Mannigfaltigkeiten. Damit können wir insbesondere die

© Springer-Verlag GmbH Deutschland, ein Teil von Springer Nature 2020
J. Neunhäuser, *Mathematische Begriffe in Beispielen und Bildern*,
https://doi.org/10.1007/978-3-662-60764-0_7

durch die erste Fundamentalform induzierte Metrik und die durch die zweite Fundamentalform induzierten Krümmungen einführen. Im letzten Abschnitt des Kapitels führen wir Differenzialformen ein und definieren das äußere Differenzial dieser Formen.

Zu den Sätzen und Beweisen der Analysis empfehlen wir die Lehrbücher von Forster (2013) und von Heuser (2009/2012). Eine Vertiefung der Theorie der gewöhnlichen Differenzialgleichungen bietet Heuser (2009). Zur Differenzialgeometrie mag der Leser zusätzlich Kühnel (2013) zu Rate ziehen.

7.1 Folgen und Reihen

Definition 7.1
Eine Folge von reellen Zahlen $(x_n)_{n\in\mathbb{N}} = (x_n) = (x_1, x_2, x_3, \dots)$ **konvergiert** gegen den **Grenzwert** $x \in \mathbb{R}$, wenn es für alle $\epsilon > 0$ ein $n_0 > 0$ gibt, sodass gilt:

$$|x_n - x| < \epsilon$$

für alle $n \geq n_0$. Man schreibt hierfür kurz

$$\lim_{n\to\infty} x_n = x \qquad \text{oder} \qquad x_n \to x.$$

Diese Definition ist ein Spezialfall der Konvergenz in einem metrischen (oder allgemeiner topologischen) Raum gemäß Definition 6.11; siehe Beispiel 6.32. Die Metrik auf $\mathbb{R}$ ist hierbei gegeben durch $d(x, y) = |x - y|$, wobei $|\cdot|$ der Betrag einer reellen Zahl ist. Eine Folge von reellen Zahlen (x_n) **divergiert** gegen ∞, wenn es für alle $M > 0$ ein n_0 gibt, sodass $x_n > M$ für alle $n \geq n_0$ ist; die Folge **divergiert** gegen $-\infty$, wenn es für alle $M < 0$ ein $n_0 > 0$ gibt, sodass $x_n < M$ für alle $n \geq n_0$ ist. Man spricht in diesen Fällen auch von **bestimmter Divergenz** oder **uneigentlicher Konvergenz.** ♦

Beispiel 7.1
Einige wichtige konvergente Folgen reeller Zahlen sind folgende:

$$\lim_{n\to\infty} n^a = \begin{cases} 0, & a < 0 \\ 1, & a = 0 \\ \infty, & a > 0 \end{cases}; \qquad \lim_{n\to\infty} a^n = \begin{cases} \infty, & a > 1 \\ 1, & a = 1 \\ 0, & a \in (-1, 1); \end{cases}$$

$$\lim_{n\to\infty} \sqrt[n]{a} = 1, \quad a \geq 0; \qquad \lim_{n\to\infty} \sqrt[n]{n} = 1;$$

$$\lim_{n\to\infty} \left(1 + \frac{a}{n}\right)^n = e^a; \qquad \lim_{n\to\infty} n(\sqrt[n]{a} - 1) = \ln(a), \quad a > 0.$$

■

Beispiel 7.2
Ist eine Folge reeller Zahlen (x_n) **monoton steigend,** d. h. ist $x_{n+1} \geq x_n$, und nach oben beschränkt, so konvergiert die Folge gegen ihr Supremum:

$$\lim_{n\to\infty} x_n = \sup\{x_n \mid n \in \mathbb{N}\};$$

siehe Abb. 7.1. Ist eine Folge reeller Zahlen (x_n) **monoton fallend,** d. h. ist $x_{n+1} \leq x_n$, und nach unten beschränkt, so konvergiert die Folge gegen ihr Infimum:

$$\lim_{n\to\infty} x_n = \inf\{x_n \mid n \in \mathbb{N}\}.$$

■

Gegenbeispiel 7.3
Die Folge $((-1)^n) = (-1, 1, -1, 1, \ldots)$ *ist nicht konvergent und nicht bestimmt divergent.*

Definition 7.2
$x \in \mathbb{R}$ ist ein **Häufungspunkt** einer Folge reeller Zahlen (x_n), wenn für alle $\epsilon > 0$ gilt:

$$|x_n - x| < \epsilon,$$

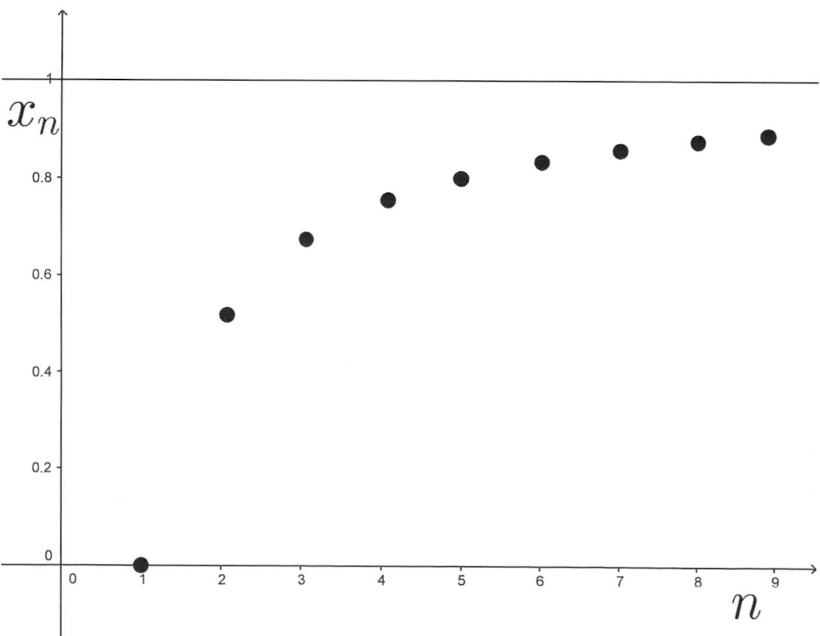

Abb. 7.1 Eine monoton steigende, nach oben beschränkte Folge

für unendlich viele $n \in \mathbb{N}$. Dies ist ein Spezialfall der Definition eines Häufungspunkts in Definition 6.11. und Beispiel 6.36 Ist die Folge nach oben (bzw. unten) unbeschränkt, nennen wir ∞ (bzw. $-\infty$) einen **uneigentlichen Häufungspunkt** der Folge. Der **Limessuperior** der Folge ist ihr größter Häufungspunkt und der **Limesinferior** ist ihr kleinster Häufungspunkt, wobei wir Häufungspunkte in $\mathbb{R} \cup \{-\infty, \infty\}$ betrachten. Es sei angemerkt, dass der Satz von Bolzano-Weierstraß besagt, dass für beschränkte Folgen ein größter und ein kleinster Häufungspunkt in $\mathbb{R}$ existiert; siehe Heuser (2009/2012). Unbeschränkte Folgen haben gemäß unserer Definition mindestens einen der Häufungspunkte ∞ und $-\infty$. Der Limessuperior bzw. der Limesinferior einer Folge (x_n) wird mit

$$\limsup_{n\to\infty} x_n \quad \text{bzw.} \quad \liminf_{n\to\infty} x_n$$

bezeichnet. ♦

Beispiel 7.4
Es gilt

$$\limsup_{n\to\infty} (-1)^n = 1 \quad \text{und} \quad \liminf_{n\to\infty} (-1)^n = -1,$$

und dies sind die einzigen Häufungspunkte der Folge $((-1))^n$. Für $a < -1$ gilt

$$\limsup_{n\to\infty} a^n = \infty \quad \text{und} \quad \liminf_{n\to\infty} a^n = -\infty,$$

und dies sind die einzigen Häufungspunkte der Folge (a^n). ■

Beispiel 7.5
Es gilt

$$\limsup_{n\to\infty} \sin(n) = 1 \quad \text{und} \quad \liminf_{n\to\infty} \sin(n) = -1,$$

und jeder Punkt in $[-1, 1]$ ist ein Häufungspunkt der Folge; siehe Heuser (2009/2012). ■

Beispiel 7.6
Sei (p_n) die Folge der Primzahlen. Es ist nicht schwer zu zeigen, dass

$$\limsup_{n\to\infty}(p_{n+1} - p_n) = \infty,$$

d. h. die Folge der Differenzen von Primzahlpaaren ist unbeschränkt. Erst vor kurzem hat Zhang (2014) bewiesen, dass gilt:

$$\liminf_{n\to\infty}(p_{n+1} - p_n) < \infty,$$

d. h. dass es unendlich viele Primzahlenpaare gibt, deren Differenz beschränkt bleibt. Es wird vermutet, dass es unendlich viele Primzahlen mit dem Abstand zwei gibt, also dass $\liminf_{n\to\infty}(p_{n+1} - p_n) = 2$ gilt. ■

Definition 7.3
Eine **Reihe** reeller Zahlen ist eine Folge von Summen reeller Zahlen $a_k \in \mathbb{R}$ der Form

$$\left(\sum_{k=1}^{n} a_k\right)_{n\in\mathbb{N}}.$$

Konvergiert diese Folge, so sagt man, dass die Reihe konvergiert, und bezeichnet den Grenzwert mit

$$\sum_{k=1}^{\infty} a_k.$$

Man sagt, dass die Reihe **absolut konvergiert,** wenn sogar die Folge der Summe der Beträge

$$\left(\sum_{k=1}^{n} |a_k|\right)_{n\in\mathbb{N}}$$

konvergiert. Wir weisen darauf hin, dass in der Literatur manchmal auch der Grenzwert der betrachteten Folge von Summen und nicht die Folge selbst als Reihe bezeichnet wird. ♦

Beispiel 7.7
Für die **geometrische Reihe** mit $a \in (-1, 1)$ gilt

$$\sum_{k=1}^{\infty} a^{k-1} = \frac{1}{1-a}.$$

■

Beispiel 7.8
Die **Riemann'sche ζ-Reihe**

$$\left(\sum_{k=1}^{n} \frac{1}{k^a}\right)_{n\in\mathbb{N}}$$

konvergiert für $a > 1$. Der Grenzwert wird mit $\zeta(a)$ bezeichnet. Speziell gilt $\zeta(2) = \pi^2/6$, $\zeta(4) = \pi^4/90$ und $\zeta(6) = \pi^6/945$; siehe Heuser (2009/2012). ■

Beispiel 7.9
Die **alternierende Reihe**

$$\left(\sum_{k=1}^{n} (-1)^{k+1} a_k\right)_{n\in\mathbb{N}}$$

konvergiert, wenn $a_k > 0$ und $a_k \to 0$ ist. Die Konvergenz ist im Allgemeinen aber nicht absolut. Speziell gilt

$$\sum_{k=1}^{\infty}(-1)^{k+1}\frac{1}{k} = \ln(2), \qquad \sum_{k=1}^{\infty}(-1)^{k+1}\frac{1}{2k-1} = \frac{\pi}{4}.$$

■

Gegenbeispiel 7.10
Die **harmonische Reihe**

$$\left(\sum_{k=1}^{n}\frac{1}{k}\right)_{n\in\mathbb{N}}$$

divergiert. Es handelt sich um eine bestimmte Divergenz mit dem Grenzwert ∞. *Die Reihe*

$$\left(\sum_{k=1}^{n}(-1)^k\right)_{n\in\mathbb{N}}$$

divergiert unbestimmt.

Definition 7.4
Ein **unendliches Produkt** einer Folge von reellen oder komplexen Zahlen (a_k) ungleich null,

$$\prod_{k=1}^{\infty} a_k,$$

ist der Grenzwert der Folge $(\prod_{k=1}^{n} a_k)$, falls dieser existiert und nicht null ist. ♦

Beispiel 7.11
Das wohl bekannteste unendliche Produkt ist das **Wallis-Produkt**

$$\frac{\pi}{2} = \prod_{n=1}^{\infty}\frac{4n^2}{4n^2-1};$$

siehe Heuser (2009/2012). ■

Beispiel 7.12
Für $|q| < 1$ gilt

$$\prod_{n=1}^{\infty}\left(1-q^n\right) = \sum_{n\in\mathbb{Z}}(-1)^n\, q^{\frac{n\,(3n+1)}{2}}$$

Dieses Resultat heißt Pentagonalzahlensatz; siehe Neunhäuserer (2015). ■

Definition 7.5
Sei $(V, ||\cdot||)$ ein normierter Raum; siehe hierzu Definition 4.21. Eine Folge von Vektoren in V, $(v(n))_{n\in\mathbb{N}}$, **konvergiert** gegen den **Grenzwert** $v \in V$, wenn es für alle $\epsilon > 0$ ein $n_0 > 0$ gibt, sodass gilt:

$$||v(n) - v|| < \epsilon,$$

für alle $n \geq n_0$. Eine **Reihe** in V ist eine Folge in V der Form

$$\left(\sum_{k=1}^{n} v(k)\right)_{n\in\mathbb{N}}.$$

Konvergiert diese Folge, so wird der Grenzwert wie in $\mathbb{R}$ mit

$$\sum_{k=1}^{\infty} v_k$$

bezeichnet. Die Reihe konvergiert absolut, wenn die reelle Folge der Normen

$$\left(\sum_{k=1}^{n} ||v(k)||\right)_{n\in\mathbb{N}}$$

konvergiert. ♦

Beispiel 7.13
Betrachten wir den Vektorraum $\mathbb{R}^k$ mit der euklidischen Norm

$$||v|| = ||(v_1, \ldots, v_k)^T|| = \sqrt{\sum_{i=1}^{k} v_i^2},$$

so lässt sich zeigen, dass eine Folge $(v(n)) = ((v_1(n), \ldots, v_k(n))^T)$ genau dann gegen $v = (v_1, \ldots v_k)^T$ konvergiert, wenn die reellen **Koordinatenfolgen** $(v_i(n))$ gegen v_i, für $i = 1, \ldots k$, konvergieren. Auch die Konvergenz von Reihen lässt sich so auf die Konvergenz der Koordinatenfolgen zurückführen. Es sei noch angemerkt, dass die absolute Konvergenz einer Reihe im $\mathbb{R}^k$ deren Konvergenz impliziert; siehe hierzu wieder Heuser (2009/2012). ■

Beispiel 7.14
Betrachten wir den Vektorraum der komplexen Zahlen $\mathbb{C}$ mit der euklidischen Norm

$$||z|| = ||x + yi|| = \sqrt{x^2 + y^2},$$

so konvergiert eine Folge $(z_n) = (x_n + y_n i)$ in $\mathbb{C}$ gegen $z = x + yi \in \mathbb{C}$ genau dann, wenn Realteil und Imaginärteil von z_n gegen den Realteil bzw. den Imaginärteil von z konvergieren: $x_n \to x$ und $y_n \to y$. Die Konvergenz einer Reihe komplexer Zahlen lässt sich damit auf die Konvergenz des Realteils und des Imaginärteils der Reihe zurückführen, und für den Grenzwert gilt

$$\sum_{n=1}^{\infty}(x_n + y_n i) = \left(\sum_{n=1}^{\infty} x_n\right) + \left(\sum_{n=1}^{\infty} y_n\right) i.$$

Wie in $\mathbb{R}^k$ lässt sich die Konvergenz von Folgen im Raum $\mathbb{C}^k$ mit der euklidischen Norm auf die Konvergenz der Koordinatenfolgen zurückführen. ■

Beispiel 7.15
Konvergenz von Folgen und Reihen in Funktionen- und in Folgenräumen ist ein grundlegender Gegenstand der Funktionalanalysis; siehe Kap. 10. ■

Definition 7.6
Sei (X, d) ein metrischer Raum, im Sinne von Abschn. 6.1. Eine Folge (x_n) in X heißt **Cauchy-Folge,** wenn es für alle $\epsilon > 0$ ein $n_0 > 0$ gibt, sodass gilt:

$$d(x_n, x_m) < \epsilon,$$

für alle $n, m \geq n_0$. Eine Folge in einem normierten Raum $(V, ||\cdot||)$ ist eine Cauchy-Folge, wenn sie eine Cauchy-Folge in Bezug auf die durch die Norm induzierte Metrik $d(v, w) = ||v - w||$ ist. Konvergente Folgen in metrischen Räumen sind offenbar Cauchy-Folgen; siehe Beispiel 6.32. Ein metrischer Raum (X, d) heißt **vollständig,** wenn jede Cauchy-Folge in X konvergiert. Ein normierter Raum $(V, ||\cdot||)$ heißt vollständig, wenn (V, d) für die durch die Norm induzierte Metrik vollständig ist. Äquivalent hierzu ist, dass in $(V, ||\cdot||)$ jede absolut konvergente Reihe auch konvergiert ist; siehe Heuser (2009/2012). ♦

Beispiel 7.16
Ein **Dezimalbruch** $(\sum_{k=1}^{n} a_k 10^{-k})$, mit $a_k \in \{0, \ldots, 9\}$, bildet eine Cauchy-Folge im normieren Raum $\mathbb{R}$ mit der Betragsnorm. Für $b \in \mathbb{N}$ mit $b \geq 2$ ist ein b-**adischer Bruch** $(\sum_{k=1}^{n} a_k b^{-k})$, mit $a_k \in \{0, \ldots, b-1\}$, auch eine Cauchy-Folge in $\mathbb{R}$ in Bezug auf diese Norm. ■

Beispiel 7.17
Man kann in der Analysis zeigen, dass $\mathbb{R}$ und damit $\mathbb{C}$ sowie $\mathbb{R}^n$ und $\mathbb{C}^n$ vollständige normierte Räume sind; siehe Heuser (2009/2012). Insbesondere sind daher die Cauchy-Folgen im letzten Beispiel in $\mathbb{R}$ konvergent, und man kann zeigen, dass sich alle irrationalen reellen Zahlen durch unendliche Dezimalbrüche oder unendliche b-adische Brüche eindeutig darstellen lassen. Für rationale Zahlen ist diese Darstellung offenbar zweideutig. ■

Beispiel 7.18
Viele weitere Beispiele vollständiger normierter Räume zeigen wir in Kap. 10. ■

Beispiel 7.19
Jeder kompakte metrische Raum ist vollständig; hierzu finden sich einige Beispiele in Kap. 6. ■

Gegenbeispiel 7.20
Die rationalen Zahlen $\mathbb{Q}$ *sind nicht vollständig. Zum Beispiel definiert* $x_{n+1} = x_n/2 + 1/x_n$*, mit* $x_1 = 1$*, eine Cauchy-Folge, die in* $\mathbb{Q}$ *nicht konvergiert. Der Grenzwert der Folge in* $\mathbb{R}$ *ist* $\sqrt{2} \notin \mathbb{Q}$.

7.2 Potenzreihen und elementare Funktionen

Definition 7.7
Sei (a_k) eine Folge reeller Zahlen. Eine reelle **Potenzreihe** ist eine Reihe der Form $(\sum_{k=0}^{n} a_k x^k)_{n \in \mathbb{N}_0}$, mit $x \in \mathbb{R}$. Konvergiert die Reihe für $x \in \mathbb{R}$, so bezeichnet

$$f(x) = \sum_{k=0}^{\infty} a_k x^k$$

den Grenzwert. Wir weisen darauf hin, dass in der Literatur manchmal $f(x)$, also der Grenzwert der Reihe und nicht die Reihe als Folge reeller Zahlen, als Potenzreihe bezeichnet wird. Existiert $f(\bar{x})$ so existiert $f(x)$ auch für alle $x \in (-|\bar{x}|, |\bar{x}|)$. Der **Konvergenzradius** der Potenzreihen zur Folge (a_k) ist die größte reelle Zahl $r > 0$, sodass der Grenzwert $f(x)$ für $x \in (-r, r)$ existiert, sofern diese Zahl existiert. Konvergieren die Reihen nur für $x = 0$, dann ist der Konvergenzradius null. Sind die Reihen für alle $x \in \mathbb{R}$ konvergent, dann ist der Konvergenzradius unendlich. ♦

Beispiel 7.21
Der Grenzwert

$$f(x) = \sum_{k=0}^{\infty} x^k$$

existiert für $x \in (-1, 1)$; der Konvergenzradius ist also eins.

$$f(x) = \sum_{k=0}^{\infty} \frac{1}{k} x^k$$

hat auch den Konvergenzradius eins, aber in diesem Fall existiert $f(-1)$. ■

Beispiel 7.22

$$f(x) = \sum_{k=0}^{\infty} 2^k x^k$$

konvergiert für $x \in (-1/2, 1/2)$, und

$$f(x) = \sum_{k=0}^{\infty} k! x^k$$

konvergiert nur für $x = 0$. ■

Beispiel 7.23
Viele Beispiele für Potenzreihen mit unendlichem Konvergenzradius zeigen wir in den folgenden Definitionen elementarer Funktionen. ■

Definition 7.8
Sei (a_k) eine Folge reeller Zahlen, die nur für endlich viele Einträge nicht null ist, so existieren die Potenzreihen $f(x)$ offensichtlich für alle $x \in \mathbb{R}$. Die zugehörige Funktion $f : \mathbb{R} \to \mathbb{R}$ wird **ganz-rational** genannt. Sind $p, q : \mathbb{R} \to \mathbb{R}$ zwei ganzrationale Funktionen, dann heißt $g : \{x \in \mathbb{R} | q(x) \neq 0\} \to \mathbb{R}$, gegeben durch $g(x) = p(x)/q(x)$, **gebrochen-rationale Funktion;** siehe Abb. 7.2. ♦

Definition 7.9
Die **natürliche Exponentialfunktion** $\exp : \mathbb{R} \to \mathbb{R}^+$ ist gegeben durch

$$e^x = \exp(x) = \sum_{k=0}^{\infty} \frac{1}{k!} x^k.$$

Man kann aus dieser Definition die Funktionalgleichung $e^{x+y} = e^x e^y$ mit $e^0 = 1$ und $e^1 = e$ herleiten, und die Potenzreihe ist durch diese Gleichungen eindeutig bestimmt. e ist die **Euler-Konstante,** die wir schon in Beispiel 1.58 definiert hatten. Die Umkehrfunktion der natürlichen Exponentialfunktion ist der **natürliche Logarithmus** $\ln : \mathbb{R}^+ \to \mathbb{R}$, der die Funktionsgleichung $\ln(xy) = \ln(x) + \ln(y)$ mit $\ln(1) = 0$ erfüllt; siehe Abb. 7.3. Mit Hilfe dieser Funktion lässt sich die **allgemeine Exponentialfunktion** $a^x : \mathbb{R} \to \mathbb{R}^+$ durch $a^x = e^{\ln(a)x}$ für $a > 0$ definieren. Als Umkehrung erhalten wir den **allgemeinen Logarithmus** $\log_a : \mathbb{R}^+ \to \mathbb{R}$. ♦

Definition 7.10
Die **trigonometrischen Funktionen Sinus,** $\sin : \mathbb{R} \to [-1, 1]$, und **Cosinus,**

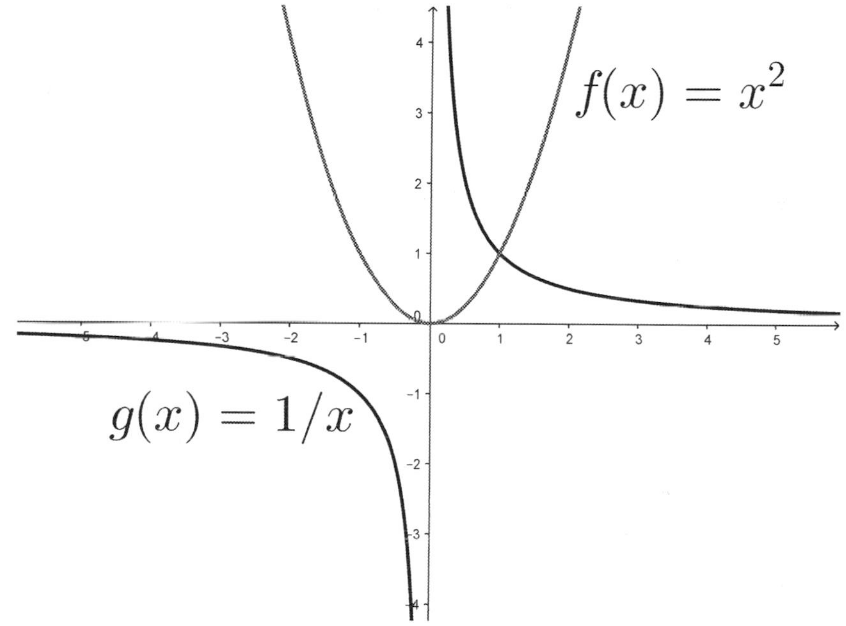

Abb. 7.2 Eine ganz-rationale Funktion f und eine gebrochen-rationale Funktion g

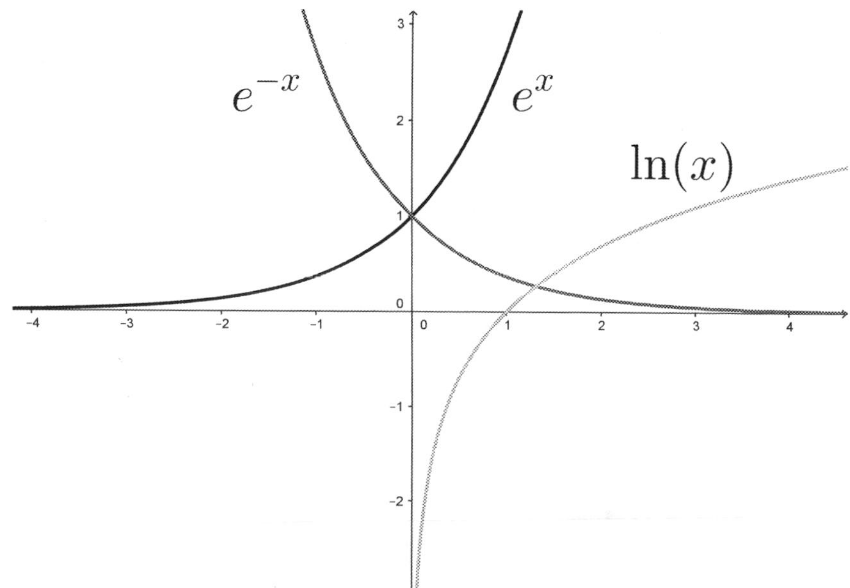

Abb. 7.3 Exponentialfunktion und Logarithmus

$\cos : \mathbb{R} \to [-1, 1]$, sind gegeben durch

$$\sin(x) = \sum_{k=0}^{\infty} (-1)^k \frac{x^{2k+1}}{(2k+1)!},$$

$$\cos(x) = \sum_{k=0}^{\infty} (-1)^k \frac{x^{2k}}{(2k)!},$$

wobei die entsprechenden Reihen für alle $x \in \mathbb{R}$ konvergieren. Aus der Definition erhält man – durch eine etwas aufwendige Rechnung – die Gleichung

$$(\sin(x))^2 + (\cos(x))^2 = 1, \qquad \text{mit} \quad \sin(\pi/2) = 1, \quad \cos(\pi/2) = 0,$$

gemäß der Definition der **Archimedes-Konstanten** π in Beispiel 1.57. Geometrisch interpretiert, parametrisieren Sinus und Cosinus den Einheitskreis $\mathbb{S}^1 = \{(x, y) | x^2 + y^2 = 1\}$. Hierbei sind $\sin(x)$ die Länge der Gegenkathete und $\cos(x)$ die Länge der Ankathete im rechtwinkligen Dreieck im Einheitskreis, wobei x die Bogenlänge ist; siehe Abb. 7.4. Die Umkehrfunktion des Sinus ist der **Arcussinus,** $\arcsin : [-1, 1] \to [-\pi/2, \pi/2]$, und die Umkehrfunktion des Cosinus ist der **Arcuscosinus**, $\arccos : [-1, 1] \to [0, \pi]$; siehe Abb. 7.5. Weiterhin definieren

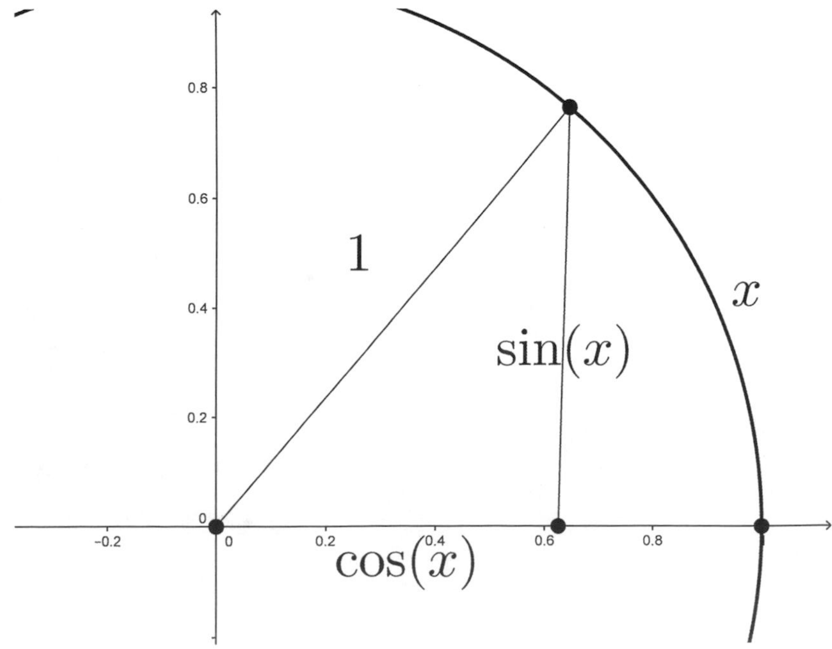

Abb. 7.4 Sinus und Cosinus am Einheitskreis

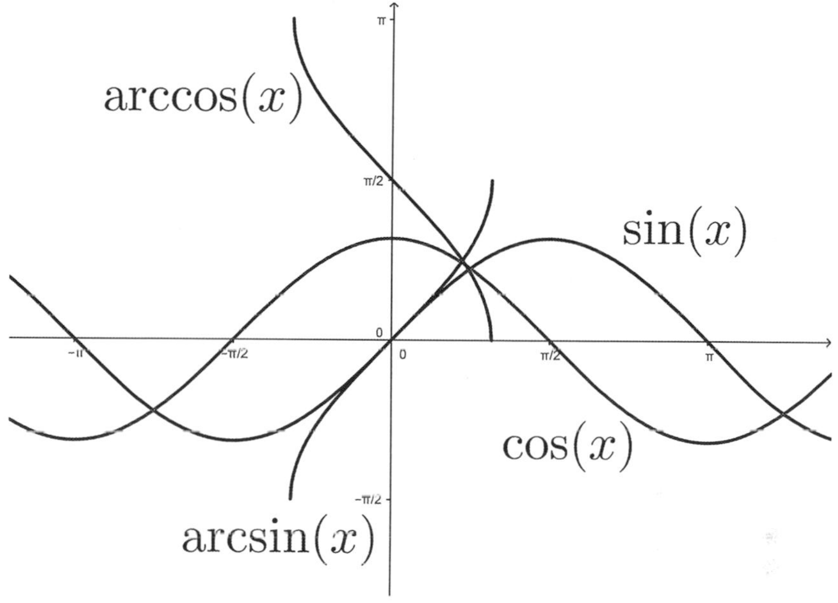

Abb. 7.5 Die Funktionen Sinus, Cosinus, Arcussinus und Arcuscosinus

wir die trigonometrischen Funktionen **Tangens,** tan $: \mathbb{R}\backslash\{k\pi + \pi/2 \mid k \in \mathbb{Z}\} \to \mathbb{R}$, und **Cotangens,** cot $: \mathbb{R}\backslash\{k\pi \mid k \in \mathbb{Z}\} \to \mathbb{R}$, durch

$$\tan(x) = \frac{\sin(x)}{\cos(x)} \quad \text{bzw.} \quad \cot(x) = \frac{\cos(x)}{\sin(x)}.$$

Geometrisch interpretiert ist der Tangens der Quotient aus der Länge der Gegenkathete und der Länge der Ankathete in rechtwinkligen Dreiecken im Einheitskreis. Der Cotangens ist der Kehrwert des Tangens. Die Umkehrfunktion des Tangens ist der **Arcustangens,** arctan $: \mathbb{R} \to (-\pi/2, \pi/2)$, und die Umkehrfunktion des Cotangens ist der **Arcuscotangens,** arccot $: \mathbb{R} \to (0, \pi)$; siehe Abb. 7.6. ♦

Definition 7.11
Die **hyperbolischen Funktionen,** also **Sinus Hyperbolicus,** sinh $: \mathbb{R} \to \mathbb{R}$, und **Cosinus Hyperbolicus,** cosh $: \mathbb{R} \to (1, \infty)$, sind gegeben durch

$$\sinh(x) = \sum_{k=0}^{\infty} \frac{x^{2k+1}}{(2k+1)!}$$

$$\cosh(x) = \sum_{k=0}^{\infty} \frac{x^{2k}}{(2k)!},$$

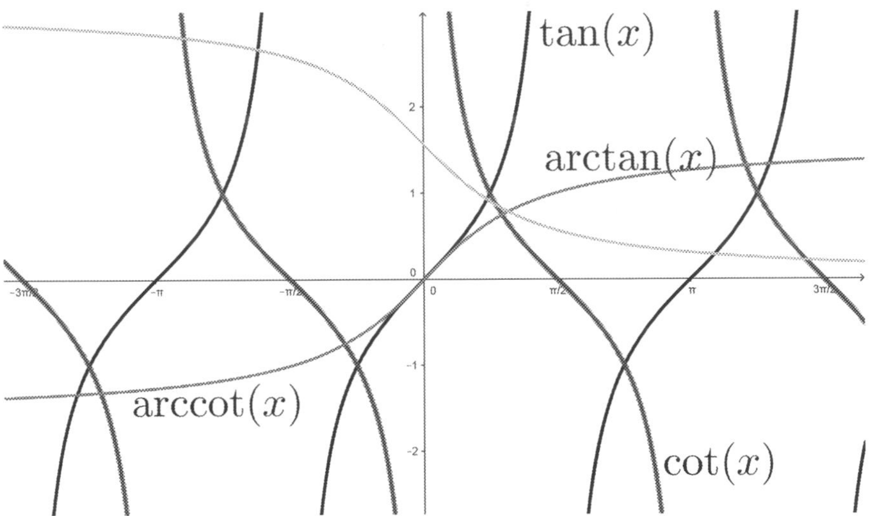

Abb. 7.6 Die Funktionen Tangens und Cotangens

wobei die entsprechenden Reihen für alle $x \in \mathbb{R}$ konvergieren; siehe Abb. 7.7. Aus der Definition erhält man die Funktionalgleichung

$$(\cosh(x))^2 - (\sinh(x))^2 = 1, \quad \text{mit} \quad \sinh(0) = 0, \cosh(0) = 1.$$

Die hyperbolischen Funktionen parametrisieren damit die Einheitshyperbel, gegeben durch $x^2 - y^2 = 1$. Die Umkehrfunktion des Sinus Hyperbolicus ist der **Areasinus Hyperbolicus,** $\operatorname{arsinh} : \mathbb{R} \to \mathbb{R}$, und die Umkehrfunktion des Cosinus Hyperbolicus ist der **Areacosinus Hyperbolicus,** $\operatorname{arcosh} : [1, \infty) \to [0, \infty)$. Weiterhin definieren wir die hyperbolischen Funktionen **Tangens Hyperbolicus,** $\tanh : \mathbb{R} \to (-1, 1)$, und **Cotangens Hyperbolicus,** $\coth : \mathbb{R}\setminus\{0\} \to (-\infty, -1) \cup (1, \infty)$, durch

$$\tanh(x) = \frac{\sinh(x)}{\cosh(x)} \quad \text{bzw.} \quad \coth(x) = \frac{\cosh(x)}{\sinh(x)}.$$

Die Umkehrfunktion des Tangens Hyperbolicus ist der **Areatangens Hyperbolicus,** $\operatorname{artanh} : (-1, 1) \to \mathbb{R}$, und die Umkehrfunktion des Cotangens Hyperbolicus ist der **Areacotangens Hyperbolicus,** $\operatorname{arcoth} : (-\infty, -1) \cup (1, \infty) \to \mathbb{R}\setminus\{0\}$. ♦

Definition 7.12
Seien A eine Menge und (X, d) ein metrischer Raum. Seien f_n für $n \in \mathbb{N}$ und f Funktionen von A nach X, also $f_n : A \to X$. Die Funktionsfolge (f_n) **konvergiert punktweise** gegen f, wenn gilt: $d(f_n(x), f(x)) \to 0$, für alle $x \in A$. Die Funktionsfolge **konvergiert gleichmäßig** gegen f, wenn

$$d_n = \sup\{d(f_n(x), f(x)) \mid x \in A\}$$

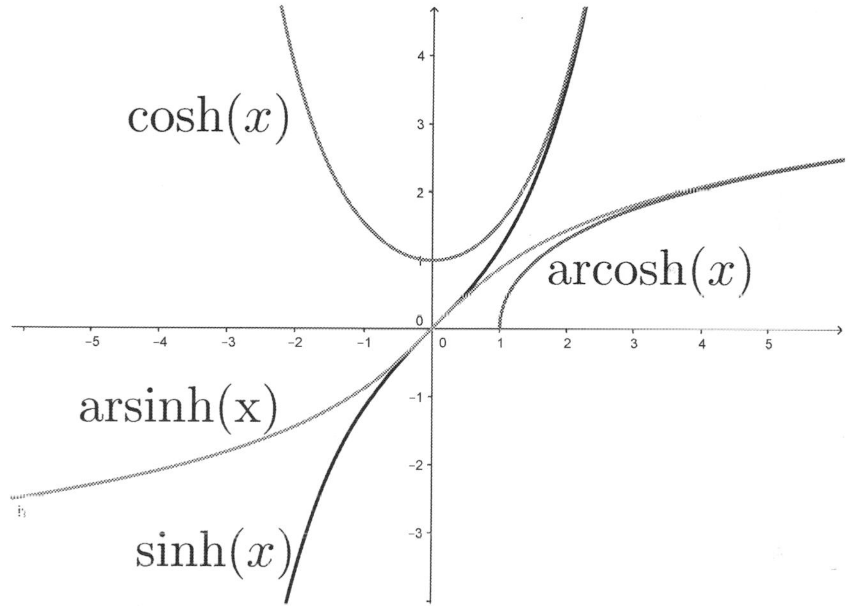

Abb. 7.7 Die Funktionen Sinus Hyperbolicus und Cosinus Hyperbolicus und ihre Umkehrfunktionen

für alle $n \in \mathbb{N}$ endlich ist und mit $n \to \infty$ gegen 0 konvergiert. Ist A ein metrischer (oder allgemeiner: ein topologischer) Raum, so konvergiert (f_n) **lokal gleichmäßig** gegen f, wenn es zu jedem $x \in A$ eine offene Umgebung $U(x)$ gibt, sodass die Funktionenfolge auf $U(x)$ gleichmäßig gegen f konvergiert. (f_n) **konvergiert kompakt** gegen f, wenn die Funktionsfolge auf jeder kompakten Menge $K \subseteq A$ gleichmäßig gegen f konvergiert. Es sei angemerkt, dass lokal gleichmäßige Konvergenz eine kompakte Konvergenz impliziert. Hat jeder Punkt eine kompakte Umgebung in einem Raum, dann gilt sogar die Umkehrung, und die Begriffe der kompakten und der lokal gleichmäßigen Konvergenz fallen zusammen; siehe Heuser (2009/2012). ♦

Beispiel 7.24
Die Funktionsfolge $f_n : [0, 1] \to [0, 1]$, gegeben durch $f_n(x) = x^n$, konvergiert punktweise gegen $f(x) = 0$ für $x \in [0, 1)$ und gegen $f(x) = 1$ für $x = 1$. Die Funktionsfolge konvergiert aber nicht gleichmäßig oder lokal gleichmäßig. Betrachten wir die Funktionsfolge allerdings auf einem Intervall $[0, b]$ mit $0 < b < 1$, so konvergiert sie gleichmäßig gegen die Nullfunktion. Auf dem Intervall $[0, 1)$ ist die Konvergenz zwar nicht gleichmäßig, aber lokal gleichmäßig; siehe Abb. 7.8. ■

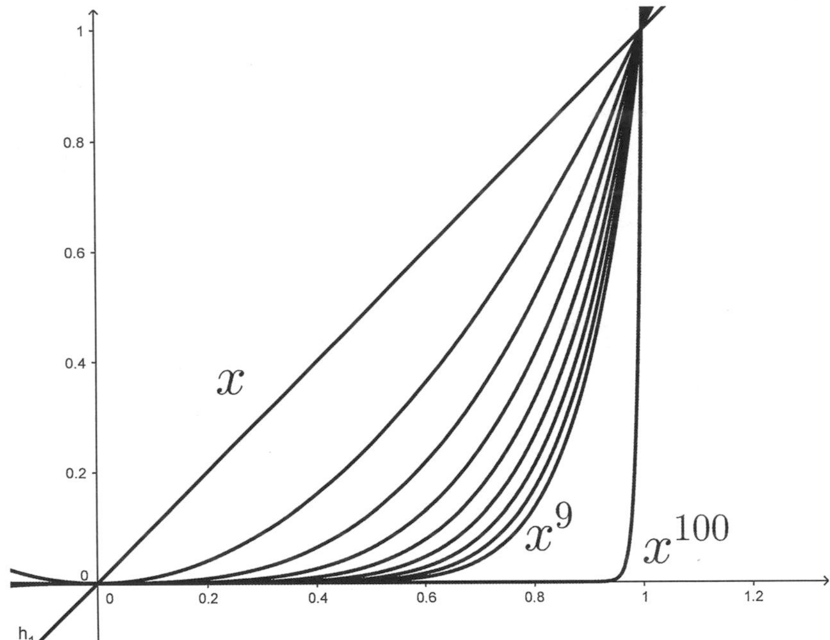

Abb. 7.8 Die Funktionenfolge $f(x) = x^n$

Beispiel 7.25
Eine auf dem Intervall $(-r, r)$ oder auf ganz $\mathbb{R}$ punktweise konvergente Potenzreihe konvergiert dort lokal gleichmäßig und damit kompakt, aber im Allgemeinen nicht gleichmäßig. So konvergiert etwa die Reihe $(\sum_{k=0}^{n} x^k/k!)$ auf $\mathbb{R}$ nicht gleichmäßig gegen $f(x) = e^x$. Auf jedem endlichen Intervall ist die Konvergenz dieser Reihe jedoch gleichmäßig. ■

Definition 7.13
Seien X, Y vollständige metrische Räume und F eine Menge von stetigen Funktionen $f : X \to Y$. Dann wird F **normal** genannt, falls jede Folge von Funktionen in F eine Teilfolge hat, die kompakt gegen eine stetige Funktion von X nach Y konvergiert. ♦

Beispiel 7.26
Normale Mengen werden gewöhnlich in der Funktionentheorie betrachtet. Daher zeigen wir hier ein Beispiel einer normalen Menge von Funktionen auf $\mathbb{C}$; siehe auch Kap. 9. Die Menge $F = \{f_a \mid a \in \mathbb{C},\ |a| > 1\}$, mit $f_a : \{z \in \mathbb{C} \mid |z| < 1\} \to \mathbb{C}$, gegeben durch $f_a(z) = \frac{z}{z-a}$, ist normal. Wenn wir eine Folge in dieser Menge betrachten, so konvergiert diese für $a_n \to \infty$ kompakt gegen die Nullfunktion, oder sie hat eine Teilfolge f_{n_k}, die kompakt gegen eine Funktion f_a konvergiert. ■

7.3 Grenzwerte von Funktionen

Definition 7.14
Seien X_1 und X_2 zwei metrische Räume, ferner $D \subseteq X_1$ sowie $f : D \to X_2$ eine Funktion und $y \in X_1$ ein Häufungspunkt von D. Wenn für jede Folge (x_n) in D mit $x_n \neq y$, die gegen y konvergiert, die Folge der Werte $(f(x_n))$ gegen $b \in X_2$ konvergiert, so nennen wir b den **Grenzwert der Funktion** f für $x \to y$ und schreiben

$$\lim_{x \to y} f(x) = b;$$

siehe Abb. 7.9. ♦

Beispiel 7.27
Eine Funktion $f : D \to X_2$ ist stetig in $y \in D$ genau dann, wenn gilt:

$$\lim_{x \to y} f(x) = f(y);$$

siehe hierzu Abschn. 6.2. ■

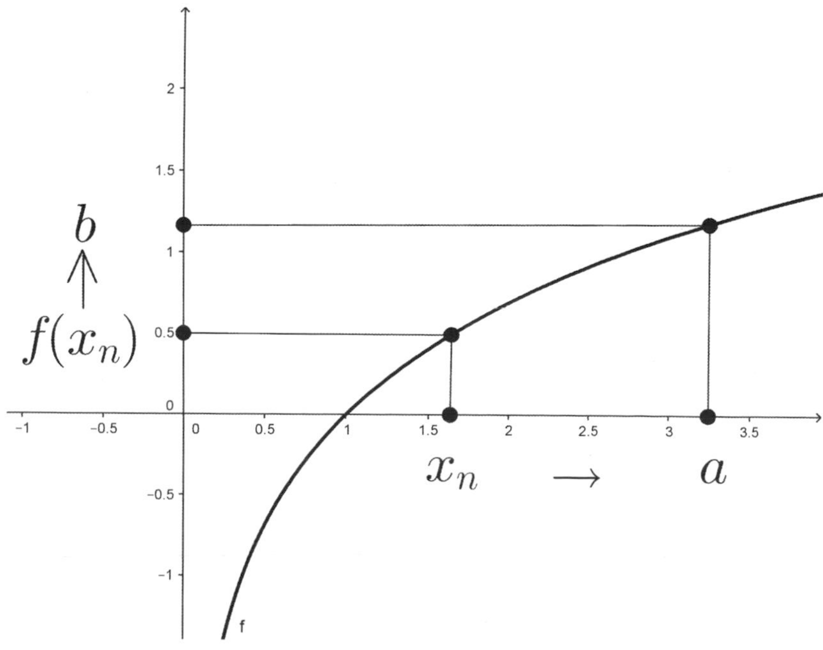

Abb. 7.9 Grenzwert einer Funktion

Beispiel 7.28
Betrachten wir die Funktion $\delta_0(x) : \mathbb{R} \to \mathbb{R}$, mit $\delta_0(0) = 1$ und $\delta_0(x) = 0$ sonst, so erhalten wir

$$\lim_{x\to 0} \delta_0(x) = 0 \neq \delta_0(0).$$

Die Funktion ist in $x = 0$ nicht stetig. ■

Beispiel 7.29
Hier zeigen wir noch drei Beispiele von Grenzwerten von Funktionen, die im Häufungspunkt der untersuchten Folgen nicht definiert sind:

$$\lim_{x\to 0} \frac{e^x - 1}{x} = 1, \qquad \lim_{x\to 0} \frac{\sin(x)}{x} = 1,$$

$$\lim_{x\to 0} \left(\frac{1}{\ln(x+1)} - \frac{1}{x} \right) = \frac{1}{2}.$$

■

Definition 7.15
Seien X ein metrischer Raum ferner $D \subseteq \mathbb{R}$ sowie $f : D \to X$ eine Funktion und $y \in X$ ein Häufungspunkt von D. Es gebe mindestens eine Folge (x_n) in D, mit $x_n < y$ und $x_n \to y$. Wenn für jede Folge (x_n) in D, mit $x_n < y$, die gegen y konvergiert, die Folge der Werte $(f(x_n))$ gegen $b \in X$ konvergiert, so nennen wir b den **rechtsseitigen Grenzwert der Funktion** f für $x \to y+$ und schreiben

$$\lim_{x\to y+} f(x) = b.$$

Ersetzen wir in der Definition $x_n < y$ durch $x_n > y$, so nennen wir b den **linksseitigen Grenzwert der Funktion** f für $x \to y-$ und schreiben

$$\lim_{x\to y-} f(x) = b.$$

♦

Beispiel 7.30
Der Grenzwert einer Funktion f für $x \to y$ ist gleich b genau dann, wenn der rechtsseitige und der linksseitige Grenzwert von f für $x \to y$ beide gleich b sind. ■

Beispiel 7.31
Betrachten wir die Vorzeichenfunktion $\text{sgn} : \mathbb{R} \to \mathbb{R}$ mit $\text{sgn}(x) = 1$ für $x > 0$, $\text{sgn}(x) = -1$ für $x < 0$ und $\text{sgn}(0) = 0$, so erhalten wir:

$$\lim_{x\to 0+} \text{sgn}(x) = 1 \quad \text{und} \quad \lim_{x\to 0-} \text{sgn}(x) = -1.$$

Der Grenzwert der Funktion im Punkt 0 existiert nicht. ■

Beispiel 7.32
Wir zeigen hier noch ein Beispiel für eine Funktion, bei der nur der rechtsseitige Grenzwert existiert:

$$\lim_{x\to 0+} x\ln(x) = 0.$$

Der linksseitige Grenzwert im Punkt 0 existiert nicht, da die Funktion für $x < 0$ nicht definiert ist. ■

Definition 7.16
Seien X ein metrischer Raum, ferner $D \subseteq X$ sowie $f : D \to \mathbb{R}$ eine Funktion und $y \in X$ ein Häufungspunkt von D. Wenn für jede Folge (x_n) in D, die gegen y konvergiert, die Folge der Werte $(f(x_n))$ bestimmt gegen ∞ divergiert, so **divergiert die Funktion** f für $x \to y$ **bestimmt** gegen ∞. und wir schreiben

$$\lim_{x\to y} f(x) = \infty.$$

In gleicher Weise definieren wir die bestimmte Divergenz von f gegen $-\infty$ für $x \to y$:

$$\lim_{x\to y} f(x) = -\infty;$$

siehe Abb. 7.10. Die **bestimmte linksseitige** bzw. **bestimmte rechtsseitige Divergenz** wird genau wie in der letzten Definition eingeführt. ♦

Beispiel 7.33
Für $n \in \mathbb{N}$ gilt

$$\lim_{x\to 0} \frac{1}{x^{2n}} = \infty, \qquad \lim_{x\to 0+} \frac{1}{x^{2n-1}} = \infty, \qquad \lim_{x\to 0-} \frac{1}{x^{2n+1}} = -\infty.$$

■

Beispiel 7.34
Es gilt $\lim_{x\to 0+} \ln(x) = -\infty$. Eine bestimmte rechtsseitige Divergenz im Punkt 0 liegt hier nicht vor. ■

Definition 7.17
Seien X ein metrischer Raum und $f : [a, \infty) \to X$ eine Funktion. Wenn für jede Folge (x_n) in D, die gegen ∞ konvergiert, die Folge der Werte $(f(x_n))$ gegen $b \in X$ konvergiert, so nennen wir b den **uneigentlichen Grenzwert der Funktion** f für $x \to \infty$ und schreiben

$$\lim_{x\to\infty} f(x) = b.$$

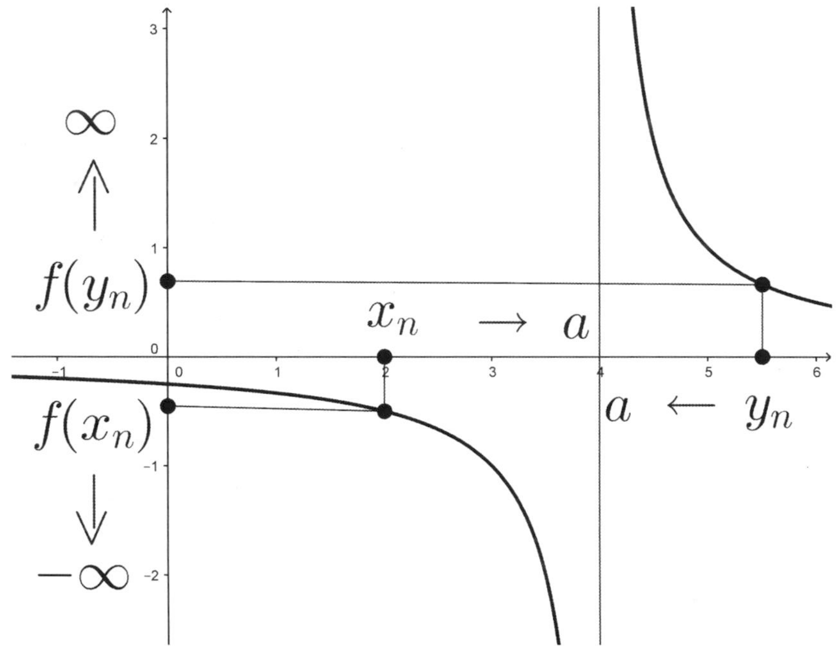

Abb. 7.10 Bestimmte Divergenz

In gleicher Weise definieren wir

$$\lim_{x \to -\infty} f(x) = b$$

für eine Funktion $f : (-\infty, a] \to X$. Für reellwertige Funktionen wird in gleicher Weise die **bestimmte uneigentliche Divergenz** gegen $\pm\infty$ für $x \to \pm\infty$ definiert. ♦

Beispiel 7.35
Wie zu erwarten, liefert die Definition:

$$\lim_{x \to \infty} x^n = \begin{cases} 0, & n < 0 \\ \infty, & n > 0 \end{cases}$$

sowie

$$\lim_{x \to -\infty} x^n = \begin{cases} 0, & n < 0 \\ \infty, & n > 0,\ n \text{ gerade} \\ -\infty, & n > 0,\ n \text{ ungerade.} \end{cases}$$

■

Beispiel 7.36
Für $n \in \mathbb{N}$ gilt

$$\lim_{x\to\infty} \frac{x^n}{e^x} = 0 \quad \text{sowie} \quad \lim_{x\to\infty} \frac{\ln(x)}{x^n} = 0.$$

■

7.4 Differenzierbare Funktionen

Definition 7.18
Seien $O \subseteq \mathbb{R}$ offen sowie $f : O \to \mathbb{R}$ eine Funktion und $x \in O$. Dann heißt f **differenzierbar** in x, wenn der Grenzwert

$$f'(x) := \lim_{y\to x} \frac{f(x) - f(y)}{x - y} = \lim_{h\to 0} \frac{f(x) - f(x+h)}{h}$$

existiert, und $f'(x)$ heißt **erste Ableitung** von f in x. $f'(x)$ ist die **Steigung der Tangente** an die Funktion f im Punkt $(x, f(x))$; die **Tangente** an f in diesem Punkt ist also gegeben durch

$$t(\lambda) = \lambda f'(x) + (f(x) - xf'(x));$$

mit $\lambda \in \mathbb{R}$ siehe Abb. 7.11. f heißt differenzierbar auf O, wenn f für alle x in O differenzierbar ist. Die Funktion $f' : O \to \mathbb{R}$ wird in diesem Fall als Ableitung bezeichnet. Ist f' stetig, so heißt f **stetig differenzierbar,** man schreibt hierfür $f \in C^1(O)$. Ist $f' : O \to \mathbb{R}$ differenzierbar in $x \in O$, so nennen wir f zweimal differenzierbar, und $f''(x) := (f'(x))'$ heißt zweite Ableitung von f in x. Gilt dies für alle $x \in O$, so heißt f **zweimal differenzierbar** auf O, und die Funktion $f'' : O \to \mathbb{R}$ wird **zweite Ableitung** genannt. Ist f'' stetig, so heißt f **zweimal stetig differenzierbar,** $f \in C^2(O)$. In gleicher Weise definieren wir induktiv die n-**fache Differenzierbarkeit** sowie die n**-te Ableitung** $f^{(n)} : O \to \mathbb{R}$. Dabei bedeutet $f \in C^n(O)$, dass f n**-mal stetig differenzierbar** auf O ist, und $f \in C^\infty(O)$ heißt, dass f beliebig oft differenzierbar ist. Man nennt eine solche Funktion auch **glatt.** ♦

Beispiel 7.37
Wir zeigen hier zunächst die Ableitungen einiger elementarer glatter Funktionen auf $\mathbb{R}$:

$$\left(\sum_{k=0}^{n} a_k x^k\right)' = \sum_{k=1}^{n} k a_k x^{k-1},$$

$$(e^x)' = e^x \qquad (a^x)' = \ln(a)a^x, a > 0,$$

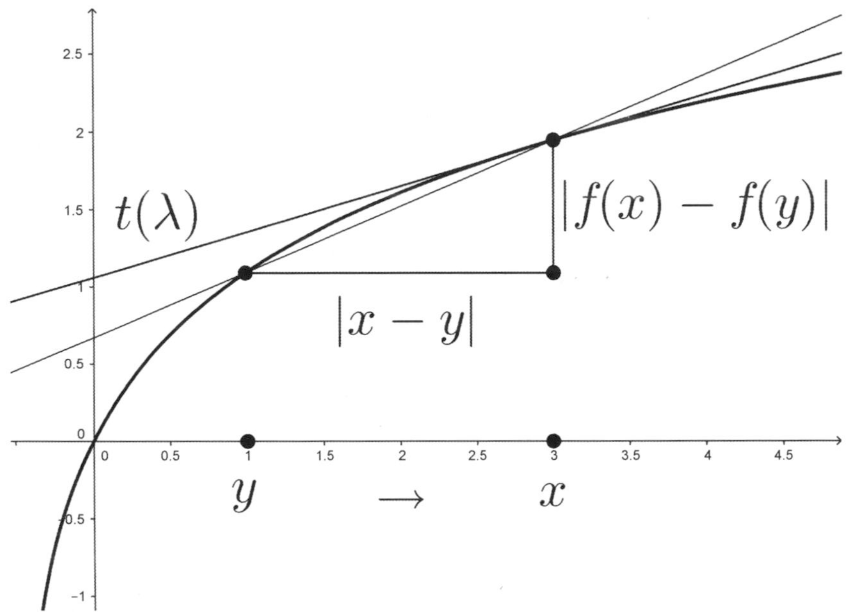

Abb. 7.11 Ableitung als Tangentensteigung

$$(\sin(x))' = \cos(x) \qquad (\cos(x))' = -\sin(x),$$

$$(\sinh(x))' = \cosh(x) \qquad (\cosh(x))' = \sinh(x).$$

Des Weiteren gelten für differenzierbare Abbildungen $f, g : O \to \mathbb{R}$ die folgenden Ableitungsregeln:

$$(f(x) \pm g(x))' = f(x)' \pm g(x)',$$

$$(f(x)g(x))' = f'(x)g(x) + f(x)g'(x),$$

$$\left(\frac{f(x)}{g(x)}\right)' = \frac{f'(x)g(x) - f(x)g'(x)}{(g(x))^2},$$

$$f(g(x))' = f'(g(x))g'(x).$$

Wenden wir die Regel für Quotienten an, so erhalten wir:

$$\left(1/\sum_{k=0}^{n} a_k x^k\right)' = -\sum_{k=1}^{n} k a_k x^{k-1} / \left(\sum_{k=0}^{n} a_k x^k\right)^2,$$

$$164(\tan(x))' = \left(\frac{\sin(x)}{\cos(x)}\right)' = \frac{1}{(\cos(x))^2} \quad \cot(x)' = \left(\frac{\cos(x)}{\sin(x)}\right)' = \frac{-1}{(\sin(x))^2},$$

$$(\tanh(x))' = \left(\frac{\sinh(x)}{\cosh(x)}\right)' = \frac{1}{(\cosh(x))^2} \quad \coth(x)' = \left(\frac{\cosh(x)}{\sinh(x)}\right)' = \frac{-1}{(\sinh(x))^2},$$

jeweils für alle x, für die die auftretenden Terme definiert sind. Ist $f : O \to \mathbb{R}$ injektiv und differenzierbar mit $f'(a) \neq 0$ für $a \in O$, so gilt für $x \in f(O)$

$$(f^{-1}(x))' = 1/f'(f^{-1}(x)).$$

Damit erhalten wir

$$(\ln(x))' = 1/x, \quad (\log_a(x))' = 1/(\ln(a)x), \quad x, a > 0,$$

$$(\arcsin(x))' = (-\arccos(x))' = \frac{1}{\sqrt{1-x^2}}, \quad x \in (0, 1),$$

$$(\arctan(x))' = (-\operatorname{arccot}(x))' = \frac{1}{1+x^2},$$

$$(\operatorname{arsinh}(x))' = \frac{1}{\sqrt{1+x^2}}, \qquad (\operatorname{arcosh}(x))' = \frac{1}{\sqrt{x^2-1}}, \quad x > 1,$$

$$(\operatorname{artanh}(x))' = \frac{1}{1-x^2}, \quad |x| < 1 \qquad (\operatorname{arcoth}(x))' = \frac{1}{1-x^2}, \quad |x| > 1.$$

■

Beispiel 7.38
Die Funktion $f(x) = x^2 \sin(1/x)$ in $x = 0$ fortgesetzt durch $f(0) = 0$ ist auf ganz $\mathbb{R}$ differenzierbar, mit $f'(x) = 2x \sin(1/x) - \cos(1/x)$ für $x \neq 0$ und $f'(0) = 0$. Die Ableitung ist aber in $x = 0$ nicht stetig; die Funktion ist also nicht in $C^1(\mathbb{R})$. ■

Beispiel 7.39
Die Funktion $f(x) = x|x|$ ist stetig differenzierbar mit $f'(x) = 2|x|$. Die Funktion ist allerdings in $x = 0$ nicht zweimal differenzierbar; siehe Abb. 7.12. ■

Gegenbeispiel 7.40
Die Funktion $f(x) = x \sin(1/x)$ in $x = 0$ fortgesetzt durch $f(0) = 0$ ist auf ganz $\mathbb{R}$ stetig, aber in $x = 0$ nicht differenzierbar; siehe Abb. 7.12. *Die Weierstraß-Funktion*

$$f(x) = \sum_{k=1}^{\infty} \frac{1}{2^k} \sin(2^k x)$$

ist, wie man zeigen kann, auf ganz $\mathbb{R}$ stetig, aber nirgends differenzierbar; siehe Abb. 7.13.

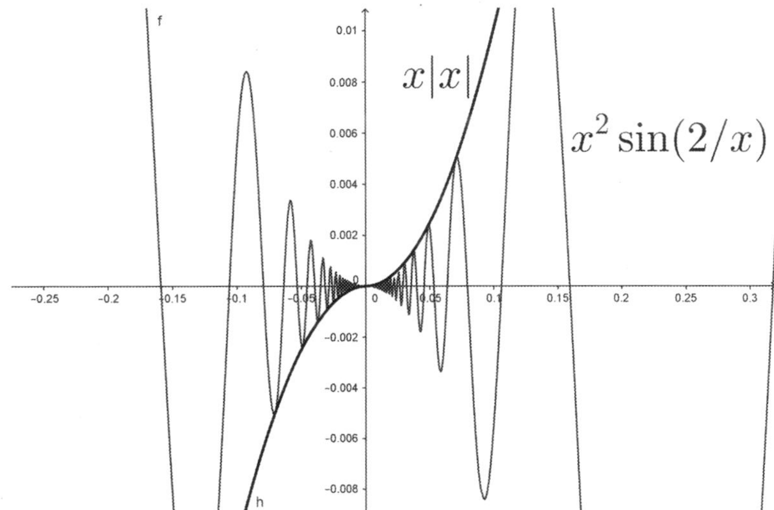

Abb. 7.12 Die Funktionen in den Beispielen 7.37 und 7.38

Definition 7.19
Seien $O \subseteq \mathbb{R}^n$ offen und $f : O \to \mathbb{R}$ eine Funktion sowie $a = (a_1, \ldots, a_n) \in O$. Dabei heißt f **partiell differenzierbar** am Punkt a in Richtung x_i für $i = 1, \ldots, n$, falls die **partielle Ableitung**

$$\frac{\partial f}{\partial x_i}(a) := \lim_{h \to 0} \frac{f(a) - f(a_1, \ldots, a_i + h, \ldots, a_n)}{h}$$

existiert. Die Funktion f heißt partiell differenzierbar, wenn die partiellen Ableitungen in jedem $a \in O$ in allen Richtungen x_i für $i = 1, \ldots, n$ existiert. Sind die partiellen Ableitungen stetig, so spricht man davon, dass f **stetig partiell differenzierbar** ist, und schreibt hierfür $f \in C^1(O)$. Die ersten partiellen Ableitungen werden im **Gradienten** zusammengefasst:

$$\text{grad}(f) = \left(\frac{\partial f}{\partial x_1}, \ldots, \frac{\partial f}{\partial x_n} \right)^T.$$

Ist die Funktion $\partial f / \partial x_i$ partiell differenzierbar am Punkt a in Richtung x_j, so ist die **zweite partielle Ableitung** gegeben durch

$$\frac{\partial^2 f}{\partial x_j \partial x_i}(a) := \frac{\partial}{\partial x_j} \left(\frac{\partial f}{\partial x_i} \right)(a).$$

f heißt **zweimal partiell differenzierbar,** wenn die zweiten partiellen Ableitungen in jedem $a \in O$ in allen Richtungen x_i und x_j für $i, j = 1, \ldots, n$ existieren. In diesem Fall werden alle zweiten partiellen Ableitung in der **Hesse-Matrix**

$$H_f(a) = \left(\frac{\partial^2 f}{\partial x_j \partial x_i}(a) \right)_{i,j=1,\ldots,n}$$

zusammengefasst. Sind die zweiten partiellen Ableitungen alle stetig, so nennt man die Funktion **zweimal stetig partiell differenzierbar:** $f \in C^2(O)$. Höhere partielle Ableitungen werden induktiv durch

$$\frac{\partial^{n+1} f}{\partial x_{i_{n+1}} \dots \partial x_{i_1}}(a) := \frac{\partial}{\partial x_{i_{n+1}}} \left(\frac{\partial^n f}{\partial x_{i_n} \dots \partial x_{i_1}} \right)(a)$$

bestimmt, vorausgesetzt, dass alle verwendeten partiellen Ableitungen existieren. In $C^n(O)$ befinden sich alle n-mal stetig partiell differenzierbaren Funktionen $f : O \to \mathbb{R}$ und in $C^\infty(O)$ die beliebig oft stetig partiell differenzierbaren Funktionen. ♦

Beispiel 7.41
Für $f(x, y) = \sin(x)y$ erhalten wir $\mathrm{grad}(f)(x, y) = (\cos(x)y, \sin(x))^T$ und

$$H_f(x, y) = \begin{pmatrix} -\sin(x)y & \cos(x) \\ \cos(x) & 0 \end{pmatrix}.$$

Auch alle höheren partiellen Ableitungen existieren, $f \in C^\infty(\mathbb{R})$. ■

Beispiel 7.42
Die Ableitungsregeln in Beispiel 7.37 gelten auch für alle partiellen Ableitungen $\partial/\partial x_i$, wobei alle anderen Variablen außer der i-ten bei der Ableitung als Konstanten betrachtet werden. So erhält man etwa:

$$\frac{\partial(y^2xe^x + y\sin(x))}{\partial x} = y^2e^x + y^2xe^x + y\cos(x),$$

$$\frac{\partial(y^2xe^x + y\sin(x))}{\partial y} = 2yxe^x + \sin(x).$$

■

Beispiel 7.43
Die Funktion $f(x, y) = 2xy/(x^2 + y^2)$, durch $f(0, 0) = 0$ fortgesetzt, ist in $(0, 0)$ nicht stetig, aber auf ganz $\mathbb{R}$ partiell differenzierbar, mit

$$\mathrm{grad}(f)(x, y) = \left(\frac{2y^3 - 2x^2y}{(x^2 + y^2)^2}, \frac{2x^3 - 2y^2x}{(x^2 + y^2)^2} \right)^T$$

und $\mathrm{grad}(f)(0, 0) = (0, 0)$. Die partiellen Ableitungen sind in $(0, 0)$ allerdings nicht stetig, also ist $f \notin C^1(\mathbb{R})$; siehe Abb. 7.13. Nicht jede partiell differenzierbare Funktion ist also stetig, aber es lässt sich zeigen, dass eine stetig partiell differenzierbare Funktion insbesondere stetig ist; siehe Heuser (2009/2012). ■

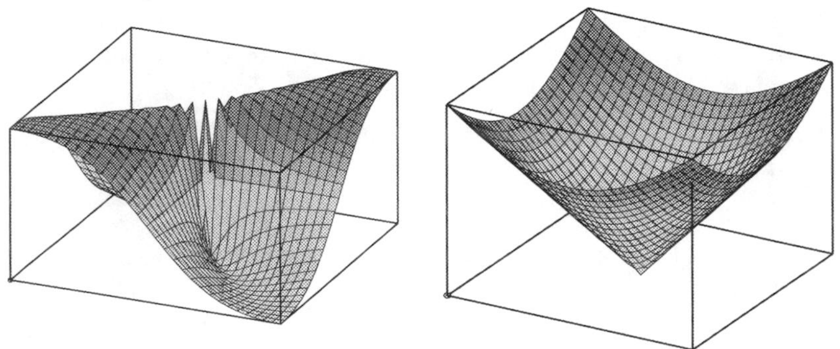

Abb. 7.13 Eine partiell differenzierbare, aber nicht stetige, und eine stetige, aber nicht partiell differenzierbare, Funktion

Gegenbeispiel 7.44
Die Funktion $f(x, y) = \sqrt{x^2 + y^2}$ *ist in* $(0, 0)$ *zwar stetig, aber dort nicht partiell differenzierbar.*

Definition 7.20
Seien $O \subseteq \mathbb{R}^n$ offen und $f : O \to \mathbb{R}^m$ eine Funktion sowie $a = (a_1, \ldots, a_n) \in O$. Dabei heißt f in a **total differenzierbar,** wenn eine Matrix in $J_f(a) \in \mathbb{R}^{m\times n}$ existiert, sodass gilt:

$$\lim_{x\to a} \frac{f(x) - f(a) - J_f(a)(x-a)}{||x-a||} = \lim_{h\to 0} \frac{f(x+h) - f(x) - J_f(a)h}{||h||} = 0.$$

Die Matrix $J_f(a)$ wird **Jakobi-Matrix, totale Ableitung** oder **totales Differenzial** genannt und auch mit $Df(a)$ bezeichnet. Ist $f = (f_1, \ldots, f_m)^T$ total differenzierbar in a, so sind die Koordinatenfunktionen f_i partiell differenzierbar in a für $i = 1, \ldots, m$, und es gilt

$$J_f(a) = \left(\frac{\partial f_i}{\partial x_j}(a)\right)_{i=1,\ldots,m,\quad j=1,\ldots,n}.$$

Für $m = 1$ stimmt die Jakobi-Matrix mit dem transponierten Gradienten überein $J_f(a) = (\text{grad} f(a))^T$. Sind die Koordinatenfunktionen f_i für $i = 1, \ldots, m$ stetig partiell differenzierbar auf O, so folgt, dass f für alle $a \in O$ total differenzierbar ist. Zu diesen grundlegenden Ergebnissen der Analysis verweisen wir auf Heuser (2009/2012). ♦

Beispiel 7.45
Die Funktion $f(x, y) = (\sin(x)y, x^2 e^y)^T$ ist in beiden Koordinaten stetig partiell differenzierbar und damit total differenzierbar, mit

$$J_f(a) = \begin{pmatrix} \cos(x)y & \sin(x) \\ 2xe^y & x^2 e^y \end{pmatrix}.$$

■

Beispiel 7.46
Sind $f, g : \mathbb{R}^n \to \mathbb{R}^m$ zwei Funktionen, die in a total differenzierbar sind, so sind $f + g$ und λf mit $\lambda \in \mathbb{R}$ total differenzierbar in a, mit

$$D(f + g)(a) = Df(a) + Dg(a) \text{ und } D(\lambda f)(a) = \lambda Df(a).$$

Sind $f : \mathbb{R}^n \to \mathbb{R}^l$ und $g : \mathbb{R}^l \to \mathbb{R}^n$ in a total differenzierbar, so ist die Komposition $g \circ f$ total differenzierbar in a, mit

$$D(g \circ f)(a) = Dg(f(a)) \cdot Df(a).$$

■

Beispiel 7.47
Ist eine Funktion total differenzierbar in a, so müssen die Koordinatenfunktionen nicht stetig partiell differenzierbar in a sein. Zum Beispiel ist

$$f(x, y) = (x^2 + y^2) \sin\left(\frac{1}{x^2 + y^2}\right)$$

durch $f(0, 0) = 0$ fortgesetzt, total differenzierbar, mit $J_f(0, 0) = (0, 0)$. Die partiellen Ableitungen sind jedoch in $(0, 0)$ nicht stetig; siehe Abb. 7.14. ■

Gegenbeispiel 7.48
Die Funktion $f(x, y) = \sqrt{|x||y|}$ *ist in* $(0, 0)$ *partiell differenzierbar, mit* $J_f(0, 0) = (0, 0)$. *Die Funktion ist in* $(0, 0)$ *aber nicht total differenzierbar, insbesondere sind die partiellen Ableitungen in* $(0, 0)$ *nicht stetig; siehe* Abb. 7.14.

Definition 7.21
Eine Funktion $f : U \to \mathbb{R}^n$, mit $U \subseteq \mathbb{R}^n$, wird auch **Vektorfeld** genannt; siehe Abb. 7.15. Ist f k-mal stetig differenzierbar, so spricht man von einem C^k-Vektorfeld. Die **Divergenz** eines C^1-Vektorfeldes f ist die stetige Abbildung $\operatorname{div} f : \mathbb{R}^n \to \mathbb{R}$, gegeben durch

$$\operatorname{div} f(x) = \langle \nabla, f \rangle(x) = \sum_{i=1}^{n} \frac{\partial f_i}{\partial x_i}(x).$$

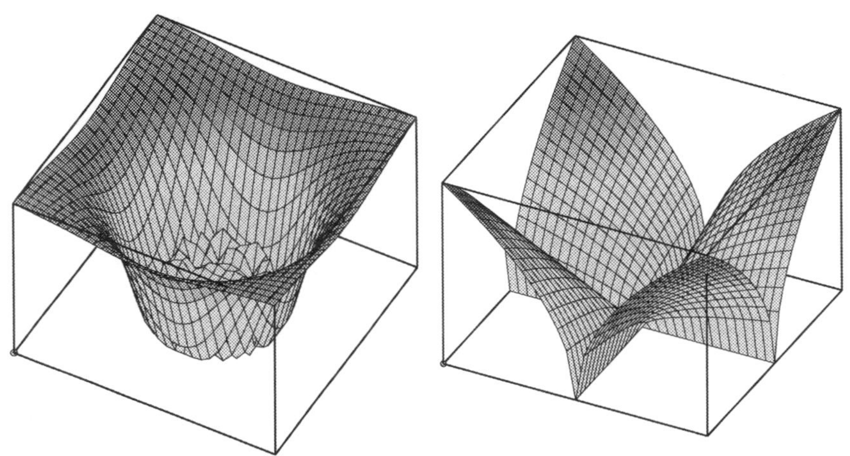

Abb. 7.14 Die Funktionen in Beispiel 7.47 und Gegenbeispiel 7.48

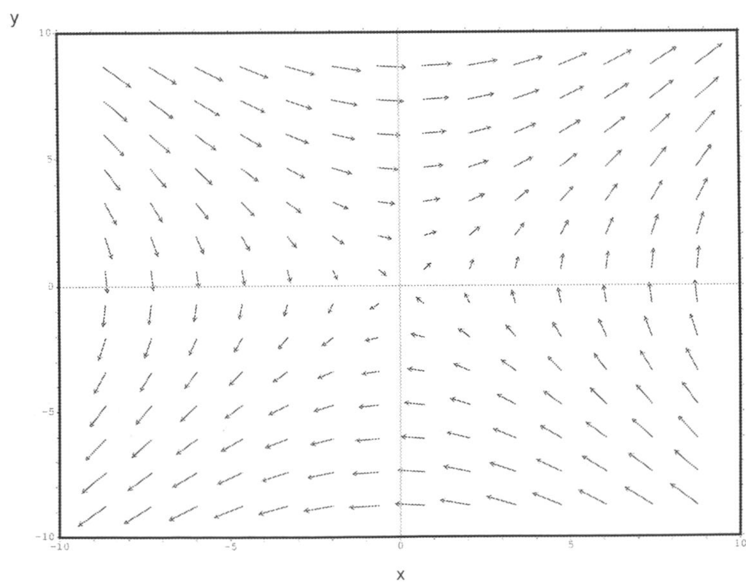

Abb. 7.15 Das Vektorfeld $f(x, y) = (y, x)$ in $\mathbb{R}^2$

$\nabla = \left(\frac{\partial}{\partial x_i}\right)_{i=1,\ldots n}$ wird hierbei **Nabla-Operator** genannt. Ist f ein C^1-Vektorfeld in $\mathbb{R}^3$, so ist **die Rotation** von f das Vektorfeld $\operatorname{rot} f : \mathbb{R}^3 \to \mathbb{R}^3$, gegeben durch

$$\operatorname{rot} f(x) = \left(\frac{\partial f_3}{\partial x_2}(x) - \frac{\partial f_2}{\partial x_3}(x),\ \frac{\partial f_1}{\partial x_3}(x) - \frac{\partial f_3}{\partial x_1}(x),\ \frac{\partial f_2}{\partial x_1}(x) - \frac{\partial f_1}{\partial x_2}(x)\right).$$

♦

Beispiel 7.49
Für $f(x_1, x_2, x_3) = (x_1, 2x_2, 3x_3)$ erhalten wir $\operatorname{div} f(x) = 1 + 2 + 3 = 6$ und $\operatorname{rot} f(x) = 0$. Für $f(x_1, x_2, x_3) = (-x_2, x_1, 0)$ erhalten wir $\operatorname{div} f(x) = 0$ und $\operatorname{rot} f(x) = (0, 0, 2x_3)$. ■

Definition 7.22
Sei $f : (a, b) \to \mathbb{R}$ eine Funktion, die für alle $x \in (a, b)$ unendlich oft differenzierbar ist. Die **Taylorreihe** von f um $x_0 \in (a, b)$ ist gegeben durch

$$\mathfrak{T}_{x_0} f(x) = \sum_{n=0}^{\infty} \frac{f^{(n)}(x_0)}{n!}(x - x_0)^n,$$

wenn die Reihe für $x \in (a, b)$ konvergiert. Gilt $\mathfrak{T}_{x_0} f(x) = f(x)$, so spricht man von der **Taylorentwicklung** um x_0 von f in x. Gilt $\mathfrak{T}_{x_0} f(x) = f(x)$ für alle $x \in (a, b)$, so heißt f **analytisch** auf (a, b). Man schreibt hierfür auch $f \in C^{\omega}(a, b)$. ♦

Beispiel 7.50
Die Potenzreihen in Abschn. 7.2, die wir zur Definition elementarer Funktionen verwendet haben, sind die Taylor-Entwicklungen der Funktionen um $x_0 = 0$. ■

Beispiel 7.51
Betrachten wir die Taylor-Reihe von $f(x) = \ln(x + 1)$ um $x_0 = 0$, so erhalten wir

$$\mathfrak{T}_0 f(x) = \sum_{n=1}^{\infty} (-1)^{n-1} \frac{1}{n} x^n.$$

Die Taylor-Reihe konvergiert für $x \in (-1, 1]$ gegen $f(x)$. ■

Beispiel 7.52
Die Taylor-Reihe von $f(x) = x/(e^x - 1)$ um $x_0 = 0$ ist gegeben durch

$$\mathfrak{T}_0 f(x) = \sum_{n=0}^{\infty} B_n \frac{x^n}{n!}.$$

Die Reihe konvergiert für $x \in (-2\pi, 2\pi)$ gegen $f(x)$. Die Koeffizienten B_n werden **Bernoulli-Zahlen** genannt und lassen sich mit der Rekursion

$$B_n = -\frac{1}{n+1} \sum_{k=0}^{n-1} \binom{n+1}{k} B_k,$$

mit $B_0 = 1$, berechnen. Man erhält

$$(B_n) = (1,\ -1/2,\ 1/6,\ 0,\ -1/30,\ 0,\ -1/42,\ \ldots);$$

siehe hierzu Heuser (2009/2012). Für die Taylor-Entwicklung von $f(x) = \tan(x)$ um $x_0 = 0$ erhält man mit Hilfe der Bernoulli-Zahlen:

$$\tan(x) = \sum_{n=1}^{\infty} \frac{(-1)^{n-1} \cdot 2^{2n} \cdot \left(2^{2n} - 1\right) \cdot B_{2n}}{(2n)!} x^{2n-1},$$

für $x \in (-\pi/2, \pi/2)$. ■

Beispiel 7.53
Die Taylor-Entwicklungen der Arcus-Funktionen um $x_0 = 0$ sind gegeben durch:

$$\arcsin(x) = \sum_{k=0}^{\infty} \binom{2k}{k} \frac{x^{2k+1}}{4^k(2k+1)}, \quad \arccos(x) = \pi/2 - \arcsin(x),$$

$$\arctan(x) = \sum_{k=0}^{\infty} (-1)^k \frac{x^{2k+1}}{2k+1}, \quad \operatorname{arccot}(x) = \pi/2 - \operatorname{arccot}(x),$$

die für $x \in (-1, 1)$ gelten. ■

Definition 7.23
Seien $U \subseteq \mathbb{R}^n$ und $V \subseteq \mathbb{R}^m$ offen und $F : U \times V \to \mathbb{R}^n$ eine stetig differenzierbare Funktion. Man sagt, dass $F(x, y) = 0$ eine **implizite Funktion** $f : U \to V$ definiert, wenn $F(x, f(x)) = 0$ für $x \in U$ gilt. Zu dieser Definition sei angemerkt, dass eine stetig differenzierbare implizite Funktion in einer offenen Umgebung von $(x_0, y_0) \in U \times V$, mit $F(x_0, y_0) = 0$, existiert und eindeutig bestimmt ist, wenn die Matrix $\frac{\partial F}{\partial y}(x_0, y_0)$ invertierbar ist; siehe Heuser (2009/2012). ♦

Beispiel 7.54
$F(x, y) = x^2 + y^2 - 1 = 0$ definiert für jedes $y \in (0, 1)$ implizit die Funktion $f(x) = \sqrt{1 - x^2}$ und für jedes $y \in (-1, 0)$ implizit die Funktion $f(x) = -\sqrt{1 - x^2}$. In $y = \pm 1$ ist die implizite Funktion allerdings nicht eindeutig definiert. ■

Beispiel 7.55
$F(x, y) = e^{y-x} + 3y + x^2 - 1 = 0$ definiert für alle (x_0, y_0) mit $F(x_0, y_0) = 0$ lokal eine eindeutige implizite Funktion. Diese lässt sich allerdings nicht explizit angeben. Differenzieren wir F, so ergibt sich für die implizite Funktion f jedoch die gewöhnliche Differenzialgleichung

$$f'(x) = \frac{e^{f(x)-x} - 2x}{e^{f(x)-x} - 3}.$$

Im nächsten Abschnitt thematisieren wir diesen Gleichungstyps. ■

Beispiel 7.56
Implizite Funktionen beschreiben allgemein Mannigfaltigkeiten in $\mathbb{R}^m$. Mit diesen werden wir uns in Abschn. 7.6 beschäftigen. ■

7.5 Gewöhnliche Differenzialgleichungen

Definition 7.24
Seien $\Omega \subseteq \mathbb{R}^{n+2}$ und $f : \Omega \to \mathbb{R}$ eine stetige Funktion. Dann wird

$$f(x, y, y', y'', \ldots, y^{(n)}) = 0$$

als **gewöhnliche Differenzialgleichung** n-ter Ordnung in **impliziter Form** bezeichnet. Kann die Gleichung nach $y^{(n)}$ aufgelöst werden, so heißt

$$y^{(n)} = \tilde{f}(x, y', y'', \ldots, y^{(n-1)})$$

gewöhnliche Differenzialgleichung n-ter Ordnung in **expliziter Form.** Eine Lösung einer gewöhnlichen Differenzialgleichung n-ter Ordnung ist eine n-mal stetig differenzierbare Funktion $y : I \to \mathbb{R}$ auf einem Intervall I, welche die Gleichung erfüllt. Eine Lösung mit $y^{(i)}(x_0) = y_i$ für $i = 0, \ldots, n$ zu einem vorgegebenen Vektor $(x_0, y_0, y_1, \ldots, y_n) \subset \Omega$ wird Lösung eines **Anfangswertproblems** genannt. Für $m > 1$, $\Omega \subseteq \mathbb{R} \times (\mathbb{R}^{m+1})^n$ und eine stetige Funktion $f : \Omega \to \mathbb{R}^m$, erhalten wir in gleicher Weise ein **gewöhnliche Differenzialgleichungssystem** n-ter Ordnung mit m Gleichungen. ♦

Beispiel 7.57

$$y'(x) = y(x) + x^2$$

ist eine Differenzialgleichung erster Ordnung in expliziter Form, und

$$\sin(y'(x)) = y(x) + x^2$$

ist eine Differenzialgleichung erster Ordnung in implizierter Form. Ferner ist

$$y''(x) = y'(x) + y(x) + 1$$

eine Differenzialgleichung zweiter Ordnung in expliziter Form, und

$$(y''(x))^2 = y'(x) + y(x) + 1$$

ist eine Differenzialgleichung zweiter Ordnung in implizierter Form. ■

Beispiel 7.58
Seien $f, g : I \to \mathbb{R}$ zwei stetige Funktionen. Dann ist

$$y'(x) = g(x)h(y)$$

eine gewöhnliche Differenzialgleichung erster Ordnung in expliziter Form. Differenzialgleichungen dieses Typs werden **Differenzialgleichungen mit getrennten**

Variablen genannt und lassen sich in manchen Fällen durch Integration explizit lösen; siehe Heuser (2009). Man erhält etwa für

$$y'(x) = (y(x)^2 + 1)x$$

die Lösungen

$$y(x) = \tan\left(\frac{x^2}{2} + c\right).$$

Für das Anfangswertproblem $y(0) = 1$ erhält man $c = \pi/4$. ■

Beispiel 7.59
Sei $A \in \mathbb{R}^{n \times n}$ eine Matrix.

$$y'(x) = Ay(x)$$

beschreibt ein Differenzialgleichungssystem erster Ordnung mit n Gleichungen, und

$$y''(x) = Ay'(x) + y(x)$$

beschreibt ein Differenzialgleichungssystem zweiter Ordnung mit n Gleichungen. ■

Definition 7.25
Eine **lineare Differenzialgleichung** n-ter Ordnung hat die Form

$$\sum_{i=0}^{n} a_i(x)y^{(i)} + g(x) = 0,$$

wobei $a_i, g : I \to \mathbb{R}$ stetige Funktionen auf einem Intervall I sind. Ist $g(x) = 0$, dann nennt man die Differenzialgleichung **homogen,** andernfalls heißt sie **inhomogen.** Sind die Funktionen a_i konstant, so spricht man von einer **linearen Differenzialgleichung mit konstanten Koeffizienten.** ♦

Beispiel 7.60
Seien $a, b \in \mathbb{R}$ und $s : I \to \mathbb{R}$ eine Funktion.

$$y''(x) + ay'(x) + by(x) = s(x)$$

beschreibt eine lineare Differenzialgleichung zweiter Ordnung mit konstanten Koeffizienten; sie ist homogen wenn $s(x) = 0$ ist. Diese Differenzialgleichung wird **Schwingungsgleichung** genannt. Im homogenen Fall erhält man die Lösungen

$$y(x) = c_1 e^{\lambda_1 x} + c_2 e^{\lambda_2 x},$$

wenn $\lambda_1, \lambda_2 \in \mathbb{R}$, mit $\lambda_1 \neq \lambda_2$, die Lösungen von $\lambda^2 + a\lambda + b = 0$ sind. Wenn $\lambda_1 = \lambda_2 \in \mathbb{R}$ ist, erhält man als zweite Lösung $y(x) = c_2 x e^{\lambda x}$. Im Fall von komplexen Lösungen $\lambda, \bar{\lambda} \in \mathbb{C}$ der quadratischen Gleichung mit Realteil μ und Imaginärteil ν erhält man die Lösungen

$$y(x) = e^{\mu x}(c_1 \cos(\nu x) + c_2 \sin(\nu x)).$$

Im inhomogenen Fall sind die Lösungen durch $y(x) = y_H(x) + y_P(x)$ gegeben. $y_H(x)$ sind die Lösungen der inhomogenen Gleichung, und $y_P(x)$ ist eine partikuläre Lösung, abhängig von $s(x)$; siehe Heuser (2009). ■

Beispiel 7.61
Wir zeigen hier einige homogene lineare Differenzialgleichungen zweiter Ordnung, deren Koeffizienten nicht konstant sind und deren Lösungen bedeutende spezielle Funktionen darstellen.

$$y''(x) - xy = 0$$

ist die **Airy'sche Differenzialgleichung,** deren Lösungen **Airy-Funktionen** genannt werden. Es gibt hier zwei linear unabhängige Lösungen $\mathrm{Ai}(x)$ und $\mathrm{Bi}(x)$; siehe Abb. 7.16.

$$x^2y''(x) + xy'(x) + (x^2 - \lambda^2)y(x) = 0,$$

mit $\lambda \in \mathbb{R}$, ist die **Bessel'sche Differenzialgleichung.** Ihre Lösungen werden **Bessel-Funktionen** genannt. Wir zeigen vier Beispiele in Abb. 7.17.

$$x(x-1)y''(x) + ((\alpha + \beta + 1)x - \gamma)\, y(x)' + \alpha\beta y = 0$$

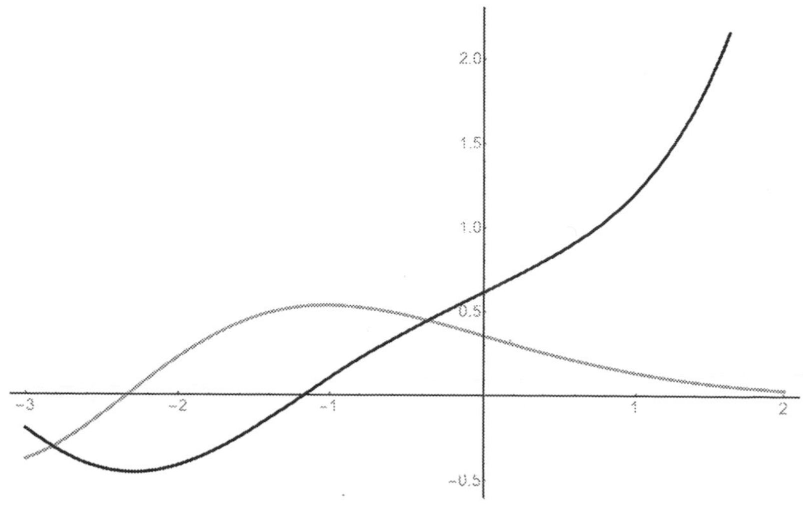

Abb. 7.16 Die Airy-Funktionen $\mathrm{Ai}(x)$ und $\mathrm{Bi}(x)$

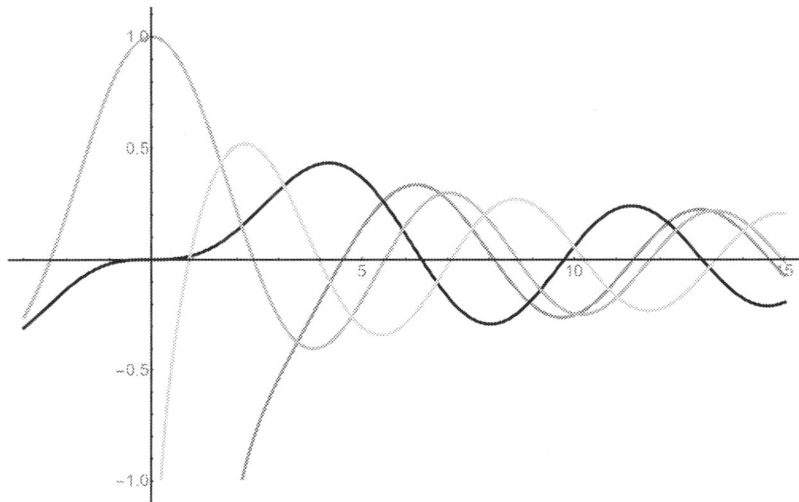

Abb. 7.17 Vier Bessel-Funktionen

mit $\alpha, \beta, \gamma \in \mathbb{R}$ ist eine **hypergeometrische Differenzialgleichung,** deren Lösungen eine Vielfalt von **hypergeometrischen Funktionen** beschreiben.

$$y''(x) + (\lambda + \mu \cos(x))y(x) = 0,$$

mit $\lambda, \mu \in \mathbb{R}$, wird **Mathieu'sche Differenzialgleichung** genannt und ihre Lösungen heißen **Mathieu'sche Funktionen.** ■

Definition 7.26
Seien $D \subseteq \mathbb{R}^n$ offen und $F : I \to \mathbb{R}^n$ eine stetig differenzierbare Funktion. Ferner sei $\phi_t(x)$ die auf dem Intervall $I_x = (t_{\min}(x), t_{\max}(x)$ definierte maximale Lösung des Differenzialgleichungssystems $y'(t) = F(y(t))$ mit der Anfangsbedingung $y(0) = x$, also $\partial\phi_t(x)/\partial t = F(\phi_t(x))$ für $t \in I_x$ und $\phi_0(x) = x$. Hier ist ϕ definiert auf der Menge $\Omega = \{(t, x)|x \in D,\ t \in I(x)\}$ und wird der von F erzeugte **lokale Fluss** genannt. Gilt sogar $\Omega = \mathbb{R} \times D$, so spricht man vom **globalen Fluss.** Es ist geboten zu dieser Definition anzumerken, dass man in der Theorie der Differenzialgleichungen beweist, dass der lokale Fluss existiert und eindeutig ist; siehe Heuser (2009). ♦

Beispiel 7.62
Sei $F : \mathbb{R}^2 \to \mathbb{R}^2$ gegeben durch $F(x, y) = (-x, y + x^2)^T$. Indem man das entsprechende Anfangswertproblem löst, erhält man den durch F erzeugten Fluss $\phi_t(x, y) = (xe^{-t}, (y + x^2/3)e^t - x^2e^{-2t}/3)$. Dieser ist global definiert, und es gilt $\Omega = \mathbb{R} \times \mathbb{R}^2$. ■

Beispiel 7.63
Ist $F : \mathbb{R}^n \to \mathbb{R}^n$ eine lineare Abbildung, gegeben durch $F(x) = Ax$, mit $A \in \mathbb{R}^{n\times n}$, so erzeugt F den globalen Fluss $\phi_t(x) = e^{tA}x$. Die **Exponentialabbildung von Matrizen** ist hier definiert durch

$$e^{tA} = \sum_{k=0}^{\infty} \frac{t^k}{k!} A^k.$$

■

Beispiel 7.64
Die Untersuchung von Flüssen ist ein Thema der Theorie dynamischer Systeme; siehe Kap. 13. ■

7.6 Differenzialgeometrie

Definition 7.27
Sei $n, N \in \mathbb{N}$ und $n < N$ sowie $k \in \mathbb{N} \cup \{\infty\}$. $M \subseteq \mathbb{R}^N$ heißt n-dimensionale C^k-**Mannigfaltigkeit** oder kurz **differenzierbare Mannigfaltigkeit,** falls es für alle $p \in M$ eine offene Umgebung $U \subseteq M$, eine Menge $\tilde{U} \subseteq \mathbb{R}^n$ und einen Homöomorphismus $\phi : \tilde{U} \to U$ gibt, sodass ϕ als Abbildungen in den $\mathbb{R}^N$ k-mal stetig differenzierbar sind und die Jakobi-Matrix $D\phi(u)$ für alle $u \in U$ invertierbar ist. ϕ wird **lokale Karte** und U **Kartenumgebung** genannt; siehe Abb. 7.18. Eine C^∞-Mannigfaltigkeit heißt **glatte Mannigfaltigkeit.** Eine zweidimensionale

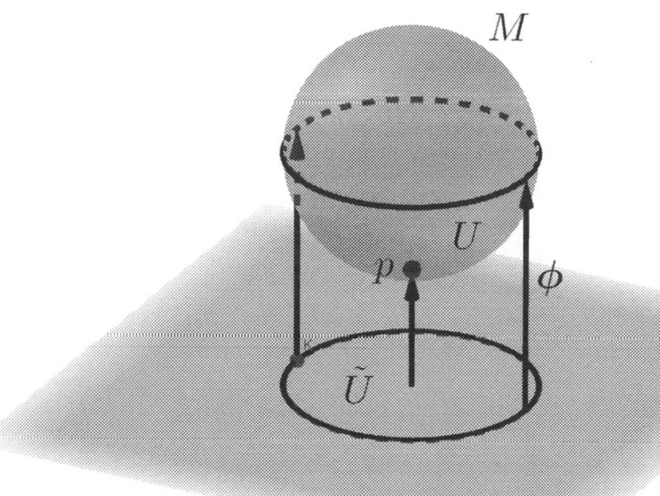

Abb. 7.18 Karte und Kartenumgebung einer Mannigfaltigkeit

C^k-Mannigfaltigkeit wird auch C^k**-Fläche** genannt. Eine C^∞-Fläche ist eine **glatte Fläche.** ♦

Beispiel 7.65
Sei $\phi : (a, b) \to \mathbb{R}^N$ injektiv und k-mal stetig differenzierbar. Die Kurve $C = \{\phi(t) \mid t \in (a, b)\}$ ist eine 1-dimensionale C^k-Mannigfaltigkeit in $\mathbb{R}^N$ mit einer Karte. Sei nun $\tilde{U} \subseteq \mathbb{R}^2$ offen und $\phi : \tilde{U} \to \mathbb{R}^N$ injektiv sowie k-mal stetig differenzierbar. $A = \{\phi(u, v) \mid (u, v) \in U\}$ ist eine 2-dimensionale C^k-Mannigfaltigkeit, also eine Fläche im $\mathbb{R}^N$ mit einer Karte. In gleicher Weise konstruiert man n-dimensionale C^k-Mannigfaltigkeiten in $\mathbb{R}^N$ für $n < N$. ■

Beispiel 7.66
Die Sphäre $\mathbb{S}^2 = \{(x, y, z) \mid x^2 + y^2 + z^2 = 1\}$ ist eine glatte Fläche im $\mathbb{R}^3$. Wir wählen als Kartenumgebungen $U_1 = \mathbb{S}^2 \setminus \{(0, 0, 1)\}$ und $U_2 = \mathbb{S}^2 \setminus \{(0, 0, -1)\}$ und als Karten die **stereographischen Projektionen**

$$\phi_1 : U_1 \to \mathbb{R}^2, \quad \phi_1(x, y, z) = (x/(1 - z), y/(1 - z)),$$

$$\phi_2 : U_2 \to \mathbb{R}^2, \quad \phi_2(x, y, z) = (x/(1 + z), y/(1 + z)).$$

Auch der Torus $\mathbb{T}^2$ und das Möbius-Band in Abschn. 6.3 sowie alle nicht ausgearteten Quadriken in Abschn. 5.1 sind glatte Flächen in $\mathbb{R}^3$. ■

Gegenbeispiel 7.67
Die Klein'sche Flasche in Abschn. 6.3 *ist eine topologische Fläche. Sie lässt sich allerdings nicht mittels eines Homöomorphismus in* $\mathbb{R}^3$ *einbetten und ist daher im Sinne obiger Definition keine Fläche in* $\mathbb{R}^3$. *Sie lässt sich aber so in den* $\mathbb{R}^4$ *einbetten, dass man eine glatte Fläche erhält.*

Beispiel 7.68
Die n-Sphären $\mathbb{S}^n$ und der n-Torus $\mathbb{T}^n$ sind glatte n-dimensionale Mannigfaltigkeiten in $\mathbb{R}^{n+1}$. ■

Definition 7.28
Eine stetig differenzierbare Kurve $\gamma : [a, b] \to \mathbb{R}^n$ heißt durch Bogenlänge parametrisiert, wenn $||\gamma'(t)|| = 1$ für alle $t \in [a, b]$ ist. Ist γ durch Bogenlänge parametrisiert, so heißt $\kappa(t) = ||\gamma''(t)||$ **Krümmung** von γ in t. ♦

Beispiel 7.69
Jede Gerade im $\mathbb{R}^n$ hat die Krümmung 0. Der Einheitskreis $\mathbb{S}^1 = \{(x, y) \in \mathbb{R}^2 \mid x^2 + y^2 = 1\}$ hat konstante Krümmung 1. Für einen Kreis mit einem Radius $r > 0$ erhält man die Krümmung $1/r$. ■

Beispiel 7.70
Eine **Klothoide** ist eine Kurve mit $k(t) = c|t|$ für $c \in \mathbb{R}$; siehe Abb. 7.19. ■

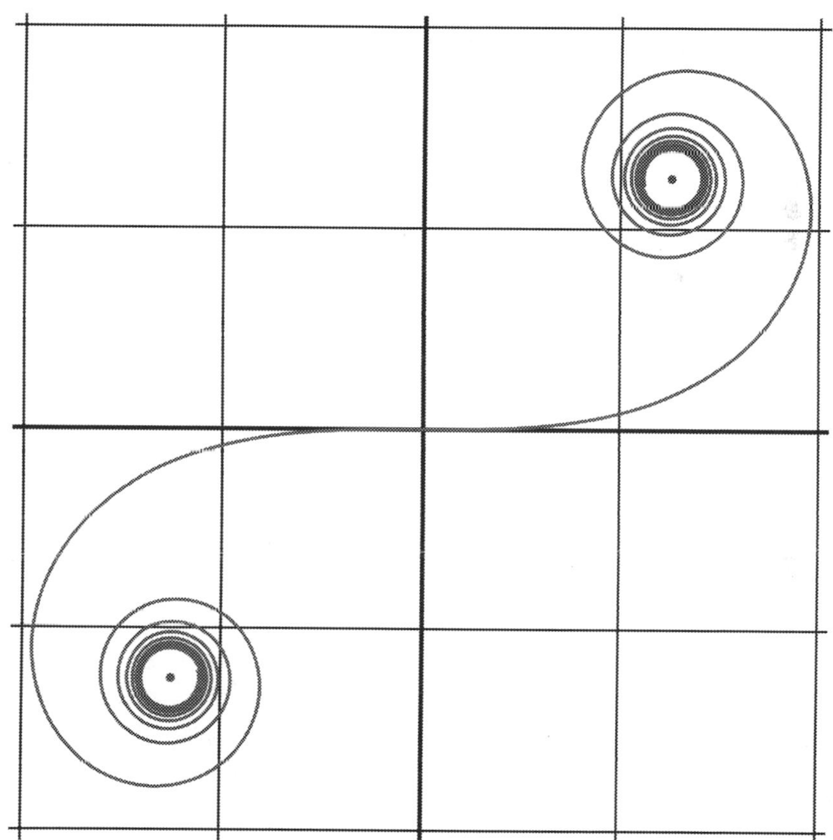

Abb. 7.19 Eine Klothoide

Definition 7.29
Sei $M \subseteq \mathbb{R}^N$ eine C^k-Mannigfaltigkeit und $p \in M$ Dann heißt

$$T_pM = \{X \in \mathbb{R}^N \mid \text{es gibt eine differenzierbare Kurve}$$

$$\gamma : (-\epsilon, \epsilon) \to M \text{ mit } \gamma(0) = p, \gamma'(0) = X\}$$

Tangentialraum an M in p. Es handelt sich um einen n-dimensionalen Unterraum des $\mathbb{R}^N$. Die Elemente des Tangentialraums heißen **Tangentenvektoren,** und

$$TM = \{(p, X) \mid p \in M, X \in T_pM\}$$

wird **Tangentialbündel** von M genannt; es ist eine $2N$-dimensionale Mannigfaltigkeit. ♦

Beispiel 7.71
Ist $M \subseteq \mathbb{R}^n$ eine offene Menge (und damit eine glatte n-dimensionale Mannigfaltigkeit), so erhalten wir $T_pM = \mathbb{R}^n$, für alle $p \in M$. ■

Beispiel 7.72
Für die Sphäre $M = \mathbb{S}^2$ bildet $(1, 0, -x/z)$ und $(0, 1, -y/z)$ eine Basis des Tangentialraums $T_{(x,y,z)}M$ für alle $(x, y, z) \in M$ mit $z \neq 0$. Für $z = 0$ kann man $(-y, x, 0)$ und $(0, 0, 1)$ als Basis wählen. ■

Definition 7.30
Seien M_1, M_2 zwei n_1- bzw. n_2-dimensionale C^k-Mannigfaltigkeiten und $i \leq k$. Dabei ist $f : M \to N$ i-mal stetig differenzierbar, wenn für alle lokalen Karten $\phi_1 : \tilde{U}_1 \to U_1 \subseteq M_1$ und $\phi_2 : \tilde{U}_2 \to U_2 \subseteq M_2$ die Abbildung $\bar{f} = \phi_2^{-1} \circ f \circ \phi_1 : \tilde{U}_1 \to \tilde{U}_2$ i-mal stetig differenzierbar ist. Das **Differenzial** von f in p ist die Abbildung $Df(p) : T_pM_1 \to T_{f(p)}M_2$, gegeben durch $Df(p)X = \partial(f \circ \gamma)/\partial t(0)$, mit $\gamma(0) = p$, $\gamma'(0) = X$ und $f \circ \gamma(0) = f(p)$. Man kann zeigen, dass diese Definition tatsächlich unabhängig von der gewählten Kurve γ ist; siehe Kühnel (2013). f ist ein C^i-**Diffeomorphismus,** wenn f bijektiv ist und sowohl f als auch f^{-1} i-mal stetig differenzierbar sind. Existiert ein Diffeomorphismus, dann werden M_1 und M_2 **diffeomorph** genannt. ♦

Beispiel 7.73
Betrachten wir $\mathbb{R}^n$ und $\mathbb{R}^m$ als glatte Mannigfaltigkeiten, so ist das Differenzial einer Abbildung $f : \mathbb{R}^n \to \mathbb{R}^m$ durch die Jakobi-Matrix gegeben: $Df(p)X = J_f(p)X$. ■

Beispiel 7.74
Seien $M_1 = M_2 = \mathbb{S}^2$ und $f : \mathbb{S}^2 \to \mathbb{S}^2$ eine lineare Abbildung $f(p) = Ap$, also zum Beispiel eine Rotation um eine Achse. Man erhält $Df(p)X = A \cdot X$ für alle $p \in \mathbb{S}^2$. ■

Beispiel 7.75
Zwei Ellipsen und auch zwei Ellipsoide sind diffeomorph. Das Gleiche gilt für zwei Hyperbeln und zwei einschalige Hyperboloide; siehe Abschn. 5.1. Es sei angemerkt, dass man zeigen kann, dass zwei homöomorphe C^k-Mannigfaltigkeiten einer Dimension kleiner als 4 sogar C^k-diffeomorph sind. ■

Definition 7.31
Eine C^k-Mannigfaltigkeit mit einer differenzierbaren Funktion g, die jedem Punkt $p \in M$ ein Skalarprodukt $g_p : T_p \times T_p \to \mathbb{R}$ zuordnet, heißt **Riemann'sche Mannigfaltigkeit.** g wird **Riemann'sche Metrik** oder **erste Fundamentalform** genannt. Für differenzierbare Kurven $\gamma : [0, 1] \to M$ definiert g ein **Längenfunktional**

$$L(\gamma) = \int_0^1 \sqrt{g_{\gamma(t)}(\gamma'(t), \gamma'(t))}dt.$$

Mit dessen Hilfe definieren wir den **geodätischen Abstand** auf M durch

$$d_g(x, y) = \inf\{L(\gamma) \mid \gamma : [0, 1] \to M \text{ differenzierbar mit } \gamma(0) = x, \gamma(1) = y\}.$$

(M, d_g) bildet mit dieser Definition einen metrischen Raum. ♦

Beispiel 7.76
Ist M eine n-dimensionale C^k-Mannigfaltigkeit in $\mathbb{R}^N$ und sind $\{b_1(p), \ldots, b_n(p)\}$ Basen der Unterräume T_pM in $\mathbb{R}^N$, so induziert das Standardskalarprodukt $\langle\cdot,\cdot\rangle$ auf $\mathbb{R}^N$ eine Riemann'sche Metrik auf M durch

$$g_p(X, Y) = \sum_{i,j=1\ldots n} g_{ij}(p) X_i Y_j,$$

mit $g_{ij}(p) = \langle b_i(p), b_j(p)\rangle$. Speziell erhalten wir so für die Einheitssphäre $\mathbb{S}^2 \subseteq \mathbb{R}^3$ mit der Basis des Tagentialraumes aus Beispiel 7.72 die Riemann'sche Metrik mit

$$g_{11} = 1 + \frac{x^2}{z^2}, \qquad g_{22} = 1 + \frac{y^2}{z^2}, \qquad g_{21} = g_{12} = \frac{xy}{z^2}$$

für $z \neq 0$. Für $z = 0$ erhalten wir

$$g_{11} = x^2 + y^2 = 1, \qquad g_{22} = 1, \qquad g_{21} = g_{12} = 0.$$

■

Beispiel 7.77
Auf der oberen Halbebene $\mathbb{H}^2 = \{(x, y) \mid y > 0\}$ definieren wir eine Riemann'sche Metrik durch

$$g_{xy}(X, Y) = \frac{1}{y^2}\langle X, Y\rangle$$

für $X, Y \in \mathbb{R}^2$. Diese induziert die hyperbolische Metrik aus Definition 5.13. Genauso führt die Riemann'sche Metrik

$$g_{xy}(X, Y) = \frac{1}{z^2}\langle X, Y\rangle$$

für $X, Y \in \mathbb{R}^3$ auf dem oberen Halbraum $\mathbb{H}^3 = \{(x, y, z) | z > 0\}$ zu der hyperbolischen Metrik gemäß Definition 5.14. ■

Definition 7.32
Sei M ein C^k-Fläche im $\mathbb{R}^3$. Nun ist $N : M \to \mathbb{R}^3$ ein **Normalenfeld** an M, wenn $N(p)$ ein Vektor der Länge 1 senkrecht zum Raum T_p ist. M heißt **orientierbar,** wenn ein stetiges Normalenfeld auf M existiert. ♦

Beispiel 7.78
Die Sphäre $\mathbb{S}^2$, der Torus $\mathbb{T}^2$ und die Flächen in Abschn. 5.1 sind orientierbar. ■

Gegenbeispiel 7.79
Das Möbius-Band in Abschn. 6.3, *eingebettet in* $\mathbb{R}^3$, *ist nicht orientierbar.*

Definition 7.33
Sei M ein C^k-Fläche im $\mathbb{R}^3$. Die **Weingarten-Abbildung** $W_p : T_pM \to T_pM$ zu $p \in M$ ist gegeben durch

$$W_p(X) = \frac{\partial N(\gamma(t))}{\partial t}(0),$$

wobei $\gamma : (-\epsilon, \epsilon) \to M$ eine differenzierbare Kurve mit $\gamma(0) = p$ und $\gamma'(0) = X$ ist. Man kann zeigen, dass $W_p(X)$ unabhängig von der gewählten Kurve ist. Die **zweite Fundamentalform** $h : T_pM \times T_pM \to \mathbb{R}$ von M in $p \in M$ ist gegeben durch

$$h_p(X, Y) = g_p(X, W_p(Y)),$$

wobei g_p die erste Fundamentalform ist. Die **Krümmung** von M im Punkt p in Richtung eines Einheitsvektors $X \in T_p(M)$ ist gegeben durch $\kappa_p(X) = h_p(X, X)$. Die **Hauptkrümmungen** $\kappa_{\max}(p)$, $\kappa_{\min}(p)$ von M in p sind der kleinste bzw. der größte Wert von $h_p(X, X)$ über alle Vektoren $X \in T_pM$ der Länge 1. Die **Gauß-Krümmung** von M in p ist $K(p) = \kappa_{\max}(p) \cdot \kappa_{\min}(p)$, und die **mittlere Krümmung** $H(p)$ ist der Mittelwert der beiden Hauptkrümmungen. Wir merken hier noch an, dass sich diese Definition auf n-dimensionale Mannigfaltigkeiten in $\mathbb{R}^{n+1}$ verallgemeinern lässt. ♦

Beispiel 7.80
Für jede Ebene sind offenbar alle Krümmungen 0. ■

Beispiel 7.81
Für die Einheitsphäre $\mathbb{S}^2 \subseteq \mathbb{R}^3$ erhalten wir $W_p(X) = X$ und damit $h_p(X, X) = ||X||$. Alle Krümmungen der Einheitssphäre sind damit 1. Für eine Sphäre mit einem Radius r erhält man $h_p(X, X) = ||X||/r$ und damit $\kappa_{\max}(p) = \kappa_{\min}(p) = 1/r$, $K(p) = 1/r^2$ und $H(p) = 1/r$. ■

Beispiel 7.82
Für den Zylinder $Z = \mathbb{S}^1 \times [0, 1] \subseteq \mathbb{R}^3$ ist $\kappa_{\max}(p) = 1$ und $\kappa_{\min}(p) = 0$, also $K(p) = 0$ und $H(p) = 1/2$. ■

Beispiel 7.83
Das einschalige Hyperboloid in Abschn. 5.1 hat eine konstante negative Gauß'sche Krümmung. ■

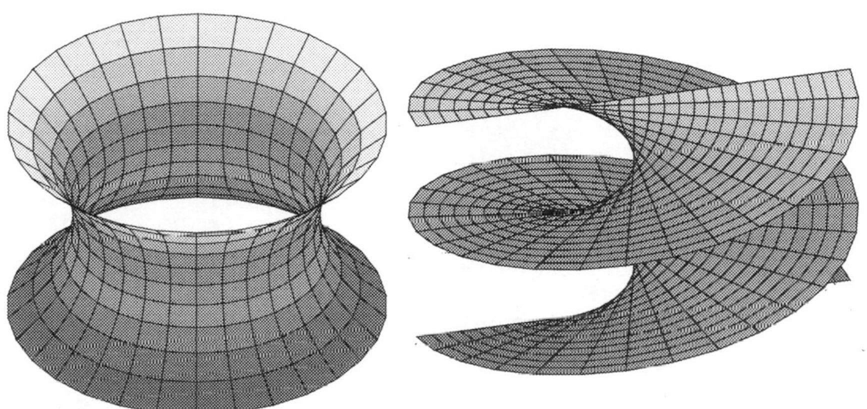

Abb. 7.20 Ein Katenoid und eine Helikoide

Definition 7.34
Eine glatte Fläche M heißt **Minimalfläche,** wenn ihre mittlere Krümmung konstant 0 ist, also $H(p) = 0$ für alle $p \in M$ ist. ♦

Beispiel 7.84
Das **Katenoid** $K = \{(x, y, z) \mid \sqrt{x^2 + y^2} = c \cosh(z/c)\}$, mit $c > 0$, ist eine Minimalfläche; siehe Abb. 7.20. ■

Beispiel 7.85
Die **Helikoide** $H = \{(r \cos(\phi), r \sin(\phi), c\phi) | \phi, r \in \mathbb{R}\}$ für $c > 0$ ist eine Minimalfläche; siehe Abb. 7.20. ■

7.7 Differenzialformen

Definition 7.35
Sei ω_1 eine alternierende k-Linearform und ω_2 eine alternierende l-Linearform $\mathbb{R}^n$, siehe Definition 3.12. Das **äußere Produkt** oder **Dachprodukt** $\omega_1 \wedge \omega_2$ von ω_1 und ω_2 ist die alternierende $k + l$-Linearform die durch

$$\omega_1 \wedge \omega_2(v_1, \ldots, v_{k+l})$$

$$= \frac{1}{k!l!} \sum_{\pi \in S_{k+l}} \operatorname{sgn}(\pi) \omega_1(v_{\sigma(1)}, \ldots, v_{\sigma(k)}) \omega_2(v_{\sigma(k+1)}, \ldots, v_{\sigma(k+l)})$$

gegeben ist. ♦

Beispiel 7.86
Sind ω_1 und ω_2 zwei alternierende 1-Linearformen, so ist

$$\omega_1 \wedge \omega_2(v_1, v_2) = \omega_1(v_1)\omega_2(v_2) - \omega_1(v_2)\omega_2(v_1).$$

eine alternierende 2-Linearform. ■

Beispiel 7.87
Sind ω_1, ω_2 zwei alternierende 2-Linearformen, so bildet $(a\omega_1) \wedge (b\omega_2)$ für alle a, b aus $\mathbb{R}$ eine alternierende 4-Linearform, die durch $(ab)(\omega_1 \wedge \omega_2)$ gegeben ist. Selbstverständlich lässt sich dies auf beliebige alternierende Linearformen verallgemeinern. ■

Beispiel 7.88
Ist ω_1 eine alternierende k-Linearform und ω_2 eine alternierende l-Linearform, so ist die $(k+l)$-Linearform $\omega_2 \wedge \omega_1$ durch $(-1)^{kl}\omega_1 \wedge \omega_2$ gegeben. ■

Definition 7.36
Sei $G \subseteq \mathbb{R}^n$. Eine **Differenzialform** vom Grad k auf G ist eine Abbildung, die jedem $x \in G$ eine alternierende k-Linearform auf $\mathbb{R}^n$ zuordnet. Reellwertige Funktionen auf G werden auch Differenzialformen von Grad 0 genannt. ♦

Beispiel 7.89
Die konstante Abbildung dx_j, die $x \in G$ die 1-Form $dx_j(v) = pr_j(v)$ zuordnet, wobei $pr_j(v)$ die j-te Koordinate von $v \in \mathbb{R}^n$ ist, bildet eine Differenzialform vom Grad 1. Auch die Linearkombinationen

$$\sum_{i=1}^{n} a_i dx_j,$$

für Funktionen a_i von G nach $\mathbb{R}$ bilden Differenzialformen vom Grad 1 auf G. Ein konkretes Beispiel ist die Differenzialform

$$xy^2z^3dx + e^{x+y+z}dy + 5dz,$$

bzw. allgemeiner $f dx + g dy + h dz$ auf $\mathbb{R}^3$. ■

Beispiel 7.90
Das äußere Produkt $dx_i \wedge dx_j$ bildet eine Differenzialform vom Grad 2. Genauso bilden Linearkombinationen

$$\sum_{1 \leq i < j \leq n} a_{i,j}(dx_i \wedge dx_j)$$

für Funktionen $a_{i,j}$ von G nach $\mathbb{R}$, Differenzialformen vom Grad 2 auf G. Ein konkretes Beispieles ist die Differenzialform

$$xy^2z^3(dx \wedge dy) + e^{x+y+z}(dx \wedge dz) + 5(dy \wedge dz)$$

bzw. allgemein $f(dx \wedge dy) + g(dx \wedge dz) + h(dy \wedge dz)$ auf $\mathbb{R}^3$. ■

Beispiel 7.91
Die Standardform einer Differenzialform w vom Grad k ist durch

$$\omega = \sum_{1 \leq i_1 < \cdots < i_k \leq n} a_{i_1,\ldots,i_k}(dx_{i_1} \wedge \cdots \wedge dx_{i_k})$$

gegeben, wobei $a_{i_1,\ldots,i_k}$ Funktionen von G nach $\mathbb{R}$ sind. ■

Definition 7.37
Sei w eine Differenzialform vom Grad k in Standardform und seien $a_{i_1,\ldots,i_k}$ reellwertige Funktionen, die auf einer offenen Menge $G \subseteq \mathbb{R}^n$ partiell differenzierbar sind, siehe Beispiel 7.91 und Definition 6.19. Die **äußere Ableitung,** bzw. das **äußere Differential,** $d\omega$ von ω ist die Differenzialform vom Grade $k+1$, die durch

$$d\omega = \sum_{1 \leq i_1 < \cdots < i_k \leq n} \sum_{i=1}^{n} \frac{\partial a_{i_1,\ldots,i_k}}{\partial x_i}(dx_i \wedge dx_{i_1} \wedge \cdots \wedge dx_{i_k})$$

gegeben ist. ♦

Beispiel 7.92
Für $\omega = f dx + g dy + h dz$ erhalten wir

$$d\omega = \left(\frac{\partial g}{\partial x} - \frac{\partial f}{\partial y}\right)(dx \wedge dy) + \left(\frac{\partial h}{\partial x} - \frac{\partial f}{\partial z}\right)(dx \wedge dz) + \left(\frac{\partial h}{\partial y} - \frac{\partial g}{\partial z}\right)(dy \wedge dz).$$

Für die konkrete Differenzialform aus Beispiel 7.89 ergibt sich

$$d\omega = (e^{x+y+y} - 2xyz^3)(dx \wedge dy) - y^2z^3(dx \wedge dz) - e^{x+y+z}(dy \wedge dz).$$

Siehe hierzu auch die Definition der Rotation in 7.21. ■

Beispiel 7.93
Für $\omega = f(dx \wedge dy) + g(dx \wedge dz) + h(dy \wedge dz)$ erhalten wir

$$d\omega = \left(\frac{\partial f}{\partial z} + \frac{\partial g}{\partial y} + \frac{\partial h}{\partial x}\right)(dx \wedge dy \wedge dz).$$

Für die konkrete Differenzialform aus Beispiel 7.90 ergibt sich

$$d\omega = (3xy^2z^2 + e^{x+y+z})(dx \wedge dy \wedge dz).$$

Siehe hierzu auch die die Definition der Divergenz in 7.21. ■

Definition 7.38
Eine differenzierbare Differenzialform ω vom Grad k heißt geschlossen, wenn $d\omega = 0$; sie heißt exakt, wenn es eine stetig differenzierbare Differenzialform η vom Grad $k-1$ gibt, sodass $\omega = d\eta$. ♦

Beispiel 7.94
Jede stetig differenzierbare exakte Differenzialform ist auch geschlossen, da $d(d\eta)) = 0$ für alle zweimal stetig differenzierbaren Differenzialformen η gilt. ■

Beispiel 7.95
Die Differenzialform $\omega = xy^2dx + x^2ydy$ ist exakt und geschlossen, da $d(x^2y^2/2) = \omega$. Genauso ist $\omega = e^{x+y}dx + e^{x+y}dy$ exakt und geschlossen, da $de^{x+y} = \omega$. Allgemein ist eine auf ganz $\mathbb{R}^2$ (oder einem offenen Gebiet, das sich zu einem Punkt zusammenziehen lässt) stetig differenzierbare Differenzialform $w = fdx + gdy$ exakt und geschlossen, genau dann wenn $\partial f/\partial y = \partial g/\partial x$. ■

Beispiel 7.96
Die Differenzialform

$$\omega = \frac{x}{x^2+y^2}dx - \frac{y}{x^2+y^2}dy$$

auf $\mathbb{R}^2\backslash\{(0,0)\}$ ist geschlossen aber nicht exakt. ■

Beispiel 7.97
Die Differenzialform

$$\omega = \frac{xdx + ydy + zdz}{(x^2+y^2+z^2)^{3/2}}$$

ist auf $\mathbb{R}^3\backslash\{(0,0,0)\}$ exakt, da $d(x^2+y^2+z^2)^{-1/2} = \omega$. ■

Analysis: Maß und Integration

8

Inhaltsverzeichnis

Wir geben in diesem Kapitel eine Einführung in die Begriffe der Maßtheorie und der Integrationstheorie. Dieser Stoff wird zum Teil in einem Vorlesungszyklus zur Analysis behandelt, doch manche der Begriffe, die wir hier definieren, bleiben zumeist einer Spezialvorlesung über Maß- und Integrationstheorie vorbehalten. Wir beginnen mit der Definition des Riemann-Integrals und des Riemann-Stieltjes-Integrals durch Ober- und Untersummen sowie der Bestimmung der Stammfunktion zur Berechnung von Integralen. Dabei stellen wir eine Vielzahl wichtiger Integrale vor. Im nächsten Abschnitt finden sich die Beschreibungen grundlegender maßtheoretischer Konzepte wie σ-Algebren, Messräumen, Maßräumen und äußerer sowie signierter Maße. Wesentliche Beispiele sind das Dirac-Maß, das Laplace-Maß, das Lebesgue-Maß, das Lebesgue-Stieltjes-Maß und das Hausdorff-Maß. Danach beschäftigen wir uns kurz mit messbaren Abbildungen, Bildmaßen und der maßtheoretischen Isomorphie von Räumen, um dann zur Integrationstheorie von Lebesgue überzugehen. Außer dem Lebesgue-Integral definieren wir absolute stetige Maße und deren Dichten sowie singuläre Maße. Der Leser findet auch hier erläuternde Beispiele. Die letzten beiden Abschnitte des Kapitels sind Anwendungen der Integrationstheorie gewidmet. Wir definieren zunächst Fourier-Reihen und die Fourier-Transformierte und zeigen Beispiele, die auch in den empirischen Wissenschaften relevant sind. Der letzte Abschnitt behandelt Kurven- und Oberflächenintegrale, die unter anderem der Berechnung von Länge und Flächeninhalten dienen.

© Springer-Verlag GmbH Deutschland, ein Teil von Springer Nature 2020
J. Neunhäuserer, *Mathematische Begriffe in Beispielen und Bildern*,
https://doi.org/10.1007/978-3-662-60764-0_8

Viele der hier dargestellten Begriffe finden sich in Lehrbüchern zur Analysis, wir empfehlen dazu Forster (2013) und Heuser (2012). Ein klassisches Lehrbuch der Maß- und Integrationstheorie ist Bauer (1998), und wir empfehlen daneben auch Elstrodt (2011).

8.1 Das Riemann-Integral

Definition 8.1
Sei $f : [a, b] \to \mathbb{R}$ eine beschränkte Funktion und $Z = \{x_0, x_1, \dots, x_{n-1}, x_n\}$ eine Zerlegung von $[a, b]$, also

$$a = x_0 < x_1 < \dots < x_{n-1} < x_n = b.$$

Die **Obersumme** und die **Untersumme** von f in Bezug auf die Zerlegung Z sind definiert durch

$$O_f(Z) = \sum_{k=1}^{n} (x_k - x_{k-1}) \cdot \sup\{f(x) \mid x \in (x_{k-1}, x_k)\},$$

$$U_f(Z) = \sum_{k=1}^{n} (x_k - x_{k-1}) \cdot \inf\{f(x) \mid x \in (x_{k-1}, x_k)\};$$

siehe Abb. 8.1. ♦

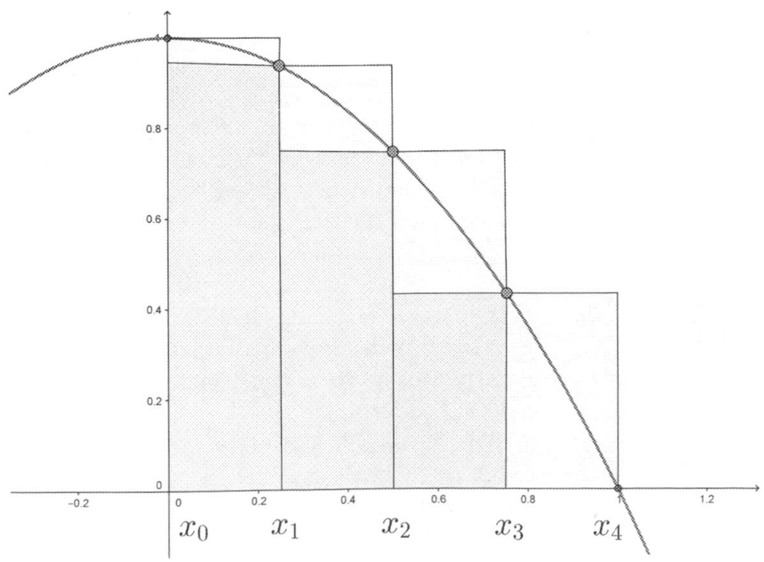

Abb. 8.1 Obersummen und Untersummen zur Zerlegung $[a = x_0, x_1, x_2, x_3, x_4 = b]$ der Funktion $f(x) = 1 - x^2$

Beispiel 8.1
Sei $f : [0,1] \to \mathbb{R}$ die identische Abbildung $f(x) = x$, und sei $Z = \{k/n \mid k = 0, \ldots, n\}$. Wir erhalten

$$O_f(Z) = \frac{1}{n} \sum_{k=1}^{n} k/n = \frac{n+1}{2n},$$

$$U_f(Z) = \frac{1}{n} \sum_{k=1}^{n} (k-1)/n = \frac{n-1}{2n}.$$

■

Beispiel 8.2
Sei $f : [0,1] \to \mathbb{R}$ gegeben durch $f(x) = x^2$, und sei $Z = \{k/n \mid k = 0, \ldots, n\}$. Wir erhalten

$$O_f(Z) = \frac{1}{n} \sum_{k=1}^{n} (k/n)^2 = \frac{2n^2 + 3n + 1}{6n^2},$$

$$U_f(Z) = \frac{1}{n} \sum_{k=1}^{n} ((k-1)/n)^2 = \frac{2n^2 - 3n + 1}{6n^2}.$$

■

Definition 8.2
Sei $f : [a,b] \to \mathbb{R}$ eine beschränkte Funktion. Das **Riemann-Integral** von f in den Grenzen a und b ist

$$\begin{aligned} \int_a^b f(x)dx &:= \inf\{O_f(Z) | Z \text{ ist Zerlegung von } [a,b]\} \\ &= \sup\{U_f(Z) | Z \text{ ist Zerlegung von } [a,b]\}, \end{aligned}$$

vorausgesetzt, dass das Supremum und das Infimum übereinstimmen. In diesem Fall nennt man f **Riemann-integrierbar** auf $[a,b]$. ♦

Beispiel 8.3
Stetige Funktionen sind Riemann-integrierbar, und es genügt in diesem Fall, das Supremum und das Infimum in der Definition des Integrals über äquidistante Zerlegungen zu verwenden; siehe Heuser (2012). Wir erhalten damit für die obigen Beispiele:

$$\int_0^1 x dx = \frac{1}{2} \quad \text{bzw.} \quad \int_0^1 x^2 dx = \frac{1}{3}.$$

■

Gegenbeispiel 8.4
Die **Dirichlet Funktion** $f(x) = 1$ *für* $x \in \mathbb{Q}$ *und* $f(x) = 0$ *sonst ist auf keinem Intervall Riemann-integrierbar, da* $O_f(Z) = 1$ *und* $U_f(Z) = 0$ *für alle Zerlegungen* Z *gilt.*

Beispiel 8.5
Der Hauptsatz der Differenzial- und Integralrechnung erlaubt die Berechnung vieler Riemann-Integrale. Ist $f : [a, b] \to \mathbb{R}$ stetig, so gilt:

$$\int_a^b f(x)dx = F(b) - F(a),$$

wobei F eine Stammfunktion von f ist, die wir in der nächsten Definition einführen; siehe auch Lehrbücher der Analysis, z. B. Heuser (2012). ■

Definition 8.3
Seien $f : O \to \mathbb{R}$ eine Funktion und $O \subseteq \mathbb{R}$ eine offene Menge in Bezug auf die euklidische Topologie. Eine differenzierbare Funktion $F : O \to \mathbb{R}$, mit $F'(x) = f(x)$ für $x \in O$, heißt **reelle Stammfunktion** von f auf O. Die Menge aller Stammfunktionen wird **unbestimmtes Integral** $\int f(x)dx$ genannt. Man zeigt in der Analysis, dass eine Stammfunktion bis auf eine additive Konstante eindeutig bestimmt ist, dass also gilt:

$$\int f(x)dx = \{F(x) + c \mid F \text{ eine Stammfunktion und } c \in \mathbb{R}\};$$

siehe Heuser (2012). Hierfür schreibt man üblicherweise kurz $\int f(x)dx = F(x) + c$. ♦

Beispiel 8.6
Wie zeigen hier Beispiele von unbestimmten Integralen elementarer Funktionen:

$$\int x^n dx = \frac{1}{n+1} x^{n+1} + c,\ n \neq 0, \qquad \int \frac{1}{x} dx = \ln(x) + c,\ x > 0,$$

$$\int e^x dx = e^x + c, \qquad \int a^x dx = \frac{1}{\ln(a)} a^x + c,\ a > 0,$$

$$\int \ln(x) dx = x \ln(x) - x + c,\ x > 0, \quad \int \log_a(x) dx = \frac{1}{\ln(a)} (x \ln(x) - x) + c,\ x > 0,$$

$$\int \sin(x) dx = -\cos(x) + c, \qquad \int \cos(x) dx = \sin(x) + c,$$

$$\int \tan(x) dx = -\ln|\cos(x)| + c,\ x \neq (2k+1)\pi/2,$$

$$\int \cot(x)dx = -\ln|\sin(x)| + c,\ x \neq k\pi,$$

$$\int \arcsin(x)dx = x\arcsin(x) + \sqrt{1-x^2} + c, x \in (-1, 1),$$

$$\int \arccos(x)dx = x\arccos(x) - \sqrt{1-x^2} + c\ , x \in (-1, 1),$$

$$\int \arctan(x)dx = x\arctan(x) - \frac{1}{2}\ln(1+x^2) + c,$$

$$\int \operatorname{arccot}(x)dx = x\operatorname{arccot}(x) - \frac{1}{2}\ln(1+x^2) + c.$$

■

Gegenbeispiel 8.7
Es gibt elementare Funktionen, die keine elementare Stammfunktion haben. Allerdings ist der Begriff der elementaren Funktion in der Literatur nicht eindeutig. In jedem Fall lassen sich die Stammfunktionen von $f(x) = e^x/x$, $f(x) = e^{-x^2}$, $f(x) = \sin(x^2)$, $f(x) = \sqrt{1-x^4}$ *nicht durch die Komposition und arithmetische Operation der Funktionen ausdrücken, die wir bisher eingeführt haben.*

Definition 8.4
Sei $f : [a, b] \to \mathbb{R}$ für alle $b > a$ Riemann-integrierbar. Das **uneigentliche Integral** von f auf $[a, \infty)$ ist

$$\int_a^\infty f(x)dx = \lim_{b\to\infty} \int_a^b f(x)dx,$$

vorausgesetzt, dass der Grenzwert existiert. Analog definiert man das uneigentliche Integral von f auf $(-\infty, b]$. Sei $f : [a+\epsilon, b] \to \mathbb{R}$ Riemann-integrierbar für $0 < \epsilon < b - a$. Das uneigentliche Integral von f auf $[a, b]$ ist

$$\int_a^b f(x)dx = \lim_{\epsilon\to 0} \int_{a+\epsilon}^b f(x)dx,$$

vorausgesetzt, dass der Grenzwert existiert; siehe Abb. 8.2. Analog definiert man uneigentliche Integrale, wenn die untere Grenze oder beide Grenzen kritisch sind. ♦

Beispiel 8.8
Wir zeigen hier drei Beispiele für uneigentliche Integrale:

$$\int_0^\infty e^{-x}dx = \lim_{y\to\infty} \int_0^y e^{-x}dx = \lim_{y\to\infty}(1 - e^{-y}) = 1,$$

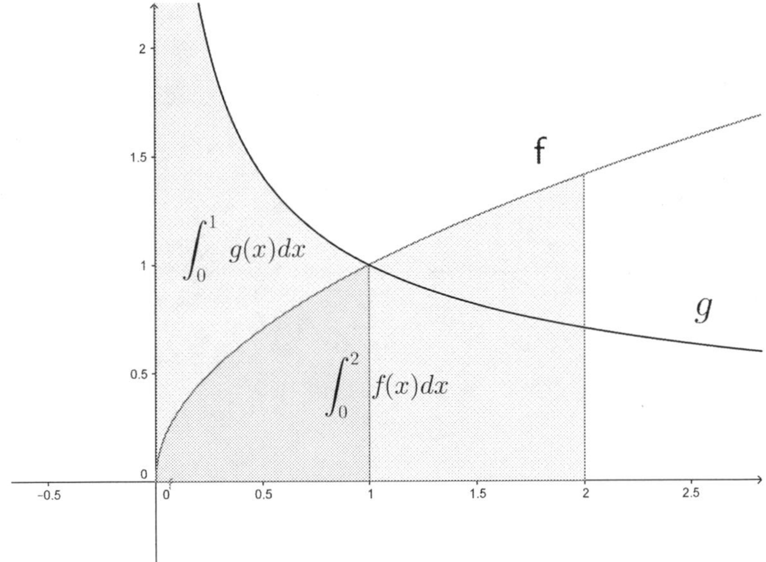

Abb. 8.2 Das Integral von $f(x) = \sqrt{x}$ auf $[0, 2]$ und das uneigentliche Integral von $g(x) = 1/\sqrt{x}$ auf $[0, 1]$

$$\int_0^1 \frac{1}{\sqrt{x}} dx = \lim_{y \to 0} \int_y^1 \frac{1}{\sqrt{x}} dx = \lim_{y \to 0} (2 - 2\sqrt{y}) = 2,$$

$$\int_{-\infty}^{\infty} e^{-x^2} dx = \sqrt{\pi}.$$

Obwohl $f(x) = e^{-x^2}$ keine elementare Stammfunktion hat, lässt sich das letzte uneigentliche Integral mit elementaren Methoden bestimmen; siehe Abschn. 8.7 in Neunhäuserer (2015). ■

Definition 8.5
Das n-**dimensionale Volumen** eines Quaders $Q \subseteq \mathbb{R}^n$ ist definiert durch

$$\mathrm{Vol}^n(Q) = \mathrm{Vol}^n([a_1, b_1] \times \cdots \times [a_n, b_n]) = \prod_{i=1}^n (b_i - a_i).$$

Seien $f : Q \to \mathbb{R}$ eine beschränkte Funktion auf einem Quader $Q \subset \mathbb{R}^n$ und $Z = \{Q_1, Q_2, \ldots, Q_{n-1}, Q_n\}$ eine Zerlegung von Q in Quader, die sich nur in den Rändern der Quader schneiden. Die **Obersumme** und die **Untersumme** von f in Bezug auf die Zerlegung Q sind definiert durch

$$O_f(Z) = \sum_{k=1}^{n} \text{Vol}^n(Q_k) \cdot \sup\{f(x) \mid x \in Q_k\},$$

$$U_f(Z) = \sum_{k=1}^{n} \text{Vol}^n(Q_k) \cdot \inf\{f(x) \mid x \in Q_k\}.$$

Das **mehrdimensionale Riemann-Integral** $\int_Q f(x)dx$ und die mehrdimensionale Riemann-Integrierbarkeit von f auf Q sind nun wie im Eindimensionalen definiert. ♦

Beispiel 8.9
Sei $f : [0, 1]^2 \to \mathbb{R}$ gegeben durch $f(x, y) = xy$. Wir betrachten die Zerlegung von $[0, 1]^2$ in Quadrate $[\frac{i-1}{n}, \frac{i}{n}] \times [\frac{j-1}{n}, \frac{j}{n}]$, für $i, j = 1, \ldots, n$, und erhalten so

$$O_f(Z) = \frac{(n+1)^2}{4n^2}, \qquad U_f(Z) = \frac{(n-1)^2}{4n^2}.$$

Für stetige Funktionen genügt es, Zerlegungen mit Quadern gleicher Kantenlänge zu betrachten, und wir erhalten $\int_{[-1,1]^2} f(x, y)d(x, y) = 1/4$. ■

Beispiel 8.10
Man bestimmt mehrdimensionale Integrale üblicherweise mit dem Satz von Fubini,

$$\int_{[a,b]\times[c,d]} f(x, y)d(x, y) = \int_a^b \int_c^d f(x, y)dydx,$$

für stetiges f; siehe Heuser (2012). Damit erhalten wir folgende Beispiele:

$$\int_{[0,1]^2} xyd(x, y) = \int_0^1 \int_0^1 xydydx = \int_0^1 \frac{1}{2}xdx = \frac{1}{4}$$

$$\int_{[0,1]^2} xy^2d(x, y) = \int_0^1 \int_0^1 xy^2dydx = \int_0^1 \frac{1}{3}xdx = \frac{1}{6}.$$

■

Definition 8.6
Seien $f : [a, b] \to \mathbb{R}$ eine beschränkte Funktion und $g : [a, b] \to \mathbb{R}$ eine monoton steigende Funktion. Für eine Zerlegung $Z = \{x_0, x_1, \ldots, x_{n-1}, x_n\}$ von $[a, b]$ definieren wir die **Stieltjes'sche Ober- und Untersumme** von f in Bezug auf die Zerlegung Z durch

$$O_f(Z) = \sum_{k=1}^{n} ((g(x_k) - g(x_{k-1})) \cdot \sup\{f(x) \mid x \in (x_{k-1}, x_k)\},$$

$$U_f(Z) = \sum_{k=1}^{n} ((g(x_k) - g(x_{k-1})) \cdot \inf\{f(x) \mid x \in (x_{k-1}, x_k)\}.$$

Das **Riemann-Stieltjes-Integral** $\int_a^b f(x)dg(x)$ und die Riemann-Stieltjes-Integrierbarkeit sind nun genauso wie das Riemann-Integral bzw. die Riemann-Integrierbarkeit definiert. ♦

Beispiel 8.11
Ist g konstant, so folgt $\int_a^b f(x)dg(x) = 0$. Ist g die Identität, stimmt das Riemann-Stieltjes-Integral mit dem Riemann-Integral überein. ■

Beispiel 8.12
Ist g stetig differenzierbar auf $[a, b]$, so zeigt man problemlos, dass gilt:

$$\int_a^b f(x)dg(x) = \int_a^b f(x)g'(x)dx;$$

siehe Heuser (2012). Damit erhalten wir noch folgendes Beispiel:

$$\int_0^1 xdx^2 = \int_0^1 2x^2dx = \frac{2}{3}.$$

■

8.2 σ-Algebren und Maße

Definition 8.7
Sei X eine Menge. Eine **σ-Algebra** $\mathfrak{S} \subseteq P(X)$ ist eine Menge von Teilmengen von X, mit:

1. $\emptyset, X \in \mathfrak{S}$;
2. $A \in \mathfrak{S} \Rightarrow X \backslash A \in \mathfrak{S}$;
3. $A_i \in \mathfrak{S},\ i \in \mathbb{N} \Rightarrow \bigcup_{i=1}^{\infty} A_i \in \mathfrak{S}$.

$(X, \mathfrak{S})$ wird **Messraum** genannt. ♦

Beispiel 8.13
$\mathfrak{S} = \{\emptyset, X\}$ ist die kleinste, und die Potenzmenge $P(X)$ ist die größte σ-Algebra auf der Menge X. ■

Beispiel 8.14
Für eine Menge X bildet

$$\mathfrak{S} = \{A \subseteq X \mid A \text{ abzählbar oder } X \setminus A \text{ abzählbar}\}$$

eine σ-Algebra. ■

Beispiel 8.15
Ist X ein topologischer Raum, so ist die **Borel-σ-Algebra** $\mathfrak{B}(X)$ die kleinste σ-Algebra, die alle in X offenen Mengen enthält. Sie ist der Schnitt aller σ-AlgeAlgebren, die alle in X offenen Mengen enthalten. Die Mengen in dieser σ-Algebra werden **Borel-Mengen** genannt. ■

Definition 8.8
Sei $(X, \mathfrak{S})$ ein Messraum. Ein **Maß** ist eine Abbildung

$$\mu : \mathfrak{S} \to \mathbb{R}^+_\infty := \{x \in \mathbb{R} | x \geq 0\} \cup \{\infty\},$$

wobei gilt:

1. $\mu(\emptyset) = 0$;
2. wenn $A_i \in \mathfrak{S}$ für $i \in \mathbb{N}$ disjunkt sind, so gilt:

$$\mu\left(\bigcup_{i\in\mathbb{N}} A_i\right) = \sum_{i\in\mathbb{N}} \mu(A_i).$$

Die letzte Bedingung wird auch **σ-Additivität** genannt. Das Maß ist endlich, wenn $\mu(X) < \infty$ ist, und ein Wahrscheinlichkeitsmaß, wenn $\mu(X) = 1$ ist. $(X, \mathfrak{S}, \mu)$ heißt **Maßraum.** Eine Menge $A \in \mathfrak{S}$ mit $\mu(A) = 0$ wird **Nullmenge** genannt. ♦

Beispiel 8.16
Seien X eine Menge und $x \in X$. Das **Dirac-Maß** von x ist gegeben durch $\delta : P(X) \to \mathbb{R}^+_\infty$, mit $\delta(A) = 1$, falls $x \in A$ ist, und $\delta(A) = 0$ sonst. Es handelt sich um ein Wahrscheinlichkeitsmaß. $X \setminus \{x\}$ ist eine Nullmenge, wie jede andere Teilmenge von X, die x nicht enthält. ■

Beispiel 8.17
Sei X eine Menge. Das **Zählmaß** auf X ist gegeben durch $\mu : P(X) \to \mathbb{R}^+_\infty$, mit $\mu(A) = |A|$, falls A endlich ist, und $\mu(A) = \infty$ sonst. Das Maß ist endlich genau dann, wenn A endlich ist. Die einzige Nullmenge ist die leere Menge; siehe Abb. 8.3. ■

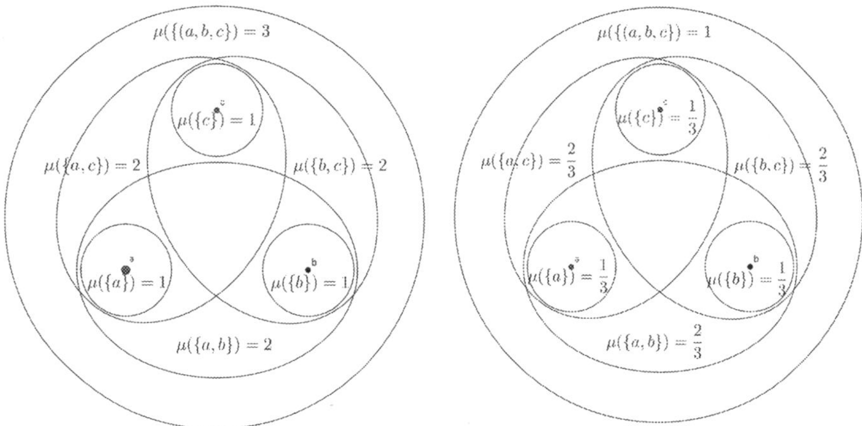

Abb. 8.3 Die Menge $M = \{a, b, c\}$ mit dem Zählmaß und dem Laplace-Maß auf der Potenzmenge $P(M)$

Beispiel 8.18
Sei X eine endliche Menge. Das **Laplace-Maß** auf X ist gegeben durch $\ell : P(X) \to \mathbb{R}_\infty^+$ mit $\ell(A) = |A|/|X|$; siehe Abb. 8.3. Dieses Wahrscheinlichkeitsmaß ist in der endlichen Wahrscheinlichkeitstheorie grundlegend; siehe Kap. 12. ∎

Definition 8.9
Sei X eine Menge. Ein **äußeres Maß** ist eine Abbildung auf der Potenzmenge von X: $\mu : P(X) \to \mathbb{R}_\infty^+$, mit:

1. $\mu(\emptyset) = 0$;
2. für $A, B \subseteq X$, mit $A \subseteq B$, gilt $\mu(A) \leq \mu(B)$;
3. Für $A_i \subseteq X$ für $i \in \mathbb{N}$ gilt:

$$\mu\left(\bigcup_{i\in\mathbb{N}} A_i\right) \leq \sum_{i\in\mathbb{N}} \mu(A_i).$$

Die letzte Bedingung wird auch **σ-Subadditivität** genannt. Eine Menge $A \subseteq X$ heißt messbar in Bezug auf μ oder kurz **μ-messbar,** wenn für alle $T \in P(X)$ gilt:

$$\mu(T) = \mu(T \cap A) + \mu(T \cap (X \setminus A)).$$

Man zeigt in der Maßtheorie, dass die Menge $\mathfrak{S}(\mu)$ aller μ-messbaren Mengen eine σ-Algebra bildet und dass μ auf dieser σ-Algebra ein Maß ist; siehe Bauer (1998) ♦

Beispiel 8.19
Das n-dimensionale **Lebesgue-Maß** auf dem $\mathbb{R}^n$ ist gegeben durch

$$\mathcal{L}^n(A) = \inf \left\{ \sum_{i=1}^{\infty} \mathrm{Vol}^n(Q_i) \mid A \subseteq \bigcup_{i=1}^{\infty} Q_i,\ Q_i \text{ Quader in } \mathbb{R}^n \right\},$$

wobei Vol^n das n-dimensionale Volumen eines Quaders $Q \subseteq \mathbb{R}^n$ ist. Es handelt sich um ein äußeres Maß auf der Potenzmenge $P(\mathbb{R}^n)$ und ein Maß auf der σ-Algebra der **Lebesgue-messbaren Mengen.** Man kann zeigen, dass alle Borel-Mengen des $\mathbb{R}^n$ mit der euklidischen Topologie Lebesgue-messbar sind, die σ-Algebra der Lebesgue-messbaren Mengen enthält also die Borel σ-Algebra des $\mathbb{R}^n$. Es sei noch angemerkt, dass es Lebesgue-messbare Mengen gibt, die keine Borel-Mengen sind, und Teilmengen des $\mathbb{R}^n$, die nicht Lebesgue-messbar sind; siehe hierzu Bauer (1998). Das Lebesgue-Maß $\mathcal{L}^n$ wird in der Literatur manchmal auch als n**-dimensionales Volumen** bezeichnet. $\mathcal{L}^1$ mag man **Länge,** $\mathcal{L}^2$ **Flächeninhalt** und $\mathcal{L}^3$ **Volumen** nennen. ■

Gegenbeispiel 8.20
Betrachten wir in der letzten Definition statt abzählbarer nur endliche Überdeckungen einer Menge A, so erhalten wir den n-dimensionalen **Jordan-Inhalt** $\mathcal{J}^n(A)$. *Dieser Inhalt bildet kein Maß, da er nicht σ-additiv ist.*

Beispiel 8.21
Ersetzen wir in Beispiel 8.17 das Volumen eines Quaders Q durch einen Inhalt

$$\mathrm{Inh}^n(Q) = \mathrm{Inh}([a_1, b_1] \times \cdots \times [a_n, b_n]) = \prod_{i=1}^{n} (f(b_i) - f(a_i))$$

für eine stetige monoton wachsende Funktion $f : \mathbb{R} \to \mathbb{R}$, so erhalten wir ein **Lebesgue-Stieltjes-Maß** im $\mathbb{R}^n$. ■

Beispiel 8.22
Sei (X, d) ein metrischer Raum. Der Durchmesser von $A \subseteq X$ ist definiert durch $\mathrm{diam}(A) = \sup\{d(x, y) \mid x, y \in A\}$. Für $s \geq 0$ ist das s-dimensionale **Hausdorff-Maß** gegeben durch

$$\mathcal{H}^s(A) = \lim_{\epsilon \to 0} \inf \left\{ \sum_{i=1}^{\infty} \mathrm{diam}(A_i)^d \mid A \subseteq \bigcup_{i=1}^{\infty} A_i,\ A_i \subseteq X, \mathrm{diam}(A_i) \leq \epsilon \right\}.$$

Dies ist ein äußeres Maß auf $P(X)$ und ein Maß, eingeschränkt auf die σ-Algebra der $\mathcal{H}^s$-messbaren Mengen. ■

Definition 8.10
Ein Maßraum $(X, \mathfrak{S}, \mu)$ heißt σ**-endlich,** wenn es eine Folge von Mengen $A_i \subseteq X$ mit $\mu(A_i) < \infty$ für $i \in \mathbb{N}$ gibt, die X überdecken: $X \subseteq \bigcup_{i=1}^{\infty} A_i$. ♦

Beispiel 8.23
Das Lebesgue-Maß ist σ-endlich, da sich $\mathbb{R}^n$ durch eine Folge n-dimensionaler Würfel $Q_m = [-m, m]^n$, mit $m \in \mathbb{N}$, überdecken lässt. ■

Gegenbeispiel 8.24
Das Hausdorff-Maß ist im Allgemeinen nicht σ-endlich. Dies ist insbesondere für $\mathcal{H}^s$ auf dem euklidischen Raum $\mathbb{R}^n$ der Fall, wenn s nicht ganzzahlig ist; siehe Falconer (1990).

Definition 8.11
Sei $(X, \mathfrak{S})$ ein Messraum. Lassen wir in der Definition eines Maßes auch negative Werte zu, $\mu : X \to \mathbb{R} \cup \{\infty\}$, so spricht man von einem **signierten Maß.** $(X, \mathfrak{S}, \mu)$ heißt in diesem Fall **signierter Maßraum.** ♦

Beispiel 8.25
Sind μ und ν zwei endliche Maße auf einem Messraum, so sind $\mu - \nu$ und $\nu - \mu$ signierte Maße, aber im Allgemeinen keine Maße. $c\mu$ ist ein signiertes Maß für alle $c \in \mathbb{R}$. Die signierten Maße bilden also einen Vektorraum; siehe auch Beispiel 10.10. ■

8.3 Messbare Abbildungen

Definition 8.12
Seien $(X, \mathfrak{S}_X)$ und $(Y, \mathfrak{S}_Y)$ zwei Messräume. Eine Abbildung $f : X \to Y$ ist **messbar,** wenn $f^{-1}(A) \in \mathfrak{S}_X$ für alle $A \in \mathfrak{S}_Y$ ist. ♦

Beispiel 8.26
Zwischen allen messbaren Räumen ist eine konstante Abbildung messbar. ■

Beispiel 8.27
Für jeden messbaren Raum $(X, \mathfrak{S}_X)$ und jedes $A \subseteq X$ ist die **Indikatorfunktion** $\chi_A : X \to \{0, 1\}$, mit $\chi_A(x) = 1$ für $x \in A$ und $\chi_A(x) = 0$ sonst, messbar in Bezug auf die σ-Algebra $P(\{0, 1\})$ auf $\{0, 1\}$. ■

Beispiel 8.28
Sind $(X, \mathfrak{O}_X)$ und $(Y, \mathfrak{O}_Y)$ zwei topologische Räume, so ist jede stetige Abbildung $f : X \to Y$ messbar in Bezug auf die Borel-σ-Algebren auf X und Y. ■

Beispiel 8.29
Sei $(X, \mathfrak{S})$ ein Messraum. Ein Abbildung $f : X \to \mathbb{R}$ ist messbar in Bezug auf die Borel-σ-Algebra auf $\mathbb{R}$, wenn $f^{-1}((a, b)) \in \mathfrak{S}$ für alle Intervalle $(a, b) \subseteq \mathbb{R}$ gilt. ■

Definition 8.13
Seien $(X, \mathfrak{S}_X, \mu)$ ein Maßraum, $(Y, \mathfrak{S}_Y)$ ein messbarer Raum und $f : X \to Y$ messbar. Dann heißt $\nu = f(\mu)$, definiert durch $\nu(A) = \mu(f^{-1}(A))$, das **Bildmaß** von μ unter f. Dabei ist $(Y, \mathfrak{S}_Y, \nu)$ ein Maßraum. ♦

Beispiel 8.30
Ist $f : \mathbb{R}^n \to \mathbb{R}^n$ eine Translation, d. h. $f(x) = x + c$, mit $c \in \mathbb{R}^n$, so ist das Bild das Lebesgue-Maßes $\mathcal{L}^n$ unter f wieder das Lebesgue-Maß: $f(\mathcal{L}^n) = \mathcal{L}^n$. Man spricht von der Translationsinvarianz des Lebesgue-Maßes. ■

Beispiel 8.31
Ist $f : \mathbb{R}^n \to \mathbb{R}^n$ eine invertierbare lineare Abbildung, d. h. $f(x) = Ax$, mit $A \in \mathbb{R}^{n\times n}$ und $\det(A) \neq 0$, so ist das Bild des Lebesgue-Maßes $\mathcal{L}^n$ unter f gegeben durch

$$f(\mathcal{L}^n)(B) = \mathcal{L}^n(B)/|\det(A)|,$$

für alle Lebesgue-messbaren Mengen B. Betrachten wir dieses Beispiel für lineare Abbildungen mit $\det(A) = \pm 1$ und das letzte Beispiel, so ergibt sich, dass das Lebesgue-Maß $\mathcal{L}^n$ invariant unter Bewegungen des $\mathbb{R}^n$ ist. ■

Beispiel 8.32
Bildmaße werden uns auch im Abschn. 13.2 zur Ergodentheorie weiter beschäftigen. ■

Definition 8.14
Zwei Maßräume $(X, \mathfrak{S}_X, \mu)$ und $(Y, \mathfrak{S}_Y, \nu)$ sind **maßtheoretisch isomorph,** wenn es Mengen $M \subseteq X$ und $N \subseteq Y$, mit $\mu(M) = 0$ und $\nu(N) = 0$, sowie eine messbare Bijektion $f : X\backslash M \to Y\backslash N$ mit messbarer Umkehrung f^{-1} gibt, sodass $f(\mu) = \nu$ ist. Dabei betrachten wir die Abbildung und die Maße in Bezug auf die σ-Algebren $\{S\backslash M | S \in \mathfrak{S}_X\}$ und $\{S\backslash N | S \in \mathfrak{S}_Y\}$. ♦

Beispiel 8.33
Sind $(X, \mathfrak{S}, \mu)$ ein Maßraum und $M \subseteq X$ eine Menge vom Maß null, so ist $(X, \mathfrak{S}, \mu)$ isomorph zu $(X\backslash N, \{S\backslash N \mid S \in \mathfrak{S}\}, \mu)$. Daher sind zum Beispiel die Intervalle (a, b) und $[a, b]$ jeweils in Bezug auf das Lebesgue-Maß maßtheoretisch isomorph. Dasselbe gilt für die Räume $\mathbb{R}$ und $\mathbb{R}\backslash\mathbb{Q}$ mit dem Lebesgue-Maß. ■

Beispiel 8.34
Liegt ein Homöomorphismus $f : X \to Y$ zwischen topologischen Räumen X und Y vor, so sind die Räume $(X, \mathfrak{B}(X), \mu)$ und $(Y, \mathfrak{B}(Y), f(\mu))$ jeweils mit der Borel-σ-Algebra maßtheoretisch isomorph. Daher sind zum Beispiel die Maßräume $(\mathbb{R}, \mathfrak{B}(\mathbb{R}), \mathcal{L})$ und $((-\pi/2, \pi/2), \mathfrak{B}((-\pi/2, \pi/2)), \arctan(\mathcal{L}))$ maßtheoretisch isomorph. ■

Gegenbeispiel 8.35
Ein Maßraum mit dem Dirc-Maß ist nicht isomorph zu einem Maßraum mit einem anderen Maß.

8.4 Das Lebesgue-Integral

Definition 8.15
Seien $(X, \mathfrak{S}, \mu)$ ein Maßraum und $A_1, A_2, \ldots, A_n \in \mathfrak{S}$. Eine **einfache Funktion** $f : X \to \mathbb{R}$ ist gegeben durch

$$f(x) = \sum_{i=1}^{n} a_i \chi_{A_i}(x),$$

wobei $a_i \geq 0$ und χ_A die Indikatorfunktion von A ist, also gilt: $\chi_A(x) = 1$ für $x \in A$ und $\chi_A(x) = 0$ sonst. Das Lebesgue-Integral von f ist definiert durch

$$\int f d\mu = \int_X f(x) d\mu(x) = \sum_{i=1}^{n} a_i \mu(A_i).$$

♦

Beispiel 8.36
Man betrachte das Intervall $[0, 1]$ mit dem Lebesgue-Maß $\mathcal{L}^1$ und $A_1 = [0, 1/2]$ und $A_2 = [1/3, 1]$. Ist f die einfache Funktion mit den Werten $a_1 = 2$ und $a_2 = 1$ zu diesen Mengen, so erhalten wir

$$\int_X f(x) d\mathcal{L}^1(x) = a_1 \mathcal{L}^1(A_1) + a_2 \mathcal{L}^1(A_2) = \frac{5}{3}.$$

■

Beispiel 8.37
Man betrachte das Intervall $[0, 1]$ mit dem Lebesgue-Maß $\mathcal{L}^1$. Ferner seien A_1 die rationalen Zahlen in $[0, 1]$ und A_2 die irrationalen Zahlen. Ist f die einfache Funktion mit den Werten $a_1 = 2$ und $a_2 = 1$ zu diesen Mengen, so erhalten wir

$$\int_X f(x) d\mathcal{L}^1(x) = a_1 \mathcal{L}^1(A_1) + a_2 \mathcal{L}^1(A_2) = 1.$$

■

Definition 8.16
Seien $(X, \mathfrak{S}, \mu)$ ein Maßraum und $f : X \to \mathbb{R} \cup \{\infty\}$ eine Abbildung mit $f \geq 0$. Das **Lebesgue-Integral** von f über X bezüglich μ ist gegeben durch

$$\int f d\mu = \int_X f(x) d\mu(x) = \sup \left\{ \int_X g(x) d\mu(x) \mid 0 \leq g \leq f,\ g \text{ ist einfach} \right\}.$$

Für eine beliebige Funktion $f : X \to \mathbb{R} \cup \{-\infty, \infty\}$ betrachten wir den positiven Teil $f^+(x) = \max\{f(x), 0\}$ und den negativen Teil $f^-(x) = \max\{-f(x), 0\}$ von f. Das Lebesgue-Integral von f über X bezüglich μ ist in diesem Fall

$$\int f d\mu = \int_X f(x) d\mu(x) = \int_X f^+(x) d\mu(x) - \int_X f^-(x) d\mu(x).$$

Die Funktion f ist **Lebesgue-integrierbar,** wenn das Integral über den positiven Teil und das Integral über den negativen Teil von f endlich sind. Ist $A \in \mathfrak{S}$, so ist f Lebesgue-integrierbar über A in Bezug auf μ, wenn $f \cdot \chi_A$ Lebesgue-integrierbar über X ist. Das Integral von f über A bezüglich μ ist

$$\int_A f d\mu = \int_A f(x) d\mu(x) = \int_X f(x) \cdot \chi_A(x) d\mu(x).$$

Eine Funktion $f : X \to \mathbb{C}$, gegeben durch $f(x) = g(x) + h(x)i$, ist Lebesgue-integrierbar, wenn der Realteil g und der Imaginärteil h von f dies sind, und das Lebesgue-Integral ist gegeben durch

$$\int f d\mu = \int g d\mu + i \int h d\mu.$$

Auch die Lebesgue-Integrierbarkeit und das Lebesgue-Integral von Funktionen $f : X \to \mathbb{R}^n$ sind im Wertebereich koordinatenweise definiert. ♦

Beispiel 8.38
Wir erhalten aus der Definition unmittelbar

$$\int_X \chi_A(x) d\mu(x) = \mu(A)$$

und

$$\int_X c d\mu(x) = c\mu(X),$$

für $c \in \mathbb{R}$. ■

Beispiel 8.39
Jede Riemann-integrierbare Funktion auf einem Quader $Q \subseteq \mathbb{R}^n$ ist Lebesgue-integrierbar in Bezug auf das Lebesgue-Maß des $\mathbb{R}^n$, und das Riemann-Integral stimmt in diesem Fall mit dem Lebesgue-Integral überein; siehe Heuser (2012):

$$\int_Q f(x)dx = \int_Q f(x)d\mathcal{L}^1(x).$$

Damit sind die Beispiele zum Riemann-Integral im ersten Abschnitt dieses Kapitels auch Beispiele zum Lebesgue-Integral. ■

Beispiel 8.40
Für die Funktion $f : [0, 1] \to \mathbb{C}$, gegeben durch $f(x) = x + x^2 i$, erhalten wir

$$\int_{[0,1]} f(x)\mathcal{L}^1(x) = \int_0^1 f(x)dx = \int_0^1 xdx + i\int_0^1 x^2dx = \frac{1}{2} + \frac{1}{3}i.$$

■

Beispiel 8.41
Nicht jede Lebesgue-integrierbare Funktion ist Riemann-integrierbar. Zum Beispiel ist die Dirichlet-Funktion f im Gegenbeispiel 8.1 Lebesgue-integrierbar mit $\int_{[0,1]} f(x)dx = 0$. ■

Definition 8.17
Sei $(X, \mathfrak{S})$ ein messbarer Raum mit zwei Maßen μ und ν. Dabei heißt μ **absolut stetig** in Bezug auf ν, wenn $\nu(A) = 0 \Rightarrow \mu(A) = 0$ für alle $A \in \mathfrak{S}$ ist. Für σ-endliche Maße ist dies äquivalent zur Existenz einer in Bezug auf ν Lebesgue-integrierbaren Funktion $f : X \to \mathbb{R}$, mit

$$\mu(A) = \int_A f(x)d\nu(x), \quad A \in \mathfrak{S}.$$

$d\mu/d\nu := f$ heißt **Dichte** oder **Radon-Nikodym-Ableitung** von μ in Bezug auf ν; siehe Abb. 8.4 und Bauer (1998). Gilt sogar die Äquivalenz $\nu(A) = 0 \Leftrightarrow \mu(A) = 0$ für alle $A \in \mathfrak{S}$, so nennt man die Maße ν und μ **äquivalent.** Die Maße μ und ν heißen **singulär** zueinander, wenn es eine Menge $A \in \mathfrak{S}$ mit $\mu(X \backslash A) = 0$ und $\nu(A) = 0$ gibt. Schließlich heißt eine Zerlegung $\mu = \mu_a + \mu_s$, wobei μ_a absolut stetig und μ_s singulär in Bezug auf ν ist, **Lebesgue-Zerlegung** von μ. ♦

Beispiel 8.42
Ist $\mu = c\nu$, mit $c \geq 0$, so sind die Maße μ und ν offenbar äquivalent. So sind das Lebesgue-Maß $\mathcal{L}^n$ und das Hausdorff-Maß $\mathcal{H}^n$ auf dem $\mathbb{R}^n$ für $n \in \mathbb{N}$ äquivalent, wegen $\mathcal{L}^n = c_n\mathcal{H}^n$. Man kann zeigen, dass c_n genau das Volumen der n-dimensionalen Einheitskugel ist; siehe Falconer (1990). ■

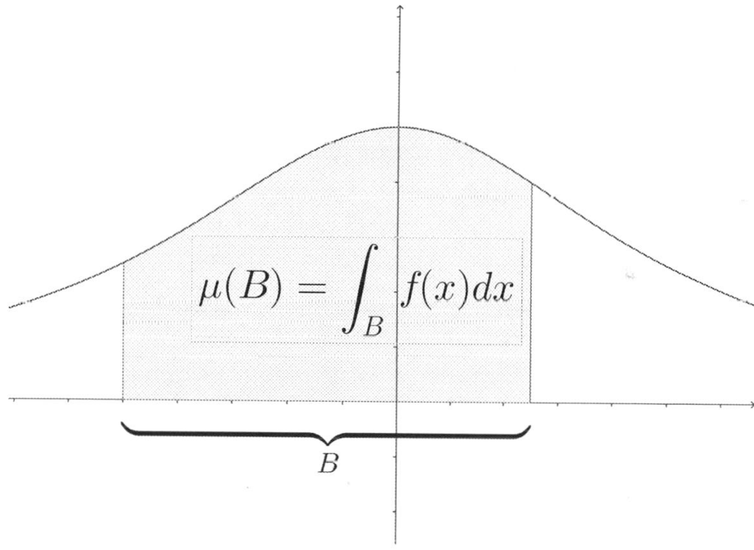

Abb. 8.4 Ein Maß μ auf $\mathbb{R}$, das durch das Lebesgue-Integral einer Dichte f bestimmt ist

Beispiel 8.43
Jedes Dirac-Maß δ_x mit $x \in \mathbb{R}^n$ ist singulär zum Lebesgue-Maß auf dem $\mathbb{R}^n$ mit σ-Algebra der Lebesgue-messbaren Mengen. Es gilt $\delta(\mathbb{R}^n \backslash \{x\}) = \mathcal{L}^1(\{x\}) = 0$. ■

Beispiel 8.44
Die Dichte $f(x) = e^{-\frac{1}{2}x^2}/\sqrt{2\pi}$ induziert ein in Bezug auf das Lebesgue-Maß absolut stetiges Wahrscheinlichkeitsmaß

$$\mu(B) = \frac{1}{\sqrt{2\pi}} \int_B e^{-\frac{1}{2}x^2} dx$$

auf den reellen Zahlen. μ ist das Maß der Standardnormalverteilung aus der Wahrscheinlichkeitstheorie; siehe Kap. 12. Offenbar gilt für die Radon-Nikodym-Ableitung $d\mu/d\mathcal{L}^1 = e^{-\frac{1}{2}x^2}/\sqrt{2\pi}$. ■

Beispiel 8.45
Sei μ wie letzten Beispiel definiert und δ_x ein Dirac-Maß auf $\mathbb{R}$. Dann ist

$$\nu = \frac{1}{2}\mu + \frac{1}{2}\delta_x$$

die Lebesgue-Zerlegung des Wahrscheinlichkeitsmaßes ν auf den reellen Zahlen mit der Lebesgue-σ-Algebra. Das erste Maß in der Summe ist absolut stetig, und das zweite ist singulär in Bezug auf das Lebesgue-Maß. ■

8.5 Fourier-Analysis

Definition 8.18
Sei $f : \mathbb{R} \to \mathbb{R}$ eine Lebesgue-integrierbare und 2π-periodische Funktion, wobei also $f(x) = f(x + 2\pi)$ für alle $x \in \mathbb{R}$ gilt. Die **Fourier-Reihe** von f in $x \in \mathbb{R}$ ist gegeben durch

$$\tilde{f}(x) = \frac{a_0}{2} + \sum_{k=1}^{\infty} a_k \cos(kx) + b_k \sin(kx),$$

mit den **Fourier-Koeffizienten**

$$a_k = \frac{1}{\pi} \int_{-\pi}^{\pi} f(x) \cos(kx), \; k \geq 0 \text{ und } b_k = \frac{1}{\pi} \int_{-\pi}^{\pi} f(x) \sin(kx), \; k \geq 1.$$

Konvergiert die Reihe gegen $f(x)$, d. h. $f(x) = \tilde{f}(x)$, so spricht man von der **Fourier-Entwicklung** von f in $x \in \mathbb{R}$. Es lässt sich zeigen, dass dies für stückweise glatte periodische Funktionen überall und für quadratintegrierbare periodische Funktionen bis auf eine Menge vom Lebesgue-Maß null gilt; siehe Heuser (2012). ♦

Beispiel 8.46
Man betrachte die Dreiecksschwingung, $f(x) = |x|$ für $x \in (-\pi, \pi]$ periodisch auf $\mathbb{R}$ fortgesetzt. Wir erhalten die Fourier-Reihe

$$f(x) = \frac{\pi}{2} - \frac{4}{\pi} \sum_{k=1}^{\infty} \frac{\cos((2k-1)x)}{(2k-1)^2},$$

die für alle $x \in \mathbb{R}$ konvergiert. ■

Beispiel 8.47
Betrachten wir die **Signum-Funktion**

$$\operatorname{sgn}(x) := \begin{cases} +1, & \text{falls } x \in (\pi, 0) \\ 0, & \text{falls } x = -\pi, 0, \pi \\ -1, & \text{falls } x \in (-\pi, 0) \end{cases}$$

periodisch auf $\mathbb{R}$ fortgesetzt, so erhalten wir die Fourier-Reihe

$$f(x) = \frac{4}{\pi} \sum_{k=1}^{\infty} \frac{\sin((2k-1)x)}{(2k-1)},$$

die überall konvergiert; siehe Abb. 8.5. ■

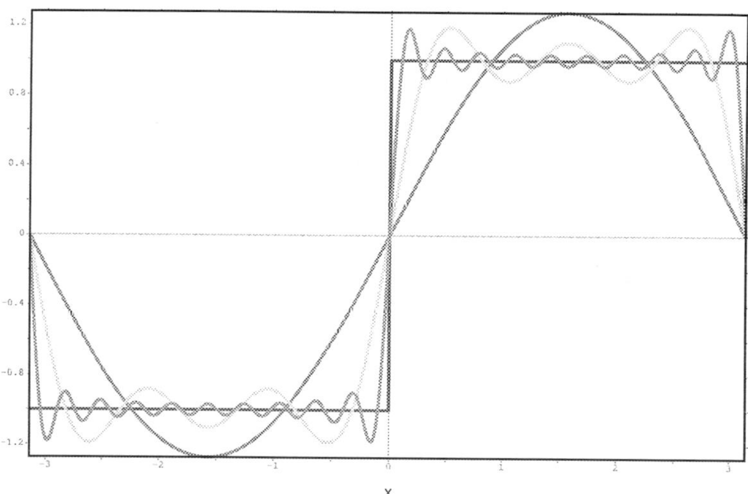

Abb. 8.5 Annäherung der Signum-Funktion durch endliche Fourier-Reihen

Beispiel 8.48
Betrachten wir die **Sägezahnfunktion**

$$s(x) := \begin{cases} x, & \text{falls } x \in (-\pi, \pi) \\ 0, & \text{falls } x = -\pi, \pi \end{cases}$$

periodisch auf $\mathbb{R}$ fortgesetzt, so erhalten wir die Fourier-Reihe

$$f(x) = 2\sum_{k=1}^{\infty}(-1)^{k+1}\frac{\sin(kx)}{k},$$

die überall konvergiert. ■

Definition 8.19
Sei $f : \mathbb{R} \to \mathbb{C}$ **absolut-integrabel,** d. h. $|f(x)|$ sei Lebesgue-integrierbar auf ganz $\mathbb{R}$. Die **Fourier-Transformierte** $\hat{f} : \mathbb{R} \to \mathbb{C}$ ist dann gegeben durch

$$\hat{f}(x) = \int_{-\infty}^{\infty} f(x)e^{-ixt}dt.$$

Die komplexe Exponentialfunktion, die wir hier verwenden, wird in Beispiel 9.3 definiert. ♦

Beispiel 8.49
Ist $\xi_{[a,b]}$ die Indikatorfunktion eines Intervalls, so erhalten wir die Fourier-Transformierte

$$\hat{\xi}_{[a,b]}(x) = -\frac{1}{ix}\left(e^{-iax} - e^{-ibx}\right).$$

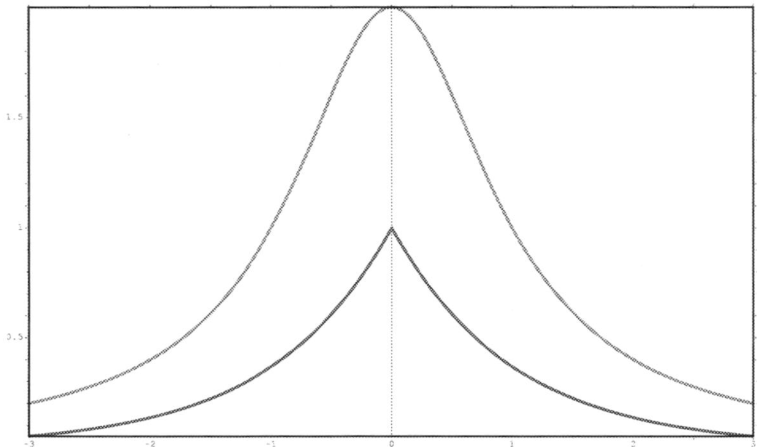

Abb. 8.6 Die Funktion $f(x) = e^{-|x|}$ mit ihrer Fourier-Transfomierten $f(x) = 2/(x^2 + 1)$

■

Beispiel 8.50
Die Fourier-Transformierte von $f(x) = e^{-a|x|}$ mit $a \in \mathbb{R}$ ist gegeben durch

$$\hat{f}(x) = \frac{2a}{x^2 + a^2};$$

siehe Abb. 8.6. ■

Beispiel 8.51
Die Fourier-Transformierte der Glockenkurve $f(x) = e^{-x^2}$ ist die Glockenkurve

$$\hat{f}(x) = \sqrt{\pi} f\left(\frac{1}{2}x\right).$$

■

Definition 8.20
Seien X ein topologischer Raum und μ ein endliches Maß auf der Borel-σ-Algebra von X. Die **Fourier-Transformierte** $\hat{\mu} : \mathbb{R} \to \mathbb{C}$ **des Maßes** ist dann

$$\hat{\mu}(x) = \int e^{-itx} d\mu(t)$$

$$= \int \cos(xt) d\mu(t) + i \int \sin(xt) d\mu(t).$$

♦

Beispiel 8.52
Betrachten wir das Lebesgue-Maß $\mathfrak{L}^1$ auf $[0, 1]$, so erhalten wir

$$\hat{\mathfrak{L}^1}(x) = \frac{1}{ix}\left(-1 + e^{-ix}\right).$$

■

Beispiel 8.53
Sei δ_a das Dirac-Maß auf $\mathbb{R}$ für $a \neq 0$. Die Fourier-Transformierte des Wahrscheinlichkeitsmaßes $\mu = \frac{1}{2}\delta_a + \frac{1}{2}\delta_{-a}$ auf $\mathbb{R}$ ist

$$\hat{\mu}(x) = \frac{1}{2}e^{-iax} + \frac{1}{2}e^{iax} = \cos(ax).$$

■

8.6 Kurven- und Flächenintegrale

Definition 8.21
Seien $f : \mathbb{R}^n \to \mathbb{R}$ eine stetige Funktion und $\gamma : [a, b] \to \mathbb{R}^n$ ein stückweise stetig differenzierbarer Weg. Das **Kurvenintegral** von f entlang γ ist dann definiert durch

$$\int_\gamma f ds = \int_a^b f(\gamma(t)) \left\|\gamma'(t)\right\| dt,$$

wobei $|| \cdot ||$ die euklidische Norm ist. Man nennt dies Integral ein **Kurvenintegral erster Art.** Haben wir es mit einem stetigen Vektorfeld $f : \mathbb{R}^n \to \mathbb{R}^n$ zu tun, so ist das Integral von f entlang γ gegeben durch

$$\int_\gamma f dx = \int_a^b \langle f(\gamma(t)), \gamma'(t)\rangle dt,$$

wobei $\langle\cdot, \rangle$ das Standardskalarprodukt des $\mathbb{R}^n$ ist. Man nennt dieses Integral ein **Kurvenintegral zweiter Art.** ♦

Beispiel 8.54
Ist $f(x) = 1$, so ist das Kurvenintegral erster Art $\int_\gamma ds$ die **Länge der Kurve** $C \subseteq \mathbb{R}^n$, die durch die Parametrisierung γ gegeben ist. Betrachten wir zum Beispiel den Einheitskreis $\gamma : [0, 2\pi] \to \mathbb{R}^2$, mit $\gamma(t) = (\sin(t), \cos(t))$, so erhalten wir

$$\int_\gamma ds = \int_0^{2\pi} dt = 2\pi.$$

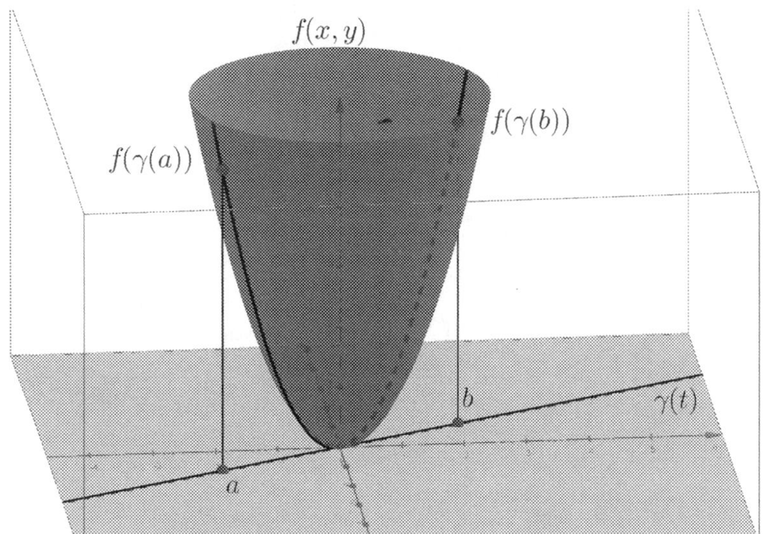

Abb. 8.7 Die Kurve γ und die Funktion f in Beispiel 8.55

■

Beispiel 8.55
Sind $f(x, y) = x^2 + y^2$ und $\gamma : [-1, 1] \to \mathbb{R}^2$ gegeben durch $\gamma(t) = (2t, t)$, so erhalten wir das Kurvenintegral erster Art

$$\int_{\gamma} f ds = \int_{-1}^{1} 5t^2\sqrt{5}dt = \frac{10}{3}\sqrt{5};$$

siehe Abb. 8.7. ■

Beispiel 8.56
Seien $f(x, y, z) = (x^2, xy, 1)$ und $\gamma : [0, 1] \to \mathbb{R}^3$ gegeben durch $\gamma(t) = (t, t^2, 1)$. Das Kurvenintegral zweiter Art ist dann gegeben durch

$$\int_{\gamma} f(x, y, z)d(x, y, z) = \int_{0}^{1} \left\langle (t^2, t^3, 1)^T, (1, 2t, 0)^T \right\rangle dt = \int_{0}^{1} t^2 + 2t^4 dt = \frac{11}{15};$$

siehe Abb. 8.8. ■

Definition 8.22
Seien $f : \mathbb{R}^3 \to \mathbb{R}$ eine stetige Funktion und $\mathcal{F} \subseteq \mathbb{R}^3$ eine Fläche mit der Parametrisierung $\phi : U \to \mathbb{R}^3$, $U \subseteq \mathbb{R}^2$. Das **skalare Oberflächenintegral** von f über $\mathcal{F}$ ist dann definiert als

$$\int\int_{\mathcal{F}} f d\sigma = \int\int_{B} f(\phi(u, v)) \cdot \left\| \frac{\partial \phi}{\partial u}(u, v) \times \frac{\partial \phi}{\partial v}(u, v) \right\| d(u, v),$$

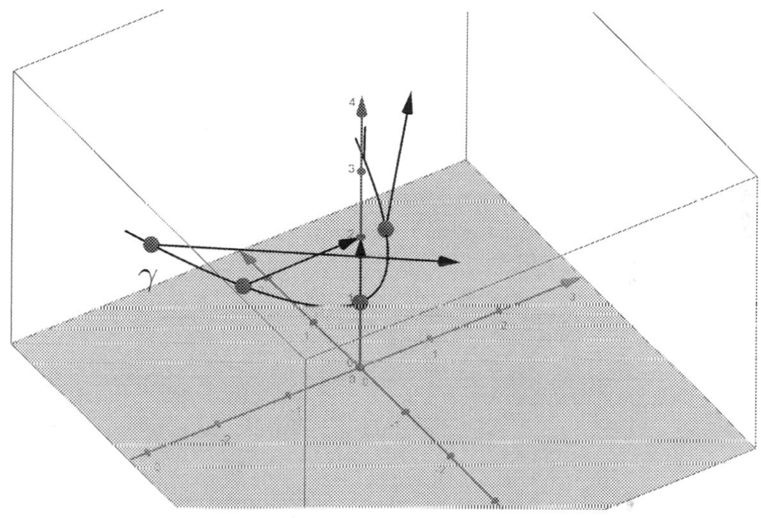

Abb. 8.8 Die Kurve γ mit Vektoren des Feldes f in Beispiel 8.51

wobei $\|a \times b\| = \|a\| \cdot \|b\| \cdot \sin \angle(a, b)$ die Fläche des durch $a, b \in \mathbb{R}^3$ aufgespannten Parallelogramms ist. Ist $f : \mathbb{R}^3 \to \mathbb{R}^3$ ein stetiges Vektorfeld, so ist das **vektorielle Oberflächenintegral** von f über $\mathcal{F}$ definiert als

$$\int\int_{\mathcal{F}} f dx = \int\int_B \left\langle f(\phi(u, v)), \frac{\partial \phi}{\partial u}(u, v) \times \frac{\partial \phi}{\partial v}(u, v) \right\rangle d(u, v),$$

mit $a \times b = (a_2b_3 - a_3b_2, a_3b_1 - a_1b_3, a_1b_2 - a_2b_1)^T$ für $a, b \in \mathbb{R}^3$. ♦

Beispiel 8.57
Ist $f(x) = 1$, so definiert das skalare Oberflächenintegral $\int_{\mathcal{F}} d\sigma$ den Flächeninhalt der Fläche $\mathcal{F} \subseteq \mathbb{R}^3$, die durch die Parametrisierung ϕ gegeben ist. Betrachten wir etwa die Einheitskugel $\mathcal{B}$, parametrisiert durch

$$\phi(u, v) : [0, 2\pi] \times [0, \pi] \to \mathbb{R}, \text{ mit } \phi(u, v) = (\sin(u)\cos(v), \sin(u)\sin(v), \cos(u)),$$

so erhalten wir den Flächeninhalt der Oberfläche der Kugel:

$$\int_{\mathcal{B}} d\sigma = \int_0^{2\pi} \int_0^{\pi} \sin(u) du dv = 2\pi \int_0^{\pi} \sin(u) du = 4\pi.$$

■

Beispiel 8.58
Integrieren wir die Funktion $f(x, y, z) = x^2 + y^2$ über die Einheitskugel $\mathcal{B}$ im letzten Beispiel, so erhalten wir:

$$\int_{\mathcal{B}} f d\sigma = \int_0^{2\pi} \int_0^{\pi} (\sin(u))^3 du dv = 2\pi \int_0^{\pi} (\sin(u))^3 du$$

$$= \frac{\pi}{2} \int_0^{\pi} (3\sin(u) - \sin(3u))du = \frac{8}{3}\pi.$$

■

Beispiel 8.59
Eine Dreiecksfläche $\mathcal{D} \subseteq \mathbb{R}^3$ sei gegeben durch $\phi : D \to \mathbb{R}^3$ mit $\phi(u, v) = (u, v, \frac{1}{3}(4 - u - 2v))$ sowie $D = \{(u, v) \mid 0 \leq v \leq 2 - u/2, u \in [0, 4]\}$. Das Integral des Vektorfeldes $f(x, y, z) = (2z, x + y, 0)$ über $\mathcal{D}$ ist

$$\int_{\mathcal{B}} f(x, y, z)d(x, y, z) = \int_0^4 \int_0^{2-u/2} \left(\frac{2}{9}(4 - u - 2v) + \frac{2}{3}(u + v)\right) dvdu = 176/27.$$

■

9 Funktionentheorie

Inhaltsverzeichnis

In diesem Kapitel geben wir einen Überblick über die Grundbegriffe der Funktionentheorie, die Funktionen auf Mengen komplexer Zahlen untersucht. Zunächst zeigen wir holomorphe und harmonische Funktionen ein und geben deren charakteristische Differenzialgleichungen. Rationale Funktionen, die Exponentialfunktionen sowie trigonometrische und hyperbolische Funktionen auf $\mathbb{C}$ stellen grundlegende Beispiele dar. Im Abschn. 9.2 definieren wir konforme, d. h. winkeltreue Abbildungen sowie biholomorphe Abbildungen auf $\mathbb{C}$ und veranschaulichen diese Begriffe anhand von Beispielen. Im Abschn. 9.3 definieren wir Integrationswege und das Integral entlang solcher Wege und thematisieren die Wegunabhängigkeit des Integrals anhand von Beispielen und Gegenbeispielen. Der Abschn. 9.4 ist der Umkehrung elementarer Funktionen gewidmet; insbesondere führen wir Logarithmen, allgemeine Potenzen und die Arcus-Funktionen auf Gebieten in $\mathbb{C}$ ein. Im Abschn. 9.5 definieren wir Pole sowie hebbare und wesentliche Singularitäten von Funktionen und stellen das Konzept der meromorphen Funktionen mit Beispielen vor. Darüber hinaus führen wir die Laurent-Entwicklung und das Residuum für Funktionen mit Singularitäten ein. Im letzten Abschnitt des Kapitels findet der Leser die Beschreibung spezieller Funktionen, wie der Gamma-Funktion, Zeta-Funktionen, elliptischen Funktionen und Modulformen mit wesentlichen Beispielen.

© Springer-Verlag GmbH Deutschland, ein Teil von Springer Nature 2020

J. Neunhäuserer, *Mathematische Begriffe in Beispielen und Bildern*,
https://doi.org/10.1007/978-3-662-60764-0_9

Als Einführung in die Hauptergebnisse und Beweisverfahren der Funktionentheorie empfehlen wir Jänich (2011); ausführlicher ist Remmert und Schumacher (2002/2007).

9.1 Holomorphe Funktionen

Definition 9.1
Sei $U \subseteq \mathbb{C}$ eine offene Menge und $f : U \to \mathbb{C}$ eine Abbildung. f ist **komplex differenzierbar** in $z_0 \in U$, wenn der Grenzwert

$$f'(z_0) := \lim_{z \to z_0, z \neq z_0} \frac{f(z) - f(z_0)}{z - z_0}$$

in $\mathbb{C}$ existiert. $f'(z)$ heißt komplexe Ableitung von f in z_0. Die Funktion f heißt **holomorph** auf U, wenn sie für alle $z_0 \in U$ komplex differenzierbar ist. Eine auf ganz $\mathbb{C}$ holomorphe Funktion nennt man **ganze Funktion.** ♦

Beispiel 9.1
Ganzrationale Funktionen $p : \mathbb{C} \to \mathbb{C}$, bestimmt durch

$$p(z) = \sum_{i=0}^{n} a_i z^i, \quad a_i \in \mathbb{C} \quad i = 1, \dots, n,$$

sind ganze Funktionen mit

$$p'(z) = \sum_{i=1}^{n} a_i i z^{i-1};$$

siehe Abb. 9.1. ■

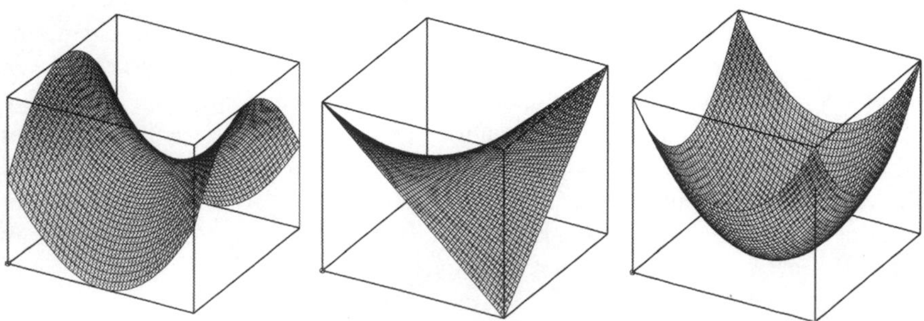

Abb. 9.1 Realteil, Imaginärteil und Betrag von $f(z) = z^2$ für $\mathrm{Re}(z), \mathrm{Im}(z) \in [-2, 2]$

Beispiel 9.2
Gebrochen-rationale Funktionen, $g(z) = p(z)/q(z)$, für ganzrationale Funktionen $p, q : \mathbb{C} \to \mathbb{C}$, sind auf ihrem Definitionsbereich $U = \{z \in \mathbb{C} \mid q(z) \neq 0\}$ holomorph, mit

$$g'(z) = \frac{p'(z)q(z) - p(z)q'(z)}{q(z)^2}.$$

■

Beispiel 9.3
Die natürliche Exponentialfunktion, $\exp : \mathbb{C} \to \mathbb{C}$, bestimmt durch

$$\exp(z) := e^z = \sum_{i=0}^{\infty} \frac{z^i}{i!},$$

ist ganz, mit $\exp'(z) = \exp(z)$; siehe Abb. 9.2. ■

Beispiel 9.4
Die trigonometrischen Funktionen Sinus $\sin : \mathbb{C} \to \mathbb{C}$ und Cosinus $\cos : \mathbb{C} \to \mathbb{C}$, bestimmt durch

$$\cos(z) := \frac{e^{iz} + e^{-iz}}{2} = \sum_{i=0}^{\infty} (-1)^i \frac{z^{2i}}{(2i)!},$$

$$\sin(z) := \frac{e^{iz} - e^{-iz}}{2i} = \sum_{i=0}^{\infty} (-1)^i \frac{z^{2i+1}}{(2i+1)!},$$

sind ganz, mit $\sin'(z) = \cos(z)$ und $\cos'(z) = -\sin(z)$; siehe Abb. 9.3. ■

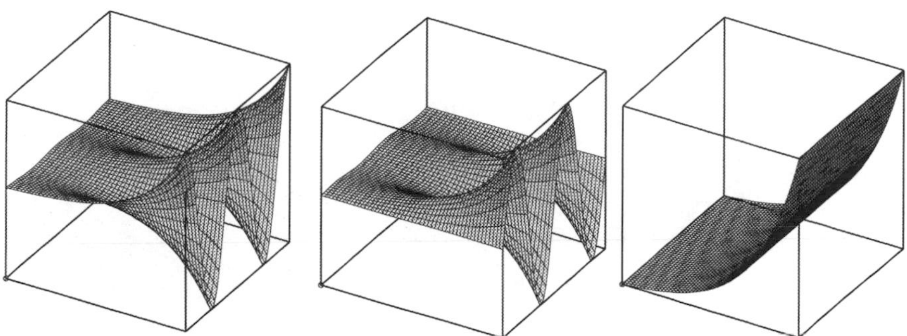

Abb. 9.2 Realteil, Imaginärteil und Betrag von $f(z) = e^z$ für $\mathrm{Re}(z) \in [-2, 2]$, $\mathrm{Im}(z) \in [-2\pi, 2\pi]$

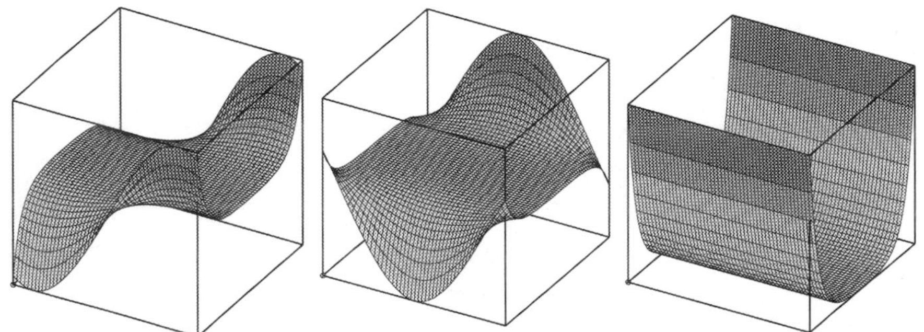

Abb. 9.3 Realteil, Imaginärteil und Betrag von $f(z) = \sin(z)$ für $\mathrm{Re}(z), \mathrm{Im}(z) \in [-2, 2]$

Beispiel 9.5
Die trigonometrischen Funktionen Tangens, $\tan : \mathbb{C}\backslash\{(k + 1/2)\pi \mid k \in \mathbb{Z}\} \to \mathbb{C}$, und Cotangens, $\cot : \mathbb{C}\backslash\{k\pi \mid k \in \mathbb{Z}\} \to \mathbb{C}$, bestimmt durch

$$\tan(z) := \frac{\sin(z)}{\cos(z)} = -i\frac{e^{iz} - e^{-iz}}{e^{iz} + e^{-iz}},$$
$$\cot(z) := \frac{\cos(z)}{\sin(z)} = i\frac{(e^{iz} + e^{iz})}{e^{iz} - e^{-iz}},$$

sind ganz, mit $\tan'(z) = 1 + \tan^2(z)$ und $\cot'(z) = -(1 + \cot^2(z))$. ■

Beispiel 9.6
Die hyperbolischen Funktionen Sinus Hyperbolicus, $\sinh : \mathbb{C} \to \mathbb{C}$, und Cosinus Hyperbolicus, $\cosh : \mathbb{C} \to \mathbb{C}$, bestimmt durch

$$\cosh(z) := \frac{e^z + e^{-z}}{2} = \sum_{i=0}^{\infty} \frac{z^{2i}}{(2i)!},$$
$$\sinh(z) := \frac{e^z - e^{-z}}{2} = \sum_{i=0}^{\infty} \frac{z^{2i+1}}{(2i+1)!},$$

sind ganz, mit $\sinh'(z) = \cosh(z)$ und $\cosh'(z) = \sinh(z)$. ■

Gegenbeispiel 9.7
Es ist nicht schwer zu zeigen, dass die Funktion $f(z) = \bar{z} = x - iy$ für $z = x + iy$ nirgends komplex differenzierbar ist.

Definition 9.2
Seien $O \subseteq \mathbb{R}$ offen und $f : O \to \mathbb{R}$ eine analytische Funktion mit

$$f(x) = \sum_{i=0}^{\infty} a_i x^i, \qquad a_i \in \mathbb{R};$$

vergleiche Abschn. 7.2. Konvergiert diese Potenzreihe auf einer offenen Teilmenge $U \subseteq \mathbb{C}$ mit $O \subseteq U$ gleichmäßig, so heißt $f : U \to \mathbb{C}$ **holomorphe Fortsetzung.** ♦

Beispiel 9.8
Die holomorphen Funktionen in den obigen Beispielen sind die holomorphen Fortsetzungen der reellen Funktionen in Abschn. 7.2. ■

Definition 9.3
Die **Riemann'sche Zahlenkugel** $\hat{\mathbb{C}} = \mathbb{C} \cup \{\infty\}$ ist die Alexandroff-Kompaktifizierung von $\mathbb{C}$; siehe hierzu Abschn. 6.5. Sei $U \subseteq \hat{\mathbb{C}}$ offen mit $\infty \in U$. Eine Abbildung $f : U \to \hat{\mathbb{C}}$ ist holomorph in ∞, wenn die Abbildung $g(z) = f(1/z)$ holomorph in 0 ist. ♦

Beispiel 9.9
Seien $a, b, c, d \in \mathbb{C}$ und $c \neq 0$. Die **Möbius-Transformation** $f : \hat{\mathbb{C}} \to \hat{\mathbb{C}}$, mit

$$f(z) = \frac{az + b}{cz + d}$$

und $f(\infty) = a/c$, ist holomorph in ∞, weil

$$g(z) = f(1/z) = \frac{a + bz}{c + dz}$$

holomorph in 0 ist; siehe Abb. 9.4. ■

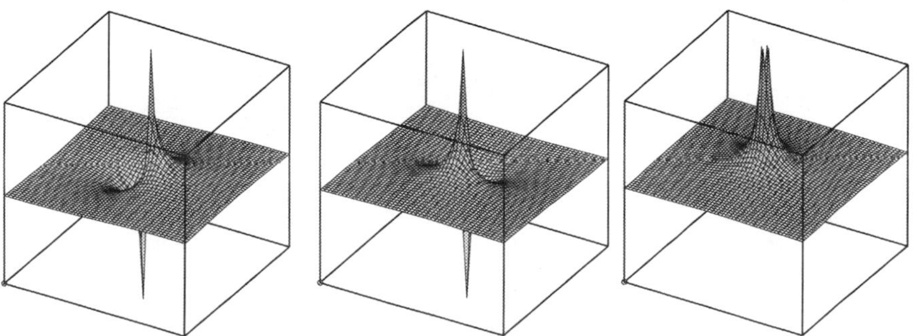

Abb. 9.4 Realteil, Imaginärteil und Betrag der Möbius-Transformation $f(z) = 1/z$ für $\mathrm{Re}(z), \mathrm{Im}(z) \in [-5, 5]$

Definition 9.4
Seien $U \subseteq \mathbb{C}$ offen und $f : U \to \mathbb{C}$ in $z_0 = x_0 + iy_0$ reell total differenzierbar; siehe Abschn. 7.4. Die komplexen Zahlen

$$\frac{\partial f}{\partial z}(z_0) = \frac{1}{2}\left(\frac{\partial f}{\partial x}(z_0) - i\frac{\partial f}{\partial y}(z_0)\right),$$
$$\frac{\partial f}{\partial \bar{z}}(z_0) = \frac{1}{2}\left(\frac{\partial f}{\partial x}(z_0) + i\frac{\partial f}{\partial y}(z_0)\right)$$

heißen **Wirtinger-Ableitungen** von f in z_0. ♦

Beispiel 9.10
Für $f(z) = z = x + iy$ erhalten wir

$$\frac{\partial f}{\partial z}(z_0) = 1 \quad \text{und} \quad \frac{\partial f}{\partial \bar{z}}(z_0) = 0.$$

Für $f(z) = \bar{z} = x - iy$ ergibt sich

$$\frac{\partial f}{\partial z}(z_0) = 0 \quad \text{und} \quad \frac{\partial f}{\partial \bar{z}}(z_0) = 1.$$

■

Beispiel 9.11
Es ist nicht aufwendig, zu zeigen, dass eine total differenzierbare Funktion genau dann holomorph in z_0 ist, wenn $\frac{\partial f}{\partial \bar{z}}(z_0) = 0$ ist. In diesem Fall ist $f'(z_0) = \frac{\partial f}{\partial z}(z_0)$. $\frac{\partial f}{\partial \bar{z}}(z_0) = 0$ wird **Cauchy-Riemann'sche Differenzialgleichung** genannt. Ist $f(x + iy) = u(x, y) + v(x, y)i$, dann lautet die Differenzialgleichung ausgeschrieben:

$$\frac{\partial u}{\partial x}(z_0) = \frac{\partial v}{\partial y}(z_0) \quad \text{und} \quad \frac{\partial v}{\partial x}(z_0) = -\frac{\partial u}{\partial y}(z_0).$$

■

Definition 9.5
Seien $U \subseteq \mathbb{C}$ eine offene Menge und $f : U \to \mathbb{C}$ zweimal stetig reell differenzierbar. f wird **harmonische Funktion** genannt, wenn $\Delta f = 0$ ist, wobei

$$\Delta = \frac{\partial^2}{\partial x^2} + \frac{\partial^2}{\partial y^2}$$

der **Laplace-Operator** ist. ♦

Beispiel 9.12
Es gilt folgender Zusammenhang zwischen partiellen und Wirtinger-Ableitungen:

$$\frac{\partial^2 f}{\partial x^2} + \frac{\partial^2 f}{\partial y^2} = 4\frac{\partial^2 f}{\partial z \partial \bar{z}}.$$

Also sind holomorphe Funktionen harmonisch. ■

Beispiel 9.13
Ist $f(x + iy) = u(x, y) + v(x, y)i$ und f ist holomorph auf U, so sind der Realteil u und der Imaginärteil v von f harmonische Funktionen auf U. ■

Beispiel 9.14
Die Abbildung $f(z) = x^2 - y^2$ mit $z = x + yi$, ist offensichtlich harmonisch. Wie der Leser überprüfen mag, ist diese Funktion aber nur in $z = 0$ holomorph. ■

9.2 Konforme und biholomorphe Abbildungen

Definition 9.6
Seien $\gamma_1, \gamma_2 : [0, 1] \to \mathbb{C}$ zwei stetig differenzierbare Wege mit dem Schnittpunkt $\gamma_1(0) = \gamma_2(0) = z_0$ und $\gamma_1'(0) = \gamma_2'(0) \neq 0$. Der **orientierte Winkel** zwischen den Wegen γ_1, γ_2 in z_0 ist

$$\angle(\gamma_1, \gamma_2) = \arg\left(\frac{\gamma_2'(0)}{\gamma_1'(0)}\right),$$

wobei das Argument $\arg(z) = \phi$ der Winkel in der Polarkoordinaten-Darstellung $z = |z|(\cos\phi + i \sin\phi)$ ist. ♦

Beispiel 9.15
Ist $\gamma_1(t) = t$ und $\gamma_2(t) = it$, so erhalten wir $\angle(\gamma_1, \gamma_2) = \arg(i) = \pi/2$. ■

Definition 9.7
Sei $U \subseteq \mathbb{C}$. Eine Abbildung $f : U \to \mathbb{C}$ heißt **konform,** wenn sie stetig differenzierbare Kurven in stetig differenzierbare Kurve überführt und wenn die Abbildung orientierte Winkel erhält, also

$$\angle(\gamma_1, \gamma_2) = \angle(f(\gamma_1), f(\gamma_2))$$

für je zwei Kurven γ_1, γ_2 in U, die sich im Sinne der letzten Definition schneiden; siehe Abb. 9.5. ♦

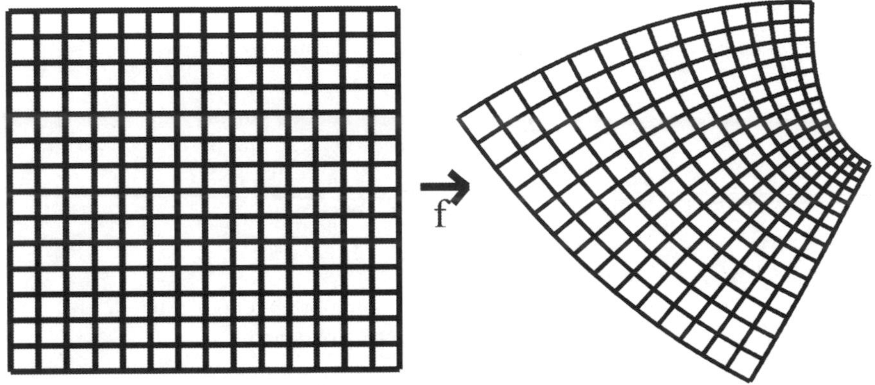

Abb. 9.5 Konforme Abbildung

Beispiel 9.16
Es ist leicht zu zeigen, dass jede holomorphe Abbildung $f : U \to \mathbb{C}$ mit $f'(z) \neq 0$ für $z \in U$ konform ist. Allgemein sind biholomorphe Abbildungen, die wir nachfolgend definieren, konform. ■

Definition 9.8
Seien $U \subseteq \mathbb{C}$. Eine holomorphe Abbildung $f : U \to \mathbb{C}$ heißt **biholomorph,** wenn sie injektiv mit holomorpher Umkehrung $f^{-1} : f(U) \to U$ ist. ♦

Beispiel 9.17
Seien $B_1(0) = \{z \in \mathbb{C} \mid |z| < 1\}$ und $z_0 \in B_1(0)$. Die Möbius-Transformation $f : B_1(0) \to B_1(0)$, gegeben durch

$$f(z) = e^{i\phi} \frac{z - z_0}{1 - \bar{z}_0 z},$$

mit $\phi \in (-\pi, \pi]$, ist biholomorph. Man kann sogar zeigen, dass dies die einzigen biholomorphen Abbildungen auf $B_1(0)$ sind; siehe hierzu Remmert und Schumacher (2002/2007). ■

Beispiel 9.18
Die Abbildung $f : \mathbb{H} = \{z \in \mathbb{Z} \mid \mathrm{Im}(z) > 0\} \to B_1(0)$, gegeben durch

$$f(z) = \frac{z - i}{z + i},$$

ist biholomorph. Es lässt sich sogar zeigen, dass sich jede offen einfach-zusammenhängende echte Teilmenge von $\mathbb{C}$ biholomorph, also konform auf $B_1(0)$ abbilden lässt; siehe Remmert und Schumacher (2002/2007). ■

9.3 Wegintegrale

Definition 9.9
Ein **Integrationsweg** ist eine stückweise stetig differenzierbare Abbildung $\gamma : [a, b] \to \mathbb{C}$. Der Weg ist geschlossen, wenn $\gamma(a) = \gamma(b)$ ist, und einfach geschlossen, wenn γ zusätzlich injektiv auf (a, b) ist. Die Menge $\operatorname{Sp}\gamma = \{\gamma(t) \mid t \in [a, b]\}$ heißt **Spur** von γ. ♦

Beispiel 9.19
Ist $z_0 \in \mathbb{C}$ und $r > 0$, so beschreibt $\kappa : [0, 2\pi] \to \mathbb{C}$, gegeben durch $\kappa(t) = z_0 + re^{it}$, einen einfach geschlossenen Weg. Dessen Spur $\kappa_d(z_0) := \operatorname{Sp}\kappa$ ist die positiv orientierte Kreislinie mit Radius r um z_0. ■

Beispiel 9.20
Für $z_0, z_1 \in \mathbb{C}$ ergibt $\gamma : [0, 1] \to \mathbb{C}$ mit

$$\gamma(t) = z_0 + t(z_1 - z_0)$$

einen Integrationsweg, dessen Spur $[z_0 z_1] := \operatorname{Sp}\gamma$ die Verbindungsstrecke zwischen z_0 und z_1 ist, an. Sind n Punkte $z_0, \ldots, z_n \in \mathbb{C}$ gegeben, so bestimmt $\gamma : [0, n] \to \mathbb{C}$ mit

$$\gamma(t) = z_k + (t - k)(z_{k+1} - z_k)$$

für $t \in [k, k + 1]$ den Streckenzug $[z_0, z_1, \ldots, z_n] := \operatorname{Sp}\gamma$. Sind speziell z_0, z_1, z_2 die Ecken eines Dreiecks, so bildet $[z_0, z_1, z_2, z_0]$ den Rand des Dreiecks. Dies ist ein einfach geschlossener Integrationsweg. ■

Definition 9.10
Seien $U \subseteq \mathbb{C}$ offen und $\gamma : [a, b] \to U$ ein Integrationsweg sowie $f : U \to \mathbb{C}$ eine auf $\operatorname{Sp}\gamma$ stetige Abbildung. Das **Wegintegral** von f entlang des Weges γ ist dann definiert als

$$\int_\gamma f(z)dz = \int_a^b f(\gamma(t))\gamma'(t)dt.$$

♦

Beispiel 9.21
Das Integral der Funktion $f(z) = 1/z$ entlang des Kreises $\kappa_d(0)$ ist

$$\int_{\kappa_d(0)} \frac{1}{z} dz = \int_0^{2\pi} \frac{ie^{it}}{e^{it}} dt = 2\pi i,$$

unabhängig vom Radius des Kreises. ■

Beispiel 9.22
Integrieren wir $f(z) = |z|$ entlang der Strecke $[-1, 1]$, so erhalten wir

$$\int_{[-1,1]} |z| dz = \int_{-1}^{1} |t| dt = 1.$$

Integrieren wir f jedoch entlang des Halbkreises $\gamma : [0, \pi] \to \mathbb{C}$, mit $\gamma(t) = e^{i(\pi - t)}$, der die Punkte -1 und 1 in $\mathbb{C}$ verbindet, dann ergibt sich

$$\int_{\gamma} |z| dz = \int_{0}^{\pi} \gamma'(t) dt = 2.$$

Das Wegintegral hängt im Allgemeinen also nicht nur vom Anfangspunkt und Endpunkt des Wegs ab. ■

Definition 9.11
Seien $U \subseteq \mathbb{C}$ offen und $f : U \to \mathbb{C}$ stetig. Eine holomorphe Funktionen $F : U \to \mathbb{C}$ heißt **komplexe Stammfunktion** von f auf U, wenn $F'(z) = f(z)$ für alle $z \in U$ gilt. Die Funktion hat lokal eine Stammfunktion, wenn jeder Punkt $z \in U$ eine offene Umgebung $U(z) \subseteq U$ hat, auf der f eine Stammfunktion hat. ♦

Beispiel 9.23
Für die ganzen Funktionen, die in den Beispielen im vorigen Abschnitt eingeführt wurden, lassen sich die komplexen Stammfunktionen unmittelbar angeben, etwa hat $f(z) = z^n$ die Stammfunktion $f(z) = \frac{1}{n+1} z^{n+1}$. ■

Beispiel 9.24
Allgemein zeigt man in der Funktionentheorie, dass eine Funktion genau dann holomorph auf einer offenen Menge ist, wenn sie dort lokal eine Stammfunktion hat. Wir empfehlen dem Leser hierzu die Lektüre von Jänich (2011). ■

Definition 9.12
Seien $U \subseteq \mathbb{C}$ offen und $f : U \to \mathbb{C}$ stetig. f heißt **wegunabhängig integrierbar,** wenn für je zwei Wege $\gamma, \bar{\gamma}$ in U mit gleichem Anfangspunkt und Endpunkt

$$\int_{\gamma} f(z) dz = \int_{\bar{\gamma}} f(z) dz$$

gilt. Äquivalent hierzu können wir auch fordern, dass das Wegintegral über jeden geschlossenen Weg in U verschwindet. Die Funktion f heißt **lokal wegunabhängig integrierbar,** wenn jeder Punkt $z \in U$ eine offene Umgebung $U(z) \subseteq U$ hat, auf der f wegunabhängig integrierbar ist. ♦

Beispiel 9.25
Hat $f : U \to \mathbb{C}$ eine Stammfunktion auf U, so gilt für alle Integrationswege von z_0 nach z_1 offenbar

$$\int_\gamma f(z)dz = F(z_1) - F(z_0).$$

Die Funktion ist also wegunabhängig integrierbar. Für jeden geschlossenen Integrationsweg γ in U gilt in diesem Fall

$$\int_\gamma f(z)dz = 0.$$

■

Beispiel 9.26
Allgemein zeigt man in der Funktionentheorie, dass eine Funktion genau dann holomorph auf einer offenen Menge ist, wenn sie dort lokal wegunabhängig integrierbar ist. Wir empfehlen hierzu wieder Jänich (2011). ■

Gegenbeispiel 9.27
In den Beispielen 9.13 *und* 9.14 *wurden Funktionen angegeben, die nicht wegunabhängig integrierbar sind.*

9.4 Die Umkehrung elementarer Funktionen in $\mathbb{C}$

Definition 9.13
Sei U eine offene einfach-zusammenhängende Menge; siehe hierzu Definition 6.32. Eine stetige Funktion $f : U \to \mathbb{C}$ mit $e^{f(z)} = z$, für alle $z \in U$, heißt **Zweig des natürlichen Logarithmus** in $\mathbb{C}$. ♦

Beispiel 9.28
Sei $G = \mathbb{C}\backslash\{z \in \mathbb{R} \mid z \leq 0\}$ die **geschlitzte Ebene.** Die Funktion $f : G \to \mathbb{C}$, definiert durch

$$f(z) = \int_{[1,z]} \frac{1}{\xi} d\xi,$$

ist der **Hauptzweig des Logarithmus.** Wir bezeichnen diesen Hauptzweig mit $f(z) = \text{Log}(z)$; siehe Abb. 9.6. Es sei angemerkt, dass das Integral auf der geschlitzten Ebene wegunabhängig ist. ■

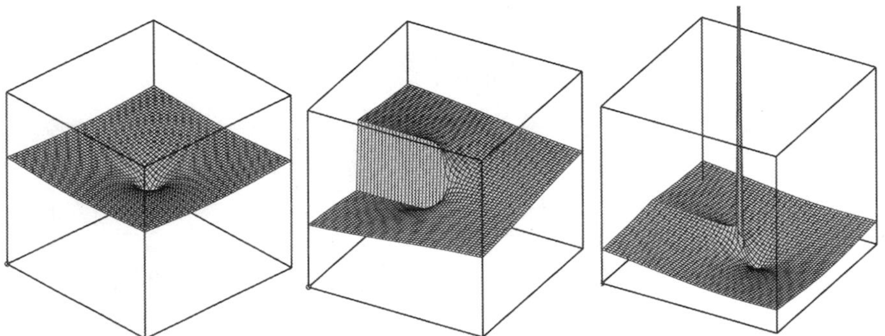

Abb. 9.6 Realteil, Imaginärteil und Betrag des Hauptzweiges von $f(z) = \text{Log}(z)$ für $\text{Re}(z), \text{Im}(z) \in [-5, 5]$

Definition 9.14
Seien U eine offene einfach-zusammenhängende Menge, auf der ein Zweig des Logarithmus log erklärt ist, und $b \in \mathbb{C}$. Dann nennt man

$$f(z) = e^{b \log(z)}$$

einen **Zweig der b-ten Potenz** auf U. ♦

Beispiel 9.29
Ist $b = 1/n$ und log ein Zweig des Logarithmus, so ist $f(z) = e^{\log(z)/n}$ ein **Zweig der n-ten Wurzel** $\sqrt[n]{z}$. Für $k = 1, \ldots, n-1$ sind weitere Zweige gegeben durch

$$e^{(2\pi k + \log(z))/n} = \zeta_n^k \, e^{\log(z)/n} \text{ mit } \zeta_n = e^{2\pi i/n}.$$

Die komplexen Zahlen ζ_n^k werden als n-te **komplexe Einheitswurzeln** bezeichnet; siehe auch Beispiel 3.44. ■

Definition 9.15
Seien $U = \{z \in \mathbb{C} \mid -\pi/2 < \text{Re}(z) < \pi/2\}$ und $\bar{U} = \mathbb{C} \backslash \{z \in \mathbb{R} \mid |z| \geq 1\}$. Die Umkehrung des Sinus $\sin : U \to \bar{U}$ ist der **Arcussinus** $\arcsin : \bar{U} \to U$, gegeben durch

$$\arcsin(z) = \frac{1}{i} \text{Log}(iz + \sqrt{1 - z^2}).$$

Seien $U = \{z \in \mathbb{C} \mid 0 < \text{Re}(z) < \pi\}$ und $\bar{U} = \mathbb{C} \backslash \{z \in \mathbb{R} \mid |z| \geq 1\}$. Die Umkehrung des Cosinus $\cos : U \to \bar{U}$ ist der **Arcuscosinus** $\arccos : \bar{U} \to U$, gegeben durch

$$\arcsin(z) = \frac{1}{i} \text{Log}(z + i\sqrt{1 - z^2}).$$

Seien $U = \{z \in \mathbb{C} \mid -\pi/2 < \mathrm{Re}(z) < \pi/2\}$ und $\bar{U} = \mathbb{C}\backslash\{z = ti \mid t \in \mathbb{R}\ |t| \geq 1\}$. Die Umkehrung des Tangens $\tan : U \to \bar{U}$ ist der **Arcustangens** $\arctan : \bar{U} \to U$, gegeben durch

$$\arctan(z) = \frac{1}{2i}\mathrm{Log}\left(\frac{1+iz}{1-iz}\right).$$

Seien $U = \{z \in \mathbb{C} \mid 0 < \mathrm{Re}(z) < \pi\}$ und $\bar{U} = \mathbb{C}\backslash\{z = ti \mid t \in \mathbb{R}, |t| \geq 1\}$. Die Umkehrung des Cotangens $\cot : U \to \bar{U}$ ist der **Arcuscotangens** $\mathrm{arccot} : \bar{U} \to U$, gegeben durch

$$\mathrm{arccot}(z) = \pi/2 - \arctan(z).$$

In allen Fällen bezeichnet Log den Hauptzweig des Logarithmus in Beispiel 9.28. ♦

9.5 Singularitäten und meromorphe Funktionen

Definition 9.16
Ist $f : U\backslash\{z_0\} \subseteq \mathbb{C} \to \mathbb{C}$ holomorph, so heißt z_0 **isolierte Singularität** von f. z_0 ist eine **hebbare Singularität,** wenn der Grenzwert $\lim_{z\to z_0} f(z)$ in $\mathbb{C}$ existiert. Die Singularität z_0 ist ein **Pol,** wenn gilt:

$$\lim_{z\to z_0} |f(z)| = \infty.$$

Ist die Singularität weder hebbar noch ein Pol, so spricht man von einer **wesentlichen Singularität.** ♦

Beispiel 9.30
Die Funktion $f(z) = \sin(z)/z$ hat in 0 eine hebbare Singularität, wegen

$$\lim_{z\to 0} \frac{\sin(z)}{z} = 1.$$

Wir können diese Singularität durch die Definition $f(0) = 1$ aufheben und erhalten eine Fortsetzung von f zu einer ganzen Funktion. ■

Beispiel 9.31
Die Funktion

$$f(z) = 1/(z(z-i)^2)$$

hat bei 0 und bei i je einen Pol. ■

Beispiel 9.32
Die Funktion $f(z) = \cot(\pi z) = \cos(\pi z)/\sin(\pi z)$ hat Pole in allen ganzen Zahlen $z \in \mathbb{Z}$; siehe Abb. 9.7. ■

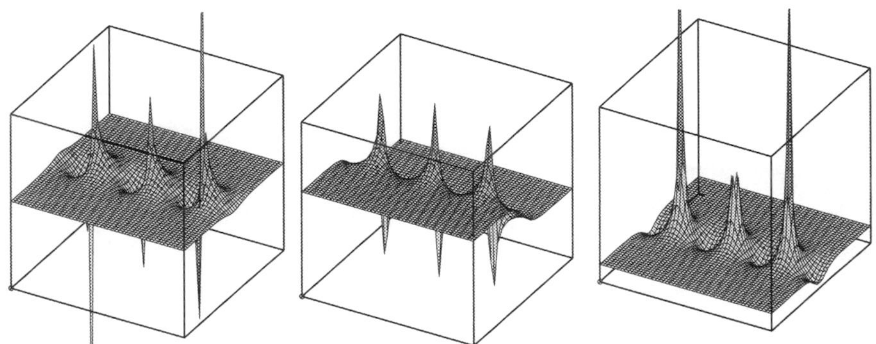

Abb. 9.7 Realteil, Imaginärteil und Betrag von $f(z) = \cot(z)$ für $\mathrm{Re}(z), \mathrm{Im}(z) \in [-4, 4]$

Beispiel 9.33
Die Funktionen $f(z) = e^{1/z}$ und $g(z) = \sin(1/z)$ haben bei $z = 0$ eine wesentliche Singularität. ■

Definition 9.17
Eine Singularität $z_0 \in \mathbb{C}$ einer holomorphen Funktion $f : U\backslash\{z_0\} \to \mathbb{C}$ heißt ein **Pol der Ordnung** $n \in \mathbb{N}$, wenn es Konstanten $c, C > 0$ gibt, sodass gilt:

$$c|z - z_0|^{-n} \leq |f(z)| \leq C|z - z_0|^{-n},$$

für alle z aus einer Umgebung um z_0. ♦

Beispiel 9.34
In Beispiel 9.31 liegt bei 0 ein Pol erster Ordnung und bei i ein Pol zweiter Ordnung vor. ■

Beispiel 9.35
Die Pole des Cotangens in Beispiel 9.32 haben alle die Ordnung 1. ■

Definition 9.18
Ist eine komplexwertige Funktion f auf der punktierten offenen Keisscheibe $B_r(z_0)\backslash\{z_0\}$ holomorph, so heißt die Darstellung

$$f(z) = \sum_{n=-\infty}^{\infty} a_n (z - z_0)^n,$$

mit

$$a_n = \frac{1}{2\pi i} \int_{\kappa_r(z_0)} \frac{f(z)}{(z - z_0)^{n+1}} dz,$$

Laurent-Entwicklung von f um z_0. Der Ausdruck

$$\mathrm{Res}_{z_0}(f) := a_{-1} = \frac{1}{2\pi i} \int_{\kappa_r(z_0)} f(z) dz$$

wird **Residuum** von f in z_0 genannt. Einen Beweis der gleichmäßigen Konvergenz der Laurent-Entwicklung gegen f findet der Leser zum Beispiel in Remmert und Schumacher (2002/2007). ♦

Beispiel 9.36
Die Laurent-Entwicklung von $f(z) = \sin(z)/z$ um $z_0 = 0$ lautet gemäß der Definition des Sinus:

$$f(z) = \sum_{i=0}^{\infty} (-1)^i \frac{z^{2i}}{(2i+1)!}.$$

Hier liegt eine hebbare Singularität vor, und man erhält daher $a_{-n} = 0$ in der Laurent-Entwicklung für alle $n \in \mathbb{N}$. ■

Beispiel 9.37
Die Laurent-Entwicklung von $f(z) = e^{1/z}$ um $z_0 = 0$ lautet gemäß der Definition der Exponentialfunktion:

$$f(x) = \sum_{i=0}^{\infty} \frac{1}{i!z^i}.$$

Hier liegt eine eigentliche Singularität vor, und man erhält damit $a_{-n} \neq 0$ für unendlich viele $n \in \mathbb{N}$ in der Laurent-Entwicklung. ■

Beispiel 9.38
Die Bestimmung der Laurent-Entwicklung des Cotangens $f(x) = \cot(x)$ um $z_0 = 0$ ist nicht trivial; siehe Jänich (2011). Man erhält

$$f(z) = \sum_{n=0}^{\infty} (-1)^n \frac{2^{2n} B_{2n}}{(2n)!} z^{n-1},$$

wobei B_k die Bernoulli-Zahlen in Beispiel 7.52 sind. Bei einer einfachen Singularität wie hier ist das Residuum a_{-1} nicht null, aber alle anderen Koeffizienten a_{-n} verschwinden. ■

Definition 9.19
Sei $U \subseteq \mathbb{C}$ offen und $f : U \backslash P(f) \to \mathbb{C}$ holomorph. f heißt **meromorph** auf U, wenn $P(f)$ eine Menge von Polen ist, die keine Häufungspunkte hat. ♦

Beispiel 9.39
In den Beispielen 9.29 und 9.30 haben wir schon Funktionen angegeben, die meromorph auf $\mathbb{C}$ sind. ■

Beispiel 9.40
Sei (a_i) eine Folge komplexer Zahlen mit $0 = a_0 \leq |a_1| \leq |a_2|, \ldots$, die keinen Häufungspunkt hat. Ferner sei $f : \mathbb{C}\backslash\{a_0, a_1, \ldots\}$ gegeben durch

$$f(z) = \frac{c_0}{z} + \sum_{v=1}^{\infty} \frac{c_v}{z - a_v} \left(\frac{z}{a_v}\right)^N,$$

mit $c_i \in \mathbb{C}$. Wir nehmen weiter an, dass N so gewählt ist, dass $\sum_{i=1}^{\infty} c_v/a_v^{N+1}$ absolut konvergiert. Dies gewährleistet die Konvergenz der angegebenen Reihe. f ist eine meromorphe Funktion mit Polen in a_i, die jeweils das Residuum c_i haben. Man spricht bei dieser Darstellung einer Funktion auch von der **Partialbruchdarstellung;** siehe Remmert und Schumacher (2002/2007). Ist (a_i) etwa eine Abzählung der ganzen Zahlen, und ist $c_i = 1$, so erhalten wir

$$f(z) = \frac{1}{z} + \sum_{i \in \mathbb{Z}\backslash\{0\}} \left(\frac{1}{z - i} + \frac{1}{i}\right).$$

Dies ist die Partialbruchdarstellung von $f(x) = \pi \cot(\pi z)$. ■

Beispiel 9.41
Weitere meromorphe Funktionen findet der Leser im nächsten Abschnitt. ■

9.6 Spezielle Funktionen

Definition 9.20
Die **Γ-Funktion,** $\Gamma : \mathbb{C}\backslash\{0, -1, -2, \ldots\} \to \mathbb{C}$, ist gegeben durch

$$\Gamma(z) = \lim_{n \to \infty} \frac{n! n^z}{z(z+1)\ldots(z+n)}.$$

Es handelt sich um eine meromorphe Funktion mit Polen erster Ordnung vom Residuum $(-1)^n/n!$ für $n = \{0, -1, -2, \ldots\}$. Den Nachweis findet der Leser in Remmert und Schumacher (2002/2007); siehe Abb. 9.8. ♦

Definition 9.21
Für $q \in \mathbb{C}$ mit $\mathrm{Re}(q) > 1$ definieren wir die **Hurwitz'sche Zeta-Funktion,** $\zeta_q : \{z \in \mathbb{C} \mid \mathrm{Re}(z) > 1\} \to \mathbb{C}$, durch

$$\zeta_q(z) := \sum_{n=0}^{\infty} \frac{1}{(n+q)^z}.$$

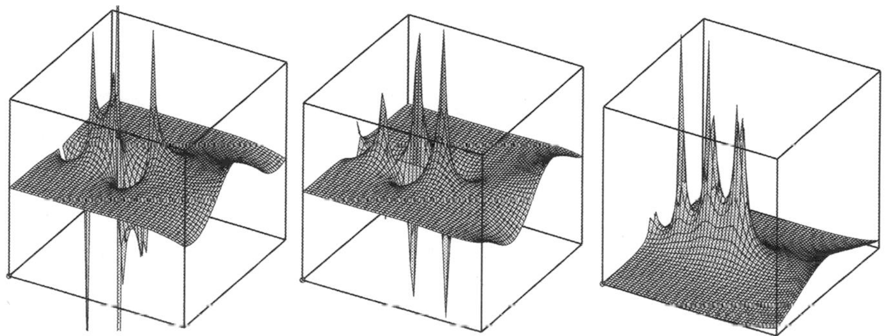

Abb. 9.8 Realteil, Imaginärteil und Betrag von $\Gamma(z)$ für $\operatorname{Re}(z), \operatorname{Im}(z) \in [-3, 3]$

Die Funktion lässt sich zu einer meromorphen Funktion auf $\mathbb{C}$ mit einem einfachen Pol in $z = 1$ mit Residuum 1 fortsetzen; siehe Remmert und Schumacher (2002/2007). ♦

Beispiel 9.42
Die bekannteste Hurwitz'sche Zeta-Funktion ist die **Riemann'sche Zeta-Funktion**

$$\zeta(z) = \zeta_1(z) = \sum_{n=1}^{\infty} \frac{1}{n^z} = \prod_p \frac{1}{1 - p^{-z}},$$

wobei das Produkt über alle Primzahlen p läuft; siehe Abb. 9.9. Mit der Festlegung $\eta(z) = (1 - 2^{1-z})\zeta(z)$ erhält man die Dirichlet-η-Funktion aus der Riemann'schen Zeta-Funktion

$$\eta(z) = \sum_{n=1}^{\infty} \frac{(-1)^{n-1}}{n^z}$$

für $z \in \mathbb{C}$ mit $\operatorname{Re}(z) > 0$. ■

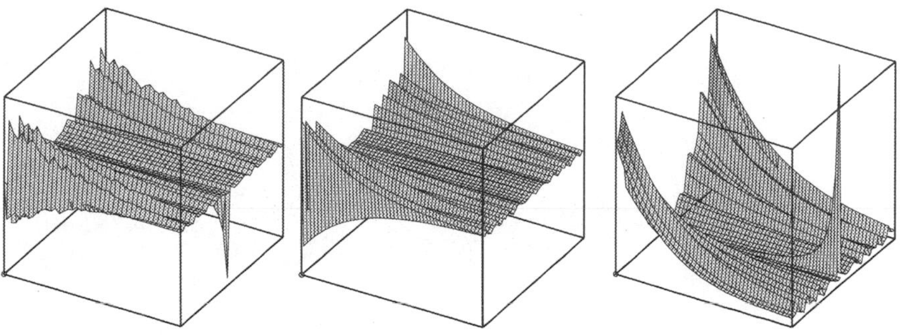

Abb. 9.9 Realteil, Imaginärteil und Betrag von $\zeta(z)$ für $\operatorname{Re}(z) \in [-1, 1]$ und $\operatorname{Im}(z) \in [-40, 40]$

Definition 9.22
Seien $w_1, w_2 \in \mathbb{C}\backslash\{0\}$ linear unabhängig. Ein **Gitter** in $\mathbb{C}$ ist gegeben durch

$$\Omega = \{k_1 z_1 + k_2 z_2 \mid k_1, k_2 \in \mathbb{Z}\}.$$

Eine meromorphe Funktion f heißt **elliptische Funktion,** wenn $f(z) = f(z+w)$ für alle $w \in \Omega$ gilt. ♦

Beispiel 9.43
Die **Weierstraß'sche $\wp$-Funktion,** gegeben durch

$$\wp(z) = \frac{1}{z^2} + \sum_{w\in\Omega, w\neq(0,0)} \left(\frac{1}{(z-w)^2} - \frac{1}{w^2}\right),$$

ist eine gerade elliptische Funktion: $\wp(z) = \wp(-z)$. Ihre Ableitung $\wp'(z)$ ist eine ungerade elliptische Funktion: $\wp'(z) = -\wp'(-z)$. ■

Definition 9.23
Sei $\mathbb{H} = \{z \in \mathbb{C} \mid \operatorname{Im}(z) > 0\}$ die obere Halbebene. Eine holomorphe oder meromorphe Funktion $f : \mathbb{H} \to' \mathbb{H}$ heißt holomorphe bzw. meromorphe **Modulform** vom Gewicht $k \in \mathbb{N}$, wenn gilt:

$$f\left(\frac{az+b}{cz+d}\right) = (cz+d)^k f(z),$$

für alle $a, b, c, d \in \mathbb{C}$ mit $ad - bc = 1$. ♦

Beispiel 9.44
Die holomorphe **Eisenstein-Reihe** $E_{2k} : \mathbb{H} \to \mathbb{H}$ zum Gewicht $2k$, gegeben durch

$$E_{2k}(z) = \sum_{(m,n)\in\mathbb{Z}^2,\quad (m,n)\neq(0,0)} \frac{1}{(m+nz)^{2k}},$$

ist eine Modulform vom Gewicht $2k$. ■

Funktionalanalysis 10

Inhaltsverzeichnis

In diesem Kapitel geben wir eine Einführung in die Grundbegriffe der Funktionalanalysis, in der unendlich-dimensionale Vektorräume und die Abbildung auf diesen Räumen untersucht werden. Zu Beginn führen wir Banach-Räume ein und zeigen als Beispiele Folgenräume, Funktionenräume und Räume von Maßen. Des Weiteren definieren wir Dualräume, d. h. Räume von Funktionalen auf Banach-Räumen. und zeigen die Dualräume von Folgen und Funktionenräumen als Beispiele. Im Abschn. 10.2 führen wir die schwache Ableitung ein und definieren mit Hilfe dieses Konzepts Sobolev-Räume, die eine weitere wichtige Klasse von Banach-Räumen darstellen. Danach werden Hilbert-Räume, Hilbert-Basen und die Entwicklung einer Funktion in Bezug auf eine Hilbert-Basis definiert. Die l^2-Folgenräume und L^2-Funktionenräume sind hier die wichtigsten Beispiele. Im Abschn. 10.4 stellen wir die grundlegenden Begriffe der Theorie linearer Operatoren auf Banach- und Hilbert-Räumen vor und definieren insbesondere invertierbare, kompakte und nukleare Operatoren sowie die adjungierten Operatoren auf Dualräumen. Als Beispiele dienen uns unter anderem Differenzial- und Integraloperatoren. Der letzte Abschn. 10.5, ist den zentralen Begriffen der Spektraltheorie gewidmet. Wir definieren das Punktspektrum, das stetige Spektrum und das Residualspektrum sowie das essentielle und das diskrete Spektrum eines Operators und erläutern die Begriffe anhand von Beispielen.

Der Nachweis, dass die in diesem Kapitel vorgestellten Beispiele die gewünschten Eigenschaften haben, ist in einigen Fällen nicht trivial. Diese Beweise werden üblicherweise in einer Vorlesung zur Funktionalanalysis ausgeführt. Wir verweisen hierzu auf Lehrbücher wie Werner (2011) oder Großmann (2014).

© Springer-Verlag GmbH Deutschland, ein Teil von Springer Nature 2020

J. Neunhäuserer, *Mathematische Begriffe in Beispielen und Bildern*,
https://doi.org/10.1007/978-3-662-60764-0_10

10.1 Banach-Räume

Definition 10.1
Ein vollständiger normierter Vektorraum $(X, ||\cdot||)$ über dem Körper $\mathbb{K} = \mathbb{R}$ oder $\mathbb{K} = \mathbb{C}$ ist ein **Banach-Raum;** siehe hierzu Abschn. 4.6 und 7.1. ♦

Beispiel 10.1
Die euklidischen Räume $\mathbb{K}^n$, normiert durch

$$||x||_2 = \sqrt{\sum_{i=1}^{n} |x_i|^2}$$

sind Banach-Räume. Auch mit den p-**Normen**

$$||x||_p = \sqrt[p]{\sum_{i=1}^{n} |x_i|^p}$$

für $p \geq 1$ sowie mit der **Maximumsnorm**

$$||x||_\infty = \max_{i=1,\ldots,n} |x_i|$$

bildet $\mathbb{K}^n$ einen Banach-Raum. ■

Beispiel 10.2
Die im Folgenden angegebenen Folgenräume mit Elementen in $\mathbb{K}^{\mathbb{N}}$ sind Banach-Räume:

- Der **Raum der in p-ter Potenz betragsweise summierbaren Folgen** $l^p = \{x \mid ||x||_p < \infty\}$ mit der Norm

$$||x||_p = \sqrt[p]{\sum_{i=1}^{\infty} |x_i|^p}.$$

- Der **Raum der beschränkten Folgen** $l^\infty = \{x \mid ||x||_\infty < \infty\}$, mit

$$||x||_\infty = \sup\{|x_i| \mid i \in \mathbb{N}\}.$$

- Der **Raum der konvergenten Folgen**

$$c = \{x \mid \lim_{i\to\infty} x_i \text{ existiert}\},$$

mit der Norm $||\cdot||_\infty$.

- Der **Raum der Nullfolgen**

$$c_0 = \{(x_i) \mid \lim_{i\to\infty} x_i = 0\},$$

mit der Norm $||\cdot||_\infty$.
- Der **Raum der Folgen mit beschränkter Variation** $bv = \{x \mid ||x||_{bv} < \infty\}$, mit der Norm

$$||x||_{bv} = |x_1| + \sum_{i=1}^{\infty} |x_{i+1} - x_i|.$$

■

Beispiel 10.3
Seien X ein metrischer Raum und $B(X)$ der Vektorraum der beschränkten Funktionen $f : X \to \mathbb{K}$. Ferner sei $C(X)$ der Vektorraum der stetigen Funktionen $f : X \to \mathbb{K}$. Beide Räume bilden mit der Supremumsnorm $||f||_\infty = \sup\{|f(x)| \mid x \in X\}$ Banach-Räume. ■

Beispiel 10.4
Seien X ein metrischer Raum und μ ein Borel'sches Maß auf X sowie

$$\mathfrak{L}^p(X,\mu) = \left\{ f : X \to \mathbb{K} \mid f \text{ messbar mit } \int |f(x)|^p d\mu(x) < \infty \right\}$$

der Vektorraum der zur p-ten Potenz Lebesgue-integrierbaren Funktionen auf X. Wir identifizieren zwei Funktionen in diesem Raum durch eine Äquivalenzrelation $\sim$, wenn diese sich nur auf einer Menge vom Maß null unterscheiden. Der **Lebesgue-Raum** $L^p(X,\mu) = \mathfrak{L}^p(X,\mu)/\sim$ mit der Norm

$$||f||_p = \sqrt[p]{\int |f(x)|^p d\mu(x)}$$

ist ein Banach-Raum. Der Raum $\mathfrak{L}^\infty(X,\mu)$ enthält die Funktionen, die bis auf eine Nullmenge beschränkt sind. Der Raum $L^\infty(X,\mu) = \mathfrak{L}^\infty(X,\mu)/\sim$ bildet mit der **essentiellen Supremumsnorm**

$$||f||_\infty = \inf\{||\hat{f}||_\infty \mid \hat{f} = f \text{ auf } X\backslash N \text{ mit } \mu(N) = 0\}$$

einen Banach-Raum. $L^p[a,b]$ bezeichnet speziell den L^p-Raum für das Lebesgue-Integral auf dem Intervall $[a,b]$ in $\mathbb{R}$. ■

Gegenbeispiel 10.5
$\mathfrak{L}^p(X,\mu)$ bildet mit $||\cdot||_p$ keinen Banach-Raum, da die Abbildung keine Norm ist. Es gibt Funktionen $f \neq 0$ in $\mathfrak{L}^p(X,\mu)$, mit $||f||_p = 0$.

Beispiel 10.6
Für $n \in \mathbb{N}$ sei $C^n[a, b]$ der Raum der n-mal stetig differenzierbaren Funktionen $f : [a, b] \to \mathbb{C}$. Mit der Norm

$$||f||_{C^n} = \sum_{i=0}^{n} \sup\{|f^{(i)}(x)| \mid x \in [a, b]\}$$

ist dieser Raum ein Banach-Raum. ■

Gegenbeispiel 10.7
$C^1[a, b]$ mit der Supremumsnorm ist nicht vollständig, also kein Banach-Raum. Zum Beispiel konvergiert die Folge von Funktionen $f_n(x) = \sqrt{x^2 + \frac{1}{n}}$ in der Supremumsnorm gegen $f(x) = |x|$, aber diese Funktion ist nicht differenzierbar in $x = 0$; siehe Abb. 10.1.

Beispiel 10.8
Sei $U \subseteq \mathbb{C}$ offen. Der Raum $H^\infty(U)$ der holomorphen Funktionen $f : U \to \mathbb{C}$ mit der Supremumsnorm ist ein Banach-Raum. ■

Beispiel 10.9
Seien $U \subseteq \mathbb{R}^n$ offen und beschränkt sowie $f : U \to K$ n-mal stetig differenzierbar. Für einen Multiindex $\alpha = (\alpha_1, \ldots, \alpha_r) \in \mathbb{N}_0^r$ existieren die partiellen Ableitungen

$$D^\alpha f = \frac{\partial^{\alpha_1} \ldots \partial^{\alpha_r} f}{\partial^{\alpha_1} x_1 \ldots \partial^{\alpha_r} x_r},$$

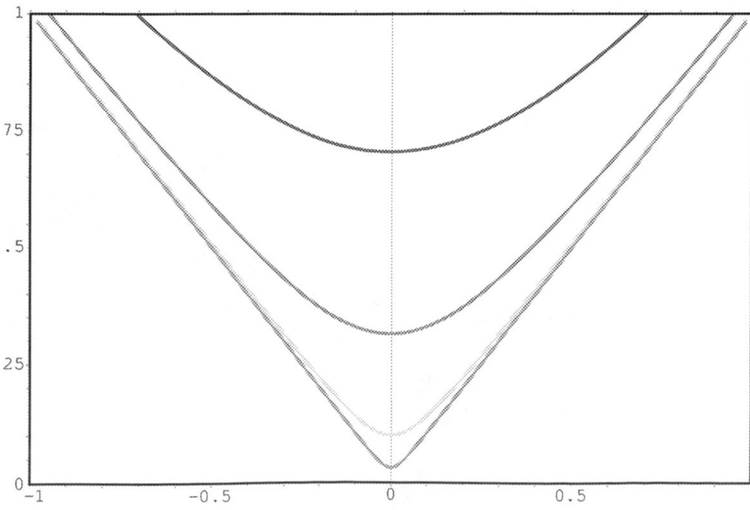

Abb. 10.1 Die Funktionen $f_2, f_{10}, f_{100}, f_{1000}$ aus der Folge in Gegenbeispiel 10.7

wenn $|\alpha| = \alpha_1 + \cdots + \alpha_r \leq n$ ist. Wir betrachten den Raum $C^n(U)$ aller auf U n-mal stetig differenzierbaren Funktionen $f : \bar{U} \to \mathbb{K}$, die sich stetig auf den Abschluss $\bar{U}$ von U fortsetzen lassen. Mit

$$||f||_{C^n(\bar{U})} = \sum_{|\alpha| \leq n} ||D^\alpha f||_\infty$$

ist dies ein Banach-Raum. ■

Beispiel 10.10
Seien X ein metrischer Raum und $\mathfrak{M}(X)$ der Vektorraum aller endlichen signierten Borel-Maße auf X. Mit

$$|\mu| = \sup\{\sum_{B \in P} |\mu(E)| \mid P \text{ eine endliche Partition von } X \text{ durch messbare Mengen}\}$$

ist dies ein Banach-Raum; siehe auch Abschn. 8.2. ■

Definition 10.2
Sei $(X, ||\cdot||)$ ein normierter $\mathbb{K}$-Vektorraum. Ein **Funktional** auf X ist eine Abbildung $f : X \to \mathbb{K}$. Ist f linear, so heißt f **lineares Funktional.** Der **Dualraum** von $X^\star$ von X ist der Vektorraum aller linearen Funktionale. Mit der **Funktionalnorm**

$$||f|| = \sup\{|f(x)| \mid ||x|| \leq 1\}$$

ist $X^\star$ ein Banach-Raum. Der Dualraum von $X^\star$ heißt **Bidualraum** $X^{\star\star} = (X^\star)^\star$. Die kanonische Einbettung $\phi : X \to X^{\star\star}$ ist gegeben durch $\phi(x) = \phi_x$ mit $\phi_x(f) = f(x)$. Ist ϕ ein Isomorphismus, so heißt der Raum X **reflexiv,** d. h. es gilt $X^{\star\star} \cong X$. ♦

Beispiel 10.11
Ein Funktional auf $\mathbb{K}^n$ hat die Form

$$F(x) = \sum_{i=1}^{n} x_i y_i$$

mit $y = (y_i) \in \mathbb{K}^n$. Damit erhalten wir $(\mathbb{K}^n)^\star \cong \mathbb{K}^n$. Es lässt sich sogar zeigen, dass diese Bedingung endlich-dimensionale Vektorräume charakterisiert; siehe Werner (2011). ■

Beispiel 10.12
Ein Funktional auf einem Folgenraum, der in $\mathbb{K}^\mathbb{N}$ enthalten ist, hat die allgemeine Form

$$F(x) = \sum_{i=1}^{\infty} x_i y_i,$$

wobei $y = (y_i) \in \mathbb{K}^{\mathbb{N}}$ so zu wählen ist, dass die Summe konvergiert. Man erhält mit dieser Bedingung: $(l^p)^\star \cong l^q$, wobei $1/p + 1/q = 1$ und $(l^1)^\star \cong l^\infty$ ist. Die l^p-Räume für $p \neq 1$ sind also reflexiv. Weiterhin gilt $c^\star = c_0^\star = l^1$ und $(bv)^\star = l^1 + \mathbb{K}$. Diese Räume sind nicht reflexiv. ■

Beispiel 10.13
Ist X kompakt, so hat ein Funktional auf $C(X)$ die Form

$$F(f) = \int f d\mu,$$

wobei f ein endliches signiertes Borel-Maß auf X ist. Dies ist der Riesz'sche Darstellungssatz, aus dem man $C(X)^\star = \mathfrak{M}(X)$ erhält; siehe Werner (2011). ■

Beispiel 10.14
Ein Funktional auf $L^p(X, \mu)$ hat die Form

$$F(f) = \int f(x)g(x)d\mu(x),$$

wobei die Funktion g so zu wählen ist, dass das Integral existiert. Man zeigt mit dieser Bedingung $(L^p(X, \mu))^\star \cong L^q(X, \mu)$ mit $1/p + 1/q = 1$ für $p \neq 1$; die Räume sind also reflexiv. Weiterhin erhält man $(L^1(X, \mu))^\star \cong L^\infty(X, \mu)$; dieser Raum ist nicht reflexiv. ■

Beispiel 10.15
Sei $C^1([0, 1], \mathbb{R}^2) = \{c : [0, 1] \to \mathbb{R}^2 \mid c \text{ stetig differenzierbar}\}$ der Raum der stetig differenzierbaren Kurven im $\mathbb{R}^2$. Das **Kurvenlängenfunktional**

$$F(c) = \int_0^1 ||c'(t)||dt$$

ist ein nicht-lineares Funktional. ■

10.2 Schwache Ableitung und Sobolev-Räume

Definition 10.3
Sei $\Omega \subseteq \mathbb{R}^n$ eine offene Menge. Eine **Testfunktion** ist eine unendlich oft differenzierbare Funktion $f : \mathbb{R}^n \to R$ mit kompakten Träger. Das bedeutet, dass der Abschluss der Menge $\{x \in \Omega \mid f(x) \neq 0\}$ kompakt ist. Der Vektorraum der Testfunktionen wird mit $C_c^\infty(\Omega)$ bezeichnet; siehe Abb. 10.2. ♦

Beispiel 10.16
Für $b \in \mathbb{R}$ ist $\phi_b : \mathbb{R} \to \mathbb{R}$, mit $\phi_b(x) = e^{b^2/(x^2-b^2)}$, für $|x| < b$ und $\phi_b(x) = 0$ sonst, eine Testfunktion mit dem Träger $[-b, b]$. ■

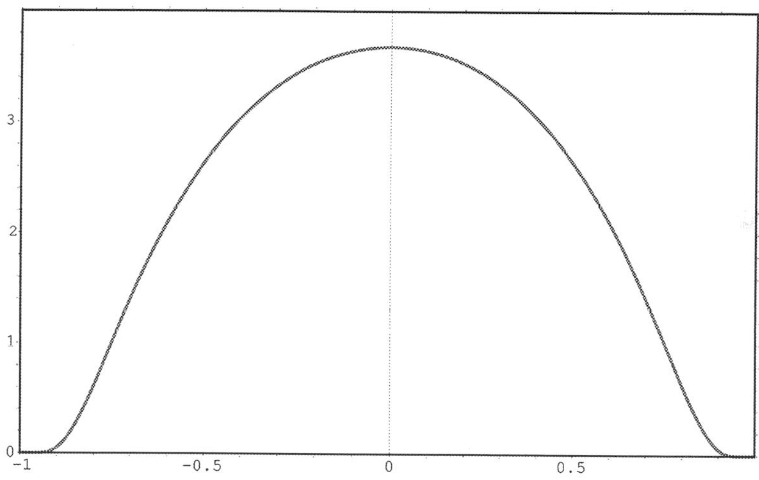

Abb. 10.2 Eine Testfunktion auf $[-1, 1]$

Beispiel 10.17
Für $b = (b_1, \ldots, b_n) \in \mathbb{R}^n$ ist $\psi_b : \mathbb{R}^n \to \mathbb{R}$, mit

$$\psi_b(x) = \prod_{i=1}^{n} \phi_{b_i}(x_i),$$

eine Testfunktion mit dem Träger $\prod_{i=1}^{n}[-b_i, b_i]$. ■

Definition 10.4
Seien $\Omega \subseteq \mathbb{R}^n$ offen und $f \in L^p(\Omega)$, mit $1 \le p \le \infty$, reellwertig sowie $\alpha = (\alpha_1, \ldots, \alpha_r) \in \mathbb{N}_0^r$ ein Multiindex und $|\alpha| = \sum_{i=1}^{n}$. Eine Funktion $g \in L^p$ heißt α-te **schwache Ableitung** von f, wenn

$$\int_\Omega g(t)\phi(t)dt = (-1)^{|\alpha|} \int_\Omega f(t)D^\alpha\phi(t)dt$$

für alle Testfunktionen $\phi \in C_c^\infty(\Omega)$ gilt. D^α ist der Differenzialoperator, den wir in Beispiel 10.9 definiert hatten. f heißt α-**schwach differenzierbar** auf Ω, wenn eine schwache Ableitung auf Ω existiert. ♦

Beispiel 10.18
Ist $f \in L^p([0, 1])$ gewöhnlich differenzierbar, mit $f' = g$, so ist die erste schwache Ableitung von f die Funktion g, wie man mit partieller Integration leicht zeigt. Auch für höhere Ableitungen verallgemeinert der Begriff der schwachen Ableitung den der gewöhnlichen Ableitung. ■

Beispiel 10.19
Die Betragsfunktion $f(x) = |x|$ auf $\mathbb{R}$ ist schwach differenzierbar. Die schwache Ableitung ist die Vorzeichenfunktion

$$f'(x) = \sigma(x) = \begin{cases} -1 & \text{für } x < 0 \\ 0 & \text{für } x = 0 \\ +1 & \text{für } x > 0. \end{cases}$$

■

Gegenbeispiel 10.20
Die Vorzeichenfunktion σ aus dem letzten Beispiel ist nicht schwach differenzierbar.

Definition 10.5
Der **Sobolev-Raum** $W^{k,p}(\Omega)$ für $p \geq 1$ und $k \in \mathbb{N}$ ist der Raum aller reellwertigen Funktionen in $L^p(\Omega)$, die für alle Multiindizes α, mit $|\alpha| = \alpha_1 + \cdots + \alpha_r \leq k$ α-schwach differenzierbar sind. Mit der **Sobolev-Norm**

$$||f||_{k,p} = \sqrt[p]{\sum_{||\alpha|\leq k} ||\partial^\alpha f||_{L^p}^p}$$

bildet jeder Sobolev-Raum einen Banach-Raum; siehe Werner (2011). ♦

Beispiel 10.21
Der einfachste Sobolev-Raum ist $W^{1,p}((0,1))$, der Banach-Raum der reellwertige einmal schwach differenzierbaren Funktionen in $L^p((0,1))$ mit der Norm $||f||_{1,p} = ||f||_{L^p} + ||f'||_{L^p}$. ■

Beispiel 10.22
Ein Sobolev-Raum $W^{k,2}(\Omega)$ wird auch **Hardy-Raum** genannt und mit $H^k(\Omega)$ bezeichnet. In diesem Fall handelt es sich bei dem Raum sogar um einen Hilbert-Raum, da die Norm durch das Skalarprodukt

$$\langle f, g\rangle_k = \sum_{|\alpha|\leq k} \langle \partial^\alpha f, \partial^\alpha g\rangle_{L^2}$$

induziert wird, lese hierzu die ersten Definitionen im nächsten Abschnitt. ■

10.3 Hilbert-Räume

Definition 10.6
Ein **Prä-Hilbert-Raum,** auch **unitärer Raum** genannt, $(X, \langle\cdot,\cdot\rangle)$ ist ein Vektorraum mit einem Skalarprodukt über dem Körper $\mathbb{K} = \mathbb{R}$ oder $\mathbb{K} = \mathbb{C}$. Ein **Hilbert-Raum**

$(X, \langle\cdot,\cdot\rangle)$ ist ein Prä-Hilbert-Raum, wenn X mit der vom Skalarprodukt induzierten Norm $||x|| = \sqrt{\langle x, x\rangle}$ vollständig ist; siehe auch die Abschn. 4.6. und 7.1. ♦

Beispiel 10.23
$\mathbb{K}^n$ bildet mit dem euklidischen Skalarprodukt

$$\langle x, y\rangle = \sum_{i=1}^{n} x_i \bar{y}_i$$

einen Hilbert-Raum. $\bar{y}$ ist die zu $y \in \mathbb{C}$ konjugiert komplexe Zahl; ist $y \in \mathbb{R}$, so gilt $y = \bar{y}$. ■

Beispiel 10.24
Der Raum l^2 in Beispiel 10.2 mit dem Skalarprodukt

$$\langle x, y\rangle = \sum_{i=1}^{\infty} x_i \bar{y}_i$$

ist ein Hilbert-Raum. ■

Beispiel 10.25
Der Raum $L^2(X, \mu)$ in Beispiel 10.4, mit dem Skalarprodukt

$$\langle f, g\rangle = \int f(x)g(x)d\mu(x),$$

ist ein Hilbert-Raum. ■

Gegenbeispiel 10.26
Die Banach-Räume l^p *in* Beispiel 10.2 *und* $L^p(X, \mu)$ *in* Beispiel 10.4 *sind für* $p \neq 2$ *keine Hilbert-Räume. Man kann zeigen, dass eine Norm* $||\cdot||$ *genau dann durch ein Skalarprodukt induziert wird, wenn die* **Parallelogrammgleichung**

$$||x + y||^2 + ||x - y||^2 = 2(||x||^2 + ||y||^2)$$

gilt. Dies ist in keinem Beispiel außer l^2 *und* $L^2(X, \mu)$ *im vorigen Abschnitt der Fall.*

Definition 10.7
Sei $(X, ||\cdot||)$ ein Prä-Hilbert-Raum. $O = \{x_i \mid x_i \in X, i \in I\}$ mit $0 \notin O$ ist ein **Orthogonalsystem,** wenn die Vektoren in O senkrecht aufeinander stehen, also $\langle x_i, x_j\rangle = 0$ für alle $i, j \in I$ mit $i \neq j$ gilt. O ist ein **Orthonormalsystem,** wenn die Vektoren zusätzlich die Länge 1 haben, also $||x_i|| = 1$ für alle $i \in I$ gilt. Ein

Orthogonalsystem O heißt **vollständig,** wenn die Menge der Linearkombinationen der x_i dicht in X liegt:

$$\overline{\left\{\sum_{i\in J}\lambda_i x_i \mid \lambda_i \in \mathbb{K}\,,\, J \subseteq I \text{ endlich}\right\}} = X.$$

Falls O ein Orthonormalsystem ist, spricht man in diesem Fall von einem **vollständigen Orthonormalsystem** oder einer **Hilbert-Basis.** Dieser Begriff ist nicht zu verwechseln mit dem Begriff der Basis in der linearen Algebra in Abschn. 4.5. Jede Orthonormalbasis ist eine Hilbert-Basis, aber die Umkehrung gilt nicht. ♦

Beispiel 10.27
Sei $\delta_{kl} = 1$ für $k = l$ und $\delta_{kl} = 0$ für $k \neq l$.

$$O = \{(\delta_{kl})_{k=1,\ldots,n} \mid l = 1, \ldots, n\}$$

bildet eine Orthonormalbasis des euklidischen Raumes $\mathbb{K}^n$. ■

Beispiel 10.28

$$O = \{(\delta_{kl})_{k\in\mathbb{N}} \mid l \in \mathbb{N}\}$$

bildet eine Orthonormalbasis des Folgenraumes l^2. ■

Beispiel 10.29
$O = \{x^n \mid n \in \mathbb{N}_0\}$ ist ein vollständiges Orthogonalsystem im Hilbert-Raum $L^2[0, 1]$ in Bezug auf das Lebesgue-Maß. Die Menge der normierten **Legendre-Polynome** $O = \{(2n+1)P_n(x)/2 \mid n \in \mathbb{N}_0\}$, mit

$$P_n(x) = \frac{1}{2^n}\sum_{k=0}^{n}\binom{n}{k}^2 (x-1)^{n-k}(x+1)^k,$$

bildet eine Hilbert-Basis dieses Raumes; siehe Abb. 10.3. ■

Beispiel 10.30
Das **trigonometrische System** $O = \{e^{2\pi i n x} \mid n \in \mathbb{Z}\}$ bildet eine Hilbert-Basis des Hilbert-Raumes $L^2[0, 1]$ über dem Körper $\mathbb{C}$. Über dem Körper $\mathbb{R}$ bildet $O = \{c_0\} \cup \{c_n, s_n \mid n \in \mathbb{N}\}$, mit

$$c_0(0) = \frac{1}{\sqrt{2\pi}}, \quad c_n(x) = \frac{1}{\sqrt{\pi}}\sin(nx), \quad s_n(x) = \frac{1}{\sqrt{\pi}}\cos(nx),$$

eine Hilbert-Basis des Hilbert-Raumes $L^2([0, 2\pi])$; siehe Abb. 10.4 und auch Abschn. 8.5 zur Fourier-Analysis. ■

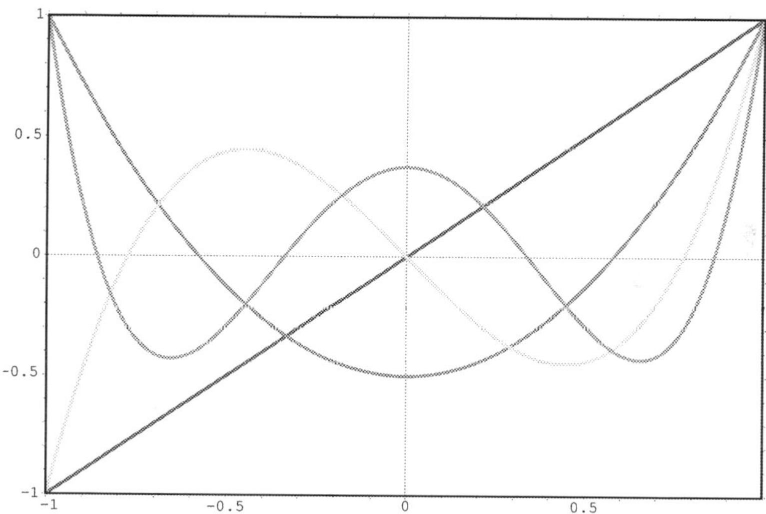

Abb. 10.3 Die Legendre-Polynome für $n = 1, 2, 3, 4$

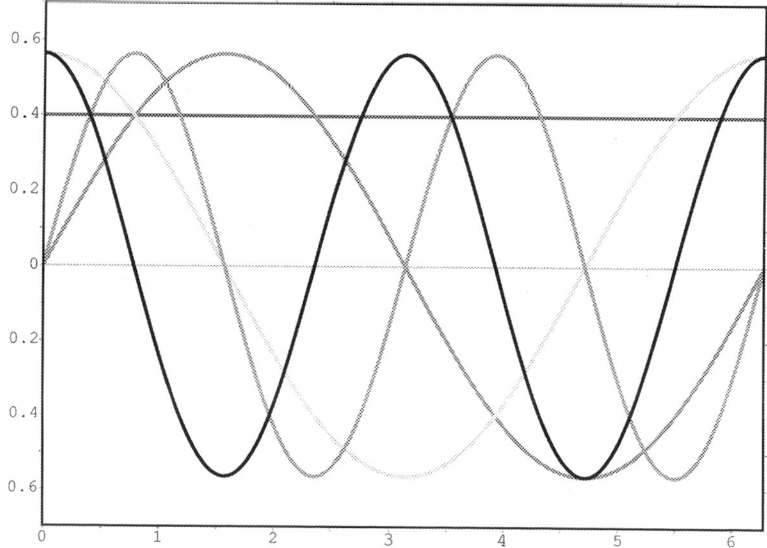

Abb. 10.4 Die Funktionen c_0, c_1, s_1, c_2, s_2 des trigonometrischen Systems

Definition 10.8
Ist $(X, ||\cdot||)$ ein Hilbert-Raum mit einem abzählbaren unendlichen vollständigen Orthogonalsystem $O = \{x_i \mid x_i \in X,\ i \in \mathbb{N}\}$, dann heißt

$$x = \sum_{i=1}^{\infty} \frac{\langle x, x_i\rangle}{||x_i||^2} x_i$$

Entwicklung von $x \in X$ nach O. Ist O sogar eine Hilbert-Basis, dann vereinfacht sich die Entwicklung zu

$$x = \sum_{i=1}^{\infty} \langle x, x_i \rangle x_i.$$

Wenn $O = \{x_i \mid x_i \in X,\ i \in I\}$ eine überabzählbare Hilbert-Basis ist, so lässt sich die Reihendarstellung auch definieren, da höchstens abzählbar viele Koeffizienten der Form $\langle x, x_i \rangle$ nicht null sind. ♦

Beispiel 10.31
Entwickeln wir eine analytische Funktion auf $\mathbb{R}$ nach der Hilbert-Basis $O = \{x^n \mid n \in \mathbb{N}_0\}$, so erhalten wir die Taylor-Entwicklung um $x = 0$; siehe Abschn. 7.4. ■

Beispiel 10.32
Entwickeln wir eine Funktion aus dem komplexen Vektorraum $L^2[0, 2\pi]$ bezüglich der Basis in Beispiel 10.20, dann erhalten wir jeweils eine Fourier-Entwicklung; siehe Abschn. 8.5. ■

10.4 Operatoren

Definition 10.9
Seien $(X, ||\cdot||_X)$ und $(Y, ||\cdot||_Y)$ zwei normierte Vektorräume. Ein **Operator** ist eine Abbildung $T : X \to Y$, und ein **linearer Operator** ist eine lineare Abbildung. $L(X, Y)$ bezeichnet den Vektorraum aller linearen Operatoren von X nach Y. Die **Norm eines Operators** $T \in L(X, Y)$ ist

$$||T|| = ||T||_{L(X,Y)} := \sup\{||Tx||_Y \mid x \in X,\ ||x||_X = 1\},$$

und $L(X, Y)$ ist durch $||\cdot||_{L(X,Y)}$ normiert. Ist Y ein Banach-Raum, so ist auch $L(X, Y)$ ein Banach-Raum. Für den Raum $L(X, X)$ schreiben wir kurz $L(X)$. Den identischen Operator in $L(X)$ bezeichnen wir mit Id.

Ein Operator T heißt **beschränkt,** wenn $||T|| < \infty$ gilt. Es sei hier angemerkt, dass lineare Operatoren genau dann beschränkt sind, wenn sie stetig sind; siehe Werner (2011). ♦

Beispiel 10.33
Die gewöhnlichen **Differenzialoperatoren** $D^k : C^n[a, b] \to C[a, b]$, mit $D^k f(x) = f^{(k)}(x)$ für $k \leq n$, sind lineare und stetige Operatoren, wobei wir die Norm aus Beispiel 10.9 auf $C^n[a, b]$ zugrunde legen. ■

Beispiel 10.34
Seien $U \subseteq \mathbb{R}^n$ offen und beschränkt sowie $f : U \to K$ n-mal stetig differenzierbar. $\alpha = (\alpha_1, \dots, \alpha_r) \in \mathbb{N}_0^r$ sei ein Multiindex mit $\alpha = \alpha_1 + \dots + \alpha_r$; vergleiche Beispiel 10.7. Die **partiellen Differenzialoperatoren** $D : C^n(\bar{U}) \to C^1(\bar{U})$, gegeben durch

$$D = \sum_{|\alpha| \leq m} c_\alpha D^\alpha,$$

mit $m \leq n$ und $c_\alpha \in C(\bar{U})$, sind lineare und stetige Operatoren. Ein wichtiges Beispiel eines Differenzialoperators auf $C^2(U)$, mit $U \subseteq \mathbb{R}^n$ offen, ist der Laplace-Operator

$$\Delta = \sum_{k=1}^{n} \frac{\partial^2}{\partial x_k^2}.$$

■

Beispiel 10.35
Sei $k \in L^2[a, b]$. Der **Integraloperator** $I_k : L^2[a, b] \to L^2[a, b]$, mit Kern k, gegeben durch

$$I_k f(x) = \int_a^b k(x, y) f(y) dy,$$

ist ein stetiger linearer Operator. Der Integraloperator lässt sich für einen stetigen Kern $k \in C([a, b]^2)$ auch auf $C[a, b]$ definieren. ■

Definition 10.10
Seien $(X, ||\cdot||_X)$ und $(Y, ||\cdot||_Y)$ normierte Räume und D ein Unterraum von X sowie $T : D \to Y$ ein linearer Operator. T heißt **abgeschlossen,** wenn der Graph $\{(x, f(x)) \mid x \in D\}$ ein abgeschlossener Untervektorraum von $X \times Y$ ist. ♦

Beispiel 10.36
Ist $T : X \to Y$ stetig, so ist T abgeschlossen. Sind X und Y Banach-Räume, dann gilt sogar die Umkehrung; siehe Werner (2011). ■

Beispiel 10.37
Man betrachte den Folgenraum l^2 und

$$D = \left\{ x \in l^2 \mid \sum_{n=1}^{\infty} n^2 |x_n|^2 < \infty \right\}.$$

Der Operator $T : D \to l^2$, gegeben durch $T(x_n) = (n x_n)$, ist abgeschlossen, aber nicht stetig. ■

Definition 10.11
Ein stetiger linearer Operator $T : X \to Y$ heißt **stetig invertierbar,** wenn T injektiv ist und eine stetige Umkehrfunktion $T^{-1} : T(X) \to X$ hat. Gilt zusätzlich $||Tx|| = ||x||$ für alle $x \in X$, so spricht man von einem **isometrischen Isomorphismus.** ♦

Beispiel 10.38
Man betrachte die Folgenräume c, c_0 in Beispiel 10.2. Der Operator $T : c \to c_0$, gegeben durch

$$T((x_n))_{n\in\mathbb{N}} = (x_n - \lim_{n\to\infty} x_n)_{n\in\mathbb{N}},$$

ist stetig invertierbar mit $Tc = c_0$. ■

Beispiel 10.39
Die isomorphen Räume in den Beispielen 10.10 bis 10.12 sind sogar isometrisch isomorph. ■

Definition 10.12
Seien X ein Banach-Raum und $T \in L(X)$ mit $||T|| < 1$. Die Reihe

$$G := \sum_{n=0}^{\infty} T^n$$

heißt **Neumann'sche Reihe.** Aus der Voraussetzung $||T|| < 1$ folgt, dass die Reihe in $L(X)$ konvergiert, und für den Grenzwert $G = (\mathrm{Id} - T)^{-1}$ gilt, d. h. der Operator $\mathrm{Id} - T$ ist in $L(X)$ stetig invertierbar, mit inversem Operator G. ♦

Beispiel 10.40
Wir betrachten den Integraloperator I_k auf $C[0, 1]$:

$$I_k f(x) = \int_0^1 k(x, y) f(y) dy,$$

mit stetigem Kern k. Gilt

$$||T_k|| = \sup\{\int_0^1 |k(x, y)| dy \mid x \in [0, 1]\} < 1,$$

so hat die Integralgleichung

$$(\mathrm{Id} - T) f = g$$

für $g \in C[0, 1]$ genau eine Lösung

$$f = \sum_{n=0}^{\infty} I_k^n g \in C[0, 1].$$

■

Definition 10.13
Seien $(X, ||\cdot||_X)$ und $(Y, ||\cdot||_Y)$ Banach-Räume. Ein linearer Operator $K : X \to Y$ heißt **kompakt,** wenn das Bild der Einheitskugel $B_1(0)$ in X unter K relativ kompakt in Y ist, d. h. dass der Abschluss $\overline{KB_1(0)}$ eine kompakte Menge in Y ist. Der Vektorraum der linearen kompakten Operatoren wird mit $\mathfrak{K}(X, Y)$ bezeichnet. ♦

Beispiel 10.41
Ist das Bild eines Operators $K : X \to Y$ endlich-dimensional, so ist der Operator kompakt. $KB_1(0)$ ist in diesem Fall beschränkt, und eine beschränkte Teilmenge eines endlich-dimensionalen Raumes ist relativ kompakt. Insbesondere sind daher Funktionale kompakte Operatoren, vergleiche hierzu die Beispiele in Abschn. 10.1. ■

Beispiel 10.42
Seien $(H, ||\cdot||)$ ein Hilbert-Raum mit der Orthonormalbasis $\{e_i \mid i \in I\}$ und $K : H \to H$ ein linearer Operator mit

$$||K||_2 := \sqrt{\sum_{i\in I} ||Ke_i||^2} < \infty.$$

Dann ist der Operator kompakt. Man spricht in diesem Fall von einem **Hilbert-Schmidt-Operator.** Insbesondere sind die Integraloperatoren in Beispiel 10.25 Hilbert-Schmidt-Operatoren auf dem Hilbert-Raum $L^2[a, b]$, und sie sind kompakt. ■

Gegenbeispiel 10.43
Der **Hardy-Operator**

$$Hf(x) = \frac{1}{x}\int_0^x f(t)dt$$

auf dem Banach-Raum $L^p[0, 1]$ *ist linear und stetig, aber nicht kompakt.*

Definition 10.14
Seien $(X, ||\cdot||_X)$ und $(Y, ||\cdot||_Y)$ Banach-Räume. Ein linearer Operator $N : X \to Y$ heißt **nuklear,** wenn es eine Folge (a_n) in Y und eine Folge von Funktionalen f_n im Dualraum $X^\star$ gibt, sodass der Operator in der **Spurnorm**

$$||N||_1 := \sum_{n=1}^{\infty} ||a_n||_Y ||f_n|| < \infty$$

beschränkt ist und weiterhin

$$Nf(x) = \sum_{n=1}^{\infty} a_n f_n(x)$$

für alle $x \in X$ gilt. Sind X und Y Hilbert-Räume, so werden nukleare Operatoren auch **Spurklasse-Operatoren** genannt ♦

Beispiel 10.44
Für eine Folge $(a_k) \in l^1$ ist der Operator $N(x_k) = (a_k x_k)$ auf dem Folgenraum l^2 nuklear, mit

$$||N||_1 \leq \sum_{k=1}^{\infty} |a_k| < \infty.$$

■

Beispiel 10.45
Seien $k \in C([0,1])^2$ und der Integraloperator $I_k : L^\infty[0,1] \to L^\infty[0,1]$ wie in Beispiel 10.28 definiert. Es gilt

$$||I_k||_1 \leq \int_0^1 \sup\{|k(x,y)| \mid y \in [0,1]\} dx < \infty,$$

und I_k ist ein nuklearer Operator. ■

Gegenbeispiel 10.46
Der Operator $N(x_k) = (x_k/k)$ auf l^2 ist nicht nuklear, da $\sum_{k=1}^{\infty} 1/k = \infty$ ist. Dieser Operator ist trotzdem kompakt.

Definition 10.15
Seien X und Y Banach-Räume sowie $X^\star$ und $Y^\star$ deren Dualräume. Zu einem stetigen linearen Operator $T : X \to Y$ definiert man den **adjungierten Operator** der Banach-Raum-Theorie $T^\star : Y^\star \to X^\star$ durch

$$T^\star f(x) := f(Tx).$$

♦

Beispiel 10.47
Man betrachte den **Shift-Operator** $S(x_1, x_2, x_3 \ldots) = (x_2, x_3, \ldots)$ auf einem Folgenraum l^p. Man beachte, dass $(l^p)^\star = l^q$, mit $1/p + 1/q = 1$, für den Dualraum gilt. Der adjungierte Operator $S^\star : l^q \to l^q$ zu S ist der Rechts-Shift $S^\star(x_1, x_2, \ldots) = (0, x_1, x_2, \ldots)$. ■

Beispiel 10.48
Sei h eine Funktion in $L^\infty[0,1]$. Man betrachte den Multiplikationsoperator $T_p : L^p[0,1] \to L^p[0,1]$, gegeben durch $T_p f(x) = f(x) \cdot h(x)$. Man beachte $(L^p[0,1])^\star =$

$L^q[0, 1]$, mit $1/p + 1/q = 1$. Der adjungierte Operator $T_p^\star : L^q[0, 1] \to L^q[0, 1]$ ist gegeben durch

$$(T_p)^\star g(f) = (T_q g)(f).$$

■

Definition 10.16
Seien $(H_1, \langle\cdot,\cdot\rangle_1)$ und $(H_2, \langle\cdot,\cdot\rangle_2)$ Hilbert-Räume und $T : H_1 \to H_2$ ein linearer stetiger Operator. Der zu T **adjungierte Operator in der Hilbert-Raum-Theorie** ist $T^\star : H_2 \to H_1$, gegeben durch

$$\langle Tx, y\rangle_2 = \langle x, T^\star y\rangle_1.$$

Den Zusammenhang mit der Definition der adjungierten Operatoren in Banach-Räumen stellt der Darstellungssatz von Frechet-Riesz für Funktionale auf Hilbert-Räumen her; siehe Werner (2011).

Ein bijektiver linearer Operator $T : H_1 \to H_2$ heißt **unitär,** wenn

$$\langle Tx, Ty\rangle_2 = \langle x, y\rangle_1$$

für alle $x, y \in H_1$ gilt. Das bedeutet, T ist ein isometrischer Isomorphismus, und es gilt $T^{-1} = T^\star$. Ein Operator $T : H \to H$ auf einem Hilbert-Raum H heißt **selbst-adjungiert** oder **Hermite'sch,** wenn

$$\langle Tx, y\rangle = \langle x, Ty\rangle$$

für alle $x, y \in H$ gilt, also wenn $T^\star = T$ gilt. Der Operator T heißt **normal,** wenn nur

$$\langle Tx, Ty\rangle = \langle T^\star x, T^\star y\rangle$$

für alle $x, y \in H$ der Fall ist. ♦

Beispiel 10.49
Betrachten wir eine lineare Abbildung auf einem euklidischen Raum $L : \mathbb{K}^n \to \mathbb{K}^n$ mit $Lx = Ax$ und $A \in \mathbb{K}^{n\times n}$, so ist der adjungierte Operator $L^\star : \mathbb{K}^n \to \mathbb{K}^n$ durch $L^\star x = (\bar{A})^T x$ gegeben. Die hier definierten funktionalanalytischen Begriffe stimmen mit den Begriffen der linearen Algebra in Kap. 4 überein. ■

Beispiel 10.50
Sei $T_k : L^2[a, b] \to L^2[a, b]$ der Integraloperator mit Kern k in Beispiel 10.25. Dann ist der adjungierte Operator $T_k^\star : L^2[a, b] \to L^2[a, b]$ gegeben durch den Integraloperator $T_{k^\star}$ mit Kern $k^\star(x, y) = \overline{k(y, x)}$. Der Operator ist genau dann selbst-adjungiert, wenn $k(x, y) = \overline{k(y, x)}$ gilt. ■

Beispiel 10.51
Die Fourier-Transformierte $\mathfrak{F}(f)$, gegeben durch

$$\mathfrak{F}f(x) = \hat{f}(x) = \int f(t)e^{-\langle x,t\rangle}dt,$$

ist auf dem Raum $L^1(\mathbb{R}^n) \cap L^2(\mathbb{R}^n)$ ein unitärer Operator. $\langle x, t\rangle$ bezeichnet hier das Standard-Skalarprodukt auf $\mathbb{R}^n$; siehe auch Abschn. 8.5. ■

Gegenbeispiel 10.52
Der Shift-Operator in Beispiel 10.33 *ist nicht normal.* $SS^\star$ *ist die identische Abbildung, aber* $S^\star S$ *ist nicht die Identität.*

10.5 Spektraltheorie

Definition 10.17
Seien X ein Banach-Raum über dem Körper K und $T : X \to X$ ein stetiger linearer Operator.

- $\lambda \in \mathbb{K}$ heißt regulär, wenn $T - \lambda \mathrm{Id}$ ein bijektiver Operator ist. $R(\lambda) = (T - \lambda\mathrm{Id})^{-1}$ heißt in diesem Fall **Resolvente.**
- $\mathfrak{R}(T) := \{\lambda \in \mathbb{K} \mid \lambda \text{ ist regulär}\}$ heißt **Resolventenmenge.**
- $\sigma(T) = \mathbb{K}\backslash\mathfrak{R}(T)$ heißt **Spektrum** des Operators T. Die Elemente in $\sigma(T)$ werden **Spektralwerte** genannt.
- Der **Spektralradius** von T ist gegeben durch $\rho(T) = \sup\{|\lambda| \mid \lambda \in \sigma(T)\}$.
- Gilt $\ker(T - \lambda\mathrm{Id}) = \{x \in X \mid Tx = \lambda x\} \neq \{0\}$, so heißt $\lambda \in \mathbb{K}$ **Eigenwert** von $\mathbb{K}$. $E_\lambda = \ker(T - \lambda\mathrm{Id})$ ist der **Eigenraum** zum Eigenwert λ.

♦

Beispiel 10.53
Die Spektralwerte einer linearen Abbildung $T : \mathbb{K}^n \to \mathbb{K}^n$ sind genau deren Eigenwerte. Die Resolventenmenge $\mathfrak{R}(T)$ ist das Komplement dieser Menge. ■

Beispiel 10.54
Betrachten wir den Multiplikationsoperator $Tf(x) = xf(x)$ auf dem Raum der beschränkten Funktionen $B[0, 1]$ über $\mathbb{R}$, so ist die Resolventenmenge $R(T) = \{\lambda \in \mathbb{R} \mid \lambda < 0 \text{ oder } \lambda > 1\}$. Die Resolvente für diese Werte ist $R(\lambda)g(x) = g(x)/(x - \lambda)$. Folglich ist das Spektrum $\sigma(T) = [0, 1]$. Der Spektralradius des Operators ist 1. ■

Beispiel 10.55
Das Spektrum des Shift-Operators $S : l^2 \to l^2$ in Beispiel 10.35 über $\mathbb{C}$ ist die Keisscheibe $\sigma(S) = \{\lambda \in \mathbb{C} \mid |\lambda| \leq 1\}$. Die inneren Punkte der Keisscheibe λ mit $\lambda < 1$

sind Eigenwerte von S zu Eigenvektoren $(1, \lambda, \lambda^2, \ldots)$, und die Randpunkte sind keine Eigenwerte. Der Spektralradius des Shift-Operators ist 1. ■

Beispiel 10.56
Sei $T : l^2 \to l^2$ gegeben durch $T(x_k) = (0, x_1, x_2/2, x_3/3, \ldots)$. Dann hat T keine Eigenwerte und nur den Spektralwert 0, also gilt $\sigma(T) = \{0\}$. Operatoren mit dieser Eigenschaft werden auch **Volterra-Operatoren** genannt. Der Spektralradius von T ist null. ■

Beispiel 10.57
Man betrachte den nuklearen Operator $N : l^2 \to l^2$ in Beispiel 10.33. Das Spektrum des Operators ist $\sigma(N) = \overline{\{a_n \mid n \in \mathbb{N}\}}$, und (a_n) ist eine Folge von Eigenwerten zur Orthonormalbasis des l^2. Der Spektralradius ist $\rho(N) = \sup\{a_n \mid n \in \mathbb{N}\}$. ■

Beispiel 10.58
Sei $K : X \to X$ ein kompakter Operator auf einem unendlich-dimensionalen Banach-Raum. Dann ist 0 ein Spektralwert, und jeder andere Spektralwert ist ein Eigenwert λ zu einem endlich-dimensionalen Eigenraum E_λ. Dabei hat $\sigma(T)$ weiterhin keinen von 0 verschiedenen Häufungspunkt. Dieses Beispiel ist ein bedeutendes Resultat der Spektraltheorie; siehe Werner (2011). Es lässt sich insbesondere auf die Beispiele kompakter Operatoren im vorigen Abschnitt anwenden. ■

Beispiel 10.59
Sei $T : H \to H$ ein kompakter selbst-adjungierter Operator auf einem separablen Hilbert-Raum H. Dann besteht das Spektrum aus 0 und einer Folge von reellen Eigenwerten (λ_i) mit $\lambda_i \to 0$ zu orthogonalen Eigenräumen E_{λ_i}. ■

Definition 10.18
Seien X ein Banach-Raum über dem Körper K und $T : X \to X$ ein stetiger linearer Operator. Die Menge der Eigenwerte von T wird auch **Punktspektrum** $\sigma_p(T)$ genannt. Ist $T - \lambda\mathrm{Id}$ injektiv, aber nicht surjektiv mit dichtem Bild in X, so gehört $\lambda \in \mathbb{K}$ zum **stetigen Spektrum** $\sigma_c(T)$. Ist der Operator injektiv, hat aber kein dichtes Bild, so ist $\lambda \in \mathbb{K}$ im **Residualspektrum** $\sigma_r(T)$. ♦

Beispiel 10.60
Sei $Tf(x) = xf(x)$ für Funktionen $f : [0, 1] \to \mathbb{R}$. Betrachten wir den Operator T auf dem Raum der beschränkten Funktionen $B[0, 1]$ so gilt $\sigma(T) = \sigma_p(T) = [0, 1]$. Betrachten wir den Operator jedoch auf dem Hilbert-Raum $L^2[0, 1]$, so ergibt sich $\sigma(T) = \sigma_c(T) = [0, 1]$. Ist T auf dem Banach-Raum der stetigen Funktionen $C[0, 1]$ definiert, dann erhalten wir $\sigma(T) = \sigma_r(T) = [0, 1]$. ■

Beispiel 10.61
Für den Shift $S : l^2 \to l^2$ in Beispiel 10.35 über dem Körper $\mathbb{C}$ gilt $\sigma_p(S) = \{z \mid |z| < 1\}$, $\sigma_c(S) = \{z \mid |z| = 1\}$ sowie $\sigma_r(S) = \emptyset$. ■

Definition 10.19
Seien X und Y Banach-Räume. Ein linearer Operator $f : X \to Y$ heißt **Fredholm-Operator,** wenn der Kern von F und der Quotientenraum $Y/F(X)$ endlichdimensional sind. Die ganze Zahl

$$\text{ind(F)} = \dim\ \text{kern}(F) - \dim Y/F(X)$$

heißt Index des Fredholm-Operators. Das **essentielle Spektrum** $\sigma_{ess.}(T)$, auch **wesentliches Spektrum** genannt, eines Operators $T : X \to X$ ist die Menge der $\lambda \in \mathbb{K}$, sodass $T - \lambda\text{Id}$ kein Fredholm-Operator ist. Das diskrete Spektrum ist das Komplement des essentiellen Spektrums: $\sigma_{diskr.}(T) = \sigma(T) \backslash \sigma_{ess.}(T)$. ♦

Beispiel 10.62
Betrachten wir den Multiplikationsoperator in Beispiel 10.46 auf $L^2[0, 1]$, so ist $\sigma_{ess.}(T) = [0, 1]$ und damit $\sigma_{diskr.}(T) = \emptyset$. Betrachten wir den Operator jedoch auf dem Raum der beschränkten Funktionen $B[0, 1]$, so gilt $\sigma_{diskr.}(T) = \sigma_p(T) = [0, 1]$, also $\sigma_{ess.}(T) = \emptyset$. ■

Beispiel 10.63
Der Shift $S : l^2 \to l^2$ in Beispiel 10.35 ist ein Fredholm-Operator mit dem Index 1. Der k-fache Shift S^k hat den Index k, und der Rechts-Shift $S^\star : l^2 \to l^2$ hat den Index -1. ■

Beispiel 10.64
Ist $K : X \to X$ kompakt, so ist $K - \lambda\text{Id}$ für $\lambda \neq 0$ ein Fredholm-Operator mit dem Index 0; vergleiche Beispiel 10.43. Die Eigenwerte gehören zum diskreten Spektrum. ■

Zahlentheorie

11

Inhaltsverzeichnis

In diesem Kapitel geben wir einen Überblick über die Begriffe der elementaren Zahlentheorie, unter Berücksichtigung einiger grundlegender Notationen der algebraischen und der analytischen Zahlentheorie. Im ersten Abschnitt beschreiben wir den euklidischen Algorithmus zur Bestimmung des größten gemeinsamen Teilers, definieren Primzahlen und Primzahlzwillinge sowie Pseudoprimzahlen und verwenden die Summe der Teiler, um vollkommene, abundante, defiziente, einsame, befreundete und bekannte Zahlen einzuführen. Im Abschn. 11.2 werden die Grundbegriffe der modularen Arithmetik definiert und quadratische Reste zusammen mit dem Legendre- und dem Jakobi-Symbol bestimmt. Weiterhin stellen wir den diskreten Logarithmus vor. Im Abschn. 11.3 führen wir die wichtigsten elementaren zahlentheoretischen Funktionen ein, definieren deren Dirichlet-Reihe und erhalten als Beispiel insbesondere die L-Reihen zu Dirichlet-Charakteren. Der Abschn. 11.4 ist den diophantischen Gleichungen der algebraischen Zahlentheorie gewidmet. Wir zeigen zahlreiche Beispiele und definieren diophantische Mengen. Im Abschn. 11.5 führen wir Kettenbrüche ein und beschäftigen uns mit der Approximation von reellen durch rationale Zahlen. Wir definieren in diesem Zusammenhang den Exponenten einer diophantischen Approximation, das Irrationalitätsmaß einer reellen Zahl und das Lagrange-Spektrum. Im letzten Abschnitt des Kapitels zeigen wir mit Beispielen die Definition einiger spezieller algebraischer und transzendenter Zahlen.

© Springer-Verlag GmbH Deutschland, ein Teil von Springer Nature 2020

J. Neunhäuserer, *Mathematische Begriffe in Beispielen und Bildern*,
https://doi.org/10.1007/978-3-662-60764-0_11

An dieser Stelle sei auf drei Bücher zur Zahlentheorie hingewiesen: Oswald und Steuding (2014) zur elementaren Zahlentheorie, Schmidt (2009) zur algebraischen Zahlentheorie sowie Brüdern (2013) zur analytischen Zahlentheorie.

11.1 Teiler und Primzahlen

Definition 11.1
Seien a und b natürliche Zahlen, mit $a, b \in \mathbb{N}$. Dann ist b ein **Teiler** von a, wenn es ein $c \in \mathbb{N}$ gibt, sodass $a = cb$. Gilt $a \neq b$, so ist b ein **echter Teiler** von a. Wir bezeichnen den **größten gemeinsame Teiler** von a und b mit $\mathrm{ggT}(a, b)$. Dieser ist ein Teiler von a und b und maximal mit dieser Eigenschaft. Gilt $\mathrm{ggT}(a, b) = 1$, so nennt man a und b teilerfremd. Der **euklidische Algorithmus** zu a und b mit $a > b$ ist gegeben durch die Rekursion

$$r_{k-1} = q_{k+1} r_k + r_{k+1}$$

mit den Anfangswerten $r_0 = a$, und $r_1 = b$ sowie $q_k \in \mathbb{N}$. Man kann zeigen, dass es ein N mit $r_N = 0$ und $r_{N-1} = \mathrm{ggT}(a, b)$ gibt; siehe Neunhäuserer (2015). ◆

Beispiel 11.1
Die echten Teiler von 30 sind 1, 2, 3, 5, 6, 10 , 15. ■

Beispiel 11.2
Die Zahlen $a = 77$ und $b = 30$ sind teilerfremd. Der euklidische Algorithmus lautet

$$77 = 2 \cdot 30 + 17,$$

$$30 = 1 \cdot 17 + 13,$$

$$17 = 1 \cdot 13 + 4,$$

$$13 = 3 \cdot 4 + 1,$$

$$4 = 4 \cdot 1 + 0.$$

■

Beispiel 11.3
Der euklidische Algorithmus zu $a = 642$ und $b = 120$ lautet

$$642 = 5 \cdot 120 + 42,$$

$$120 = 2 \cdot 42 + 36,$$

$$42 = 1 \cdot 36 + 6,$$

$$36 = 6 \cdot 6 + 0.$$

Damit gilt ggT(642, 120) = 6. ■

Definition 11.2
Eine **Primzahl** ist eine natürliche Zahl $p \geq 2$, die keine echten Teiler außer 1 hat; sie hat also nur die Teiler 1 und p. Der Fundamentalsatz der Arithmetik besagt, dass sich jede natürliche Zahl $n \geq 2$ eindeutig (bis auf die Umordnung von Faktoren) als Produkt von Primzahlen schreiben lässt. Eine solche Darstellung nennt man **Primfaktorzerlegung;** siehe Neunhäuserer (2015). ♦

Beispiel 11.4
Die Primzahlen bis zur Zahl 100 sind:

$$2, 3, 5, 7, 11, 13, 17, 19, 23, 29, 31, 37, 41, 43, 47, 53, 59, 61, 67, 71, 73, 79, 83, 89, 97.$$

■

Beispiel 11.5
Man erhält die Primfaktorzerlegungen $30 = 2 \cdot 3 \cdot 5$ und $77 = 7 \cdot 11$. Man sieht unmittelbar, dass 30 und 77 teilerfremd sind. Für die Zahlen in Beispiel 11.3 gilt $642 = 2 \cdot 3 \cdot 107$ und $120 = 2 \cdot 2 \cdot 2 \cdot 3 \cdot 5$. Man erhält hieraus auch ggT(642, 120) = 6, wobei die Berechnung des ggT mit dem euklidischen Algorithmus allerdings wesentlich effizienter als die Primfaktorzerlegung ist. ■

Definition 11.3
Eine Primzahl der Form $M(n) = 2^n - 1$ mit $n \in \mathbb{N}$ heißt **Mersenne-Primzahl.** Man zeigt leicht, dass für eine Mersenne-Primzahl $M(n)$ der Exponent n eine Primzahl ist. Primzahlen der Form $F(n) = 2^n + 1$ werden **Fermat-Primzahlen** genannt. Man zeigt, dass für eine Fermat-Primzahl $F(n)$ der Exponent n eine Potenz von 2 ist. ♦

Beispiel 11.6
Die ersten sechs Mersenne-Primzahlen sind $M(p) = 3, 7, 31, 127, 8191, 131\,071$ für $p = 2, 3, 5, 7, 13, 17$. Die größte bekannte Mersenne-Primzahl ist $2^{74\,207\,281} - 1$, sie ist auch die größte bekannte Primzahl (Stand 2016). ■

Gegenbeispiel 11.7
Nicht alle Zahlen $M(p)$ sind Primzahlen, wenn p eine Primzahl ist. Das kleinste Gegenbeispiel ist

$$M(11) = 2^{11} - 1 = 2047 = 23 \cdot 89.$$

Beispiel 11.8
Die einzigen bekannten Fermat-Primzahlen sind durch $2^{2^k}+1$ für $k = 0, 1, 2, 3, 4$ gegeben, also $3, 5, 17, 257, 65\,537$. ■

Definition 11.4
Sei n eine natürliche Zahl. Ferner seien $\sigma(n)$ die Summe aller Teiler und $\tilde{\sigma}(n) = \sigma(n) - n$ die Summe aller echten Teiler von n. Dabei heißt n **vollkommen,** wenn $\tilde{\sigma}(n) = n$ (oder äquivalent $\sigma(n) = 2n$) ist. n heißt **abundant,** wenn $\tilde{\sigma}(n) > n$ ist, und **defizient,** wenn $\tilde{\sigma}(n) < n$ ist. ♦

Beispiel 11.9
Die ersten sechs vollkommenen Zahlen sind

$$6,\ 28,\ 496,\ 8128,\ 33\,550\,336,\ 8\,589\,869\,056$$

Es ist bekannt, dass alle geraden vollkommenen Zahlen die Form $2^{n-1}M(n)$ für eine Mersenne-Primzahl $M(n)$ haben; siehe Neunhäuserer (2015). Ob es ungerade vollkommene Zahlen gibt, ist unbekannt. ■

Beispiel 11.10
Die kleinste abundante Zahl ist 12, mit $\tilde{\sigma}(n) = 16$. Alle abundanten Zahlen bis 100 sind:

$$12, 18, 20, 24, 30, 36, 40, 42, 48, 54, 56, 60, 66, 70, 72, 78, 80, 84, 88, 90, 96, 100$$

■

Beispiel 11.11
Die Zahlen

$$1, 2, 3, 4, 5, 7, 8, 9, 10, 11, 13, 14, 15, 16, 17, 19, 21, 22, 23, 25, 26, 27, 29, 31$$

sind defizient. ■

Definition 11.5
Zwei natürliche Zahlen $m, n \in \mathbb{N}$ sind miteinander **bekannt,** wenn $\sigma(n)/n = \sigma(m)/m$ ist, wobei σ die Summe der Teiler bezeichnet.[1] Natürliche Zahlen n ohne Bekannte werden **einsam** genannt. ♦

[1] In der englischsprachigen Literatur wir hierfür auch der Begriff „friendly numbers" verwendet. Den Begriff der befreundeten Zahlen definieren wir aber weiter unten in der Bedeutung der „amicable numbers" in der englischsprachigen Literatur.

Beispiel 11.12
Alle vollkommenen Zahlen sind miteinander bekannt, da für diese $\sigma(n)/n = 2$ gilt. Die Zahlen bis 100, von denen wir wissen, dass sie Bekannte haben, sind:

$$6, 12, 24, 28, 30, 40, 42, 56, 60, 66, 78, 80, 84, 96.$$

Dabei können auch schon für kleine Zahlen die kleinsten Bekannten recht groß sein. So ist zum Beispiel die kleinste Bekannte der Zahl 24 die Zahl 91 963 648. ■

Beispiel 11.13
Sind n und $\sigma(n)$ teilerfremd, so folgt, dass n einsam ist. Daher sind Primzahlen und ihre Potenzen einsam. Neben diesen Zahlen wissen wir auch noch, dass 18, 45, 48 und 52 einsam sind; siehe hierzu Anderson und Hickerson (1977). ■

Definition 11.6
Zwei natürliche Zahlen $m, n \in \mathbb{N}$ heißen **befreundet,** wenn jede der beiden Zahlen gleich der Summe der echten Teiler der anderen Zahl ist, z. B. $\tilde{\sigma}(n) = m$ und $\tilde{\sigma}(m) = n$. ♦

Beispiel 11.14
Das kleinste befreundete Zahlenpaar wird von den Zahlen 220 und 284 gebildet, wobei gilt:

$$1 + 2 + 4 + 5 + 10 + 11 + 20 + 22 + 44 + 55 + 110 = 284$$

und

$$1 + 2 + 4 + 71 + 142 = 220.$$

Die nächsten Paare sind

$$(1184, 1210), (2620, 2924), (5020, 5564), (6232, 6368).$$

Weiterhin sind Millionen anderer befreundeter Paare bekannt; siehe hierzu Guckenheimer und Holmes (2002). ■

Definition 11.7
Eine natürliche Zahl n, die keine Primzahl ist, heißt **Fermat'sche Pseudoprimzahl** (oft auch nur **Pseudoprimzahl**) zur Basis $a \in \mathbb{N}$, mit $a \geq 2$, wenn n ein Teiler von $a^{n-1} - 1$ ist. Pseudoprimzahlen zur Basis 2 werden auch **Poulet-Zahlen** genannt. Ist n ein Teiler von $a^{n-1} - 1$ für alle $a < n$, die zu n teilerfremd sind, dann spricht man von einer **Carmichael-Zahl.** ♦

Beispiel 11.15
Die Poulet-Zahlen bis 1000 sind $341, 561, 645$. Die Pseudoprimzahlen zur Basis 3 bis 1000 sind $91, 121, 286, 671, 703, 949$, und die Pseudoprimzahlen zur Basis 5 bis 1000 sind $4, 124, 217, 561, 781$. ■

Beispiel 11.16
Die Carmichael-Zahlen bis 10 000 sind $561, 1105, 1729, 2465, 2821, 6601, 8911$. ■

Definition 11.8
Zwei Primzahlen mit dem Abstand 2 werden **Primzahlzwillinge** genannt, zwei Primzahlen mit dem Abstand vier heißen **Primzahlcousins** und zwei Primzahlen mit dem Abstand sechs heißen **sexy Primzahlen.** Tripel von Primzahlen der Form $(p, p+2, p+6)$ und $(p, p+4, p+6)$ heißen **Primzahldrillinge.** ♦

Beispiel 11.17
Die Primzahlzwillinge bis 100 sind

$$(3, 5), (5, 7), (11, 13), (17, 19), (29, 31), (41, 43), (59, 61), (71, 73).$$

■

Beispiel 11.18
Die Primzahlcousins bis 100 sind

$$(3, 7), (7, 11), (13, 17), (19, 23), (37, 41), (43, 47), (67, 71), (79, 83).$$

■

Beispiel 11.19
Die sexy Primzahlen bis 100 sind

$$(5, 11), (7, 13), (11, 17), (13, 19), (17, 23), (23, 29), (31, 37), (37, 43), (41, 47),$$
$$(47, 53), (53, 59), (61, 67), (67, 73), (73, 79), (83, 89).$$

■

Beispiel 11.20
Die Primzahldrillinge bis 100 sind

$$(5, 7, 11), (7, 11, 13), (11, 13, 17), (13, 17, 19), (17, 19, 23), (37, 41, 43),$$
$$(41, 43, 47), (67, 71, 73).$$

■

11.2 Modulare Arithmetik

Definition 11.9
Modulare Arithmetik ist definiert als die Arithmetik der Restklassenringe $\mathbb{Z}_n = \{\overline{0}, \overline{1}, \ldots, \overline{n-1}\}$; siehe die Beispiele 3.5 und 3.12 für $n \geq 2$. Man sagt, dass zwei Zahlen $m_1, m_2 \in \mathbb{Z}$ modulo n gleich sind, wenn sie sich in einer Restklasse in $\mathbb{Z}_n$ befinden, d. h. wenn

$$m_1 = m_2 + kn$$

für ein $k \in \mathbb{Z}$ gilt. Man schreibt hierfür $m_1 = m_2 \bmod m$ oder $\overline{m_1} = \overline{m_2}$ in $\mathbb{Z}_n$. Eine Zahl $m_1 \in \mathbb{Z}\backslash\{0\}$, die n nicht als Teiler hat, heißt **invertierbar** modulo n, wenn es ein $m_2 \in \mathbb{Z}$ mit

$$m_1 m_2 = 1 + kn$$

für ein $k \in \mathbb{Z}$ gibt. In diesem Fall ist $\overline{m_2}$ die inverse Restklasse $\overline{m_1}$ in $\mathbb{Z}_n$, also $\overline{m_1} \cdot \overline{m_2} = \overline{1}$ in $\mathbb{Z}_n$. ◆

Beispiel 11.21
Die Zahlen 2, 15 und -11 sind modulo 13 gleich; sie befinden sich in der Restklasse

$$\overline{2} = \{13k + 2 \mid k \in \mathbb{Z}\} \in \mathbb{Z}_{13}.$$

Die Zahlen 2 und 14 sind modulo 13 nicht gleich. ■

Beispiel 11.22
m ist invertierbar modulo n, wenn der größte gemeinsame Teiler von m und n gleich 1 ist. Man bestimmt die inverse Restklasse in diesem Fall mit Hilfe des euklidischen Algorithmus. Zum Beispiel ist 3 invertierbar modulo 13. Es gilt $13 = 4 \cdot 3 + 1$, also $3 \cdot (-4) = 1 - 13$. Die inverse Restklasse zu $\overline{3}$ ist damit $\overline{-4} = \overline{9}$ in $\mathbb{Z}_{13}$. ■

Beispiel 11.23
Ist p eine Primzahl, so ist jede Restklasse in $\mathbb{Z}_p$ invertierbar; siehe hierzu auch Beispiel 3.33. ■

Definition 11.10
Sei $n \in \mathbb{N}$ und $n \geq 2$. $a \in \mathbb{Z}$ heißt **quadratischer Rest** modulo n, wenn a und n teilerfremd sind und es Zahlen $x \in \mathbb{N}$ und $k \in \mathbb{Z}$ gibt, sodass gilt:

$$a = x^2 + kn.$$

Äquivalent hierzu kann man fordern, dass es ein $x \in \mathbb{N}$ gibt, sodass $x^2 = a$ modulo n ist. Existiert keine Lösung x dieser Gleichung, so nennt man a **quadratischen Nichtrest.** ◆

Beispiel 11.24
1, 3 und 4 sind quadratische Reste modulo 6, da $1 = 5^2, 3 = 3^2$ und $4 = 4^2$ modulo 6 ist. 2 und 5 sind quadratische Nichtreste modulo 6. ■

Definition 11.11
Für $a \in \mathbb{Z}$ und eine Primzahl p ist das **Legendre-Symbol** gegeben durch:

$$\left(\frac{a}{p}\right) = \begin{cases} 1 & \text{wenn } a \text{ quadratischer Rest modulo } p \text{ ist,} \\ -1 & \text{wenn } a \text{ quadratischer Nichtrest modulo } p \text{ ist,} \\ 0 & \text{wenn } a \text{ ein Vielfaches von } p \text{ ist.} \end{cases}$$

Das Legendre-Symbol lässt sich ausdrücken als

$$\left(\frac{a}{p}\right) = a^{\frac{p-1}{2}} \bmod p$$

für ungerade Primzahlen; siehe Schmidt (2009). Für $p = 2$ gibt es offenbar keinen Nichtrest. Das **Jakobi-Symbol** wird für Primzahlen p genauso wie das Legendre-Symbol definiert. Für $n = p_1 p_2$, mit Primzahlen p_1, p_2, ist das Symbol durch

$$\left(\frac{a}{n}\right) = \left(\frac{a}{p_1}\right) \cdot \left(\frac{a}{p_2}\right)$$

bestimmt. Wenn das so definierte Jakobi-Symbol gleich -1 ist, handelt es sich bei a um keinen quadratischen Rest, aber die Umkehrung gilt nicht. ♦

Beispiel 11.25
Die Zahl 2 ist quadratischer Rest modulo 7, wegen

$$\left(\frac{2}{7}\right) = 2^{\frac{7-1}{2}} = 2^3 = 1 \bmod 7.$$

Dies folgt auch aus $2 = 3^2$ modulo 7, und die Zahl 5 ist quadratischer Nichtrest modulo 7, wegen

$$\left(\frac{5}{7}\right) = 5^{\frac{7-1}{2}} = 5^3 = 6 = -1 \bmod 7.$$

Die Zahl 14 ist offenbar weder Rest noch Nichtrest modulo 7; in diesem Fall gilt

$$\left(\frac{14}{7}\right) = 14^{\frac{7-1}{2}} = 14^3 = 0 \bmod 7.$$

■

Beispiel 11.26
Es gilt

$$\left(\frac{5}{6}\right) = \left(\frac{5}{2}\right) \cdot \left(\frac{5}{3}\right) = 1 \cdot (-1) = -1.$$

Die Zahl 5 ist also kein quadratischer Rest modulo 6. Wegen

$$\left(\frac{2}{6}\right) = \left(\frac{2}{2}\right) \cdot \left(\frac{2}{3}\right) = 1 \cdot (-1) = -1,$$

ist auch 2 kein quadratischer Rest modulo 6. ■

Definition 11.12
Seien p eine Primzahl und $b \in \mathbb{Z}_p$ ein erzeugendes Element der Gruppe $\mathbb{Z}_p \backslash \{\overline{0}\}$, also

$$\mathbb{Z}_p \backslash \{\overline{0}\} = \{b^i \mid i = 1, \ldots, p - 1\}$$

Der **diskrete Logarithmus** von $a \in \mathbb{Z}_p \backslash \{\overline{0}\}$ zur Basis b ist die eindeutig bestimmte Restklasse $\overline{i}$, mit

$$b^i = a \bmod p.$$

Wir schreiben hierfür $i = \log_b a$ modulo p. ♦

Beispiel 11.27
In $\mathbb{Z}_5$ ist $\overline{2}$ ein erzeugendes Element der multiplikativen Gruppe. Wir erhalten $\log_2(1) = 4$, $\log_2(2) = 1$, $\log_2(3) = 3$ und $\log_2(4) = 2$, jeweils modulo 5. ■

11.3 Arithmetische Funktionen

Definition 11.13
Eine **arithmetische Funktion,** auch **zahlentheoretische Funktion** genannt, ist eine Abbildung $f : \mathbb{N} \to \mathbb{C}$. Sie ist **multiplikativ,** wenn $f(1) = 1$ und $f(ab) = f(a)f(b)$ für alle teilerfremden $a, b \in \mathbb{N}$ gilt. Wenn dies auch für nicht teilerfremde natürliche Zahlen gilt, nennt man die Funktion **vollständig multiplikativ.** Eine arithmetische Funktion ist **additiv,** wenn $f(1) = 1$ und $f(ab) = f(a) + f(b)$ für alle teilerfremden $a, b \in \mathbb{N}$ gilt. Wenn dies auch für nicht teilerfremde natürliche Zahlen gilt, nennt man die Funktion **vollständig additiv.** ♦

Beispiel 11.28
Sei $d(n)$ die **Anzahl der Teiler** von n. Die Funktion d ist multiplikativ, aber nicht vollständig multiplikativ; zum Beispiel gilt $d(2) = 2$, $d(3) = 2$, $d(4) = 3$ und $d(6) = 4$. ■

Beispiel 11.29
Die **Teilerfunktion** σ, die die Summe der Teiler einer natürlichen Zahl angibt, und auch die Summe der k-ten Potenzen aller Teiler

$$\sigma_k(n) = \sum_{d \text{ teilt } n} d^k$$

sind multiplikative, aber nicht vollständig multiplikative Funktionen; zum Beispiel gilt $\sigma(2) = 3$, $\sigma(3) = 4$, $\sigma(4) = 7$ und $\sigma(6) = 12$; siehe Abb. 11.1. ■

Beispiel 11.30
Sei $\phi(n)$ die Anzahl der zu n teilerfremden natürlichen Zahlen kleiner n. Dann wird ϕ wird **Euler-ϕ-Funktion** genannt; sie ist multiplikativ, aber nicht vollständig multiplikativ. Zum Beispiel gilt $\phi(2) = 1$, $\phi(3) = 2$, $\phi(4) = 2$ und $\phi(6) = 2$; siehe Abb. 11.2. ■

Beispiel 11.31
Sei $\tilde{\chi}$ ein Gruppenhomomorphismus von der multiplikativen Gruppe der invertierbaren Elemente in $\mathbb{Z}_m$ in die multiplikative Gruppe der komplexen Zahlen $\mathbb{C}$; siehe Abschn. 3.1. Wir definieren nun eine arithmetische Funktion χ durch $\chi(n) = 0$, wenn n und m nicht teilerfremd sind, und durch $\chi(n) = \tilde{\chi}(\bar{n})$, wenn n und m teilerfremd sind. $\bar{n}\mathbb{Z}_m$ ist hier die Restklasse zu der natürlichen Zahl n, welche unter der genannten Bedingung invertierbar ist. χ wird **Dirichlet-Charakter** genannt und ist vollständig multiplikativ. ■

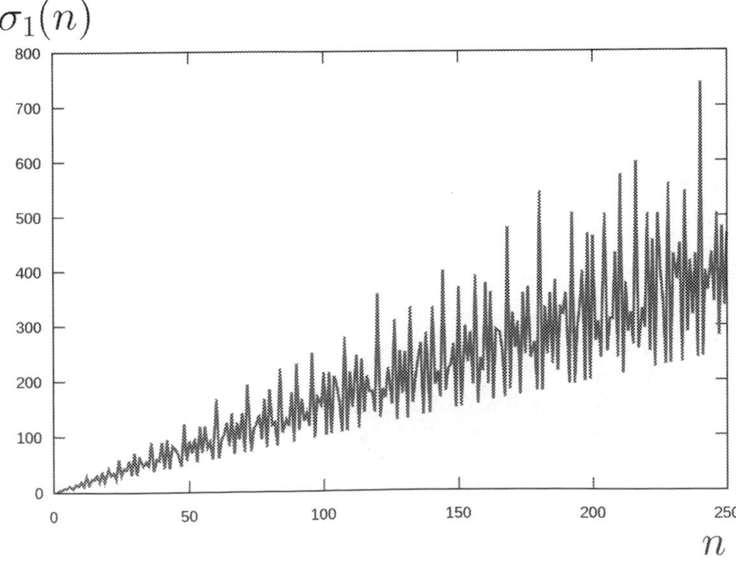

Abb. 11.1 Die Teilerfunktion $\sigma_1(n) = \sigma(n)$

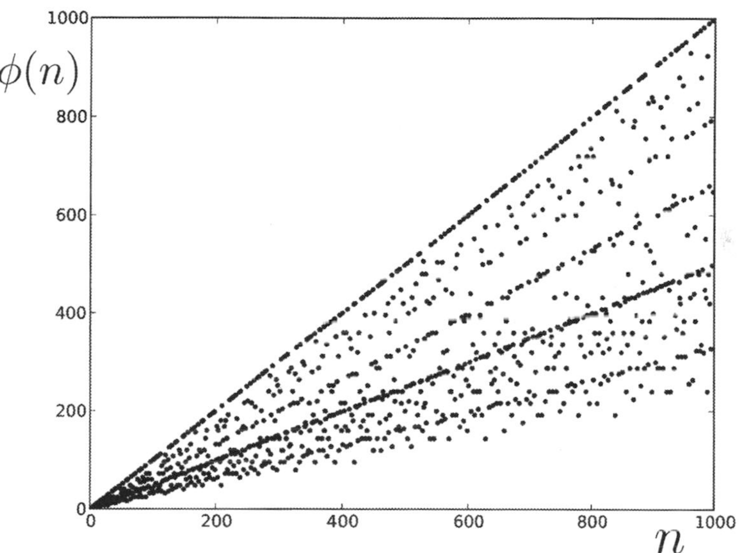

Abb. 11.2 Die Euler-ϕ-Funktion

Beispiel 11.32
Die **Anzahl** $\omega(n)$ **der unterschiedlichen Primfaktoren** in der Primfaktorzerlegung von n ist eine additive, aber nicht vollständig additive arithmetische Funktion; zum Beispiel gilt $\omega(2) = 1$, $\omega(3) = 1$, $\omega(4) = 1$ und $\omega(6) = 2$. Die **Möbius-Funktion** $\mu(n) = (-1)^{\omega(n)}$, wenn n quadratfrei ist, und 0 sonst, ist damit eine multiplikative Funktion. Die **Anzahl** $\Omega(n)$ **der Primfaktoren** in n, mit Vielfachheit gezählt, ist eine vollständig additive Funktion. Damit ist die **Liouville-Funktion** $\lambda(n) = (-1)^{\Omega(n)}$ vollständig multiplikativ. ■

Beispiel 11.33
Seien p eine Primzahl und $\nu_p(n)$ die Häufigkeit des Faktors p in der Primfaktorzerlegung von n. ν_p wird p**-Bewertung** genannt und ist eine vollständig additive arithmetische Funktion. ■

Beispiel 11.34
Wenn f eine (vollständig) multiplikativ arithmetische Funktion ist und stets $f(n) \neq 0$ gilt, so definiert $\log(|f(n)|)$ eine (vollständig) additive arithmetische Funktion. ■

Beispiel 11.35
Die **Primzahlfunktion** $\pi(n)$, die die Anzahl der Primzahlen kleiner oder gleich n angibt, ist eine arithmetische Funktion, die weder additiv noch multiplikativ ist; siehe Abb. 11.3. Das Gleiche gilt für die **Mangold-Funktion** Δ, die durch $\Delta(n) = \log(p)$, falls $n = p^k$ eine Primzahlpotenz ist, und $\Delta(n) = 0$ sonst gegeben ist. ■

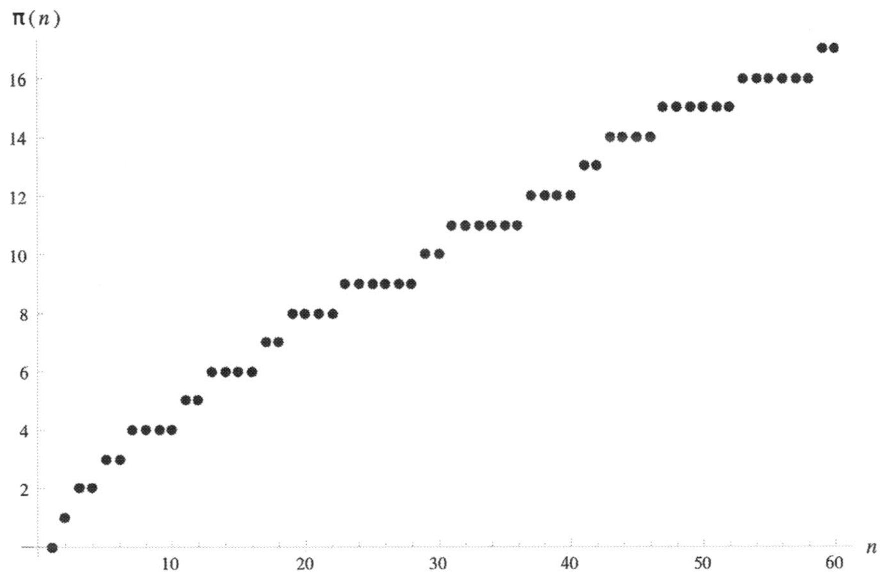

Abb. 11.3 Die Primzahlfunktion π

Definition 11.14
Die **Dirichlet-Reihe** einer arithmetischen Funktion $f : \mathbb{N} \to \mathbb{C}$ ist gegeben durch

$$\mathfrak{D}_f(z) = \sum_{n=1}^{\infty} \frac{f(n)}{n^z},$$

mit $z \in \mathbb{C}$. Die Frage, für welche $z \in \mathbb{C}$ die Reihe konvergiert, d. h. $\mathfrak{D}_f(z)$ existiert, und welche Eigenschaften die Funktion $\mathfrak{D}_f$ hat, sind ein Thema der analytischen Zahlentheorie; siehe Brüdern (2013). ♦

Beispiel 11.36
Die Dirichlet-Reihe der konstanten arithmetischen Funktion $\mathbb{1}(n) = 1$ ist die Riemann'sche ζ-Funktion in Abschn. 9.6. Die Dirichlet-Reihe der Teileranzahlfunktion d in Beispiel 11.28 ist durch ζ^2 gegeben. Die Dirichlet-Reihe der Möbius-Funktion μ in Beispiel 11.32 ist $1/\zeta$, und die Dirichlet-Reihe der Mangold-Funktion in Beispiel 11.35 ist durch $-\zeta'/\zeta$ bestimmt. ■

Beispiel 11.37
Für die Dirichlet-Reihe der Euler-Funktion ϕ in Beispiel 11.29 erhält man

$$\sum_{n=1}^{\infty} \frac{\phi(n)}{n^z} = \prod_{p \text{ prim}} \frac{1 - p^{-z}}{1 - p^{1-z}} = \frac{\zeta(z-1)}{\zeta(z)},$$

und für die Dirichlet-Reihe der Funktion σ_k in Beispiel 11.28 ergibt sich

$$\sum_{n=1}^{\infty} \frac{\sigma_k(n)}{n^z} = \prod_{p \text{ prim}} \frac{1}{(1-p^{-z})(1-p^{k-z})} = \zeta(z)\zeta(z-k).$$

■

Beispiel 11.38
Die Dirichlet-Reihe

$$L(z,\chi) = \sum_{n=1}^{\infty} \frac{\chi(n)}{n^z}$$

eines Dirichlet-Charakters wird **Dirichlet-L-Reihe** genannt; siehe Beispiel 11.31. ■

Definition 11.15
Seien f und g zwei arithmetische Funktionen. Die **Faltung** $f \star g$ ist durch

$$f \star g(n) = \sum_{d \text{ teilt } n} f\left(\frac{n}{d}\right) g(d)$$

gegeben. Äquivalent hierzu lässt sich die Faltung $f \star g$ auch als arithmetische Reihe der (formalen) Dirichlet-Produktreihe

$$\mathfrak{D}_f(z) \cdot \mathfrak{D}_g(z) = \sum_{n=1}^{\infty} \frac{f \star g(n)}{n^z}$$

definieren. ♦

Beispiel 11.39
Sei $\mathbb{1}$ konstante Funktion mit Wert 1. Es gilt

$$f \star \mathbb{1}(n) = \sum_{d \text{ teilt } n} f\left(\frac{n}{d}\right)$$

Diese Funktion wird auch **summatorische Funktion** von f genannt. ■

Beispiel 11.40
Für die Möbius-Funktion μ in Beispiel 11.32 erhalten wir $\mu \star \mathbb{1}(1) = 1$ und $\mu \star \mathbb{1}(n) = 0$ für $n > 1$. Weiterhin gilt $\phi \star \mathbb{1}(n) = n$ für die Euler-Funktion ϕ in Beispiel 11.30 und $\mathbb{1} \star \mathbb{1}(n) = d(n)$ für die Teileranzahlfunktion d in Beispiel 11.27. ■

11.4 Diophantische Gleichungen

Definition 11.16
Sei F ein Polynom in n Variablen mit Koeffizienten in $\mathbb{Z}$, also $F \in \mathbb{Z}[x_1, \ldots, x_n]$. Die Gleichung

$$F(x_1, \ldots, x_n) = 0$$

heißt **diophantische Gleichung,** wenn wir Lösungen $(x_1, \ldots, x_n) \in \mathbb{Z}^n$ oder $(x_1, \ldots, x_n) \in \mathbb{Q}^n$ zulassen. Gelegentlich werden auch Gleichungen dieses Typs mit Koeffizienten und Lösungen aus einem endlichen Körper zu den diophantischen Gleichungen gezählt. ♦

Beispiel 11.41
Seien $a, b, c \in \mathbb{Z}$. Dann beschreibt

$$ax + by = c$$

eine **lineare diophantische Gleichung.** Und genau dann, wenn der größte gemeinsame Teiler von a und b die Zahl c teilt, hat die Gleichung ganzzahlige Lösungen, und zwar unendliche viele; siehe Neunhäuserer (2015). ■

Beispiel 11.42
Die **diophantische Gleichung des Einheitskreises**

$$x^2 + y^2 = 1$$

hat offenbar nur die ganzzahligen Lösungen $(1, 0), (0, 1), (-1, 0), (0, -1)$. Die rationalen Lösungen außer $(-1, 0)$ sind durch

$$(x, y) = \left(\frac{1 - t^2}{1 + t^2}, \frac{2t}{1 + t^2}\right)$$

für $t \in \mathbb{Q}$ gegeben; siehe Oswald und Steuding (2014). ■

Beispiel 11.43
Die ganzzahligen Lösungen der **quadratischen diophantischen Gleichung**

$$x^2 + y^2 = z^2$$

sind bis auf die Vertauschung von x und y durch die **Pythagoräischen Tripel**

$$\left(n\left(\frac{u^2 - v^2}{2}\right), \ nuv, \ n\left(\frac{u^2 + v^2}{2}\right)\right),$$

gegeben, wobei $n \in \mathbb{N}$ gilt und $u > v$ teilerfremde natürliche Zahlen sind, von denen eine ungerade und eine gerade ist; siehe Neunhäuserer (2015). Unlängst hat Wiles (1995) bewiesen, dass die diophantischen Gleichungen

$$x^n + y^n = z^n$$

für kein $n > 2$ ganzzahlige Lösungen haben. ■

Beispiel 11.44
Quadratische diophantische Gleichungen der Form

$$x^2 - dy^2 = 1$$

werden **Pell'sche Gleichungen** genannt. Es gibt unendlich viele Lösungen einer solchen Gleichung, wenn d keine Quadratzahl ist. Für $d = 13$ erhält man z. B. die minimale Lösung $(x, y) = (649, 180)$ und kann aus dieser Lösung unendlich viele weitere Lösungen konstruieren; siehe Schmidt (2009). ■

Definition 11.17
Eine **elliptische Kurve** über einem Körper $\mathbb{K}$ (in Normalform) ist gegeben durch

$$C = \{(x, y) \in \mathbb{K}^2 \mid y^2 = x^3 + ax + b\},$$

wobei $a, b \in \mathbb{K}$ und $4a^3 + 27b^2 \neq 0$ ist. Für $\mathbb{K} = \mathbb{R}$ handelt es sich um eine glatte 1-dimensionale Mannigfaltigkeit, die zusammenhängend ist, falls $4a^3 + 27b^2 < 0$ ist, und zwei Zusammenhangskomponenten hat, falls $4a^3 + 27b^2 > 0$ ist; siehe Abb. 11.4. Dies ist ein geometrisches Objekt. Betrachten wir hingegen $\mathbb{K} = \mathbb{Q}$ und $a, b \in \mathbb{Z}$, so sind die Kurven C Lösungen diophantischer Gleichungen, die in der Zahlentheorie intensiv untersucht werden. Weiterhin werden elliptische Kurven in der Zahlentheorie auch über endlichen Körpern $\mathbb{K}$ studiert; siehe Schmidt (2009). ♦

Beispiel 11.45
Die diophantische Gleichung $y^2 = x^3 - 2$ über $\mathbb{Q}$ hat offenbar die Lösung $(x, y) = (3, 5)$. Man erhält unendlich viele weitere rationale Lösungen durch

$$(\bar{x}, \bar{y}) = \left(\frac{x^4 + 16x}{4y^3}, \frac{-x^6 + 40x^3 + 32}{8y^3} \right),$$

und man kann zeigen, dass man so alle rationalen Lösungen erhält; siehe Schmidt (2009). ■

Beispiel 11.46
Man kann zeigen, dass die diophantische Gleichung $y^2 = x^3 - x$ nur die drei trivialen rationalen Lösungen $(x, y) = (0, 0), (1, 0), (-1, 0)$ hat. ■

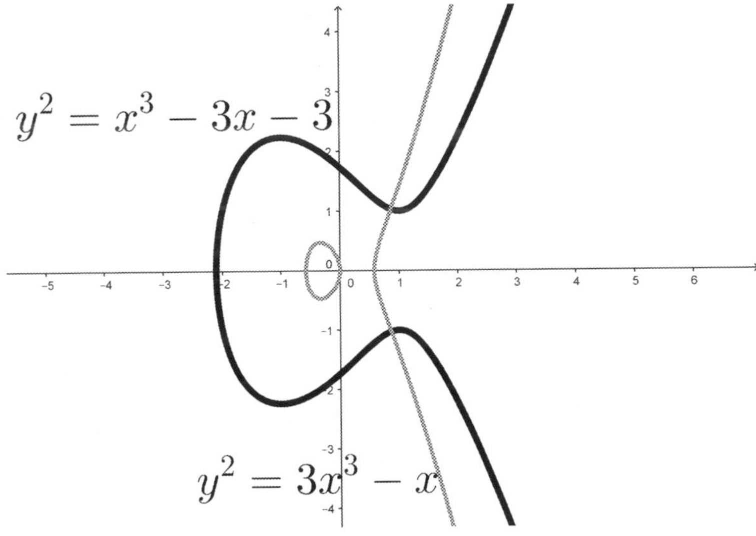

Abb. 11.4 Eine zusammenhängende und eine unzusammenhängende elliptische Kurve

Definition 11.18
Eine Menge $D \subseteq \mathbb{N}^m$ ist eine **diophantische Menge,** wenn ein Polynom $F \in \mathbb{Z}[x_1, x_2, \dots, x_n]$ mit einem $n \geq m$ existiert, sodass gilt:

$$D = \{(x_1, \dots, x_m) \mid \text{Es gibt } x_{m+1}, \dots, x_m \in \mathbb{N} : F(x_1, \dots, x_n) = 0\}.$$

♦

Beispiel 11.47
Die Menge $\{(x, y) \in \mathbb{N}^2 \mid x < y\}$ ist diophantisch durch die diophantische Gleichung

$$y - x - z = 0.$$

■

Beispiel 11.48
Die Menge $\{(x, y) \in \mathbb{N}^2 \mid x \text{ teilt } y\}$ ist diophantisch durch die diophantische Gleichung

$$y - xz = 0.$$

■

Beispiel 11.49
Man kann zeigen, dass die Menge der Primzahlen diophantisch ist. Es gibt ein Polynom in 26 Variablen, dessen positive Werte für Argumente in den natürlichen Zahlen alle Primzahlen durchläuft. ■

11.5 Kettenbrüche und diophantische Approximation

Definition 11.19
Seien (a_i) und (b_i) zwei Folgen natürlicher Zahlen und $b_0 \in \mathbb{Z}$. Ein **endlicher Kettenbruch** ist durch

$$b_0 + \cfrac{a_1}{b_1 + \cfrac{a_2}{\ddots \, b_{n-2} + \cfrac{}{b_{n-1} + \cfrac{a_n}{b_n}}}} = b_0 + T_1 \circ \cdots \circ T_n(0)$$

mit $T_i(x) = a_i/(b_i + x)$ gegeben. Ein **unendlicher Kettenbruch** ist durch

$$b_0 + \cfrac{a_1}{b_1 + \cfrac{a_2}{b_2 + \cfrac{a_3}{\ddots}}} = b_0 + \lim_{n\to\infty} T_1 \circ \cdots \circ T_n(0)$$

gegeben, vorausgesetzt der Grenzwert existiert. Sind die Zähler a_i eines Kettenbruchs eins, so nennt man ihn **regulär** und bezeichnet den Kettenbruch mit $[b_0; b_1, \ldots, b_n]$ im endlichen Fall und mit $[b_0; b_1, b_2, \ldots]$ im unendlichen Fall. Die Konvergenz eines regulären unendlichen Kettenbruchs ist leicht zu zeigen, aber nicht alle irregulären unendliche Kettenbrüche konvergieren. ♦

Beispiel 11.50
Jeder endliche Kettenbruch ist eine rationale Zahl, und jede rationale Zahl hat eine Darstellung als regulärer Kettenbruch, dessen Einträge durch die Quotienten im euklidischen Algorithmus bestimmt sind. Aus Beispiel 11.3 erhält man etwa $642/120 = [5; 2, 1, 6]$. ■

Beispiel 11.51
Man kann zeigen, dass sich jede irrationale Zahl eindeutig durch einen regulären unendlichen Kettenbruch darstellen lässt; siehe Schmidt (2009). Die Einträge des Kettenbruchs $x = [0, b_1, b_2, \ldots]$ berechnet man effizient durch den **Kettenbruchalgorithmus**

$$x_1 = 1/x, \; a_1 = \lfloor x_1 \rfloor \text{ und } x_{n+1} = \frac{1}{x_n - a_n}, \; a_{n+1} = \lfloor x_{n+1} \rfloor,$$

wobei $\lfloor x_i \rfloor$ den ganzzahligen Anteil von x_i bezeichnet. So erhält man etwa

$$\sqrt[3]{2} = [1;\ 3,\ 1,\ 5,\ 1,\ 1,\ 4,\ 1,\ 1,\ 8,\ 1,\ 14,\ \ldots]$$

$$\pi = [3; 7, 15, 1, 292, 1, 1, 1, 2, 1, 3, 1, 14, 2, 1, \ldots]$$

$$e = [2; 1, 2, 1, 1, 4, 1, 1, 6, 1, 1, 8, 1, 1, 10, 1, \ldots].$$

In den ersten beiden Fällen ist keine geschlossene Formel für a_n bekannt, und im dritten Fall lässt sich die naheliegende geschlossene Formel tatsächlich beweisen. ■

Beispiel 11.52
Die unendlichen Kettenbrüche mit periodischem Ende sind genau die quadratischen Irrationalzahlen $(a + \sqrt{b})/c$, wobei $a, b, c \in \mathbb{Z}$ mit $a > 0, b > 0, c \neq 0$ ist und b keine Quadratzahl ist; siehe Schmidt (2009). Zum Beispiel gilt $(\sqrt{5}+1)/2 = [1; \overline{1}]$, $\sqrt{2} = [1; \overline{2}]$, $\sqrt{3} = [1; \overline{1,2}]$, $\sqrt{3} + 1/2 = [2; \overline{4,3}]$. ■

Beispiel 11.53
Eine bekannte irreguläre Kettenbruchdarstellung von π ist

$$\frac{\pi}{4} = \cfrac{1}{1 + \cfrac{1^2}{2 + \cfrac{3^2}{2 + \cfrac{5^2}{2 + \ddots}}}}$$

Siehe hierzu Brüdern (2013). ■

Definition 11.20
Die rationale Zahl $K_n = p_n/q_n = [b_0; b_1, b_2, \ldots, b_n]$ heißt n-te **Konvergente** des unendlichen Kettenbruchs $[b_0; b_1, b_2, \ldots] = x$. Die Konvergenten berechnet man effizient mit der Rekursion

$$p_{n+1} = a_{n+1} p_n + p_{n-1}, \qquad q_{n+1} = a_{n+1} q_n + q_{n-1},$$

mit den Anfangswerten $p_{-2} = 0, p_{-1} = 1, q_{-2} = 1, q_{-1} = 0$. Eine Folge von rationalen Zahlen, die eine irrationale Zahl approximiert, wird **diophantische Approximation** genannt, und man kann zeigen, dass die Folge der n-ten Konvergenten (K_n) eine optimale diophantische Approximation für x bildet; siehe Brüdern (2013). ♦

Beispiel 11.54
Für die Euler'sche Zahl e erhalten wir durch Berechnung der Konvergenten die diophantische Approximation

$$(K_n) = \left(2,\ 3,\ \frac{8}{3},\ \frac{11}{4},\ \frac{19}{7},\ \frac{87}{32},\ \frac{106}{39},\ \ldots\right).$$

Für den letzten Bruch gilt

$$\left|e - \frac{106}{39}\right| < 0{,}00034.$$

■

Beispiel 11.55
Für die Archimedes-Konstante π erhalten wir durch Berechnung der Konvergenten die diophantische Approximation

$$(K_n) = \left(3, \frac{22}{7}, \frac{333}{106}, \frac{355}{113}, \dots\right).$$

Für den letzten Bruch gilt

$$\left|\pi - \frac{355}{113}\right| < 0{,}0000003.$$

■

Definition 11.21
Ein reelle Zahl $x \in \mathbb{R}$ heißt **diophantisch approximierbar mit Exponent** $c \geq 1$, wenn

$$\left|x - \frac{p}{q}\right| < \frac{1}{q^c}$$

für unendlich viele $p, q \in \mathbb{Z}$, mit $q \neq 0$, gilt. Das **Irrationalitäts-Maß** von x ist gegeben durch

$$\mu(x) = \inf\{c \geq 1 \mid x \text{ ist mit Exponent } c \text{ nicht diophantisch approximierbar}\}.$$

♦

Beispiel 11.56
Für jede rationale Zahl x gilt $\mu(x) = 1$. Jede irrationale Zahl ist mit Exponent 2 diophantisch approximierbar. Dies ist ein Resultat vom Dirichlet; siehe Neunhäuserer (2015). Damit gilt $\mu(x) \geq 2$ für alle irrationalen Zahlen x. ■

Beispiel 11.57
Für alle nicht-rationalen algebraischen Zahlen x erhält man $\mu(x) = 2$; siehe auch Definition 11.23. Das Theorem von Thue-Siegel-Roth besagt, dass für nicht-rationale algebraische Zahlen x die Ungleichung

$$\left|x - \frac{p}{q}\right| < \frac{1}{q^{2+\epsilon}}$$

nur endlich viele Lösungen $p, q \in \mathbb{Z}$ hat; siehe Brüdern (2013). $\mu(x) = 2$ gilt aber auch für manche transzendenten Zahlen. Man erhält zum Beispiel mit Hilfe der Kettenbruchdarstellung der Euler'schen Zahl: $\mu(e) = 2$. ■

Beispiel 11.58
Die Menge der reellen Zahlen, die mit einem Exponenten $c > 2$ diophantisch approximierbar sind, bilden ein Fraktal mit der Hausdorff-Dimension $2/c$; siehe Abschn. 5.4 und Falconer (1990). ■

Definition 11.22
Für eine irrationale Zahl $x \in (0, 1)$ sei $C(x) > 0$ die größte Zahl, sodass

$$\left|x - \frac{p}{q}\right| < \frac{1}{Cq^2}$$

für unendlich viele $p, q \in \mathbb{Z}$ mit $q \neq 0$ gilt. Das **Lagrange-Spektrum** ist gegeben durch

$$\mathbb{L} = \{C(x) \mid x \in (0, 1) \text{ irrational}\}.$$

♦

Beispiel 11.59
Für $x = (\sqrt{5} + 1)/2$ erhält man $C(x) = \sqrt{5}$. Dies ist die kleinste Zahl in $\mathbb{L}$. Dies ist der Satz von Hurwitz; siehe Brüdern (2013). Die nächst größeren Zahlen in $\mathbb{L}$ sind $\sqrt{8}$ und $\sqrt{221}/5$. ■

Beispiel 11.60
$\mathbb{L} \cap [\sqrt{5}, 3]$ ist eine abzählbare Menge, die explizit bekannt ist. $\mathbb{L}$ enthält auf der anderen Seite aber das ganze Intervall (μ, ∞) für $\mu \approx 4{,}527829566$. Dazwischen hat das Lagrange-Spektrum eine fraktale Struktur; siehe Brüdern (2013). ■

11.6 Spezielle Klassen irrationaler Zahlen

Definition 11.23
Eine reelle Zahl ist **algebraisch,** wenn sie die Nullstelle eines Polynoms vom Grad größer als 0 mit rationalen Koeffizienten ist; siehe auch Abschn. 3.3. ♦

Beispiel 11.61
Rationale Zahlen sind gemäß der Definition algebraisch. ■

Beispiel 11.62
Für $a \in \mathbb{R}$ mit $a \geq 0$ ist die n-te Wurzel $\sqrt[n]{a}$ offenbar eine algebraische reelle Zahl. ■

Definition 11.24
Eine **Pisot-Zahl** ist eine algebraische Zahl $\alpha = \alpha_1 > 1$, welche die reelle Nullstelle eines Polynoms $P(x)$ mit ganzzahligen Koeffizienten und dem höchsten Koeffizienten 1 vom Grad $d \geq 2$ ist, wobei die anderen Nullstellen von P, also $\alpha_2, \alpha_3, \ldots, \alpha_d \in \mathbb{C}$, einen Betrag echt kleiner als 1 haben. Man spricht von einer **Salem-Zahl,** wenn mindestens eine Nullstelle α_i Betrag 1 hat. ♦

Beispiel 11.63
Beispiele von Pisot-Zahlen sind die positiven reellen Lösungen von

$$x^n - x^{n-1} - \cdots - x - 1 = 0,$$

für $n \geq 2$. Speziell ist die **Goldene Zahl** $\phi = (\sqrt{5} + 1)/2$ eine Pisot-Zahl; siehe Bertin et al. (1992). ■

Beispiel 11.64
Die beiden kleinsten Pisot-Zahlen sind die positiven reellen Lösungen von $x^3 - x - 1 = 0$ und von $x^4 - x^3 - 1 = 0$ mit den numerischen Werten $1{,}32471\ldots$ bzw. $1{,}38027\ldots$. Die erste der beiden Zahlen wird **Plastikzahl** genannt; siehe auch hierzu Bertin et al. (1992). ■

Beispiel 11.65
Die kleinste bekannte Salem-Zahl ist die größte reelle Nullstelle des **Lehmer'schen Polynoms**

$$P(x) = x^{10} + x^9 - x^7 - x^6 - x^5 - x^4 - x^3 + x + 1,$$

mit dem numerischen Wert $x = 1{,}17628\ldots$. Eine weitere Salem-Zahl ist größte reelle Nullstelle von

$$P(x) = x^{11} - x^{10} - x^7 + x^4 + x - 1 = 0,$$

mit dem numerischen Wert $x = 1{,}216391\ldots$. ■

Definition 11.25
Eine reelle Zahl heißt **transzendent,** wenn sie nicht algebraisch ist. ♦

Beispiel 11.66
Die Euler'sche Zahl e und die Archimedes-Konstante π sind transzendent. Darüber hinaus ist bekannt, dass e^a für algebraische Zahlen $a \neq 0$ und $\ln(a)$ für positive rationale Zahlen $a \neq 1$ transzendent sind; siehe hierzu Baker (1990). ■

Definition 11.26
Eine Zahl $\alpha \in \mathbb{R}$ ist eine **Liouville-Zahl,** wenn es für alle $n \in \mathbb{N}$ Zahlen $p, q \in \mathbb{Z}$ mit

$$\left|\alpha - \frac{p}{q}\right| < \frac{1}{q^n}$$

gibt. Aus dem Satz von Liouville folgt, dass diese Zahlen transzendent sind; siehe Neunhäuserer (2015). ♦

Beispiel 11.67
Die **Liouville-Konstante**

$$\lambda := \sum_{j=0}^{\infty} \frac{1}{10^{j!}} = 0\;11000\;10000\;00000\;00000\;00010\ldots$$

ist eine Liouville-Zahl; siehe Neunhäuserer (2015). ■

Definition 11.27
Sei $b \geq 2$ eine natürliche Zahl. Eine reelle Zahl x mit b-adischer Darstellung

$$x = x_0 + \sum_{k=1}^{\infty} x_k b^{-k}$$

ist **normal** zur Basis b, wenn gilt:

$$\lim_{n \to \infty} \frac{|\{k | x_k = i, \quad k = 1, \ldots, n\}|}{n} = \frac{1}{b},$$

für alle $i = 0, \ldots, b - 1$. Es sei angemerkt, dass fast alle Zahlen im Sinne des Lebesgue-Maßes normal zu allen Basen sind, aber nur von wenigen Zahlen bekannt ist, dass diese normal sind; siehe Neunhäuserer (2015). ♦

Beispiel 11.68
Ein Beispiel einer normalen Zahl zur Basis zehn ist die **Champernowne-Zahl**

$$C_{10} = 0{,}12345678910111213141516\ldots,$$

die durch Aneinanderreihen der natürlichen Zahlen in Dezimaldarstellung entsteht. In gleicher Weise konstruiert man normale Zahlen C_b zu jeder Basis $b \geq 2$. ■

Beispiel 11.69
Die Zahl

$$P = 0{,}23571113171923293137\ldots,$$

die durch Aneinanderreihen der Primzahlen in Dezimaldarstellung entsteht, ist normal zur Basis zehn; siehe Copeland und Erdör (1946). ■

Gegenbeispiel 11.70
Eine Zahl in der klassischen Cantor-Menge in Abschn. 6.6 *ist nicht normal zur Basis drei.*

Wahrscheinlichkeitstheorie 12

Inhaltsverzeichnis

In diesem Kapitel geben wir einen Überblick über die Grundbegriffe der Wahrscheinlichkeitstheorie. Im ersten Abschnitt definieren wir Wahrscheinlichkeitsräume sowie diskrete und kontinuierliche Verteilungen und geben die wichtigsten Verteilungen als Beispiele an. Im Abschn. 12.2 wird das Konzept der Zufallsvariable eingeführt und die Unabhängigkeit von Ereignissen und Zufallsvariablen definiert. Der Abschn. 9.3 enthält die Definition des Erwartungswerts, der Varianz und der Standardabweichung. Als Beispiel geben wir diese Kenngrößen für einige Zufallsvariablen an. Zusätzlich enthält das Kapitel auch die Definition der Kovarianz und des Korrelationskoeffizienten von zwei Zufallsvariablen. Der Abschn. 9.4 ist der Konvergenz von Zufallsvariablen gewidmet. Wir definieren die Konvergenz in Wahrscheinlichkeit, in Verteilung und im p-ten Mittel sowie die fast-sichere Konvergenz, und geben jeweils Beispiele und Gegenbeispiele an. Im letzten Abschnitt dieses Kapitels führen wir einige elementare Begriffe der Theorie stochastischer Prozesse ein und geben Beispiele solcher Prozesse an. Insbesondere werden stetige und stationäre Prozesse definiert und Zufallsbewegungen, autoregressive Prozesse, Poisson-Prozesse und die Brown'sche Bewegung als Beispiele genannt.

Ein ausführliches Lehrbuch zur Wahrscheinlichkeitstheorie ist Bauer (2002), und eine elementare Einführung findet sich in Tappe (2013).

© Springer-Verlag GmbH Deutschland, ein Teil von Springer Nature 2020

J. Neunhäuserer, *Mathematische Begriffe in Beispielen und Bildern*,
https://doi.org/10.1007/978-3-662-60764-0_12

12.1 Wahrscheinlichkeitsräume

Definition 12.1
Ein **Wahrscheinlichkeitsraum** ist ein Maßraum (Ω, Σ, P), dessen Maß P ein Wahrscheinlichkeitsmaß ist, d. h. es ist $P(\Omega) = 1$; siehe Abschn. 8.2. Die Mengen Σ in der σ-Algebra werden in der Wahrscheinlichkeitstheorie **Ereignisse** genannt, und $P(A)$ ist für $A \in \Sigma$ die **Wahrscheinlichkeit,** dass das Ereignis A eintritt. Ist Ω endlich oder abzählbar unendlich und ist Σ die Potenzmenge von Ω, so spricht man von einem **diskreten Wahrscheinlichkeitsraum.** ♦

Beispiel 12.1
Für eine endliche Menge $\Omega = \{1, \ldots, n\}$ sind alle diskreten Wahrscheinlichkeitsräume durch ein Maß

$$P(A) = \sum_{i \in A} p_i$$

auf der Potenzmenge $P(\Omega)$ gegeben, wobei $(p_1, \ldots, p_n) \in [0, 1]^n$ ein **Wahrscheinlichkeitsvektor** ist, d. h. es ist $\sum_{i=1}^{n} p_i = 1$. Man nennt diese Räume auch **Bernoulli-Räume.** Wenn $p_i = 1/n$ gilt, so ist P das Laplace-Maß in Beispiel 8.16, und man nennt den korrespondierenden Wahrscheinlichkeitsraum **Laplace-Raum.** ■

Definition 12.2
Eine **diskrete Verteilung** ist eine Abbildung $P : \mathbb{N} \to [0, 1]$, mit

$$\sum_{i=1}^{\infty} P(i) = 1.$$

Sie induziert einen diskreten Wahrscheinlichkeitsraum durch das Wahrscheinlichkeitsmaß

$$P(A) = \sum_{i \in A} P(i)$$

auf der Potenzmenge von $\mathbb{N}$. ♦

Beispiel 12.2
Die Abbildung $P(i) = 1/n$ für $i \in \{1, \ldots, n\}$ beschreibt die **diskrete Gleichverteilung.** Sie induziert das Laplace-Maß. ■

Beispiel 12.3
Für $p \in (0, 1)$ beschreibt die Abbildung

$$P_p(i) = \binom{n}{i} p^i (1-p)^{n-i}$$

die **Binomialverteilung** auf $\{1, \ldots, n\}$; siehe Abb. 12.1 und auch Beispiel 12.21. ■

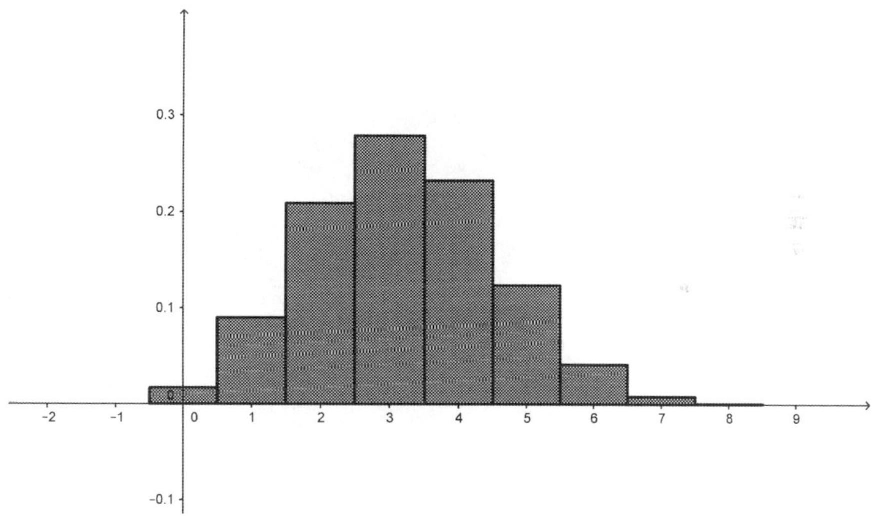

Abb. 12.1 Balkendiagramm der Binomialverteilung für $n = 8$ und $p = 0{,}4$

Beispiel 12.4
Für $n, N, M \in \mathbb{N}$ mit $N \geq n, M$ ergibt

$$P_{N,M}(i) = \frac{\binom{M}{i}\binom{N-M}{n-i}}{\binom{N}{n}}$$

die **hypergeometrische Verteilung** auf $\{1, \ldots, n\}$; siehe Abb. 12.2. ∎

Beispiel 12.5
Für $p \in (0, 1)$ ist die **geometrische Verteilung** $P_p : \mathbb{N} \to [0, 1]$ gegeben durch

$$P_p(i) = (1 - p)p^{i-1}.$$

Diese induziert ein Wahrscheinlichkeitsmaß auf der Potenzmenge von $\mathbb{N}$ und einen diskreten Wahrscheinlichkeitsraum. ∎

Beispiel 12.6
Für $\lambda > 0$ ist die **Poisson-Verteilung** $P_\lambda : \mathbb{N} \to [0, 1]$ gegeben durch

$$P_\lambda(i) = \frac{\lambda^{i-1}}{(i-1)!}e^{-\lambda};$$

siehe Abb. 12.3. Diese induziert das Poisson-Maß auf der Potenzmenge von $\mathbb{N}$. ∎

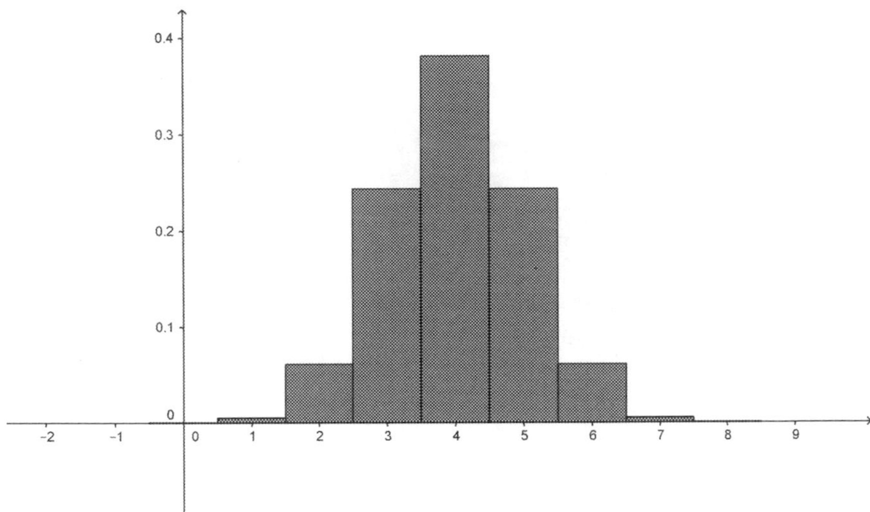

Abb. 12.2 Balkendiagramm der hypergeometrischen Verteilung für $N = 16$ und $n = m = 8$

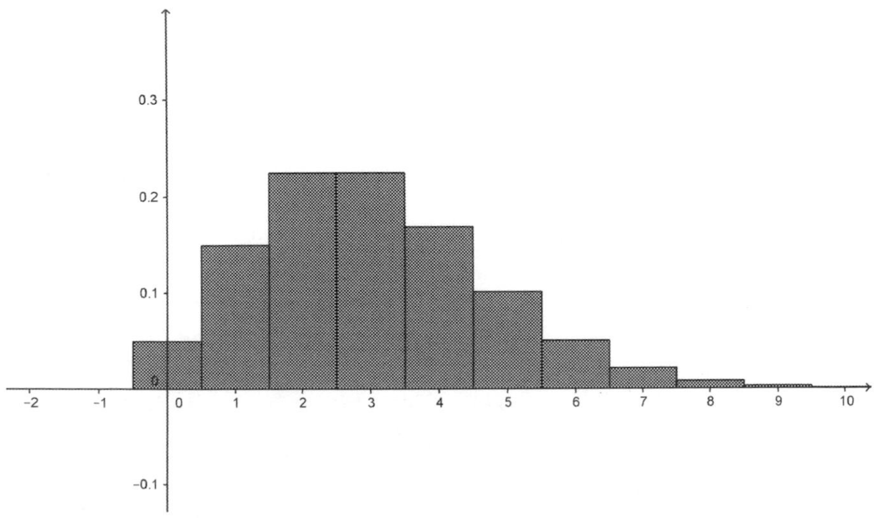

Abb. 12.3 Balkendiagramm der Poisson-Verteilung für $\lambda = 3$

Beispiel 12.7

Eine **Wahrscheinlichkeitsdichte** auf den reellen Zahlen ist eine Lebesgue-integrierbare Funktion $f : \mathbb{R} \to [0, \infty)$, mit

$$\int_{-\infty}^{\infty} f(x)dx = 1.$$

Man spricht auch von einer **kontinuierlichen Verteilung.** Eine solche Funktion induziert ein Wahrscheinlichkeitsmaß auf den reellen Zahlen mit der σ-Algebra Σ der Lebesgue-messbaren Mengen durch

$$P(A) = \int_A f(x)dx,$$

für $A \in \Sigma$. Damit ist $(\mathbb{R}, \Sigma, P)$ ein (kontinuierlicher) Wahrscheinlichkeitsraum. Diese Definition lässt sich auf Lebesgue-integrierbare Funktion $f : \Omega \to [0, \infty)$, mit

$$\int_\Omega f(x)d\nu(x) = 1,$$

auf beliebigen Maßräumen (Ω, Σ, ν) verallgemeinern; siehe hierzu Definition 8.16. ■

Beispiel 12.8
Die **kontinuierliche Gleichverteilung** auf einem Intervall $[a, b] \subseteq \mathbb{R}$ ist durch die Dichte $f(x) = 1/(b-a)$, für $x \in [a, b]$, und $f(x) = 0$ sonst gegeben. Offensichtlich gilt für das induzierte Wahrscheinlichkeitsmaß: $P((c, d)) = (d - c)/(b - a)$, falls das Intervall (c, d) in (a, b) enthalten ist. ■

Beispiel 12.9
Die **Exponentialverteilung** für $\mu > 0$ ist gegeben durch die Wahrscheinlichkeitsdichte $f_\mu : \mathbb{R} \to [0, \infty)$:

$$f_\mu(x) = \frac{1}{\mu} e^{-x/\mu},$$

für $x \geq 0$ und $f_\mu(x) = 0$ für $x < 0$. Für das induzierte Wahrscheinlichkeitsmaß gilt insbesondere

$$P((a, b)) = \int_a^b \frac{1}{\mu} e^{-x/\mu} dx = e^{-a/\mu} - e^{-b/\mu}.$$

■

Beispiel 12.10
Sei $\mu, \sigma \in \mathbb{R}$ und $\sigma > 0$. Die Funktion $f_{\mu,\sigma} : \mathbb{R} \to [0, \infty)$, gegeben durch

$$f_{\mu,\sigma}(x) = \frac{1}{\sigma\sqrt{2\pi}} e^{-\frac{1}{2}\left(\frac{x-\mu}{\sigma}\right)^2},$$

ist eine Wahrscheinlichkeitsdichte. Diese kontinuierliche Verteilung wird **Normalverteilung** genannt. Im Fall $\mu = 0$ und $\sigma = 1$ sprechen wir von der

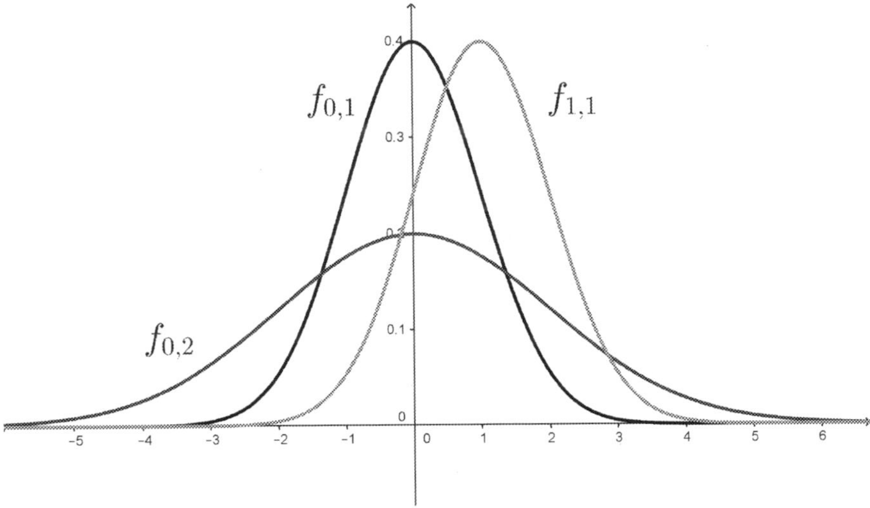

Abb. 12.4 Die Standardnormalverteilung $f_{0,1}$ und zwei weitere Normalverteilungen

Standardnormalverteilung; siehe Abb. 12.4. Der korrespondierende Wahrscheinlichkeitsraum $(\mathbb{R}, \Sigma, P)$ ist durch das Maß

$$P_{\mu,\sigma}(A) = \frac{1}{\sigma\sqrt{2\pi}} \int_A e^{-\frac{1}{2}\left(\frac{x-\mu}{\sigma}\right)^2} dx$$

auf der σ-Algebra der Lebesgue-messbaren Mengen bestimmt. ■

Beispiel 12.11
Für $n \in \mathbb{N}$ ist die **Chi-Quadrat-Verteilung** auf den reellen Zahlen durch die Dichte

$$f_n(x) = \frac{x^{\frac{n}{2}-1} e^{-\frac{x}{2}}}{2^{\frac{n}{2}} \Gamma\left(\frac{n}{2}\right)}$$

gegeben, wobei Γ die Gamma-Funktion in Abschn. 9.6 ist. n wird Anzahl der Freiheitsgrade genannt; siehe Abb. 12.5. ■

Beispiel 12.12
Für $k \in \mathbb{N}$ ist die **Student'sche t-Verteilung** auf den reellen Zahlen durch die Dichte

$$f_k(x) = \frac{\Gamma\left(\frac{k+1}{2}\right)}{\Gamma\left(\frac{k}{2}\right)\sqrt{k\pi}} \cdot \left(1 + \frac{x^2}{k}\right)^{-\frac{k+1}{2}}$$

gegeben; Γ ist wieder die Gamma-Funktion aus Abschn. 9.6. Hier wird k auch Anzahl der Freiheitsgrade genannt; siehe Abb. 12.6. ■

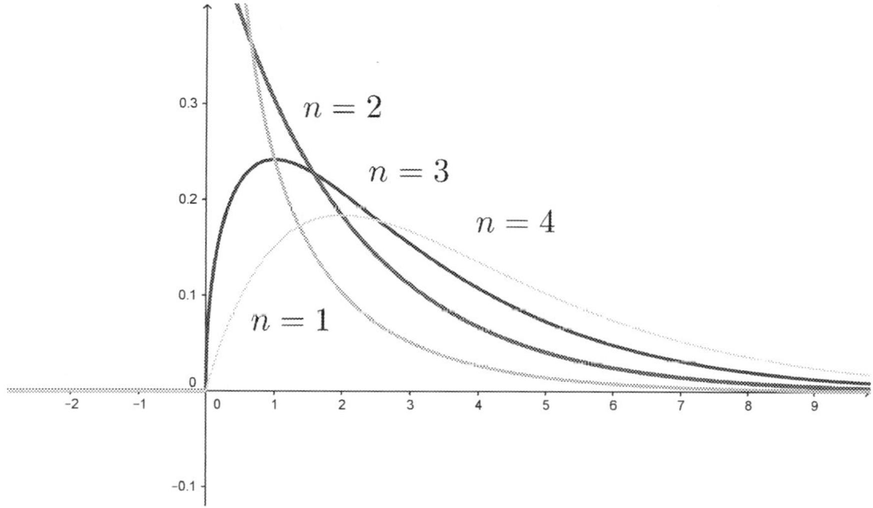

Abb. 12.5 Die **Chi-Quadrat-Verteilung** mit 1, 2 bzw. 3 Freiheitsgeraden

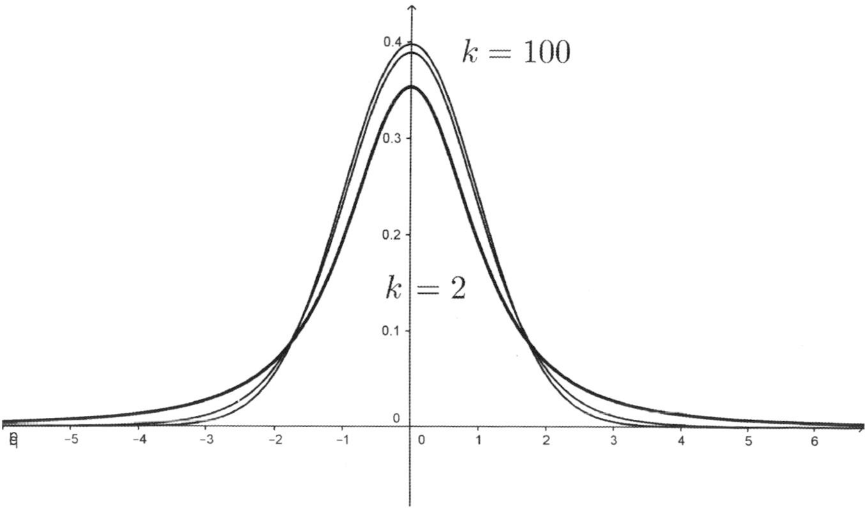

Abb. 12.6 Die Student'sche t-Verteilung mit 2, 10 bzw. 100 Freiheitsgraden

Beispiel 12.13
Eine Dichte auf dem Raum $\mathbb{R}^n$ mit dem n-dimensionalen Lebesgue-Maß ist gegeben durch

$$f(x_1, \ldots, x_n) = \frac{1}{\sqrt{(2\pi)^n}} e^{-\frac{1}{2} \sum_{i=1}^{p} x_i^2}.$$

Diese Verteilung heißt n-**dimensionale Standardnormalverteilung.** ■

12.2 Zufallsvariablen, Unabhängigkeit und bedingte Wahrscheinlichkeit

Definition 12.3
Seien (Ω, Σ, P) ein Wahrscheinlichkeitsraum und (Ω', Σ') ein messbarer Raum. Eine messbare Abbildung $X : \Omega \to \Omega'$ heißt **Zufallsvariable.** Der Ausdruck

$$P(X \in A) := P\{w \in \Omega \mid X(w) \in A\}$$

für eine Menge $A \in \Omega'$ ist die Wahrscheinlichkeit, dass der Wert der Zufallsvariablen X in A liegt. Speziell definiert $P(X = a) := P(X \in \{a\})$ die Wahrscheinlichkeit, dass die Zufallsvariable X den Wert a annimmt, vorausgesetzt dass $\{a\} \in \Omega'$ ist. Das Wahrscheinlichkeitsmaß $P_X(A) = P(X \in A)$ auf Ω' ist das Bildmaß von P unter X. Ist dieses Maß durch eine Verteilung beschrieben, nennt man dies eine **Verteilung der Zufallsvariablen** X. Ist $\Omega' = \mathbb{N}$ und $\Sigma' = P(\mathbb{N})$, so handelt es sich bei X um eine **diskrete Zufallsvariable.** Ist $\Omega' = \mathbb{R}$ und Σ' die Algebra der Lebesgue-messbaren Menge, so spricht von einer **reellen Zufallsvariablen.** ♦

Beispiel 12.14
Die Identität beschreibt eine Zufallsvariable X auf jedem Wahrscheinlichkeitsraum (Ω, Σ, P). Das Bildmaß stimmt mit P überein. Ist $\Omega = \mathbb{N}$, und ist P durch eine diskrete Verteilung $P : \mathbb{N} \to [0, 1]$ gegeben, so gilt für diese Zufallsvariable:

$$P(X = i) = P(i) \quad \text{und} \quad P(X \in A) = \sum_{i \in A} P(i).$$

Ist $\Omega = \mathbb{R}$, und ist P durch eine kontinuierliche Verteilung $f : \mathbb{R} \to [0, 1]$ gegeben, so gilt für X:

$$P(X \in A) = \int_A f(x)dx$$

und $P(X = a) = 0$. Alle Verteilungen im vorigen Abschnitt bestimmen so Zufallsvariablen. ■

Beispiel 12.15
Seien $\Omega = \{1, \ldots, 6\}^2$ und P das Laplace-Maß auf der Potenzmenge von Ω. Der Leser mag dies als Modell für das zweimalige Würfeln eines fairen Würfels verstehen. $S : \Omega \to \mathbb{N}$, gegeben durch $S(x, y) = x + y$, ist eine Zufallsvariable, die sich als die Summe der gewürfelten Augen interpretieren lässt. $X(x, y) = x$ ist eine Zufallsvariable, die das Ergebnis des ersten Wurfs beschreibt, und die Variable $Y(x, y) = y$ beschreibt das Ergebnis des zweiten Wurfs. ■

Beispiel 12.16
Seien $\Omega = \{0, 1\}^n$ und P das Laplace-Maß auf der Potenzmenge von Ω. Dann ist $X((x_1, \ldots, x_n)) = \sum_{i=1}^{n} x_i$ eine Zufallsvariable, mit

$$P(X = k) = \binom{n}{k} 2^{-n}.$$

Der Leser mag dies als Modell für das n-malige Werfen einer fairen Münze verstehen. ■

Beispiel 12.17
Sei $(0, 1)$ mit der Gleichverteilung versehen, und es sei eine reelle Zufallsvariable $X : (0, 1) \to \mathbb{R}$ gegeben durch $X(\omega) = 1/\omega$. Dann erhält man

$$P(X \in (c, d)) = \frac{1}{c} - \frac{1}{d},$$

für $1 \leq c < d$. ■

Definition 12.4
Sei (Ω, Σ, P) ein Wahrscheinlichkeitsraum. Zwei Ereignisse A und B heißen **unabhängig,** wenn gilt:

$$P(A \cap B) = P(A) \cdot P(B).$$

Eine Familie von Ereignissen A_i für $i \in I$ ist unabhängig, wenn für jede nicht-leere endliche Teilmenge $J \subseteq I$ gilt:

$$P(\bigcap_{j \in J} A_j) = \prod_{j \in J} P(A_j).$$

Sei nun (Ω', Σ') ein messbarer Raum und $X, Y : \Omega \to \Omega'$ zwei Zufallsvariablen. Die Zufallsvariablen heißen unabhängig, wenn für alle $A', B' \in \Sigma'$ die Ereignisse $A = \{\omega \in \Omega \mid X(\omega) \in A'\}$ und $B = \{\omega \in \Omega \mid Y(\omega) \in B'\}$ unabhängig sind. Für eine Familie von Zufallsvariablen X_i für $i \in I$ wird die Unabhängigkeit in gleicher Weise auf die Unabhängigkeit von Zufallsvariablen zurückgeführt.

Zwei diskrete Zufallsvariablen sind gemäß obiger Definition unabhängig, wenn gilt:

$$P(X = x, Y = y) := P(\{\omega \in \Omega \mid X(\omega) = x, Y(\omega) = y\})$$

$$= P(X = x) \cdots P(Y = y),$$

für alle $x \in X(\Omega)$ und $y \in Y(\Omega)$. Zwei reelle Zufallsvariablen sind unabhängig, wenn gilt:

$$P(X \leq x, Y \leq y) := P(\{\omega \in \Omega | X(\omega) \leq x, Y(\omega) \leq y\})$$

$$= P(\{\omega \in \Omega | X(\omega) \leq x\}) \cdot P(\{\omega \in \Omega | Y(\omega) \leq y\}) =: P(X \leq x) \cdot P(Y \leq y).$$

♦

Beispiel 12.18
Sei $\Omega = \{1, \ldots, 4\}$ mit dem Laplace-Maß versehen. Die Ereignisse $A = \{1, 2\}$ und $B = \{2, 3\}$ sind unabhängig, wegen

$$P(A \cap B) = \frac{1}{4} = \frac{1}{2} \cdot \frac{1}{2} = P(A) \cdot P(B).$$

Die Ereignisse $A = \{1, 2\}$ und $B = \{2, 3, 4\}$ sind nicht unabhängig, wegen

$$P(A \cap B) = \frac{1}{4} \neq \frac{1}{2} \cdot \frac{3}{4} = P(A) \cdot P(B).$$

■

Beispiel 12.19
Die Zufallsvariablen X und Y in Beispiel 12.15 sind unabhängig, weil

$$P(X = i, Y = k) = \frac{1}{36} = \frac{1}{6} \cdot \frac{1}{6} = P(X = i) \cdot P(Y = k)$$

für alle $i, k \in \{1, \ldots, 6\}$ ist. Die Zufallsvariablen S und X aus diesem Beispiel sind aber nicht unabhängig, wegen

$$P(S = 4, X = 1) = \frac{1}{36} \neq \frac{1}{12} \cdot \frac{1}{6} = P(S = 4) \cdot P(X = 1).$$

■

Definition 12.5
Seien (Ω, Σ, P) ein Wahrscheinlichkeitsraum, (Ω', Σ') ein messbarer Raum und $X, Y : \Omega \to \Omega'$ zwei Zufallsvariablen. Man sagt, dass diese Zufallsvariablen **identisch verteilt** sind, wenn die induzierten Maße P_X und P_Y übereinstimmen. ♦

Beispiel 12.20
Die Zufallsvariablen X und Y in Beispiel 12.15 sind identisch verteilt. ■

Beispiel 12.21
Sind $X_i : \Omega \to \{0, 1\}$ für $i = 1, \ldots, n$ identisch verteilte und unabhängige Zufallsvariablen, mit $P(X_i = 1) = p$ und $P(X_i = 0) = 1 - p$ für $p \in (0, 1)$, so ist die Zufallsvariable $X = X_1 + \cdots + X_n$ binominal-verteilt, so dass gilt:

$$P(X = k) = \binom{n}{k} p^k (1 - p)^{n-k};$$

siehe Beispiel 12.3. Man nennt die Folge (X_i) auch **Bernoulli-Kette.** ■

Definition 12.6
Seien (Ω, Σ, P) ein Wahrscheinlichkeitsraum und A, B zwei Ereignisse, mit $P(B) \neq 0$. **Die bedingte Wahrscheinlichkeit** von A unter der Bedingung B ist

$$P(A|B) = \frac{P(A \cap B)}{P(B)}.$$

Seien X, Y zwei diskrete Zufallsvariablen. Die bedingte Wahrscheinlichkeit des Ereignisses $X = x$ unter der Bedingung $Y = y$ für $x, y \in \mathbb{N}$ ist gegeben durch

$$P(X = x|Y = y) = \frac{P(X = x, Y = y)}{P(Y = y)},$$

sofern $P(Y = y) \neq 0$ ist. Sind X, Y reelle Zufallsvariablen, so ist die bedingte Wahrscheinlichkeit des Ereignisses $X \leq x$ unter der Bedingung $Y \leq y$ für $x, y \in \mathbb{R}$ gegeben durch

$$P(X \leq x|Y \leq y) = \frac{P(X \leq x, Y \leq y)}{P(Y \leq y)},$$

sofern $P(Y \leq y) \neq 0$ ist. ♦

Beispiel 12.22
Sind zwei Ereignisse A und B unabhängig, so gilt $P(A|B) = P(A)$. Sind zwei Zufallsvariablen X und Y unabhängig, so gilt: $P(X = x|Y = y) = P(X = x)$ bzw. $P(X \leq x|Y = y) = P(X \leq x)$. ■

Beispiel 12.23
Für die Ereignisse $A = \{1, 2\}$ und $B = \{2, 3, 4\}$ in Beispiel 12.18 erhält man $P(A|B) = 1/3 < P(A)$ und $P(B|A) = 1/2 < P(B)$. ■

Beispiel 12.24
Für die Zufallsvariablen X und Y in Beispiel 12.15 gilt $P(S = 4|X = 1) = 1/6 > P(S = 4)$ und $P(X = 1|S = 4) = 1/3 > P(X = 1)$. ■

12.3 Erwartungswert, Varianz, Standardabweichung und Kovarianz

Definition 12.7
Seien (Ω, Σ, P) ein Wahrscheinlichkeitsraum und $X : \Omega \to \mathbb{N}$ eine diskrete Zufallsvariable. Der **Erwartungswert** von X ist

$$\mathrm{E}(X) = \sum_{i=1}^{\infty} i P(X = i).$$

Falls diese Reihe nicht konvergiert, setzt man $\mathrm{E}(X) = \infty$. Ist $\mathrm{E}(X) < \infty$, so definiert man die **Varianz** von X durch

$$\mathrm{Var}(X) = \sum_{i=1}^{\infty} (i - \mathrm{E}(X))^2 P(X = i),$$

falls diese Reihe nicht konvergiert, setzt man $\mathrm{Var}(X) = \infty$. Ist $\mathrm{Var}(X) < \infty$, so definiert man die **Standardabweichung** durch $\sigma(X) = \sqrt{\mathrm{Var}(X)}$, sonst setzt man $\sigma(X) = \infty$. ♦

Beispiel 12.25
Wir geben hier den Erfahrungswert und die Varianz von diskreten Zufallsvariablen an, die eine der diskreten Verteilungen haben, die wir im Abschn. 12.1 eingeführt haben. Ist X auf $\{1, \ldots, n\}$ gleichverteilt, so gilt

$$\mathrm{E}(X) = (n + 1)/2, \qquad \mathrm{Var}(X) = (n^2 - 1)/12.$$

Hat X_p eine Binomialverteilung auf $\{1, \ldots, n\}$ mit $p \in (0, 1)$, dann erhält man

$$E(x) = np, \qquad \mathrm{Var}(X) = np(1 - p).$$

Hat $X_{N,M}$ die hypergeometrische Verteilung auf $\{1, \ldots, n\}$ mit $n, M \leq N$, so ergibt sich

$$\mathrm{E}(X_{N,M}) = n\frac{M}{N}, \qquad \mathrm{Var}(X_{N,M}) = \frac{M}{N}\left(1 - \frac{M}{N}\right)\frac{N - n}{N - 1}.$$

Ist X_p mit $p \in (0, 1)$ geometrisch auf $\mathbb{N}$ verteilt, so gilt:

$$\mathrm{E}(X_p) = 1/p, \qquad \mathrm{Var}(X) = (1 - p)/p^2.$$

Für eine Zufallsvariable X_λ mit einer Poisson-Verteilung auf $\mathbb{N}$, dann gilt

$$\mathrm{E}(X_\lambda) = \lambda, \qquad \mathrm{Var}(X_\lambda) = \lambda.$$

■

Definition 12.8
Seien (Ω, Σ, P) ein Wahrscheinlichkeitsraum und $X : \Omega \to \mathbb{R}$ eine reelle Zufallsvariable, die in Bezug auf P integrierbar ist, so definiert man den Erwartungswert von X durch

$$\mathrm{E}(X) = \int_\Omega X(\omega) dP(\omega).$$

Ist $f : \mathbb{R} \to [0, \infty)$ eine Verteilung der Zufallsvariablen X, d. h. die Wahrscheinlichkeitsdichte des Bildmaßes $P_X = P \circ X^{-1}$, so gilt:

$$\mathrm{E}(X) = \int_\mathbb{R} x f(x) dx,$$

wobei wir voraussetzen, dass dieses Integral existiert, also $xf(x)$ Lebesgue-integrierbar ist. Die Varianz einer in Bezug auf P integrierbaren reellen Zufallsvariablen X ist

$$\mathrm{Var}(X) = \mathrm{E}((X - \mathrm{E}(X))^2) = \int_\Omega (X(\omega) - \mathrm{E}(X))^2 dP(\omega).$$

Der Wert ist endlich, wenn X^2 in Bezug auf P integrierbar ist. Ist $f : \mathbb{R} \to [0, \infty)$ eine Verteilung der Zufallsvariablen X, so gilt:

$$\mathrm{Var}(X) = \int_\mathbb{R} (x - \mathrm{E}(x))^2 f(x) dx.$$

Ist die Funktion $x^2 f(x)$ Lebesgue-integrierbar, so ist der Wert endlich. ♦

Beispiel 12.26
Wir geben hier den Erfahrungswert und die Varianz von reellen Zufallsvariablen an, die eine Verteilung haben, welche wir im Abschn. 12.1 eingeführt haben. Ist X auf $[a, b]$ gleichverteilt, so gilt:

$$\mathrm{E}(X) = (a + b)/2, \qquad \mathrm{Var}(X) = (b - a)^2/12.$$

Hat X_μ eine Exponentialverteilung für $\mu > 0$, so gilt:

$$\mathrm{E}(X_\mu) = \mu, \qquad \mathrm{Var}(X_\mu) = \mu^2.$$

Ist $X_{\mu,\sigma}$ für $\mu, \sigma \in \mathbb{R}$ normalverteilt, so gilt:

$$\mathrm{E}(X_{\mu,\sigma}) = \mu, \qquad \mathrm{Var}(X_{\mu,\sigma}) = \sigma^2.$$

Hat X_n die Chi-Quadrat-Verteilung mit $n \in \mathbb{N}$, so erhält man:

$$\mathrm{E}(X_n) = n, \qquad \mathrm{Var}(X_n) = 2n.$$

Hat X_k die **Student'sche t-Verteilung** für $k \in \mathbb{N}$ mit $k \geq 3$, so ergibt sich:

$$\mathrm{E}(X_k) = 0, \qquad \mathrm{Var}(X_k) = k/(k-2).$$

Für $k = 1$ existiert der Erwartungswert nicht, und für $k = 2$ existiert die Varianz nicht. ■

Definition 12.9
Seien X, Y zwei reelle Zufallsvariablen auf einem Wahrscheinlichkeitsraum (Ω, Σ, P). Die **Kovarianz** der beiden Variablen ist

$$\mathrm{Cov}(X, Y) = \mathrm{E}((X - \mathrm{E}(X))(Y - \mathrm{E}(Y))) = E(XY) - E(X)E(Y),$$

wobei wir annehmen, dass $E(X)$, $E(Y)$ und $E(X \cdot Y)$ existieren; dies ist insbesondere der Fall, wenn X^2 und Y^2 integrierbar in Bezug auf P sind. Gilt $\mathrm{Cov}(X, Y) = 0$, so heißen X und Y **unkorreliert.** Der **Korrelationskoeffizient** von X und Y ist gegeben durch

$$\mathrm{Kor}(X, Y) = \frac{\mathrm{Cov(X,Y)}}{\sqrt{\mathrm{Var}(X)\mathrm{Var}(Y)}},$$

vorausgesetzt dass $\mathrm{Var}(X)$, $\mathrm{Var}(Y) < \infty$ ist. ♦

Beispiel 12.27
Sind zwei Zufallsvariablen X und Y unabhängig, so gilt: $\mathrm{E}(XY) = \mathrm{E}(X)\mathrm{E}(Y)$; damit sind die Variablen unkorreliert. ■

Beispiel 12.28
Seien X, Y unabhängige Zufallsvariablen mit Werten in $\{0, 1\}$ und $P(X = 0) = 1/2$ sowie $P(Y = 0) = 1/2$. Die Zufallsvariablen $X + Y$ und $X - Y$ sind unkorreliert aber nicht unabhängig, wegen

$$P(X + Y = 0, X - Y = 1) = 0 \neq 1/16 = P(X + Y = 0) \cdot P(X - Y = 1).$$

■

Beispiel 12.29
Seien X, Y Zufallsvariablen mit Werten in $\{0, 1\}$ und $P(X = 0) = 2/5$ sowie $P(Y = 0) = 3/10$. Man erhält zunächst $E(X) = E(X^2) = 3/5$ und $E(Y) = E(Y^2) = 7/10$ sowie $E(XY) = 2/5$. Damit ergibt sich $\mathrm{Cov}(X, Y) = -1/50$. Bestimmt man noch die Varianz $\mathrm{Var}(X) = 6/25$, $\mathrm{Var}(Y) = 21/100$, so erhält man $\mathrm{Kor}(X, Y) = -0{,}089$. ■

12.4 Konvergenz von Zufallsvariablen

Definition 12.10
Seien (Ω, Σ, P) ein Wahrscheinlichkeitsraum und (X_n) eine Folge von Zufallsvariablen auf Ω. Dann sagt man: (X_n) **konvergiert in Wahrscheinlichkeit** gegen eine Zufallsvariable X, wenn für alle $c > 0$ gilt:

$$\lim_{n\to\infty} P(|X_n - X| < c) = \lim_{n\to\infty} P(\{\omega \in \Omega \mid |X_n(\omega) - X(\omega)| < c\}) = 0.$$

Man schreibt hierfür $P - \lim_{n\to\infty} X_n = X$. ♦

Beispiel 12.30
Sei $(\tilde{X}_n)$ eine Folge von unabhängigen identisch verteilten Zufallsvariablen, mit $P(\tilde{X}_n = 1) = 1/2$ und $P(\tilde{X}_n = 0) = 1/2$. Die Folge (X_n) der Mittel $X_n = \frac{1}{n}\sum_{i=1}^{n} \tilde{X}_i$ konvergiert in Wahrscheinlichkeit gegen $1/2$. Dies ist ein Spezialfall des schwachen Gesetzes der großen Zahlen: Für jede Folge von paarweise unabhängigen und identisch verteilten Zufallsvariablen $(\tilde{X}_n)$ mit endlichem Erwartungswert konvergiert das Mittel X_n gegen den Erwartungswert; siehe Bauer (2002). ■

Definition 12.11
Seien (Ω, Σ, P) ein Wahrscheinlichkeitsraum und (X_n) eine Folge von reellen Zufallsvariablen auf Ω. Dann konvergiert (X_n) fast-sicher gegen eine Zufallsvariable X, wenn gilt:

$$P(\{\omega \in \Omega \mid \lim_{n\to\infty} X_n(\omega) = X(\omega)\}) = 1.$$

Mit der Abkürzung f. s. für fast-sicher schreibt man also: $f.s. - \lim_{n\to\infty} X_n = X$. Diese Definition lässt sich auf den Fall verallgemeinern, dass es sich bei dem Bildraum der Zufallsvariablen um einen metrischen oder um einen topologischen Raum handelt. Es sei noch erwähnt, dass eine fast-sichere Konvergenz eine Konvergenz in Wahrscheinlichkeit impliziert; siehe Bauer (2002). ♦

Beispiel 12.31
Die Folge (X_n) aus dem letzten Beispiel konvergiert auch fast-sicher gegen $1/2$. Dies ist ein Spezialfall des starken Gesetzes der großen Zahlen: Für jede Folge von paarweise unabhängigen, identisch verteilten Zufallsvariablen $(\tilde{X}_n)$ mit endlichem Erwartungswert konvergiert das Mittel X_n gegen den Erwartungswert; siehe Bauer (2002). ■

Gegenbeispiel 12.32
Man betrachte den Wahrscheinlichkeitsraum $[0, 1]$ *mit dem Lebesgue-Maß. Eine natürliche Zahl n schreiben wir in der Form* $n = 2^m + k$, *mit* $0 \leq k \leq 2^{m-1}$, *und definieren eine Folge von Ereignissen durch* $A_n = (k2^{-m}, (k+1)2^{-m})$ *sowie eine Folge von Zufallsvariablen durch* $X_n(\omega) = 1$, *für* $\omega \in A_n$, *und* 0 *sonst. Die*

Folge $(X_n(\omega))$ hat unendlich viele Einträge, die null sind, und unendlich viele Einträge, die 1 sind. Daher konvergiert die Folge nicht fast-sicher. In Wahrscheinlichkeit konvergiert die Folge jedoch gegen null.

Definition 12.12
Seien (Ω, Σ, P) ein Wahrscheinlichkeitsraum und (X_n) eine Folge von reellen Zufallsvariablen auf Ω. (X_n) **konvergiert in Verteilung** gegen eine Zufallsvariable X, wenn gilt:

$$\lim_{n\to\infty} P(\{\omega \in \Omega \mid X_n(\omega) \leq x\}) = P(\{\omega \in \Omega \mid X_n(\omega) \leq x\}),$$

für alle $x \in \mathbb{R}$. Man kann diese Definition auf Zufallsvariablen mit Werten in beliebigen metrischen Räumen Ω' verallgemeinern, indem man fordert, dass die Folge der Bildmaße P_{X_n} schwach gegen das Bildmaß P_X konvergiert, d. h. dass gilt:

$$\lim_{n\to\infty} \int f(x)dP_n(x) = \lim_{n\to\infty} \int f(x)dP(x),$$

für alle stetigen beschränkten Funktionen $f : \Omega' \to \mathbb{R}$. Es sei noch erwähnt, dass eine Konvergenz in Wahrscheinlichkeit eine Konvergenz in Verteilung impliziert; siehe Bauer (2002). ♦

Beispiel 12.33
Seien (Ω, Σ, P) ein Wahrscheinlichkeitsraum und $(\tilde{X}_n)$ eine Folge von unabhängigen identisch verteilten Zufallsvariablen mit $P(\tilde{X}_n = 1) = 1/2$ und $P(\tilde{X}_n = -1) = 1/2$. Die Folge der Zufallsvariablen (X_n), gegeben durch

$$X_n = \frac{\sum_{i=1}^n \tilde{X}_i}{\sqrt{n}}$$

konvergiert in Verteilung gegen die standardnormalverteilte Zufallsvariable X auf Ω, d. h. die Verteilung von X_n konvergiert punktweise gegen die Standardnormalverteilung. Dies ist ein Spezialfall des zentralen Grenzwertsatzes: Für jede Folge unabhängiger identisch verteilter Zufallsvariablen mit endlichem Erwartungswert μ und endlicher Varianz σ konvergiert die **standardisierte Zufallsvariable**

$$X_n = \frac{\sum_{i=1}^n \tilde{X}_i - n\mu}{\sqrt{n}\sigma}$$

in Verteilung gegen die standardnormalverteilte Zufallsvariable; siehe Bauer (2002). ■

Beispiel 12.34
Seien X eine Zufallsvariable mit Standardnormalverteilung und $(X_n) = -X$. Aus der Symmetrie der Standardnormalverteilung folgt, dass (X_n) in Verteilung gegen

X konvergiert. Die Folge konvergiert jedoch in Wahrscheinlichkeit nicht gegen X, wegen

$$P(|X_n - X| > \epsilon) = P(|X| > \epsilon/2).$$

■

Definition 12.13
Seien (Ω, Σ, P) ein Wahrscheinlichkeitsraum und (X_n) eine Folge von reellen Zufallsvariablen auf Ω. Dann sagt man: (X_n) **konvergiert im p-ten Mittel** gegen eine Zufallsvariable X auf Ω für $p \geq 1$, wenn gilt:

$$\lim_{n\to\infty} \mathrm{E}(|X_n - X|^p) = 0,$$

wobei wir voraussetzen, dass X_n^p und X^p in Bezug auf P integrierbar sind. Es sei angemerkt, dass eine Konvergenz im p-ten Mittel eine Konvergenz im q-ten Mittel für $q < p$ und eine Konvergenz in Wahrscheinlichkeit impliziert. ♦

Beispiel 12.35
Definieren wir eine Folge (X_n) identisch verteilter unabhängiger Zufallsvariablen durch $P(X_n = 0) = 1/n$ und $P(X_n = 1) = 1 - 1/n$, so gilt $\mathrm{E}(|X_n|^p) = 0$. Die Folge konvergiert also im p-ten Mittel gegen 0, aber die Folge ist nicht fast-sicher konvergent. ■

Beispiel 12.36
Man betrachte $[0, 1]$ mit dem Lebesgue-Maß und die Zufallsvariablen $X_n(\omega) = n$ für $\omega \in (0, 1/n)$ und 0 sonst. X_n konvergiert in Wahrscheinlichkeit gegen 0, aber es gilt $\mathrm{E}(|X_n|^p) = n^{p-1}$, und die Folge konvergiert nicht im p-ten Mittel für $p > 1$. ■

12.5 Stochastische Prozesse

Definition 12.14
Seien (Ω, Σ, P) ein Wahrscheinlichkeitsraum und (Ω', Σ') ein messbarer Raum. Eine Familie von messbaren Abbildungen $X_t : \Omega \to \Omega'$ für $t \in T$ heißt **stochastischer Prozess.** Ist T abzählbar unendlich, so spricht man von einem **zeitdiskreten stochastischen Prozess;** ansonsten nennt man den Prozess **zeitstetig**. Ist Ω' endlich oder abzählbar, nennt man den Prozess **wertediskret.** Ist $\Omega' = \mathbb{R}$, so handelt es sich um einen **reellwertigen Prozess.** ♦

Beispiel 12.37
Seien Z_t für $t \in \mathbb{N}$ unabhängige und identisch verteilte Zufallsvariablen mit

$$P(Z_t = 1) = p, \qquad P(Z_t = -1) = q, \qquad P(Z_t = 0) = 1 - p - q,$$

für $p, q, p + q \in (0, 1)$. Weiterhin sei $X_0 = 0$. Dann beschreibt

$$X_n = X_0 + \sum_{i=1}^{n} Z_i$$

einen zeitdiskreten und wertediskreten stochastischen Prozess. Dieser wird **Random Walk** oder **Zufallsbewegung** auf $\mathbb{Z}$ genannt. ■

Beispiel 12.38
Ein zeitdiskreter und reellwertiger stochastischer Prozess ist der **autoregressive Prozess** p-ter Ordnung, gegeben durch

$$X_t = \rho_1 X_{t-1} + \cdots + \rho_p X_{t-p} + Z_t,$$

wobei die Zufallsvariablen Z_t für $t \in \mathbb{R}_0^+$ normalverteilt mit dem Erwartungswert 0 und konstanter Varianz sind; siehe Abb. 12.7. ■

Definition 12.15
Sei X_t für $t \in T$ ein stochastischer Prozess auf einem Wahrscheinlichkeitsraum (Ω, Σ, P) mit dem Bildraum (Ω', Σ'). Ein **Pfad,** auch **Realisierung** des Prozesses genannt, ist eine Abbildung $\phi_\omega : T \to \Omega'$ mit $\phi_\omega(t) = X_t(\omega)$ für ein festes $\omega \in \Omega$. Sei nun $T = \mathbb{R}_0^+$ und $\Omega' = \mathbb{R}^m$ oder allgemeiner ein metrischer Raum. Man spricht von einem **Pfad-stetigen stochastischen Prozess,** wenn fast alle Pfade des Prozesses stetig sind, d. h. wenn es eine Menge $A \subseteq \Omega$, mit $P(A) = 1$, gibt, sodass ϕ_ω für alle

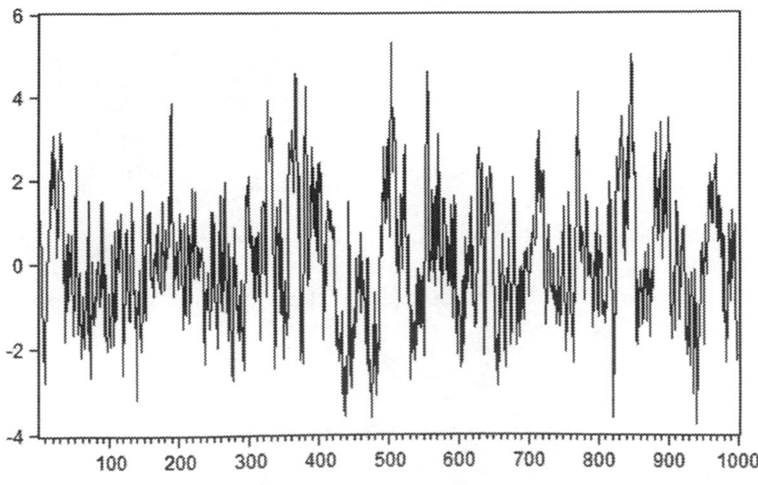

Abb. 12.7 Der Prozess $X_t = 0{,}75X_{t-1} + Z_t$, mit standard-normalverteiltem $Z(t)$

$\omega \in A$ eine stetige Abbildung ist. Ein Prozess heißt **fast-sicher stetig,** wenn für alle $t \in \mathbb{R}_0^+$ fast alle Pfade stetig in t sind, d. h. wenn gilt:

$$P(\{\omega \in \Omega \mid \lim_{s \to t} \phi_\omega(s) = \phi_\omega(t)\}) = 1.$$

Die Pfad-Stetigkeit eines Prozesses impliziert seine fast-sichere Stetigkeit. ♦

Beispiel 12.39
Wir beschreiben einen reellwertigen, zeitstetigen Prozess W_t, mit $t \in \mathbb{R}^+$, durch folgende Eigenschaften:

- $W_0 = 0$.
- Für reelle Zahlen $0 \leq t_0 < t_1 < t_2 < \cdots < t_m$ sind die Zuwächse $W_{t_1} - W_{t_0}, W_{t_2} - W_{t_1}, \ldots, W_{t_m} - W_{t_{m-1}}$ unabhängige Zufallsvariablen.
- Für alle $0 \leq s < t$ sind die Zufallsvariablen $W_t - W_s$ normalverteilt, mit dem Erwartungswert 0 und der Varianz $t - s$.

In der Theorie stochastischer Prozesse werden die Existenz und die Eindeutigkeit (in einem gewissen stochastischen Sinne) eines Pfad-stetigen Prozesses mit diesen Eigenschaften bewiesen; siehe Bauer (2002). Man nennt den Prozess **Wiener-Prozess** oder **Brown'sche Bewegung;** siehe Abb. 12.8. ■

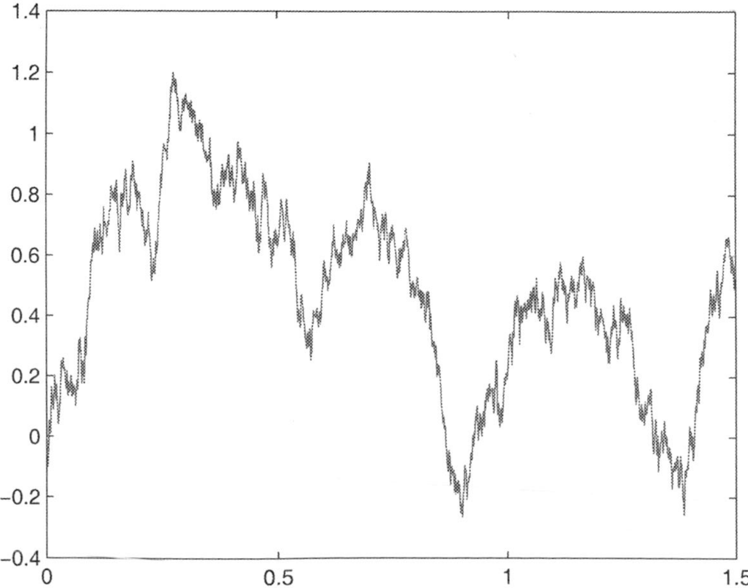

Abb. 12.8 Der Pfad des Wiener-Prozesses

Beispiel 12.40
Wir beschreiben den zeitstetigen und wertdiskreten **Poisson-Prozess** N durch die Bedingungen

- $N_0 = 0$.
- Für reelle Zahlen $0 \leq t_0 < t_1 < t_2 < \cdots < t_m$ sind die Zuwächse $N_{t_1} - N_{t_0}, N_{t_2} - N_{t_1}, \ldots, N_{t_m} - N_{t_{m-1}}$ unabhängige Zufallsvariablen.
- Für alle $0 \leq s < t$ sind die Zufallsvariablen $N_t - N_s$ Poisson-verteilt, mit dem Erwartungswert $\lambda > 0$.

λ wird **Intensität** des Prozesses genannt. Man kann zeigen, dass der Poisson-Prozess mit einer Intensität $\lambda > 0$ durch die obigen Bedingungen eindeutig bestimmt ist; siehe Bauer (2002). Der Poisson-Prozess ist fast-sicher stetig, aber offensichtlich nicht Pfad-stetig, weil das Bild des Prozesses in $\mathbb{N}_0$ liegt; siehe Abb. 12.9. ■

Definition 12.16
Ein stochastischer Prozess (X_t) mit $t \in T$ heißt **stationär,** wenn die Verteilung von (X_{t+s}) für $s \in T$ nicht von s abhängt. Ein Prozess heißt **schwach stationär,** wenn der Erwartungswert von X_t für alle $t \in T$ konstant ist, die Varianz von X_t für alle $t \in T$ endlich ist und die **Autokorrelation** invariant unter Verschiebungen ist, d. h. wenn gilt:

$$\mathrm{Cov}(X_{t_1,t_2}) = \mathrm{Cov}(X_{t_1+s,t_2+s}),$$

für alle $s \in T$. Stationarität impliziert schwache Stationarität; siehe Bauer (2002). ♦

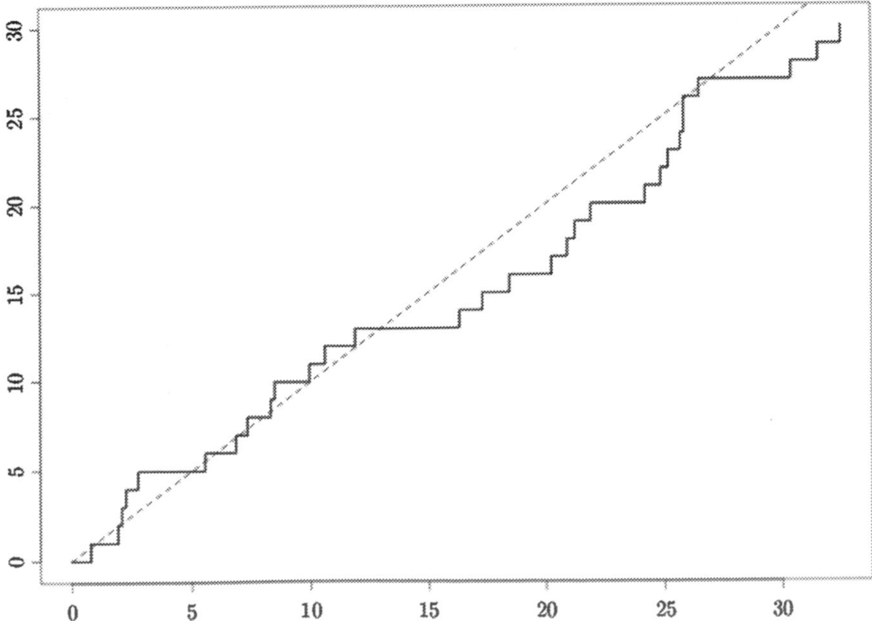

Abb. 12.9 Ein Poisson-Prozess

Beispiel 12.41
Der autoregressive Prozess erster Ordnung in Beispiel 1.37 ist stationär, wenn $|\rho_1| < 1$ ist. Die autoregressiven Prozesse p-ter Ordnung sind allerdings im Allgemeinen nicht stationär. Dies tritt genau dann ein, wenn die Nullstellen des charakteristische Polynoms

$$\sum_{i=1}^{p} \rho_i x^i + 1 = 0$$

alle einen Betrag größer als 1 haben. ■

Gegenbeispiel 12.42
Der Wiener-Prozess und der Poisson-Prozess sind nicht stationär. Dagegen sind die Zuwächse in beiden Beispielen stationär.

Definition 12.17
Ein stochastischer Prozess X_t, mit $t \in \mathbb{N}_0$, der Werte in $\mathbb{Z}$ annimmt, wird **Markov-Kette** genannt, wenn gilt:

$$P(X_{t+1} = j_{t+1} \mid X_t = j_t, X_{t-1} = j_{t-1}, \ldots, X_0 = j_0)$$

$$= P(X_{t+1} = j_{t+1} \mid X_t = j_t),$$

für alle $t \in \mathbb{N}$ und alle $(j_{t+1}, \ldots, j_0) \in \mathbb{N}^{t+2}$. Die Größen

$$p_{ij}(t) = P(X_{t+1} = j \mid X_t = i)$$

werden **Übergangswahrscheinlichkeiten** genannt. Sind diese konstant, so spricht man von **stationären Übergangswahrscheinlichkeiten** und einer **homogenen Markov-Kette.** ♦

Beispiel 12.43
Die **Goldene Markov-Kette** $X(t) \in \{0, 1\}$ ist durch die stationären Übergangswahrscheinlichkeiten $p_{00} = p$, $p_{01} = (1 - p)$, $p_{10} = 1$, $p_{11} = 0$ gegeben. ■

Beispiel 12.44
Definieren wir eine Markov-Kette $X(t)$ mit Werten in $\mathbb{Z}$ durch $p_{ij} = p$, falls $i = j+1$ ist, und $p_{ij} = q$, falls $i = j - 1$ ist, und $p_{ij} = 0$ sonst, so liefert die Markov-Kette eine Beschreibung eines Random Walk auf $\mathbb{Z}$; siehe auch Beispiel 12.35. ■

Beispiel 12.45
Die Folge von Übergangswahrscheinlichkeiten $p_{00} = f(t)$, $p_{01} = (1 - f(t))$, $p_{10} = 1$, $p_{11} = 0$, mit $f(t) \in (0, 1)$, beschreibt eine inhomogene Markov-Kette, wenn f nicht konstant ist. ■

13 Dynamische Systeme

Inhaltsverzeichnis

In diesem Kapitel findet sich ein Überblick über die Grundbegriffe der Theorie dynamischer Systeme. Wir definieren im Abschn. 13.1 topologische dynamische Systeme und zeigen zahlreiche paradigmatische Beispiele. Weiterhin definieren wir periodische und rekurrente sowie heterokline und homokline Orbits. Mit den Begriffen Transitivität, Sensitivität, Mischung, Chaos, Attraktor und Repeller werden globale Charakteristika eines topologischen dynamischen Systems beschrieben. Zum Abschluss dieses Abschnitts führen wir mit der topologischen Entropie eine wichtige Invariante der topologischen Dynamik ein. Im Abschn. 13.2 definieren wir mit invarianten, ergodischen und mischenden Maßen die Grundbegriffe der Ergodentheorie, in der maßtheoretische dynamische Systeme untersucht werden. Diese Begriffe werden anhand grundlegender Beispiele erläutert. Mit der maßtheoretischen Entropie definieren wir am Ende dieses Abschnitts eine wichtige Invariante der Ergodentheorie. Im Abschn. 13.3 über die differenzierbare Dynamik definieren wir insbesondere stabile, instabile und hyperbolische Fixpunkte sowie hyperbolische invariante Mengen und die zugehörigen stabilen und instabilen Mannigfaltigkeiten. Mit dem Solenoid und dem Hufeisen zeigen wir Beispiele, die für die Entwicklung der differenzierbaren Dynamik entscheidend waren. Im vierten Abschnitt des Kapitels findet sich eine kurze Einführung in die Grundbegriffe der Dynamik holomorpher bzw. meromorpher Funktionen. Außerdem werden Julia-Mengen, Fatou-Mengen und die Mandelbrot-Menge definiert und durch Abbildungen veranschaulicht. Im letzten Abschnitt definieren wir noch Transferoperatoren und dynamische ζ-Funktionen und geben Beispiele.

© Springer-Verlag GmbH Deutschland, ein Teil von Springer Nature 2020

J. Neunhäuser, *Mathematische Begriffe in Beispielen und Bildern*,
https://doi.org/10.1007/978-3-662-60764-0_13

Ein ausgezeichnetes Lehrbuch zur Theorie dynamischer Systeme ist Katok und Hasselblatt (1995), das Buch liegt jedoch leider nicht in deutscher Übersetzung vor. Deutschsprachige Lehrbücher zur Theorie dynamischer System sind zum Beispiel Denker (2004) und Einsiedler und Schmidt (2014). Ein erstklassiges Buch auf hohem Niveau speziell zur holomorphen Dynamik ist Milnor (2006).

13.1 Topologische Dynamik

Definition 13.1
Sei X ein metrischer Raum; siehe Abschn. 6.1. Ein **topologisches dynamisches System** (X, f) in **diskreter Zeit** ist durch eine stetige Abbildung $f : X \to X$ gegeben. Ein topologisches dynamisches System (X, f) in **kontinuierlicher Zeit** ist gegeben durch eine stetigen Fluss $f : X \times \mathbb{R}_0^+ \to X$, mit $f(x, 0) = x$ und $f(x, s+t) = f(f(x, s), t)$ für alle $x \in X$ und $s, t \in \mathbb{R}^+$. Die Theorie dynamischer Systeme untersucht invariante Mengen und insbesondere die **Orbits**

$$O_f(x) = \{f^n(x) \mid n \in \mathbb{N}_0\} \text{ bzw. } O_f(x) = \{f(x, t) \mid t \in \mathbb{R}_0^+\}$$

dynamischer Systeme. Dabei heißt eine Menge $A \subseteq X$ **invariant** unter f, wenn $f(A) = A$ bzw. $f(A, t) = A$ für alle $t \in \mathbb{R}^+$ ist. Offenbar bilden die Orbits von f eine Partition von X durch invariante Mengen. ♦

Beispiel 13.1
Die **Zeltabbildung** $f_a : \mathbb{R} \to \mathbb{R}$, mit

$$f_a(x) = a - 2a\left|x - \frac{1}{2}\right|,$$

und die **logistische Abbildung** $l_A : \mathbb{R} \to \mathbb{R}$, mit

$$l_a(x) = 4ax(1 - x)$$

für $a \geq 1$, sind Standardbeispiele in der eindimensionalen Dynamik; siehe Abb. 13.1. ■

Beispiel 13.2
Für $\alpha \in (0, 1)$ betrachten wir die Abbildung $R_\alpha(x) = \{x + \alpha\}$ auf $[0, 1]$, wobei $\{x\}$ den Nachkommaanteil von x bezeichnet. Topologisch ist dies eine **Rotation** des Einheitskreises $\mathbb{S}^1$, parametrisiert durch $[0, 1]$ anstatt $[0, 2\pi]$. Ein weiteres Beispiel eines Systems auf dem Einheitskreis, parametrisiert durch $[0, 1]$, ist durch $E_m(x) = \{mx\}$, mit $m \in \mathbb{N}$ und $m \neq 1$, gegeben. ■

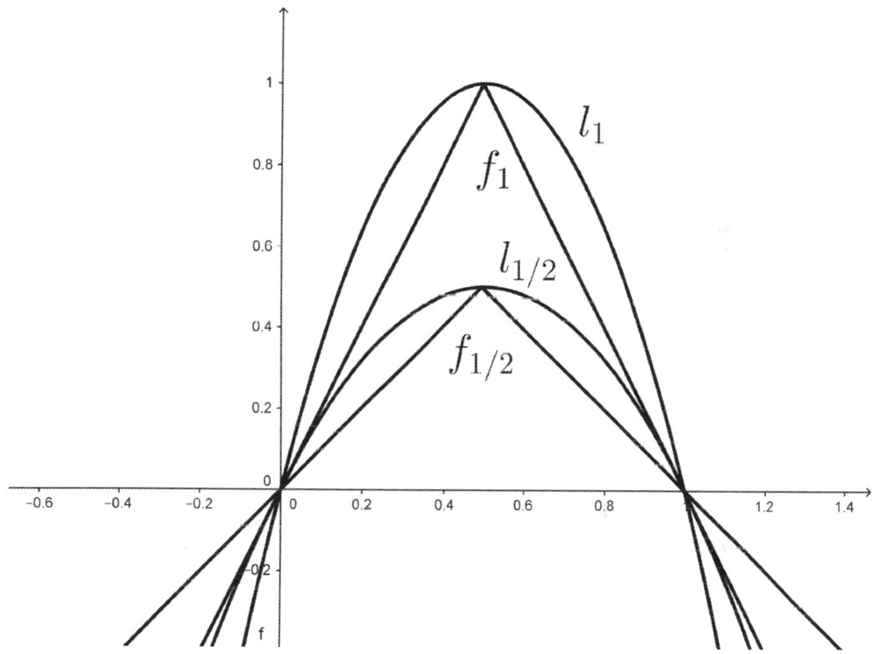

Abb. 13.1 Die Zeltabbildungen f_1, $f_{1/2}$ und die logistischen Abbildungen l_1, $l_{1/2}$

Beispiel 13.3
Für eine natürliche Zahl $a > 1$ betrachten wir den Folgenraum $\Sigma_a = \{1, \ldots, a\}^{\mathbb{Z}}$ (oder den einseitigen Folgenraum $\Sigma_a = \{1, \ldots, a\}^{\mathbb{N}}$) mit der Metrik

$$d((s_k), (t_k)) = \sum_{k=-\infty}^{\infty} |s_k - t_k| \, 2^{-|k|}.$$

Die **Verschiebeabbildung** σ auf Σ_a, auch **Shift** genannt, $\sigma((s_k)) = (s_{k+1})$, ist das Standardmodell der **symbolischen Dynamik.** ■

Beispiel 13.4
Interessante Beispiele der zweidimensionalen topologischen Dynamik in diskreter Zeit sind die **Henon-Abbildungen,** gegeben durch $h_{a,b} : \mathbb{R}^2 \to \mathbb{R}^2$ mit

$$h_{a,b}\begin{pmatrix} x \\ y \end{pmatrix} = \begin{pmatrix} 1 - ax^2 + y \\ bx \end{pmatrix},$$

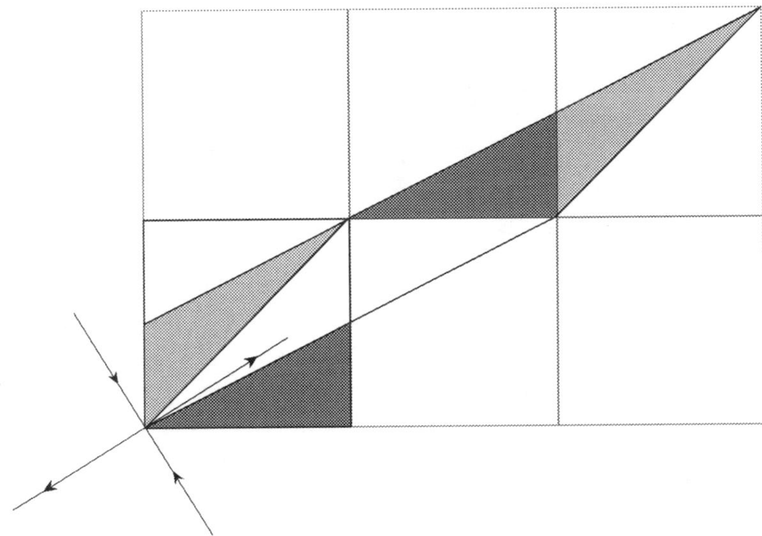

Abb. 13.2 Die Wirkung von Arnolds Katzenabbildung auf das Quadrat im $\mathbb{R}^2$ ohne Identifikation der Kanten

und **Arnolds Katzenabbildung** auf dem topologischen Torus $\mathbb{T} = [0, 1)^2$, gegeben durch

$$K\begin{pmatrix} x \\ y \end{pmatrix} = \begin{pmatrix} \{2x + y\} \\ \{x + y\} \end{pmatrix}.$$

$\{.\}$ ist hier wieder der Nachkommaanteil von $x \in \mathbb{R}$; siehe Abb. 13.2. ■

Beispiel 13.5
Ein globaler Fluss eines gewöhnlichen Differenzialgleichungssystems gibt ein topologisches dynamisches System auf $\mathbb{R}^n$ in kontinuierlicher Zeit; siehe Abschn. 7.5. Klassische Beispiele sind das **Lorenz-System**

$$\begin{aligned} x' &= \sigma(y - x), \\ y' &= x(\rho - y), \\ z' &= xy - \beta z \end{aligned}$$

und das **Rössler-System**

$$\begin{aligned} x' &= -y - x, \\ y' &= x + \alpha y, \\ z' &= \beta + z(x - \gamma). \end{aligned}$$

Hier sind σ, ρ, β und α, β, γ reelle Parameter; siehe auch die späteren Abb. 13.4 und 13.5 zu diesen Systemen. ■

Definition 13.2
Ein Orbit $O_f(x)$ eines dynamischen Systems in diskreter Zeit heißt **periodischer Orbit** der Periode $p \in \mathbb{N}$, wenn $f^p(x) = x$ und p mit dieser Bedingung minimal sind. Ein periodischer Orbit der Periode 1 heißt **Fixpunkt.** Ein Orbit $O_f(x)$ eines dynamischen Systems in diskreter Zeit heißt periodischer Orbit der Periode $p \in \mathbb{R}$, wenn $f(x, p) = x$ und p mit dieser Bedingung minimal sind. Der Orbit heißt Fixpunkt, wenn $f(x, p) = x$ für alle $p \geq 0$ ist. ♦

Beispiel 13.6
Die Zeltabbildung f_1 in Beispiel 13.1 hat den periodischen Orbit $O_{f_1}(2/7) = \{2/7, 4/7, 6/7\}$ der Periode 3. Dies impliziert die Existenz von Punkten mit periodischen Orbits jeder Periode; siehe Neunhäuserer (2015). Auch die logistische Abbildung l_1 hat einen periodischen Orbit der Periode 3 und damit Orbits jeder Periode. ■

Beispiel 13.7
Wenn $\alpha \in (0, 1)$ rational ist, haben alle Punkte in Bezug auf die Rotation R_α in Beispiel 13.2 einen periodischen Orbit. Ist $\alpha \in (0, 1)$ jedoch irrational, dann hat kein Punkt einen periodischen Orbit in Bezug auf R_α. In Bezug auf die Abbildung E_m in Beispiel 13.2 haben genau die Punkte in $[0, 1]$ mit einer periodischen Entwicklung zur Basis m einen periodischen Orbit. ■

Beispiel 13.8
Der Shift in Beispiel 13.3 hat offenbar periodische Orbits jeder Periode, welche durch periodische Folgen gegeben sind. ■

Beispiel 13.9
Unter Arnolds Katzenabbildung in Beispiel 13.4 haben alle Punkte mit rationalen Koordinaten einen periodischen Orbit. ■

Beispiel 13.10
Das Lorenz-System in Beispiel 13.5 hat für manche Parameter einen periodischen Orbit; man kann dies zum Beispiel für $\sigma = 10$, $\rho = 28$ und $\beta = 0{,}5$ nachweisen. Dasselbe ist für das Rössler-System mit $\alpha = 0{,}2$, $\beta = 0{,}1$ und $\gamma = 2$ der Fall. ■

Definition 13.3
Sei (X, f) ein topologisches dynamisches System. $x \in X$ heißt **rekurrent,** wenn x ein Häufungspunkt des Orbits $O_f(x)$ ist. $x \in X$ heißt **wandernd,** wenn es eine Umgebung U von x gibt, sodass $f^n(U) \cap U$ bzw. $f(U, s) \cap U$ für alle hinlänglich großen $n \in \mathbb{N}$ bzw. $s \in \mathbb{R}^+$ leer ist. Offenbar sind rekurrente Punkte nicht wandernd. Sind alle $x \in X$ rekurrent bzw. nicht wandernd, so wird auch das System als rekurrent bzw. nicht wandernd bezeichnet. ♦

Beispiel 13.11
Fixpunkte und Punkte mit einem periodischen Orbit sind rekurrent und nicht wandernd. ■

Beispiel 13.12
Die Rotationen in Beispiel 13.2 sind rekurrente Abbildungen. ■

Beispiel 13.13
Für die Zeltabbildung f_1 in Beispiel 13.1 sind die Punkte $x = p/2^q$ mit $p, q \in \mathbb{N}$ nicht rekurrent, und alle Punkte in $[0, 1]$ sind nicht wandernd für diese Abbildung. Alle Punkte außerhalb dieses Intervalls sind wandernd. ■

Beispiel 13.14
Ein Punkt mit dichtem Orbit ist insbesondere rekurrent; siehe hierzu die Definition 13.5 und die darauf folgenden Beispiele. ■

Definition 13.4
Seien X und Y metrische Räume. Ein topologisches dynamisches System (Y, g) ist **quasi-konjugiert** zu einem System (X, f), wenn es eine stetige Abbildung $\pi : X \to Y$ mit Bild Y gibt, sodass gilt:

$$\pi \circ f(x) = g \circ \pi(x),$$

für alle $x \in X$. Manche Autoren sprechen hier auch von einem **topologischen Faktor** (Y, g) von (X, f). Die Systeme sind **konjugiert,** wenn π ein Homöomorphismus ist; man nennt die Systeme (X, f) und (Y, g) in diesem Fall auch **topologisch isomorph.** ♦

Beispiel 13.15
Die Zeltabbildung f_1 und die logistische Abbildung l_1 in Beispiel 13.1 sind konjugiert zueinander, und der Homöomorphismus ist gegeben durch $\pi(x) = (\sin(\pi x/2))^2$. Beide Systeme sind quasi-konjugiert zum einseitigen Shift in Beispiel 13.3. ■

Beispiel 13.16
Die Abbildung E_m in Beispiel 13.2 ist quasikonjugiert zum einseitigen Shift in Beispiel 13.3, und die Abbildung wird durch die Entwicklung zur Basis m bestimmt. ■

Definition 13.5
Ein topologisches dynamisches System (X, f) heißt **topologisch transitiv,** wenn es einen dichten Orbit $O_f(x)$ gibt. Für vollständige metrische Räume X ohne isolierte Punkte ist dies äquivalent dazu, dass es für zwei nicht-leere offene Mengen $U, V \subseteq X$ ein $n \in \mathbb{N}$ bzw. $s \in \mathbb{R}^+$ gibt, sodass gilt:

$$f^n(U) \cap V \neq \emptyset \text{ bzw. } f(U, s) \cap V \neq \emptyset.$$

En System (X, T) heißt **topologisch mischend,** wenn es für zwei nicht-leere offene Mengen $U, V \subseteq X$ ein $n_0 \in \mathbb{N}$ bzw. ein $s_0 \in \mathbb{R}^+$ gibt, sodass $f^n(U) \cap V$ bzw. $f(U, s) \cap V$, sogar für alle $n \geq n_0$ bzw. alle $s \geq s_0$, nicht-leer ist. Ein System heißt **sensitiv,** wenn es eine Konstante $C > 0$ gibt, sodass es für alle $x \in X$ ein y in jeder Umgebung um x gibt sodass gilt:

$$\limsup_{n\to\infty} d(f^n(x), f^n(y)) > C.$$

Ein dynamisches System heißt **chaotisch,** wenn es transitiv ist und die periodischen Orbits von f dicht in X liegen; diese Bedingung impliziert insbesondere die Sensitivität des Systems. Es sei noch angemerkt, dass alle topologisch mischenden Systeme sensitiv sind; siehe hierzu Neunhäuserer (2015) sowie Katok und Hasselblatt (1995). ♦

Beispiel 13.17
Der Shift in Beispiel 13.3 und alle zu diesem System quasi-konjugierten Systeme sind topologisch mischend und chaotisch; siehe Neunhäuserer (2015). ■

Beispiel 13.18
Arnolds Katzenabbildung in Beispiel 13.4 ist topologisch mischend und chaotisch; siehe Katok und Hasselblatt (1995). ■

Beispiel 13.19
Die Rotation R_α von $\mathbb{S}^1$ in Beispiel 13.2 ist für irrationales α topologisch transitiv, und alle Orbits sind dicht. Man nennt ein solches System auch **minimal.** Das System ist aber nicht topologisch mischend, sensitiv oder chaotisch. ■

Definition 13.6
Ein topologisches dynamisches System (X, f) in diskreter Zeit heißt **zeitlich umkehrbar,** wenn f ein Homöomorphismus ist. Ein zeitlich umkehrbares dynamisches System (X, f) in kontinuierlicher Zeit ist gegeben durch einen stetigen Fluss $f : X \times \mathbb{R} \to X$ mit $f(x, 0) = x$ und $f(x, s + t) = f(f(x, s), t)$ für alle $x \in X$ und $s, t \in \mathbb{R}$. Ein Orbit $O_f(x)$ eines zeitlich umkehrbaren Systems heißt **heteroklin,** wenn gilt:

$$\lim_{n\to\pm\infty} f^n(x) = x_\pm \text{ bzw. } \lim_{s\to\pm\infty} f(x, s) = x_\pm,$$

wobei $x_+, x_- \in X$ Fixpunkte sind. Man nennt einen heteroklinen Orbit auch eine **heterokline Verbindung** zwischen x_- und x_+. Gilt $x_+ = x_-$, so spricht man von einem **homoklinen** Orbit. In der Literatur findet sich diese Definition auch für die heteroklinen Verbindung zwischen periodischen Orbits $O_f(x_+)$ und $O_f(x_-)$. ♦

Beispiel 13.20
Für den zweiseitigen Shift in Beispiel 13.3 hat ein Punkt mit konstantem Folgen-Ende in beiden Richtungen einen heteroklinen Orbit. Sind die Folgen-Enden auch

noch identisch, so hat der Punkt einen homoklinen Orbit. Alle Systeme, die zum Shift konjugiert sind, haben damit auch solche Orbits. ■

Beispiel 13.21
Das Lorenz-System und das Rössler-System in Beispiel 13.5 scheinen für bestimmte Parameter homokline Orbits zu haben. Wir finden hierzu in der Literatur allerdings nur numerische Evidenz und keinen direkten analytischen Nachweis. ■

Definition 13.7
Sei (X, f) ein topologisches dynamisches System. Eine abgeschlossene, in Bezug auf f invariante Menge $A \subseteq X$ heißt **Attraktor** von f mit der Fundamentalumgebung $U \subseteq X$, wenn gilt:

$$A = \bigcap_{n=0}^{\infty} f^n(U) \text{ bzw. } A = \bigcap_{t \geq 0} f(U, t).$$

Können wir $U = X$ wählen, so nennt man A einen **globalen Attraktor.** Eine abgeschlossene invariante Menge A heißt **Repeller,** wenn es eine Umgebung U von A gibt, sodass es für alle $x \in U \backslash A$ ein $n_0 \in \mathbb{N}$ bzw. ein $t_0 \in \mathbb{R}^+$, gibt, sodass $f^n(x) \notin U$ bzw. $f(U, t) \notin U$ ist, für $n \geq n_0$ bzw. $t \geq t_0$. Besteht A aus einem periodischen Orbit oder Fixpunkt, so spricht man unter diesen Bedingungen von einem **attraktiven Fixpunkt** oder **attraktiven periodischen Orbit** beziehungsweise von einem **repulsiven Fixpunkt** oder **repulsiven periodischen Orbit.** ♦

Beispiel 13.22
Auf attraktive und repulsive Fixpunkte gehen wir im Abschn. 13.3 zur differenzierbaren Dynamik ein. ■

Beispiel 13.23
Die logistischen Abbildungen l_a in Beispiel 13.1 haben für $a \in (3/4, (1 + \sqrt{6})/4)$ einen periodischen Orbit der Länge zwei in $(0, 1)$, der ein Attraktor ist. Für etwas größere a erhält man attraktive periodische Orbits größerer Perioden. Für $a \geq 1$ haben die Abbildungen einen Repeller $R \subseteq [0, 1]$, auf dem die Dynamik chaotisch ist. Dies ist auch für die Zeltabbildung der Fall. ■

Beispiel 13.24
Die Henon-Abbildung $h_{a,b}$ in Beispiel 13.4 hat für manche Parameter einen Attraktor. Bekannt ist dies beispielsweise für $a = 1{,}4$ und $b = 0{,}3$; siehe Abb. 13.3. ■

Beispiel 13.25
Das Lorenz-System hat für manche Parameter einen Attraktor; zum Beispiel ist dies für $\sigma = 10$, $\rho = 28$ und $\beta = 8/3$ der Fall. Das Rössler-System hat einen Attraktor zum Beispiel für $\alpha = 0{,}2$, $\beta = 0{,}2$ und $\gamma = 5{,}7$; siehe Abb. 13.4 und 13.5. ■

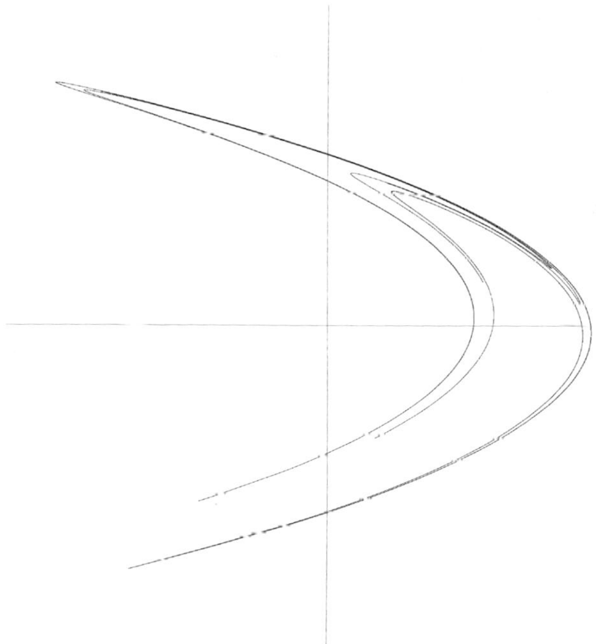

Abb. 13.3 Annäherung an den Henon-Attraktor

Definition 13.8
Seien X ein kompakter topologischer Raum und (X, f) ein topologisches dynamisches System in diskreter Zeit. Die **Entropie** einer offenen Überdeckung $\mathfrak{U}$ von X ist gegeben durch $H(\mathfrak{U}) = \log \sharp\mathfrak{U}$, wobei $\sharp\mathfrak{U}$ die kleinste Anzahl von Elementen in $\mathfrak{U}$ ist, die gebraucht werden, um X zu überdecken. Für zwei Überdeckungen $\mathfrak{U}_1$ und $\mathfrak{U}_2$ definieren wir die gemeinsame Verfeinerung durch

$$\mathfrak{U}_1 \vee \mathfrak{U}_2 = \{U_1 \cap U_2 | U_1 \in \mathfrak{U}_1, U_2 \in \mathfrak{U}_2\}.$$

Die Entropie des Systems (X, f) in Bezug auf eine Überdeckung $\mathfrak{U}$ ist

$$h(f, \mathfrak{U}) = \lim_{n\to\infty} \frac{1}{n} H(\mathfrak{U} \vee f^{-1}(\mathfrak{U}) \vee \cdots \vee f^{-n}(\mathfrak{U})),$$

und die **topologische Entropie** des Systems ist

$$h(f) = \sup\{h(f, \mathfrak{U}) \mid \mathfrak{U} \text{ ist eine offene Überdeckung von } X\}.$$

Für ein topologisches dynamisches System in kontinuierlicher Zeit lässt sich die topologische Entropie über die topologische Entropie der Abbildung $f(x) = f(x, 1)$ definieren. ♦

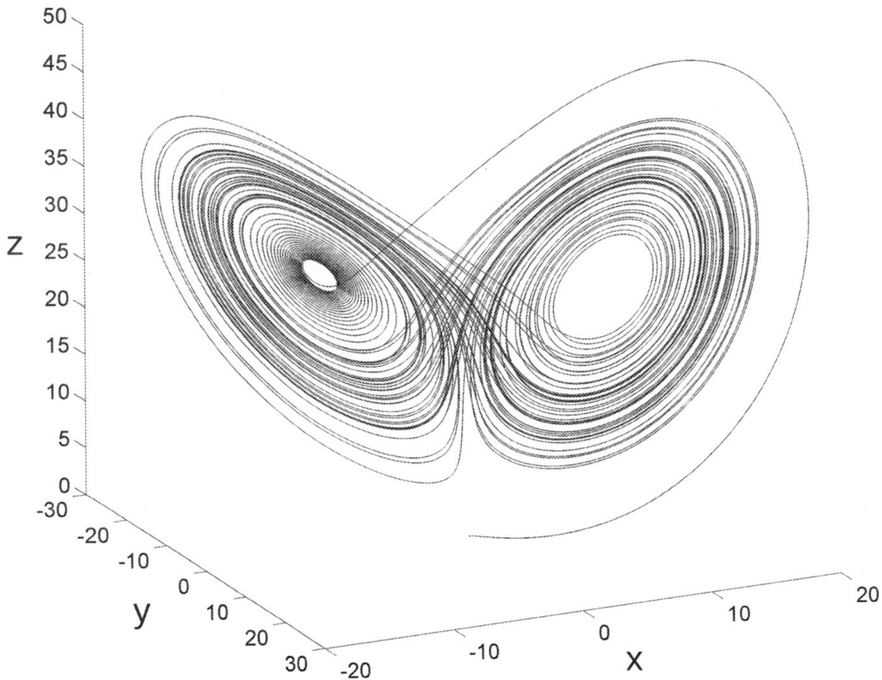

Abb. 13.4 Annäherung des Lorenz-Attraktors

Beispiel 13.26
Der Shift auf m-Symbolen sowie die Abbildung E_m haben die topologische Entropie $\log(m)$; siehe Katok und Hasselblatt (1995). ■

Beispiel 13.27
Arnolds Katzenabbildung hat die topologische Entropie $\log((\sqrt{5}+1)/2)$; siehe Katok und Hasselblatt (1995). ■

13.2 Ergodentheorie

Definition 13.9
Ein **maßtheoretisches dynamisches System** (X, T) ist durch einen metrischen Raum X und eine in Bezug auf die Borel-σ-Algebra messbare Abbildung $T : X \to X$ gegeben; siehe Abschn. 8.3. Ein Borel'sches Wahrscheinlichkeitsmaß auf X heißt **invariant** unter T, wenn $T\mu = \mu$ ist, also

$$\mu(B) = \mu(T^{-1}(B))$$

für alle Borel-Mengen B gilt. Das Maß heißt **ergodisch,** wenn invariante Borel-Mengen B, also $f^{-1}(B) = B$, das Maß 0 oder 1 haben. (X, T, μ) wird dann ein

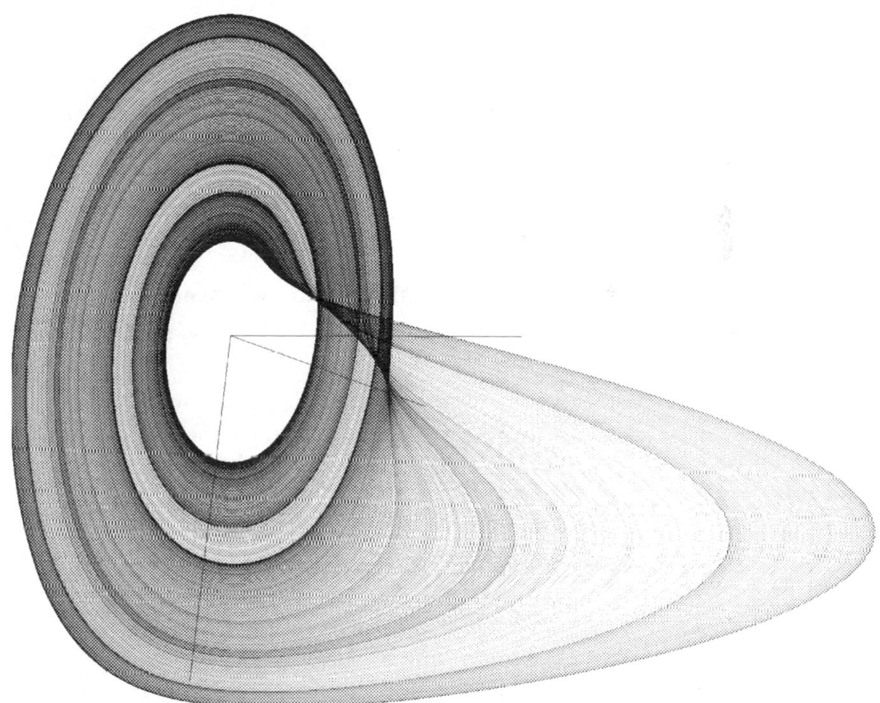

Abb. 13.5 Annäherung des Rössler-Attraktors

ergodisches System genannt. Die Ergodentheorie von dynamischen Systemen in kontinuierlicher Zeit wird gewöhnlich durch eine Diskretisierung des Flusses entwickelt. ♦

Beispiel 13.28
Für irrationales $\alpha \in (0, 1)$ ist das eindimensionale Lebesgue-Maß ergodisch in Bezug auf die Rotation R_α in Beispiel 13.2. Es ist sogar das einzige ergodische und auch das einzige invariante Wahrscheinlichkeitsmaß des Systems. Ein System mit dieser Eigenschaft wird **eindeutig ergodisch** genannt. Ist α rational so definiert das Laplace-Maß auf jedem periodischen Orbit der Rotation R_α ein ergodisches Maß. ■

Beispiel 13.29
Das eindimensionale Lebesgue-Maß ist ergodisch in Bezug auf die Abbildungen E_m in Beispiel 13.2. Das zweidimensionale Lebesgue-Maß ist ergodisch in Bezug auf Arnolds Katzenabbildung in Beispiel 13.4. ■

Beispiel 13.30
Sei μ ein Bernoulli-Maß auf $\{1, \ldots, m\}$ mit $\mu(i) = p_i$, also $p_i \in (0, 1)$, und $\sum_{i=1}^m p_i = 1$. Das Maß lässt sich zu einem **Bernoulli-Maß** auf dem Folgenraum $\Sigma_m = \{1, \ldots, m\}^{\mathbb{Z}}$ (oder $\Sigma_m = \{1, \ldots, m\}^{\mathbb{N}}$) mittels des Produkts

$$\mu(\{(t_k) \in \Sigma | t_k = s_k,\ k = 1, \ldots, n\}) = \prod_{k=1}^{n} p_k$$

für alle endlichen Folgen $(s_1, \ldots, s_n) \in \{1, \ldots, m\}^n$ fortsetzen. Diese Maße sind ergodisch in Bezug auf den Shift σ auf Σ_m; siehe hierzu Katok und Hasselblatt (1995). ■

Definition 13.10
Ein ergodisches System (X, T, μ) heißt **maßtheoretisch mischend,** wenn

$$\lim_{n\to\infty} \mu(T^{-n}(A) \cap B) = \mu(A)\mu(B)$$

für alle Borel-Mengen $A, B \subseteq X$ gilt. ♦

Beispiel 13.31
Die in den letzten Beispielen beschriebenen Systeme sind nicht nur ergodisch, sondern sogar mischend. ■

Gegenbeispiel13.32
Das Lebesgue-Maß ist in Bezug auf die irrationale Rotation R_α nicht mischend. ■

Beispiel 13.33
Seien (X, f, μ) und (Y, g, ν) zwei ergodische Systeme oder allgemeiner maßtheoretische Systeme mit invarianten Maßen. Die Systeme heißen **maßtheoretisch konjugiert,** wenn es einen maßtheoretischen Isomorphismus $\pi : X \to Y$ gibt, für den

$$\pi \circ f(x) = g \circ \pi(x),$$

für alle x aus einer Menge $B \subseteq X$, mit $\mu(B) = 1$, gilt; siehe auch Abschn. 8.3. Erfüllt π die obige Gleichung und ist es messbar, aber nicht auf einer Menge von vollem Maß umkehrbar, so nennt man (Y, g, ν) zu (X, f, μ) **maßtheoretisch quasi-konjugiert.** Manche Autoren sprechen hier auch von einem **maßtheoretischen Faktor.** ■

Beispiel 13.34
Sind (X, f) und (Y, g) durch $\pi : X \to Y$ topologisch konjugiert und ist μ ein invariantes Maß in Bezug auf f, so sind die Systeme (X, f, μ) und $(X, g, \pi(\mu))$ maßtheoretisch konjugiert. ■

Beispiel 13.35
Die Abbildung E_m in Beispiel 13.2 mit dem Lebesgue-Maß ist maßtheoretisch konjugiert zum einseitigen Shift auf Σ_m mit dem gleichgewichteten Bernoulli-Maß, gegeben durch $p_i = 1/m$; siehe auch Beispiel 13.30. Topologisch sind die beiden Systeme nur quasi-konjugiert. ■

Definition 13.11
Sei (X, T) ein maßtheoretisches dynamisches System mit einem invarianten Maß μ. Eine maßtheoretische Partition $\mathfrak{P}$ von X ist eine Überdeckung von X, deren Elemente sich nur in Mengen vom Maß 0 schneiden. Die Entropie solch einer Partition ist gegeben durch

$$H(\mu, \mathfrak{P}) = -\sum_{P \in \mathfrak{P}} \mu(P) \log(\mu(P)).$$

Die maßtheoretische Entropie des Systems (X, f, μ) in Bezug auf eine Partition $\mathfrak{P}$ ist

$$h(f, \mu, \mathfrak{U}) = \lim_{n \to \infty} \frac{1}{n} H(\mu, \mathfrak{P} \vee f^{-1}(\mathfrak{P}) \vee \cdots \vee f^{-n}(\mathfrak{P})),$$

und die **maßtheoretische Entropie** des Systems, auch **metrische Entropie** oder **Kolmogorov-Sinai-Entropie** genannt, ist

$$h(f, \mu) = \sup\{h(f, \mathfrak{P}) \mid \mathfrak{P} \text{ ist eine Partition von } X\}.$$

Ein Maß μ hat **volle Entropie** für (X, f), wenn die maßtheoretische Entropie von μ mit der topologischen Entropie übereinstimmt, $h(f, \mu) = h(f)$. ♦

Beispiel 13.36
Die Bernoulli-Maße in Beispiel 13.30 haben die Entropie

$$h(\sigma, \mu) = \sum_{i=1}^{m} p_i \log(p_i).$$

Ein Maß voller Entropie ist durch $p_i = 1/m$ gegeben. ■

Beispiel 13.37
Das eindimensionale Lebesgue-Maß hat die Entropie $\log(m)$ in Bezug auf die Abbildung E_m in Beispiel 13.2; es ist das Maß voller Entropie. In Bezug auf die irrationale Rotation R_α hat dieses Maß jedoch Entropie 0. ■

Beispiel 13.38
Das zweidimensionale Lebesgue-Maß hat volle Entropie in Bezug auf Arnolds Katzenabbildung in Beispiel 13.4. ■

13.3 Differenzierbare Dynamik

Definition 13.12
Ein **differenzierbares dynamisches System** (M, f) ist durch eine C^1-Mannigfaltigkeit und eine stetig-differenzierbare Abbildung $f : M \to M$ oder einen stetig-differenzierbaren Fluss $f : M \times \mathbb{R} \to M$ gegeben. Für manche Ergebnisse der

differenzierbaren Dynamik ist es allerdings notwendig, anzunehmen, dass M eine C^k-Mannigfaltigkeit und f eine C^k-Abbildung bzw. ein C^k-Fluss für ein $k > 1$ ist. ♦

Beispiel 13.39
Die dynamischen Systeme, die wir im Abschn. 13.1 zur topologischen Dynamik eingeführt haben, sind Beispiele differenzierbarer dynamischer Systeme in den Fällen, in denen die verwendeten Abbildungen oder Flüsse stetig differenzierbar sind. ■

Beispiel 13.40
Sei f eine stetig-differenzierbare Abbildung auf $\mathbb{R}^2$, die auf $[0, 1]^2$ durch folgende Vorschrift gegeben ist:

$$f(x, y) = \begin{cases} (\frac{1}{3}x, 3y), & \text{für } y \leq 1/3, \\ (-\frac{1}{3}x + 1, -3y + 3), & \text{für } y \geq 2/3, \\ \text{stetig differenzierbar fortgesetzt}, & \text{für } y \in (1/3,\ 2/3). \end{cases}$$

Die Abbildung heißt **Hufeisenabbildung.** Die f-invariante Menge

$$\Lambda = \bigcap_{n=-\infty}^{\infty} f^n([0, 1]^2)$$

wird **Hufeisen** genannt; siehe Abb. 13.6. Es handelt sich hier um ein grundlegendes Beispiel einer differenzierbaren Dynamik. ■

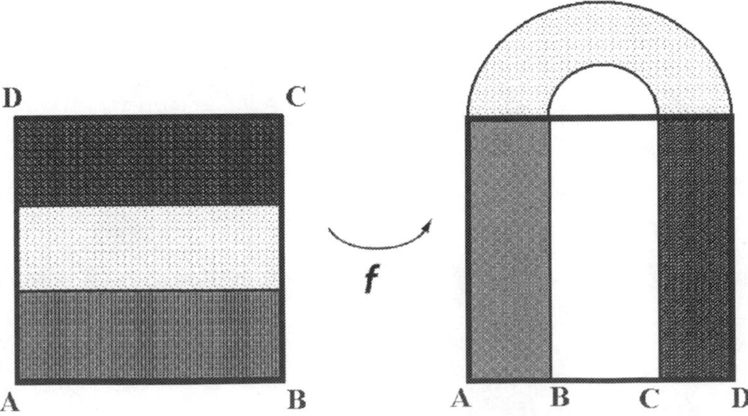

Abb. 13.6 Die Hufeisenabbildung

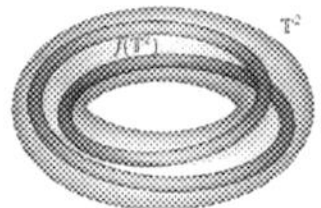

Abb. 13.7 Die Abbildung auf dem Torus, die das Solenoid erzeugt

Beispiel 13.41
Seien $\mathbb{V} = \{(x, y)|x^2 + y^2 \leq 1\} \times \mathbb{S}^1$ der **Volltorus** und f die glatte Abbildung auf $\mathbb{V}$, gegeben durch

$$f(x, y, z) = \left(\frac{1}{10}x + \frac{1}{2}\sin(2\pi z),\ \frac{1}{10}y + \frac{1}{2}\cos(2\pi z),\ 2z \right).$$

Die Abbildung hat den Attraktor

$$\Psi = \bigcap_{n=0}^{\infty} f^n(\mathbb{V}),$$

der **Solenoid** genannt wird; siehe Abb. 13.7. ■

Definition 13.13
Sei (M, f) ein differenzierbares dynamisches System in diskreter Zeit. Ein Fixpunkt $x_0 \in M$ von f heißt **stabiler Fixpunkt,** wenn das Differenzial $Df(x_0) : T_{x_0}M \to T_{x_0}M$ invertierbar ist und ausschließlich Eigenwerte mit einem Betrag kleiner als 1 hat. Hat ein Eigenwert einen Betrag größer als 1, so spricht man von einem **instabilen Fixpunkt.** Hat kein Eigenwert den Betrag 1, so spricht man von einem **hyperbolischen Fixpunkt** Diese Definition wird auf periodische Orbits der Periode p verallgemeinert, indem man die Abbildung f^p betrachtet, die den Punkt mit periodischem Orbit als Fixpunkt hat. Für ein differenzierbares dynamisches System in kontinuierlicher Zeit kann man $f(x) = f(x, 1)$ betrachten und so die Eigenschaften von Fixpunkten definieren. Wir weisen noch darauf hin, dass ein stabiler Fixpunkt bzw. periodischer Orbit attraktiv im Sinne der topologischen Dynamik ist; siehe Definition 13.7. Ein instabiler Fixpunkt oder periodischer Orbit ist aber nicht notwendigerweise repulsiv. ♦

Beispiel 13.42
Die logistische Abbildung f_a in Beispiel 13.1 hat die Fixpunkte $x = 0$ und $x_a = 1 - a/4$. Für $a \in (0, 1/4)$ ist $x = 0$ ein stabiler Fixpunkt, und für $a > 1/4$ ist er instabil. x_a ist ein stabiler Fixpunkt für $a \in (1/4, 3/4)$; sonst ist dieser Fixpunkt instabil. ■

Beispiel 13.43
Die Henon-Abbildung $f_{a,b}$ in Beispiel 13.4 hat für $4a + (b - 1)^2 > 0$ die beiden Fixpunkte

$$x_{\pm} = \left(\frac{b - 1 \pm \beta}{2a}, \frac{b(b - 1 \pm \beta)}{2a} \right),$$

mit $\beta = \sqrt{4a + (b-1)^2}$, wobei die Vorzeichen in den Koordinaten gleich gewählt werden. Die Eigenwerte des Differenzials sind

$$\lambda_{1,2} = \frac{1}{2}(1 - b + \beta) \pm \sqrt{4\beta + (1 - b - \beta)^2}$$

für den ersten Fixpunkt und

$$\lambda_{3,4} = \frac{1}{2}(1 - b - \beta) \pm \sqrt{-4\beta + (1 - b - \beta)^2}$$

für den zweiten Fixpunkt. Hieraus folgt, dass es beispielsweise für $b = 0{,}6$ und $a = 0{,}1$ einen stabilen Fixpunkt und einen weiteren hyperbolischen Fixpunkt des Systems gibt. ■

Beispiel 13.44
Sei $f : \mathbb{R}^n \times \mathbb{R} \to \mathbb{R}^n$, gegeben durch $f(x,t) = e^{At}x$, der globale Fluss eines linearen Differenzialgleichungssystems. $x = 0$ ist ein Fixpunkt des Flusses. Dieser ist stabil, wenn der Realteil aller Eigenwerte von A kleiner 0 ist, und instabil, wenn der der Realteils eines Eigenwerts von A größer als 0 ist. Ist kein Eigenwert null, so ist $x = 0$ hyperbolisch. ■

Definition 13.14
Sei (M, f) ein differenzierbares dynamisches System in diskreter Zeit mit einem Diffeomorphismus f auf einer kompakten Mannigfaltigkeit M. Eine invariante Menge Λ heißt **hyperbolische Menge,** wenn für alle $x \in \Lambda$ der Tangentialraum eine Aufspaltung $T_x M = E_x^s \oplus E_x^u$ hat, sodass für alle $x \in \Lambda$

1. $Df(x)(E_x^s) = E_{f(x)}^s$ und $Df(x)(E_x^u) = E_{f(x)}^u$,
2. $||Df^n(x)(v)|| \leq c\lambda^n v$ für $v \in E_x^s$,
3. $||Df^{-n}(x)(v)|| \leq c\lambda^n v$ für $v \in E_x^u$,

wobei $\lambda \in (0,1)$ und $c > 0$ Konstanten sind. Ist $\Lambda = M$, so ist (M, f) ein so genanntes **Anosov-System,** und f wird **Anosov-Diffeomorphismus** genannt. Bildet die Menge der nichtwandernden Punkte von f eine hyperbolische Menge und liegen die periodischen Orbits von f dicht in dieser Menge, so spricht man von einem **Axiom-A-System.** Die hier gegebene Definition lässt sich auch auf Flüsse übertragen. ♦

Beispiel 13.45
Hyperbolische Fixpunkte und periodische Orbits sind hyperbolische Mengen. ■

Beispiel 13.46
Das Hufeisen und das Solenoid in den obigen Beispielen sind hyperbolische Mengen. Es handelt sich hier um Axiom-A-Systeme, aber nicht um Anosov-Systeme. ■

Beispiel 13.47
Arnolds Katzenabbildung in Beispiel 13.4 ist ein Anosov-System. ■

Definition 13.15
Sei Λ eine hyperbolische Menge eines dynamischen Systems (M, f) in diskreter Zeit. Für $x \in \Lambda$ wird

$$W^s(x) = \{y \in M \mid \lim_{n\to\infty} d(f^n(x), f^n(y)) = 0\}$$

stabile Mannigfaltigkeit von f in x genannt, und

$$W^u(x) = \{y \in M \mid \lim_{n\to\infty} d(f^{-n}(x), f^{-n}(y)) = 0\}$$

heißt **instabile Mannigfaltigkeit** von f in x. Man kann zeigen, dass es sich bei diesen Mengen zumindest lokal tatsächlich um Mannigfaltigkeiten handelt; siehe Katok und Hasselblatt (1995). ♦

Beispiel 13.48
Für eine stetig differenzierbare Abbildung auf den reellen Zahlen mit einem stabilen bzw. einem instabilen Fixpunkt ist die stabile bzw. die instabile Mannigfaltigkeit durch ein offenes Intervall gegeben. ■

Beispiel 13.49
Die stabile bzw. instabile Mannigfaltigkeit einer linearen Abbildung auf $\mathbb{R}^n$ zum Fixpunkt 0 ist die Summe der Eigenräume, die zu den Eigenwerten mit einem Betrag größer bzw. kleiner als 1 gehören. ■

Beispiel 13.50
Ist $(x, y, z) \in \Psi$ ein Punkt des Solenoids in Beispiel 13.41, so ist die stabile Mannigfaltigkeit gegeben durch

$$W^s(x, y, z) = \{(\bar{x}, \bar{y}) \mid \bar{x}^2 + \bar{y}^2 \leq 1\} \times \{z\}.$$

Die instabile Mannigfaltigkeit $W^u(x, y, z)$ liegt dicht in Ψ, lässt sich aber nicht explizit in einfacher Form angeben. ■

13.4 Holomorphe und Meromorphe Dynamik

Definition 13.16
X sei im Folgenden die Gauß'sche Zahlenebene $\mathbb{C}$, eine offene Menge in $\mathbb{C}$ oder die Riemann'sche Zahlensphäre $\hat{\mathbb{C}} = \mathbb{C} \cup \{\infty\}$. Letztere ist die Alexandroff-Kompaktifizierung von $\mathbb{C}$; siehe Abschn. 6.5. Ein **holomorphes dynamisches System** ist durch eine nicht konstante holomorphe Abbildung $f : X \to X$ gegeben. Ist die Abbildung

nur meromorph, dann spricht man von einem **meromorphen dynamischen System;** siehe hierzu Kap. 9 mit der Einführung der Begriffe der Funktionentheorie. ♦

Beispiel 13.51
Die klassische Theorie untersucht die Dynamik gebrochen rationaler oder ganz rationaler Funktionen für komplexe Argumente. Insbesondere ist die Untersuchung der Familie $f_c(z) = z^2 + c$ mit $c \in \mathbb{C}$ paradigmatisch. ■

Beispiel 13.52
Sei $p(z)$ eine ganz rationale Funktion auf $\mathbb{C}$. Das Newton-Verfahren zur Lösung von $p(z) = 0$, gegeben durch

$$f(z) = z - \frac{p(z)}{p'(z)},$$

gibt ein meromorphes dynamisches System; siehe auch Abschn. 14.2. ■

Beispiel 13.53
In der zeitgenössischen Theorie werden auch Familien von transzendenten holomorphen oder meromorphen Funktionen, wie etwa $g_c(z) = e^{z^k} + c$, $h_c(z) = \sin(z^k) + c$ oder $t_c(z) = \tan(z^k) + c$, für $k \in \mathbb{N}$ untersucht. ■

Definition 13.17
Sei (X, f) ein holomorphes oder meromorphes dynamisches System. Die **Julia-Menge** $J(f)$ des Systems ist der Abschluss der Menge aller repulsiv periodischen Orbits von f:

$$J(f) = \overline{\{z \in X \,|\, f^p(z) = z \text{ und } |(f^p)'(z)| > 1 \text{ für } p \in \mathbb{N}\}}.$$

Die **Fatou-Menge** von f ist das Komplement der Julia-Menge. Es sei angemerkt, dass die Julia Menge $J(f)$ ein kompakter Repeller für die Abbildung f ist; siehe hierzu Definition 13.7 und Milnor (2006). ♦

Beispiel 13.54
Wir betrachten die Julia-Mengen $J_c = J(f_c)$ für die Familie von Abbildungen $f_c(z) = z^2 + c$. Nun ist J_0 der Einheitskreis, J_{-2} das Intervall $[-2, 2]$, und J_1 ist eine total unzusammenhängende Menge. Allgemein erhält man total-unzusammenhängende Julia-Mengen für $|c| > \frac{1}{4}(5 + 2\sqrt{6})$ ist J_c. Die Julia-Menge J_{-1} ist in Abb. 13.8 und die Julia-Menge J_i in Abb. 13.9 gezeigt. J_i wird **Dendrit** genannt. Der Leser mag eines der zahlreichen Programme, die im Internet zum Download zu Verfügung stehen, verwenden, um weitere Julia-Mengen zu betrachten. ■

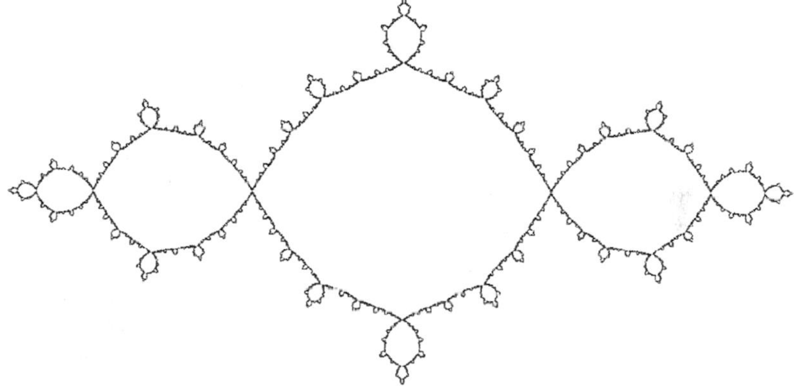

Abb. 13.8 Die Julia-Menge J_{-1}

Beispiel 13.55
Die Julia-Menge des Newton-Verfahrens zur Lösung von $p(z) = z^3 - 1 = 0$ in $\mathbb{C}$ ist in Abb. 13.10 gezeigt. Die drei Grauschattierungen zeigen an, zu welcher dritten Einheitswurzel das jeweilige Verfahren konvergiert. ■

Definition 13.18
Die **Mandelbrot-Menge** $\mathfrak{M}$ zur Familie von Abbildungen $f_c(z) = z^2+c$ ist gegeben durch

$$\begin{aligned}\mathfrak{M} &= \{c \in \mathbb{C} \mid J_c \text{ ist zusammenhängend}\}\\ &= \{c \in \mathbb{C} \mid \text{ Der Orbit } (f_c^n(0)) \text{ ist beschränkt}\}.\end{aligned}$$

Abb. 13.9 Die Julia-Menge J_i

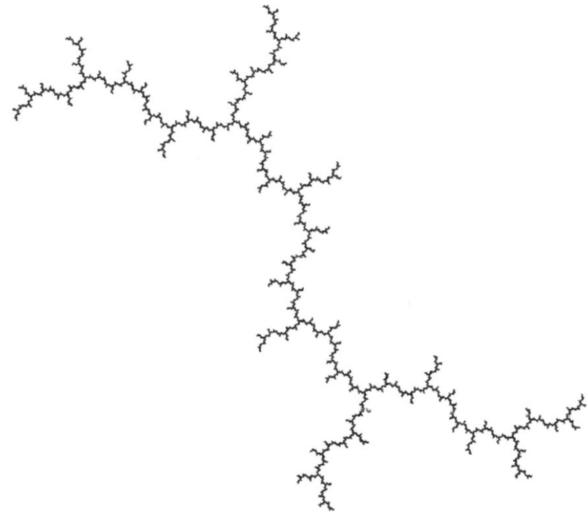

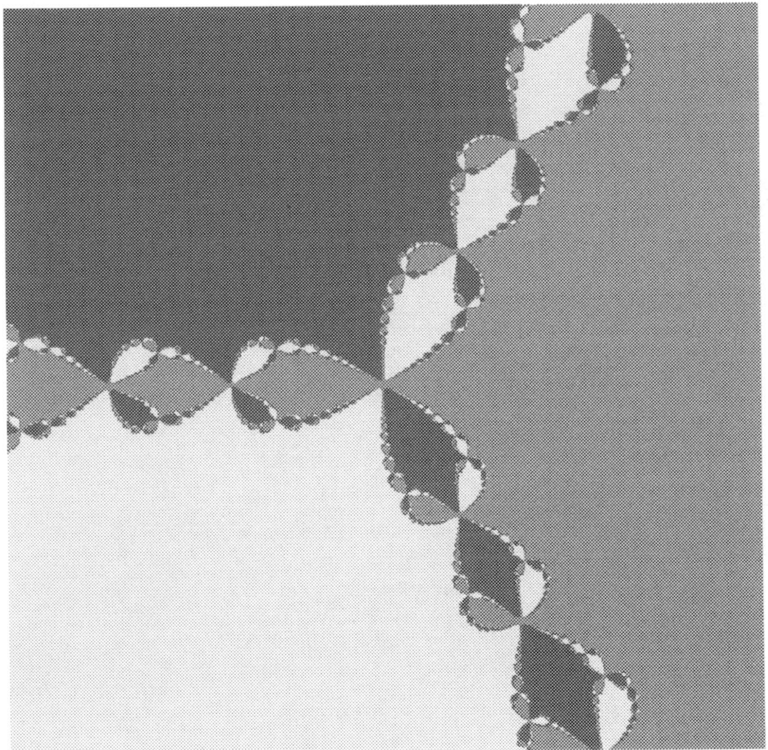

Abb. 13.10 Die Julia-Menge in Beispiel 13.55

Beide hier angegebenen Mengen werden in der Literatur zur Definition der Mandelbrot-Menge verwendet, aber der Nachweis ihrer Identität ist nicht-trivial; siehe Falconer (1990). Für eine allgemeine Familie g_c von rationalen Abbildung mit $c \in \mathbb{C}$ wird

$$\mathfrak{M}(g) = \{c \in \mathbb{C} \mid J_c \text{ ist zusammenhängend}\}$$

als **Ort des Zusammenhangs** bezeichnet. Für die Familien $g_c(z) = z^d + c$, mit $d > 2$, werden diese Mengen auch **Multibrot-Mengen** genannt. ♦

Beispiel 13.56
Die Abb. 13.11 zeigt die klassische Mandelbrot-Menge $\mathfrak{M}$. ■

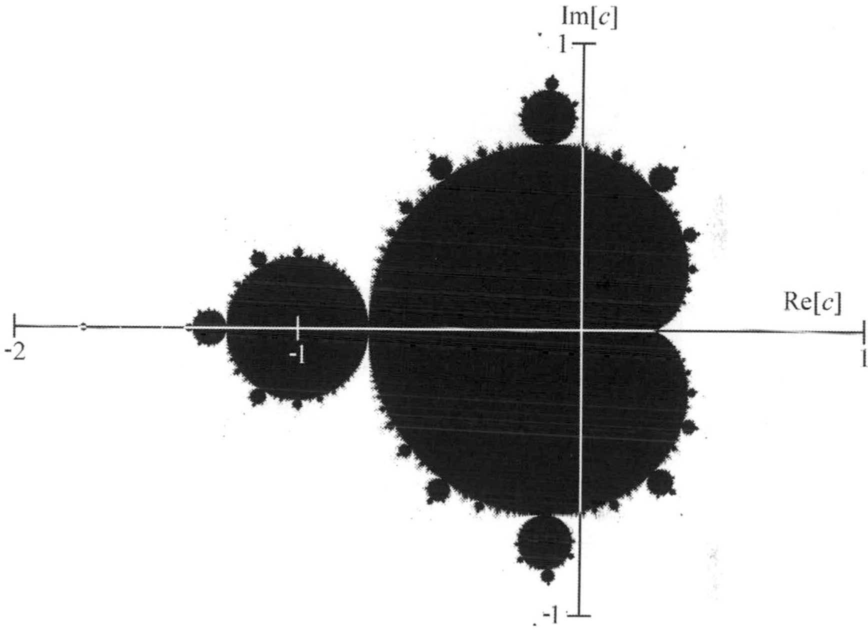

Abb. 13.11 Die Mandelbrot-Menge

13.5 Transferoperatoren und dynamische ζ-Funktionen

Definition 13.19
Sei (M, f) ein dynamisches System und $g : M \to \mathbb{C}$ eine Funktion. Der **Transferoperator** $\mathcal{L} : F(X, \mathbb{C}) \to F(X, \mathbb{C})$ zu (M, f), gewichtet durch g, ist gegeben durch

$$\mathcal{L}\Phi(x) = \sum_{y \in f^{-1}x} g(y)\Phi(y),$$

vorausgesetzt, dass die Summe für $x \in X$ konvergiert. Hierbei werden topologische, maßtheoretische und auch differenzierbare Systeme (M, f) betrachtet. Für (stückweise) differenzierbare Systeme setzt man oftmals $g(y) = (|\det(J_f(y))|)^{-1}$, wobei J_f die Jakobi-Matrix von f oder im eindimensionalen Fall die Ableitung von f ist. In diesem Fall hat der Transferoperator die Form

$$\mathcal{L}\Phi(x) = \sum_{y \in f^{-1}x} \frac{\Phi(y)}{|\det(J_f(y))|}.$$

Als Funktionenraum $F(X, \mathbb{C})$ wird zumeist ein Banachraum gewählt. ♦

Beispiel 13.57
Für $E_2(x) = \{2x\}$ auf $[0, 1)$ aus Beispiel 12.2. erhalten wir

$$\mathcal{L}\Phi(x) = g(x/2)\Phi(x/2) + g(x/2 + 1/2)\Phi(x/2 + 1/2).$$

Wählen wir $g(y) = |E_2'(y)|^{-1} = 1/2$, so ergibt sich

$$\mathcal{L}\Phi(x) = (\Phi(x/2) + \Phi(x/2 + 1/2))/2.$$

Die konstante Funktion $\mathbf{1}(x) = 1$ ist eine Eigenfunktion dieses Operators zum Eigenwert eins, $\mathcal{L}\mathbf{1} = \mathbf{1}$. Dies heißt dass das Lebesgue-Maß invariant im Bezug auf $E_2(x) = \{2x\}$ ist, vgl. Abschn. 12.2. ■

Beispiel 13.58
Wir definieren eine Abbildung $f : (0, 1] \to (0, 1]$ durch $f(x) = 2^n x - 1$ für $x \in (2^{-n}, 2^{-n+1}]$ und $n \in \mathbb{N}$. Für $g(y) = |f'(y)|$ erhalten wir

$$\mathcal{L}\Phi(x) = \sum_{n=1}^{\infty} \frac{1}{2^n} \Phi\left(\frac{x+1}{2^n}\right).$$

Wieder ist die konstante Funktion $\mathbf{1}(x) = 1$ eine Eigenfunktion dieses Operators zum Eigenwert eins und das Lebesgue-Maß damit invariant. ■

Beispiel 13.59
Für die Gauss-Abbildung $G(x) = \{1/x\}$ auf $[0, 1)$ erhält man

$$\mathcal{L}\Phi(x) = \sum_{n=1}^{\infty} g\left(\frac{1}{x+n}\right) \Phi\left(\frac{1}{x+n}\right).$$

Wählen wir $g(y) = |G'(y)|^{-1} = y^2$ so ergibt sich

$$\mathcal{L}\Phi(x) = \sum_{n=1}^{\infty} \frac{1}{(x+n)^2} \Phi\left(\frac{1}{x+n}\right).$$

Dies ist der **Gauss-Kuzmin-Wirsing Operator,** der intensiv untersucht wurde. Insbesondere ist $\Phi(x) = 1/(\ln(2) + \ln(2)x)$ eine Eigenfunktion zum Eigenwert 1, und dies die Dichte eines ergodischen Maßes von G, vgl. hierzu Abschn. 12.2. ■

Beispiel 13.60
Für das symbolische System (Σ_a, σ) aus Beispiel 12.3. erhält man

$$\mathcal{L}\Phi(s) = \sum_{n=1}^{a} g(ns)\Phi(ns)$$

mit $s \in \Sigma_a$. Gewöhnlich setzt man $g(s) = 1/a$ und erhält

$$\mathcal{L}\Phi(s) = \sum_{n=1}^{a} \Phi(ns)/a.$$

■

Definition 13.20
Sei (M, f) ein dynamisches System und $\mathrm{FIX}(f^n)$ die Menge der Fixpunkte von f^n. Wir gehen davon aus, dass $|\mathrm{FIX}(f^n)|$ für alle $n \in \mathbb{N}$ endlich ist. Die **dynamische ζ-Funktion** ist gegeben durch $\zeta_f : A \subseteq \mathbb{C} \to \mathbb{C}$ mit

$$\zeta_f(z) = \exp\left(\sum_{n=1}^{\infty} \frac{|\mathrm{FIX}(f^n)|}{n} z^n\right)$$

$$= \prod_P \frac{1}{1 - z^{|P|}},$$

wobei das Produkt über alle periodischen Orbits P mit Periode $|P|$ läuft und wir voraussetzen, dass dieses Produkt für alle $z \in A$ existiert.[1] ♦

Beispiel 13.61
Für das symbolische System (Σ_a, σ) aus Beispiel 12.3. erhält man $|\mathrm{FIX}(f^n)| = a^n$ und damit $\zeta_\sigma(z) = 1/(1 - az)$. ■

Beispiel 13.62
Sei $f : [-1, 1] \to [-1, 1]$ durch $f(x) = 1 - \mu x^2$ gegeben. Für den **Feigenbaum Parameter** $\mu = 1{,}4011\ldots$ hat f genau einen periodischen Orbit der Periode 2^n für alle $n \in \mathbb{N}$. Wir erhalten

$$\zeta_f(z) = \prod_{n=0}^{\infty} (1 + z^{2n})^{n+1}.$$

■

Beispiel 13.63
Für Arnolds Katzenabbildung K aus Beispiel 13.4 erhalten wir

$$\zeta_f(z) = \frac{1 - 2z}{\det(I - zA)} = \frac{1 - 2z}{2z^2 - 3z},$$

[1] Die hier definierte dynamische ζ-Funktion wird manchmal auch **Weil ζ-Funktion** oder **Ruelle ζ-Funktion** genannt, wobei Ruelles Definition etwas allgemeiner als die hier gegebene ist.

wobei A die Matrix ist, die das System beschreibt. Allgemein sind die dynamischen ζ-Funktionen von Axiom-A-Systemen gebrochen rational, siehe Definition 13.14. ■

Beispiel 13.64

Für die Gauß-Abbildung $G(x) = \{1/x\}$ (oder allgemeiner stückweise expandierende C^1-Abbildungen eines Intervalls in sich) erhält man $\zeta_G(z) = \det(I - z\mathcal{L})$, wobei $\mathcal{L}$ der zugehörige Transferoperator mit $g(y) = |G'(y)|^{-1} = y^2$ ist, siehe Definition 13.19 und Beispiel 13.59. ■

Numerik 14

Inhaltsverzeichnis

In diesem Kapitel geben wir einen Einblick in die Begriffe der numerischen Mathematik, die sich mit der Konstruktion und der Analyse von Algorithmen zur Lösung von Berechnungsaufgaben beschäftigt. Wie in Vorlesungen zur Numerik üblich führen wir zunächst den Grundbegriff der Kondition einer Berechnungsaufgabe und der Stabilität eines Verfahrens ein. Im Abschn. 14.2 geben wir das Bisektionsverfahren, das Sekantenverfahren und das Newton-Verfahren zur Lösung nicht-linearer Gleichungen jeweils mit Beispiel an. Im Abschn. 14.3 beschreiben wir die Interpolation durch Polynome und Splines sowie die Tschebyscheff-Stützstellen einer Interpolation. Verfahren zur numerischen Berechnung von Integralen werden im Abschn. 14.4 definiert und erläutert. Wir stellen die Newton-Cotes-Formel sowie speziell die Trapezregel und die Simpson-Regel vor. Der nächste Abschnitt des Kapitels ist der Lösung linearer Gleichungssysteme gewidmet. Wir stellen das Gauß-Verfahren, die LU-Zerlegung sowie zwei iterative Verfahren vor. Zum Ende des Kapitels führen wir noch die Methode der kleinsten Quadrate ein und definieren Ausgleichsfunktionen.

Zur numerischen Mathematik finden sich viele Lehrbücher; wir verweisen hier auf Deufelhard und Hohmann (2002) und Dahmen und Reusken (2006).

© Springer-Verlag GmbH Deutschland, ein Teil von Springer Nature 2020

J. Neunhäuserer, *Mathematische Begriffe in Beispielen und Bildern*,
https://doi.org/10.1007/978-3-662-60764-0_14

14.1 Kondition und Stabilität

Definition 14.1
Sei $f : \mathbb{R}^n \to \mathbb{R}^m$. Die **absolute Kondition** der durch f gelösten Berechnungsaufgabe im Punkt $x \in \mathbb{R}^n$ ist definiert als

$$\kappa_{\text{abs.}}(x) := \limsup_{y \to x} \frac{\|f(x) - f(y)\|}{\|x - y\|},$$

wobei $\|\cdot\|$ die euklidische Norm ist. Im Fall $\kappa_{\text{abs.}}(x) = \infty$ bezeichnet man die Aufgabe als schlecht gestellt. Die **relative Kondition** ist gegeben durch

$$\kappa_{\text{rel.}}(x) := \frac{\kappa_{\text{abs.}}(x)\|x\|}{\|f(x)\|}.$$

Im Fall $\kappa_{\text{rel.}}(x) < 1$ spricht man von einer **Fehlerdämpfung** durch f und im Fall $\kappa_{\text{rel.}}(x) > 1$ von einer **Fehlerverstärkung.** Ist $\kappa_{\text{rel.}}(x) \leq 1$, so ist die Berechnungsaufgabe in x **gut konditioniert.** Ist $\kappa_{\text{rel.}}(x)$ wesentlich größer als 1, so bezeichnet man die Berechnungsaufgabe als in x **schlecht konditioniert.** Dieser Begriff ist in der Literatur nicht ganz eindeutig bestimmt, aber in jedem Fall wird man wohl von einer schlechter Kondition sprechen, wenn $\kappa_{\text{rel.}}(x) \geq \sqrt{2}$ ist. ♦

Beispiel 14.1
Für $f(x) = \sqrt{x}$ erhalten wir

$$\kappa_{\text{abs.}}(x) = |f'(x)| = 1/(2\sqrt{x}) \text{ und } \kappa_{\text{rel.}}(x) = 1/2.$$

Die Berechnungsaufgabe ist also gut konditioniert. ■

Beispiel 14.2
Für die Multiplikation $f(x, y) = x \cdot y$ erhalten wir

$$\kappa_{\text{abs.}}(x, y) = \left\| \frac{\partial f}{\partial x}(x, y), \frac{\partial f}{\partial y}(x, y) \right\| = \sqrt{x^2 + y^2}$$

und damit

$$\kappa_{\text{rel.}}(x, y) = \frac{x^2 + y^2}{|xy|}.$$

Die Aufgabe ist daher gut konditioniert, außer es gilt $x \approx y^{-1}$. ■

Beispiel 14.3
Für die Addition $f(x, y) = x + y$ erhalten wir

$$\kappa_{\text{abs.}}(x, y) = \left\| \frac{\partial f}{\partial x}(x, y), \frac{\partial f}{\partial y}(x, y) \right\| = \sqrt{2}$$

und damit

$$\kappa_{\text{rel.}}(x, y) = \frac{\sqrt{2(x^2 + y^2)}}{|x + y|}.$$

Bei $x \approx -y$ ist die Aufgabe schlecht konditioniert; ansonsten ist sie gut konditioniert. ■

Definition 14.2
Sei $f : \mathbb{R}^n \to \mathbb{R}^m$ eine Berechnungsaufgabe mit der Kondition $\kappa(x)$ in x und $\tilde{f}_\epsilon$ ein rundungsfehlerbehafteter Algorithmus mit einem Rundungsfehler $\epsilon > 0$ zur Berechnung von $f(x)$. Der **Stabilitätsindikator** von $\tilde{f}_\epsilon$ in x ist

$$\sigma(x) = \inf\{\sigma > 0 \mid \exists \delta > 0 : \frac{|f(x) - \tilde{f}_\epsilon(x)|}{f(x)} \leq \sigma\kappa(x)\epsilon;\ 0 \leq \epsilon \leq \delta\}.$$

Ist $\sigma(x) \leq 1$, so heißt der Algorithmus **stabil,** und ist $\sigma(x)$ wesentlich größer als 1, so heißt das Verfahren **instabil.** ♦

Beispiel 14.4
Man kann zeigen, dass sich die arithmetischen Grundoperationen durch die Verwendung von Gleitkommazahlen stabil auf einem Rechner implementieren lassen. Der Rundungsfehler ϵ ist hierbei durch eine Maschinenkonstante vorgegeben. Wir verweisen hierzu auf Deufelhard und Hohmann (2002). ■

14.2 Lösung von Gleichungen

Definition 14.3
Sei $f : [a, b] \to \mathbb{R}$ eine stetige Funktion mit $f(a) < 0 < f(b)$. Gesucht ist eine Nullstelle von f in $[a, b]$. Wir beschreiben das **Bisektionsverfahren** zur näherungsweisen Bestimmung einer solchen Nullstelle. Dazu setzen wir $I_1 = [a, b]$. Sei $I_n = [a_n, b_n]$. Ist $f((a_n + b_n)/2) > 0$, dann setzen wir $I_{n+1} = [a_n, (a_n + b_n)/2]$, aber $I_{n+1} = [(a_n + b_n)/2, b_n]$, wenn dies nicht der Fall ist. Dieses Vorgehen definiert induktiv eine Folge von Intervallen I_n für $n \in \mathbb{N}$, die eine Nullstelle von f enthalten und deren Schranken a_n und b_n gegen eine solche Nullstelle konvergieren. ♦

Beispiel 14.5
Seien $f(x) = x^2 - 2$ und $I_1 = [1,\ 2]$. Das Bisektionsverfahren liefert $I_2 = [1,\ 1{,}5]$, $I_3 = [1{,}25,\ 1{,}5]$, $I_4 = [1{,}375,\ 1{,}5]$, $I_5 = [1{,}375,\ 1{,}4375]$ und $I_6 = [1{,}40625,\ 1{,}4375]$. Die Nullstelle von f, die wir annähern, ist offenbar $\sqrt{2}$. ■

Beispiel 14.6
Seien $f(x) = -\cos(x)$ und $I_1 = [1{,}2]$. Das Bisektionsverfahren liefert $I_2 = [1{,}5,\ 2]$, $I_3 = [1{,}5,\ 1{,}75]$, $I_4 = [1{,}5,\ 1{,}6125]$, $I_5 = [1{,}55625,\ 1{,}6125]$ und $I_6 = [1{,}55625,\ 1{,}584375]$. Die Nullstelle von f, die wir annähern, ist $\pi/2$. ■

Definition 14.4
Sei $f : [a, b] \to \mathbb{R}$ stetig mit $f(a) < 0 < f(b)$. Wir setzen

$$x_{n+1} := x_n - f(x_n)\frac{x_n - x_{n-1}}{f(x_n) - f(x_{n-1})}.$$

Konvergiert die so definierte Folge (x_n) gegen $\tilde{x} \in [a, b]$ für zwei Startwerte $x_1, x_2 \in [a, b]$, so ist $\tilde{x}$ eine Nullstelle von f. Das so definierte Verfahren heißt **Sekantenverfahren;** siehe Abb. 14.1. Die Wahl geeigneter Startwerte, die die Existenz und die Konvergenz der Folge gewährleisten, ist ein nicht-triviales Problem der numerischen Mathematik; siehe Deufelhard und Hohmann (2002). ♦

Beispiel 14.7
Die Folge beim Sekantenverfahren für $f(x) = x^2 - 2$ ist gegeben durch

$$x_{n+1} = x_n - \frac{x_n^2 - 2}{x_n + x_{n-1}}.$$

Mit $x_1 = 1$ erhalten wir

$$x_i = (1,\ 1{,}5,\ 1{,}444444,\ 1{,}423734,\ 1{,}417069,\ 1{,}415056,\ 1{,}414460,\ 1{,}414286,\ \ldots)$$

als Näherungsfolge für $\sqrt{2}$. ■

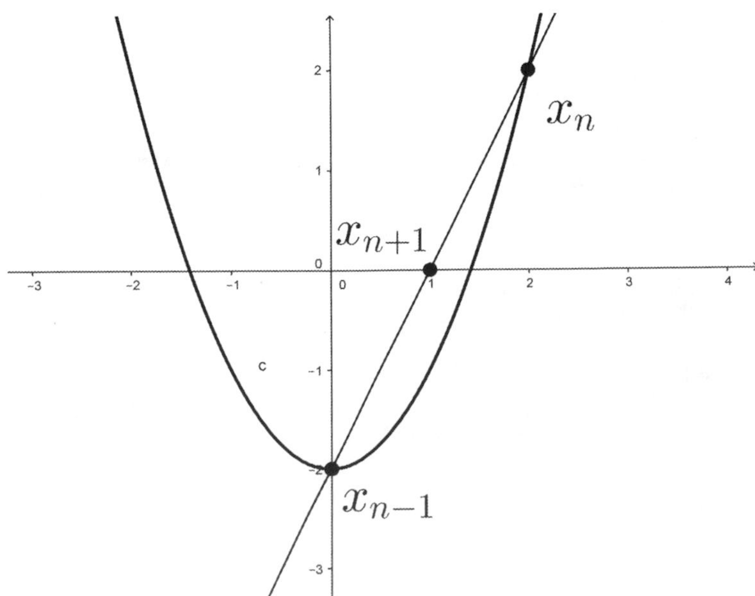

Abb. 14.1 Das Sekantenverfahren

Beispiel 14.8
Die Folge beim Sekantenverfahren für $f(x) = -\cos(x)$ ist gegeben durch

$$x_{n+1} = x_n - \cos(x_n)\frac{x_n - x_{n-1}}{\cos(x_n) - \cos(x_{n-1})}.$$

Mit $x_1 = 1$ und $x_2 = 2$ erhalten wir

$$(x_i) = (1,\ 2,\ 1{,}564904,\ 1{,}570978,\ 1{,}570796,\ 1{,}570796,\ \ldots)$$

als Näherungsfolge für $\pi/2$ ■

Definition 14.5
Sei $f : [a, b] \to \mathbb{R}$ differenzierbar, mit $f(a) < 0 < f(b)$. Wir setzen

$$x_{n+1} := x_n - \frac{f(x_n)}{f'(x_n)}.$$

Konvergiert die Folge (x_n) für einen Startwert $x_1 \in \mathbb{R}$, so ist der Grenzwert wie beim Sekantenverfahren eine Nullstelle von f. Das so definierte Verfahren wird **Newton-Verfahren** genannt; siehe Abb. 14.2. Die Wahl eines geeigneten Startwerts stellt wieder ein nicht-triviales Problem dar; siehe Deufelhard und Hohmann (2002). ♦

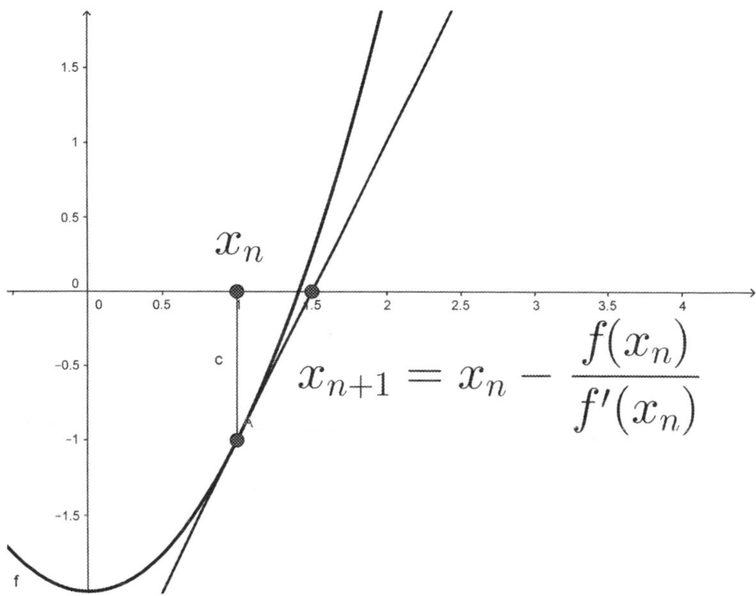

Abb. 14.2 Das Newton-Verfahren

Beispiel 14.9
Die Folge beim Newton-Verfahren für $f(x) = x^2 - 2$ ist gegeben durch

$$x_{n+1} = x_n - \frac{x_n^2 - 2}{2x_n} = \frac{1}{2}\left(x_n + \frac{2}{x_n}\right).$$

Mit $x_1 = 1$ erhalten wir

$$(x_i) = (1,\ 1{,}5,\ 1{,}416666,\ 1{,}414215,\ 1{,}4142135,\ 1{,}4142135,\ \ldots)$$

als Näherungsfolge für $\sqrt{2}$. Dieses Verfahren wird auch Babylonisches Näherungsverfahren genannt. ■

Beispiel 14.10
Die Folge beim Newton-Verfahren für $f(x) = -\cos(x)$ ist gegeben durch

$$x_{n+1} = x_n + \cot(x_n).$$

Mit $x_1 = 1$ erhalten wir

$$(x_i) = (1,\ 1{,}642092,\ 1{,}570675,\ 1{,}570796,\ 1{,}570796,\ \ldots)$$

als Näherungsfolge für $\pi/2$. ■

Gegenbeispiel 14.11
Das Newton-Verfahren für $f(x) = x^3 - 2x + 2$ konvergiert für $x_1 = 0$ nicht. Man erhält die periodische Folge $(0, 1, 0, 1, \ldots)$. Auch für Startwerte in einer Umgebung von 0 erhalten wir keine konvergente Folge, und die Folge nähert sich dieser periodischen Folge.

14.3 Interpolation

Definition 14.6
Sei P_n im Folgenden die Menge der reellen Polynome vom Grad $n-1$, mit

$$P_n = \left\{ p \mid p(x) = \sum_{k=0}^{n-1} a_k x^k,\ a_k \in \mathbb{R} \right\}.$$

Gegeben seien paarweise verschiedene **Stützstellen** $x_i \in \mathbb{R}$ und beliebige Werte $y_i \in \mathbb{R}$ für $i = 1, \ldots, n$. Ein Polynom $p \in P_n$ heißt **Interpolationspolynom** zu den Paaren (x_i, y_i), wenn $p(x_i) = y_i$ für $i = 1, \ldots, n$ gilt. Die Existenz eines

Interpolationspolynoms ergibt sich unmittelbar aus der **Lagrange-Form des Interpolationspolynoms**

$$p(x) = \sum_{k=1}^{n} y_k \prod_{i \neq k} \frac{x - x_i}{x_k - x_i}.$$

Man zeigt mit Mitteln der Algebra leicht die Eindeutigkeit des Interpolationspolynoms. ♦

Beispiel 14.12
Man betrachte die Stützstellen $x_1 = 0$, $x_2 = 1$, $x_3 = 2$ und $x_4 = 3$ mit Werten $y_1 = 1$, $y_2 = 0$, $y_3 = 2$ und $y_4 = 0$. Das Interpolationspolynom in der Form von Lagrange ist

$$\begin{aligned} p(x) &= 1 \cdot \frac{(x-1)(x-2)(x-3)}{-6} - 2 \cdot \frac{x(x-1)(x-3)}{2} \\ &= -\frac{1}{6}\left(7x^3 - 30x^2 + 29x - 6\right); \end{aligned}$$

siehe Abb. 14.3. ■

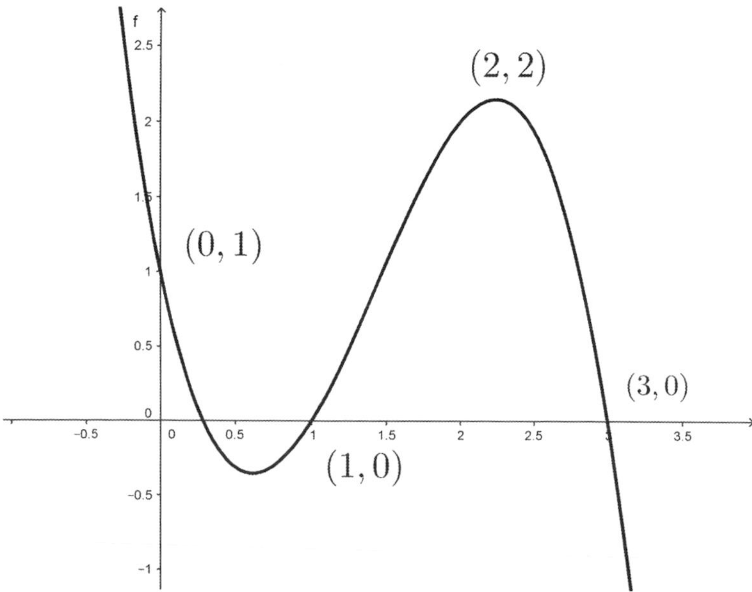

Abb. 14.3 Das Interpolationspolynom in Beispiel 14.12

Definition 14.7
Die **Newton-Form des Interpolationspolynoms** $p \in P_n$ zu den paarweise verschiedenen Stützstellen $x_i \in \mathbb{R}$, mit Werten $y_i \in \mathbb{R}$ für $i = 1, \ldots, n$, ist gegeben durch

$$p(x) = c_1 + \sum_{k=2}^{n} c_k \prod_{i=1}^{k-1} (x - x_i).$$

Die Koeffizienten c_i bestimmt man effizient mit **dividierten Differenzen** $c_k := y[x_1, \ldots, x_k]$, die durch

$$y[x_i] = y_i, \qquad y[x_1, \ldots, x_k] = \frac{y[x_{i+1}, \ldots, x_k] - y[x_i, \ldots, x_{k-1}]}{x_k - x_i},$$

für $i = 1, \ldots, n$, rekursiv berechnet werden. ♦

Beispiel 14.13
Betrachten wir wieder obiges Beispiel, so erhalten wir $c_1 = y[x_1] = y_1 = 1$, $y[x_2] = y_2 = 0$, $y[x_3] = y_3 = 2$ und $y[x_4] = y_4 = 0$. Weiterhin gilt

$$c_2 = y[x_1, x_2] = -1, \qquad y[x_2, x_3] = 1/2, \qquad y[x_3, x_4] = -1/3,$$

$$c_3 = y[x_1, x_2, x_3] = 3/2, \qquad y[x_2, x_3, x_4] = -5/6,$$

$$c_4 = y[x_1, x_2, x_3, x_4] = -7/6.$$

Somit ergibt sich

$$p(x) = 1 - x + \frac{3}{2}x(x-1) - \frac{7}{6}x(x-1)(x-2)$$

$$= -\frac{1}{6}\left(7x^3 - 30x^2 + 29x - 6\right).$$

■

Definition 14.8
Die **Tschebyscheff-Stützstellen** eines Interpolationspolynoms in P_n zur Interpolation einer Funktion $f : [-1, 1] \to \mathbb{R}$ sind gegeben durch

$$x_i = \cos\left(\frac{2i - 1}{2n}\pi\right),$$

die zugehörigen Werte sind $y_i = f(x_i)$ der Interpolation für $i = 1, \ldots, n$. Es lässt sich zeigen, dass diese Stützstellen zur Interpolation einer n-mal stetig differenzierbaren Funktion f in gewissem Sinne optimal gewählt sind; siehe Deufelhard und Hohmann (2002). ♦

Beispiel 14.14
Für $n = 3$ erhalten wir die Tschebyscheff-Stützstellen $x_1 = -\sqrt{3}/2$, $x_1 = 0$ und $x_3 = -\sqrt{3}/2$. Interpolieren wir damit $f(x) = \sin(x)$ auf $[-1, 1]$, so erhalten wir $y_1 \approx -0{,}76$, $y_2 = 0$ und $y_3 \approx 0{,}76$ und somit $p(x) \approx 0{,}878x$. ■

Definition 14.9
Es seien $a = x_1 < x_2 < \cdots < x_n = b$ vorgegebene Stützstellen. Ein **Spline** vom Grad k mit diesen Stützstellen ist eine $(k{-}1)$-mal stetig differenzierbare Funktion $s : [a, b] \to \mathbb{R}$ mit der Eigenschaft, dass s eingeschränkt auf die Intervalle $[x_i, x_{i+1}]$ jeweils ein Polynom vom Grad k ist: $s_{|[x_i,x_{i+1}]} \in P_n$. Sind zu den Stützstellen Werte y_i gegeben und gilt $s(x_i) = y_i$ für $i = 1, \ldots, n$, so heißt s Interpolations-Spline vom Grad k zu diesen Stützstellen und Werten. ♦

Beispiel 14.15
Splines vom Grad 1 sind stückweise lineare Funktionen. Ein Interpolations-Spline vom Grad 1 ist ein Polygonzug, der die Punkte (x_i, y_i) für $i = 1, \ldots, n$ verbindet. ■

Beispiel 14.16
Ein Spline vom Grad 3 wird auch **kubischer Spline** genannt. Man zeigt in der Numerik, dass ein kubisches Interpolations-Spline durch die zusätzlichen Bedingungen $s''(a) = s''(b) = 0$ eindeutig bestimmt ist; siehe hierzu Deufelhard und Hohmann (2002). Für die Paare von Stützstellen und Werten $(-1, 5)$, $(0, -2)$, $(1, 9)$, $(2, -4)$ erhält man unter dieser Nebenbedingung mittels der Lösung linearer Gleichungssysteme ein kubisches Spline, das durch $p_1(x) = 6{,}4x^3 + 19{,}2x^2 + 5{,}8x - 2$ auf $[-1, 0]$ und $p_2(x) = -14x^3 + 19{,}2x^2 + 5{,}8x - 2$ auf $[0, 1]$ sowie $p_3(x) = 7{,}6x^3 - 45{,}6x^2 + 70{,}6x - 23{,}6$ auf $[1, 2]$ beschrieben ist; siehe Abb. 14.4. ■

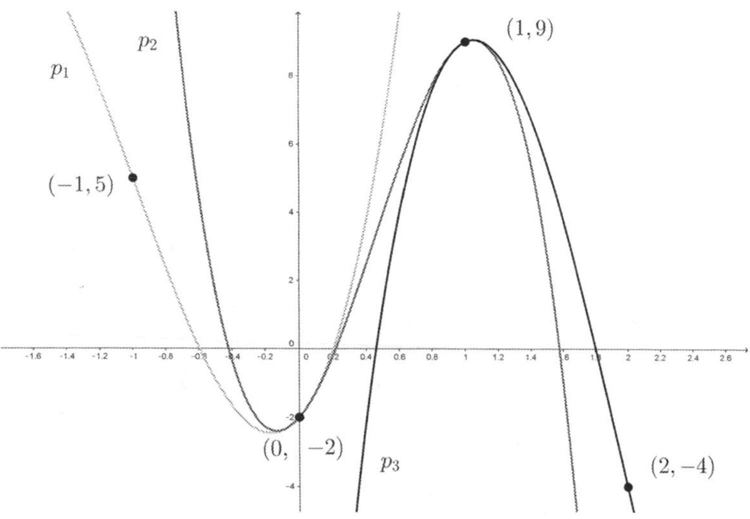

Abb. 14.4 Das Interpolations-Spline in Beispiel 14.16

14.4 Numerische Integration

Definition 14.10
Seien $f : [a, b] \to \mathbb{R}$ Riemann-integrierbar und $a \leq x_0 < x_1 < \cdots < x_{n-1} < x_n \leq b$ eine Zerlegung von $[a, b]$. Dabei heißt

$$I_n(f) = \sum_{k=0}^{n} a_k f(x_k), \quad \text{mit} \quad a_k = \int_a^b \prod_{i \neq k} \frac{x - x_i}{x_k - x_i} dx$$

Integrationsformel für die Näherung von $\int_a^b f(x)dx$ mit einem Integrationspolynom n-ter Ordnung. Sind die Stützstellen x_i äquidistant gewählt, so spricht man von der **Newton-Cotes-Formel** der numerischen Integration. Für $n = 1$ lautet die Newton-Cotes-Formel

$$I_1(f) = \frac{b-a}{2}(f(a) + f(b)).$$

Diese wird auch **Trapezregel** genant. Für $n = 2$ lautet die Newton-Cotes-Formel

$$I_2(f) = \frac{b-a}{6}(f(a) + 4f\left(\frac{a+b}{2}\right) + f(b)\Big).$$

Diese wird auch **Simpson-Regel** genannt; siehe Abb. 14.5. ♦

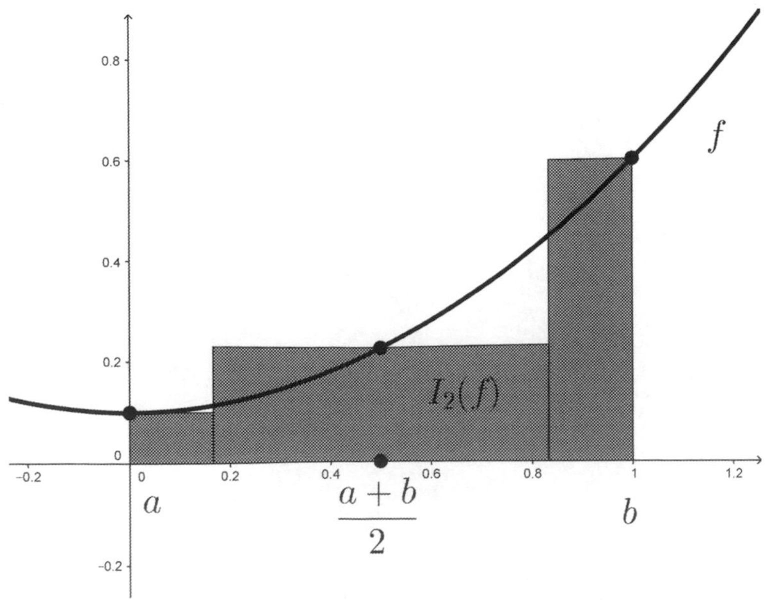

Abb. 14.5 Die Simpson-Regel

Beispiel 14.17
Für $f(x) = x^2$ auf $[0, 1]$ liefert die Trapezregel $I_1(f) = 1/2$, und die Simpson-Regel ergibt den exakten Wert des Integrals $I_2(f) = 1/3$. ■

Definition 14.11
Wir betrachten eine äquidistante Zerlegung von $[a, b]$, mit $x_0 = a$ und $x_n = b$. Die **zusammengesetzte Trapezregel** für die Näherung des Integrals $\int_a^b f(x)dx$ ist gegeben durch

$$T_n(f) = \frac{b-a}{2n}\left(f(a) + 2\sum_{j=1}^{n-1} f(x_j) + f(b)\right);$$

siehe Abb. 14.6. Man kann zeigen, dass $T_n(f)$ für zweimal stetig differenzierbare Funktionen tatsächlich gegen das Integral konvergiert, wobei der maximale Fehler quadratisch abnimmt; siehe Deufelhard und Hohmann (2002). ♦

Beispiel 14.18
Für $f(x) = e^{-x^2}$ auf $[0, 1]$ lautet die zusammengesetzte Trapezregel

$$T_n(f) = \frac{1}{2n}\left(1 + 2\sum_{i=1}^{n-1} e^{-(i/n)^2} + \frac{1}{e}\right).$$

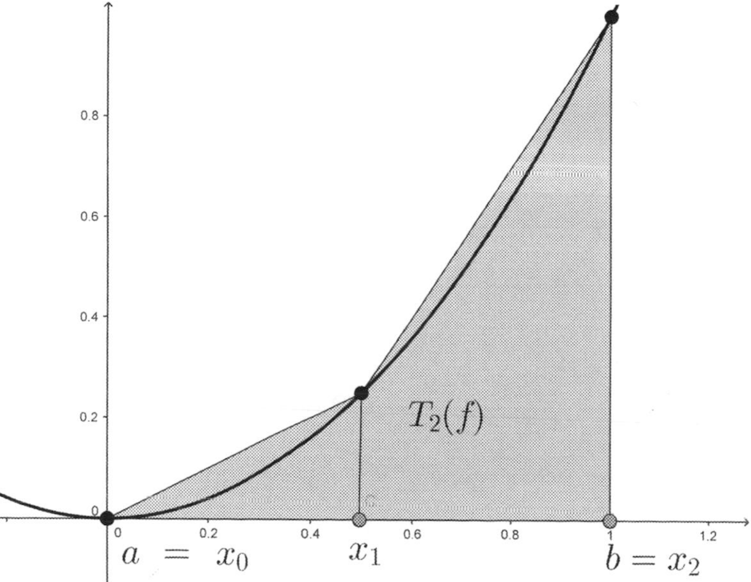

Abb. 14.6 Die zusammengesetzte Trapezregel

Dies liefert die Approximationen $T_{10} \approx 0{,}746210$ und $T_{11} \approx 0{,}746317$ für das nicht elementar lösbare Integral $\int_0^1 e^{-x^2} dx$. ■

Definition 14.12
Wir betrachten eine äquidistante Zerlegung von $[a, b]$, mit $x_0 = a$ und $x_n = b$, mit einer ungeraden Anzahl von Stützstellen. Die **zusammengesetzte Simpson-Regel** für die Näherung des Integrals $\int_a^b f(x)dx$ lautet

$$S_n(f) = \frac{b-a}{3n}\left(f(a) + 2\sum_{i=1}^{n/2-1} f(x_{2i}) + 4\sum_{i=0}^{n/2-1} f(x_{2i+1}) + f(b)\right).$$

Diese Folge konvergiert für viermal stetig differenzierbare Funktionen gegen das Integral, und der maximale Fehler sinkt biquadratisch; siehe Deufelhard und Hohmann (2002). ♦

Beispiel 14.19
Für $f(x) = e^{-x^2}$ auf $[0, 1]$ lautet die zusammengesetzte Simpson-Regel

$$S_n(f) = \frac{1}{3n}\left(1 + 2\sum_{i=1}^{n/2-1} e^{-(2i/n)^2} + \sum_{i=0}^{n/2-1} e^{-((2i+1)/n)^2} + \frac{1}{e}\right).$$

Dies liefert die Approximationen $S_{10} \approx 0{,}74682494$ und $S_{12} \approx 0{,}74682414$ für das Integral $\int_0^1 e^{-x^2} dx$. ■

Definition 14.13
Wählen wir die Tschebyscheff-Stützstellen aus dem letzten Abschnitt als Zerlegung von $[-1, 1]$, so erhalten wir für eine Funktion $f : [-1, 1] \to \mathbb{R}$ die **Gauß-Tschebyscheff-Quadratur**

$$G_n(f) = \frac{\pi}{n}\sum_{k=0}^{n} f\left[\cos\left(\frac{2k-1}{2n}\pi\right)\right]\sin\left(\frac{2k-1}{2n}\pi\right)$$

als Näherung für $\int_{-1}^1 f(x)dx$. ♦

Beispiel 14.20
Für $f(x) = e^{-x^2}$ auf $[-1, 1]$ lautet die Gauß-Tschebyscheff-Quadratur

$$G_n(f) = \frac{\pi}{n}\sum_{k=1}^{n} e^{-[\cos(\frac{2k-1}{2n}\pi)]^2}\sin\left(\frac{2k-1}{2n}\pi\right).$$

Dies liefert die Approximationen $G_{10}/2 \approx 0{,}748315$ für $\int_0^1 e^{-x^2} dx$. ■

14.5 Lösung von linearen Gleichungssystemen

Definition 14.14
Seien $A \in \mathbb{R}^{n\times n}$ und $b \in \mathbb{R}^n$. Die erweiterte Matrix $A|b$ lässt sich durch eine Folge von Vertauschungen von Zeilen sowie Substitutionen von Zeilen durch Linearkombinationen von Zeilen offenbar in die Form $U|\bar{b}$ überführen, wobei U eine obere Dreiecksmatrix ist: $U = (u_{ij})_{i,j=1,\dots,n}$, mit $u_{ij} = 0$ für $i < j$. Dieses Vorgehen heißt **Gauß-Verfahren** und lässt sich formal wie folgt beschreiben:

1. $A^{(1)} := A$ und $b^{(1)} := b$
2. Für $k = 1, \dots, n-1$ setze $A^{(k)} = (a^k_{i,j})_{i,j=1,\dots,n}$ und $b^{(k)} = (b^k_i)_{i=1,\dots,n}$

   a) Finde einen Index $s_k \in \{k, k+1, \dots, m\}$ und vertausche die Zeilen k und s_k in $A^{(k)}$ und $b^{(k)}$. Falls kein solcher Index existiert, setze $A^{(k+1)} = A^{(k)}$. Sonst:

   b) $a^{(k+1)}_{ij} := \begin{cases} 0 & i = k+1, \dots n, \quad j = k \\ a^{(k)}_{ij} - (a^{(k)}_{ij}/a^{(k)}_{kk})a^{(k)}_{kj} & i, j = k+1, \dots, n \\ a^{(k)}_{ij} & \text{sonst} \end{cases}$

   c) $b^{(k+1)}_i := \begin{cases} b^{(k)}_i - (a^{(k)}_{ij}/a^{(k)}_{kk})b^{(k)}_k & i - k+1, \dots, n \\ a^{(k)}_{ij} & \text{sonst} \end{cases}$

3. $U := A^{(n)}$ und $\bar{b} = b^{(n)}$

Die Lösungsräume von $Ax = b$ und $Ux = \bar{b}$ stimmen überein, und der Lösungsraum der zweiten Gleichung lässt sich leicht durch Rückwärtssubstitution bestimmen. ♦

Beispiel 14.21
Das Gauß-Verfahren liefert

$$\left(\begin{array}{ccc|c} 2 & 8 & 1 & 32 \\ 4 & 4 & -1 & 16 \\ -1 & 2 & 12 & 52 \end{array}\right) \longrightarrow \left(\begin{array}{ccc|c} 2 & 8 & 1 & 32 \\ 0 & -12 & -3 & -48 \\ 0 & 12 & 25 & 120 \end{array}\right) \longrightarrow \left(\begin{array}{ccc|c} 2 & 8 & 1 & 32 \\ 0 & -12 & -3 & -48 \\ 0 & 0 & 22 & 88 \end{array}\right).$$

Damit erhalten wir als Lösung des korrespondierenden linearen Gleichungssystems $Ax = b$, $11x_3 = 44$ und damit $x_3 = 4$. Es gilt $-12x_2 - 12 = -48$ und damit $x_2 = 3$. Weiterhin gilt $2x_1 + 24 + 4 = 32$ und damit $x_1 = 2$, also $x = (2, 3, 4)^T$. ■

Beispiel 14.22
Das Gauß-Verfahren liefert

$$\left(\begin{array}{ccc|c} 2 & 8 & 1 & 32 \\ 4 & 4 & -1 & 16 \\ 6 & 12 & 0 & 48 \end{array}\right) \longrightarrow \left(\begin{array}{ccc|c} 2 & 8 & 1 & 32 \\ 0 & -12 & -3 & -48 \\ 0 & -12 & -3 & -48 \end{array}\right) \longrightarrow \left(\begin{array}{ccc|c} 2 & 8 & 1 & 32 \\ 0 & -12 & -3 & -48 \\ 0 & 0 & 0 & 0 \end{array}\right).$$

Damit erhalten wir für den Lösungsraum des korrespondierenden linearen Gleichungssystems $Ax = b$, $x_3 = \lambda$ für ein beliebiges $\lambda \in \mathbb{R}$. $-12x_2 - 3\lambda = -48$

und damit $x_2 = 4 - 1/4\lambda$ und weiterhin $x_3 = \lambda/2$. Insgesamt ist der Lösungsraum gegeben

$$\mathbb{L} = \left\{(\lambda, 4 - \lambda/4, 2\lambda)^T \mid \lambda \in \mathbb{R}\right\} = (0, 4, 0)^T + \left\langle(4, 1, 2)^T\right\rangle.$$

■

Definition 14.15
Sei $A \in \mathbb{R}^{n \times n}$ invertierbar. $A = L \cdot U$ wird ***LU*-Zerlegung** (in manchen Büchern auch ***LR*-Zerlegung**) der Matrix A genannt, wenn $U = (u_{ij})_{i,j=1,\ldots,n}$ eine obere Dreiecksmatrix mit $u_{ii} \neq 0$ und $L = (l_{ij})_{i,j=1,\ldots,n}$ eine untere Dreiecksmatrix mit $l_{ii} = 1$ ist. Man zeigt in der Numerik, dass eine solche Zerlegung für alle invertierbaren Matrizen existiert, wenn wir eine Permutation von Zeilen und Spalten vor der Zerlegung zulassen. Eine LU-Zerlegung lässt sich mithilfe des Gauß-Verfahrens bestimmen, indem man die Folge von Operationen des Verfahrens durch die Multiplikation mit Matrizen von links realisiert; siehe Deufelhard und Hohmann (2002). Ist eine LU-Zerlegung gegeben, so lässt sich das Gleichungssystem $Ax = b$ mithilfe der Lösung von $Ly = b$ und der Lösung von $Ux = y$ effizient bestimmen. ♦

Beispiel 14.23
Mithilfe des Gauß-Verfahrens erhält man folgende LU-Zerlegung:

$$A = \begin{pmatrix} 2 & 8 & 1 \\ 4 & 4 & -1 \\ -1 & 2 & 12 \end{pmatrix} = \begin{pmatrix} 1 & 0 & 0 \\ 2 & 1 & 0 \\ -0{,}5 & -0{,}5 & 1 \end{pmatrix} \cdot \begin{pmatrix} 2 & 8 & 1 \\ 0 & -12 & -3 \\ 0 & 0 & 11 \end{pmatrix} = L \cdot U.$$

Das Gleichungssystem $Ax = (32, 16, 52)^T$ lösen wir durch $Ly = (32, 16, 52)^T$ mit der Lösung $y = (32, -48, 44)^T$ und durch $Ux = y$ mit der Lösung $x = (2, 3, 4)^T$. ■

Definition 14.16
Sei $A \in \mathbb{R}^{n \times n}$ und $A = L + D + R$, wobei D die Einträge in der Diagonalen von A und L die Einträge unterhalb der Diagonalen von A sowie R die Einträge oberhalb der Diagonalen von A enthalten. Alle anderen Einträge in der Zerlegung sind 0. Das **Jakobi-Verfahren** zur Lösung des linearen Gleichungssystems $Ax = b$ ist durch folgende Iteration gegeben:

$$x_n = -D^{-1}(L + R)x_{n-1} + D^{-1}b.$$

Konvergiert (x_n) gegen x für einen Startwert $x_1 \in \mathbb{R}^n$, der beliebig gewählt werden kann, so ist x eine Lösung von $Ax = b$. Das **Gauß-Seidel-Verfahren** zur Lösung des linearen Gleichungssystems $Ax = b$ ist durch folgende Iteration gegeben:

$$x_n = -D^{-1}Lx_n - D^{-1}Rx_{n-1} + D^{-1}b.$$

Konvergiert (x_n) gegen x für einen Startwert $x_1 \in \mathbb{R}^n$, der beliebig gewählt werden kann, so ist x eine Lösung von $Ax = b$. Bedingungen für die Konvergenz der beiden genannten Verfahren werden in der Numerik untersucht; siehe Deufelhard und Hohmann (2002). ♦

Beispiel 14.24
Für die Lösung des Gleichungssystems

$$\begin{pmatrix} 4 & 1 \\ 2 & 3 \end{pmatrix} x = \begin{pmatrix} 6 \\ 8 \end{pmatrix}$$

erhalten wir das Jakobi-Verfahren

$$x_n = \begin{pmatrix} 0 & -1/4 \\ -2/3 & 0 \end{pmatrix} x_{n-1} + \begin{pmatrix} 3/2 \\ 8/3 \end{pmatrix}$$

und das Gauß-Seidel-Verfahren

$$x_n = \begin{pmatrix} 0 & 0 \\ -2/3 & 0 \end{pmatrix} x_n + \begin{pmatrix} 0 & -1/4 \\ 0 & 0 \end{pmatrix} x_{n-1} + \begin{pmatrix} 3/2 \\ 8/3 \end{pmatrix}.$$

Der Leser mag prüfen, dass beide Verfahren zu Folgen führen, die gegen die Lösung $(1, 2)^T$ des linearen Gleichungssystems konvergieren. Iterative Verfahren werden in der Anwendung für die Lösung großer linearer Gleichungssysteme einsetzt, und für kleine Systeme verwendet man das Gauß-Verfahren. ■

14.6 Ausgleichsrechnung

Definition 14.17
Sei A eine endliche Menge von Punkten $\mathbb{R}^2$. Wir nehmen an, dass $x_1 \neq x_2$ wenn $(x_1, y_1), (x_2, y_2) \in A$ und setzen $a = \min\{x|(x, y) \in A\}$, sowie $b = \max\{x|(x, y) \in A\}$. Sei weiterhin $\mathfrak{F}$ eine Menge von reellwertigen Funktionen, die mindestens auf $[a, b]$ definiert sind. Eine **Ausgleichsfunktion** f in $\mathfrak{F}$ zu A gemäß der **Methode der kleinsten Quadrate** ist eine Funktion mit

$$\sum_{(x,y)\in A} (f(x) - y)^2 = \min \left\{ \sum_{(x,y)\in A} (g(x) - y)^2 \mid g \in \mathfrak{F} \right\} =: R.$$

Der Fehler der Approximation R wird auch Residuum genannt. ♦

Beispiel 14.25
Häufig werden lineare oder rationale Ausgleichsfunktionen vom Grad n verwendet, d.h.

$$\mathfrak{F}_{\text{lin}} = \{f : \mathbb{R} \to \mathbb{R} | f(x) = ax + b \text{ mit } a, b \in \mathbb{R}\},$$

bzw.

$$\mathfrak{F}_{\text{rat}}^n = \left\{ f : \mathbb{R} \to \mathbb{R} | f(x) = \sum_{i=0}^{n} a_i x^i \text{ mit } a_i \in \mathbb{R} \right\}.$$

Auch exponentielle Ausgleichsfunktionen

$$\mathfrak{F}_{\exp} = \{f : \mathbb{R} \to \mathbb{R} | f(x) = b \cdot a^x \text{ mit } a, b \in \mathbb{R}, a > 0\}$$

und Potenz-Ausgleichsfunktionen

$$\mathfrak{F}_{\text{pot}} = \{f : \mathbb{R} \to \mathbb{R} | f(x) = ax^b \text{ mit } a, b \in \mathbb{R}\}$$

finden Verwendung. Zuweilen werden auch logistische Ausgleichsfunktionen

$$\mathfrak{F}_{\log} = \{f : \mathbb{R} \to \mathbb{R} | f(x) = c/(1 + be^{-ax}) \text{ mit } a, b, c \in \mathbb{R}, a > 0\}$$

betrachtet. ■

Beispiel 14.26
Zur Menge $A = \{(x_i, y_i) | i = 1, \ldots n\} \subseteq \mathbb{R}^n$ für $n \geq 2$ ist eine lineare Ausgleichsfunktion $\mathfrak{F}_{\text{lin}}$ zu A eindeutig durch $f(x) = ax + b$ mit

$$a = \frac{\sum_{i=1}^n (x_i - \overline{x})(y_i - \overline{y})}{\sum_{i=1}^n (x_i - \overline{x})^2}, \qquad b = \overline{y} - a\overline{x}$$

bestimmt, hierbei ist $\overline{x} = (x_1 + \cdots + x_n)/n$ und $\overline{y} = (y_1 + \cdots + y_n)/n$. Auch die anderen in Beispiel 14.25 genannten Ausgleichsfunktionen sind eindeutig, wenn n groß genug ist und lassen sich mit Hilfe der Differentialrechnung explizit bestimmen, siehe zum Beispiel Niemeier (2008). ■

Beispiel 14.27
Ist $A = \{(1, 2), (2, 5), (3, 4), (4, 6)\}$, so erhalten wir die lineare Ausgleichsfunktion $f(x) = 1{,}5x + 1{,}1$ zu A mit Residuum 4,94. Die quadratische Ausgleichsfunktion ist durch $f(x) = 0{,}25 + 2{,}35x - 0{,}25x^2$ gegeben. Das Residuum ist 2,45. Eine Näherung der Potenz-Ausgleichsfunktion ist $f(x) = 2{,}242x^{0{,}708}$ mit Residuum 2,62 und eine Näherung der exponentiellen Ausgleichsfunktion ist $f(x) = 1{,}826(1{,}36)^x$ mit Residuum 3,28. Die beste Approximation ist hier also durch die quadratische Ausgangsfunktion gegeben. Siehe auch Abb. 14.7 und 14.8. ■

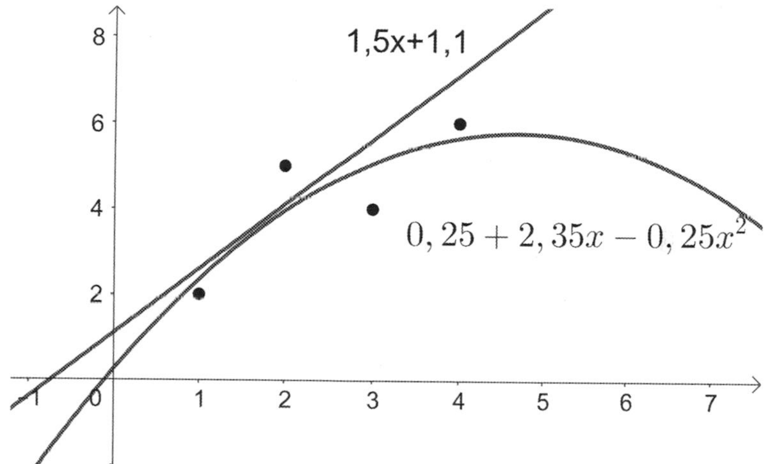

Abb. 14.7 Eine lineare und eine quadratische Ausgleichsfunktion

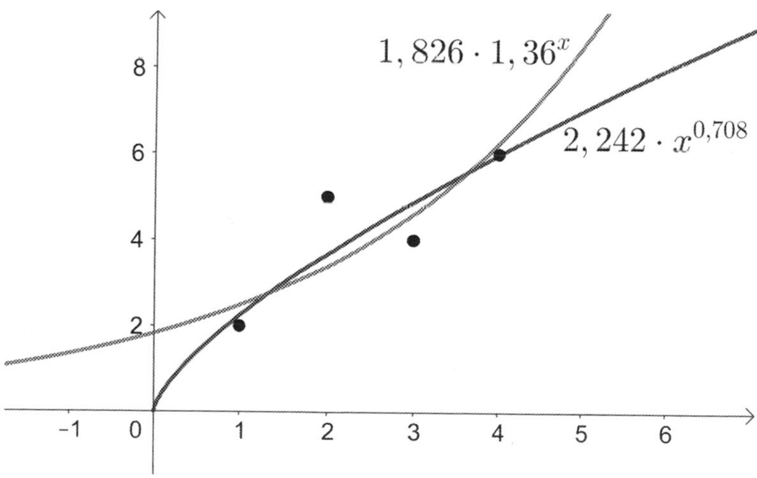

Abb. 14.8 Eine exponentielle und eine Potenz-Ausgleichsfunktion

Literatur

Arnold, V.I.: Ordinary Differential Equations. Springer, Berlin (1980)
Aigner, M.: Graphentheorie. Springer Spektrum, Heidelberg (2015)
Appel, K., Haken, W.: Every Planar Map is Four Colorable. Contemporary Mathematics, Bd. 98. American Mathematical Society, Providence (1989)
Anderson, C.W., Hickerson, D.: Advanced problem 6020 friendly integers. Amer. Math. Monthly **84**, 65–66 (1977)
Baker, A.: Transcendental Number Theory. Cambridge University Press, London (1990)
Bauer, H.: Maß- und Integrationstheorie. De Gruyter, Berlin (1998)
Bauer, H.: Wahrscheinlichkeitstheorie. De Gruyter, Berlin (2002)
Bertin, M.J., Decomps-Guilloux, A., Grandet-Hugot, M., Pathiaux-Delefosse, M., Schreiber, J.P.: Pisot and Salem Numbers. Birkhäuser, Basel (1992)
Bosch, S.: Algebra. Springer Spektrum, Berlin (2013)
Bosch, S.: Lineare Algebra. Springer Spektrum, Berlin (2014)
Brandenburg, M.: Einführung in die Kategorientheorie. Springer Spektrum, Berlin (2016)
Brüdern, J.: Einführung in die analytische Zahlentheorie. Springer, Berlin (2013)
Copeland, A.H., Erdös, P.: Note on normal numbers. Bull. Amer. Math. Soc. **52**, 857–860 (1946)
Cohen, P.J.: Set Theory and the Continuum Hypothesis. Benjamin, New York (1966)
Deiser, O.: Einführung in die Mengenlehre. Springer, Heidelberg (2010)
Denker, M.: Einführung in die Analysis dynamischer Systeme. Springer, Berlin (2002)
Deufelhard, P., Hohmann, A.: Numerische Mathematik. De Gruyter, Berlin (2002)
Diestel, R.: Graphentheorie. Springer, Berlin (2010)
Dahmen, W., Reusken, A.: Numerik für Ingenieure und Naturwissenschaftler. Springer, Berlin (2006)
Ebbinghaus, H.D.: Zahlen. Springer, Heidelberg (2007)
Edgar, G.A.: Classics on Fractals. Addison-Wesley Publishing Company, New York (1993)
Einsiedler, M., Schmidt, K.: Dynamische Systeme: Ergodentheorie und Topologische Dynamik (Mathematik Kompakt). Birkhäuser, Basel (2014)
Elstrodt, J.: Maß- und Integrationstheorie. Springer, Berlin (2011)
Euklid: Die Elemente. Hrsg. u. übers. v. Clemens Thaer. Harri Deutsch, Frankfurt a. M. (2003)
Falconer, K.: Fractal Geometry – Mathematical Foundations and Applications. Wiley, New York (1990)
Fischer, G.: Lineare Algebra. Springer Spektrum, Heidelberg (2013)
Fischer, G.: Einführung in die analytische Geometrie. Springer Spektrum, Heidelberg (2013)
Forster, O.: Analysis I/II/III. Springer Spektrum, Heidelberg (2013)
Fischer, W., Lieb, I.: Funktionentheorie. Vieweg+Teubner, Wiesbaden (2005)
Ghose, T.: Largest prime number discovered. Sci. Am. **309,** 32 (2013)
Gödel, K.: The Consistency of the Continuum-Hypothesis. Princeton University Press, Princeton (1940)

© Springer-Verlag GmbH Deutschland, ein Teil von Springer Nature 2020

J. Neunhäuser, *Mathematische Begriffe in Beispielen und Bildern*,
https://doi.org/10.1007/978-3-662-60764-0

Großmann, S.: Funktionalanalysis. Springer Spektrum, Heidelberg (2014)
Grimaldi, R.: Discrete and Combinatorial Mathematics: An Applied Introduction. Addison-Wesley Longman, Reading, Mass (1998)
Guckenheimer, J., Holmes, P.: Nonlinear Oscillations, Dynamical Systems, and Bifurcations of Vector Field. Springer, Berlin (2002)
Hatcher, A.: Algebraic Topology. Cambridge University Press, Cambridge (2002)
Heuser, H.: Analysis I/II. Vieweg+Teubner, Wiesbaden (2012). (Erstveröffentlichung 2009)
Heuser, H.: Gewöhnliche Differenzialgleichungen: Einführung in Lehre und Gebrauch. Vieweg+Teubner, Wiesbaden (2009)
Hulek, K.: Elementare Algebraische Geometrie. Vieweg+Teubner, Wiesbaden (2012)
Jänich, K.: Funktionentheorie. Springer, Berlin (2011)
Johnson, R.A.: Advanced Euclidean Geometry. Dover Publication, Dover (2007)
Jacobs, K., Jungnickel, D.: Einführung in die Kombinatorik. De Gruyter, Berlin (2003)
Katok, A., Hasselblatt, B.: Introduction to Modern Theory of Dynamical Systems. Cambridge University Press, Cambridge (1995)
Kühnel, W.: Differenzialgeometrie: Kurven – Flächen – Mannigfaltigkeiten. Springer Spektrum, Berlin (2013)
Lang, S.: Algebra. Springer, Berlin (2005)
Lindemann, F.: Über die Zahl π. Math. Ann. **20**, 213–225 (1882)
Lück, W.: Algebraische Topologie: Homologie und Mannigfaltigkeiten. Vieweg, Wiesbaden (2005)
Manolescu, C.: Pin(2) equivariant Seiberg-Witten Floer homology and the triangulation conjecture. J. Amer. Math. Soc. **29**, 147–176 (2016)
McKay, B., Radziszowski, S.: Subgraph counting identities and Ramsey numbers. J. Comb. Theor. **69**, 193–209 (1997)
Milnor, J.: Dynamics in One Complex Variable. Princeton University Press, Princton (2006)
Meyberg, K., Vachenauer, P.: Höhere Mathematik. Springer, Berlin (2003)
Moise, E.: Geometric Topology in Dimensions 2 and 3. Springer, Berlin (1977)
Niemeier, W.: Ausgleichsrechnung. De Gruyter, Berlin (2008)
Neunhäuserer, J.: Schöne Sätze der Mathematik. Springer Spektrum, Berlin (2015)
Narkiewicz, W.: The Development of Prime Number Theory. Springer, Berlin (2000)
Oswald, N., Steuding, J.: Elementare Zahlentheorie: Ein sanfter Einstieg in die höhere Mathematik. Springer Spektrum, Berlin (2014)
von Querenburg, B.: Mengentheoretische Topologie. Springer, Berlin (2013)
Rautenberg, W.: Einführung in die mathematische Logik. Vieweg+Teubner, Wiesbaden (2008)
Remmert, R., Schumacher, G.: Funktionentheorie 1/2. Springer, Berlin (2007). (Erstveröffentlichung 2002)
Rudin, W.: Real and Complex Analysis. McGraw-Hill Science/Engineering/Math, New York (1986)
Scheid, H., Schwarz, W.: Elemente der Geometrie. Spektrum, Heidelberg (2009)
Schmidt, A.: Einführung in die algebraische Zahlentheorie. Springer, Berlin (2009)
Smart, D.R.: Fixed Point Theorems. Cambridge University Press, Cambridge (1980)
Stanley, R.: Enumerative Combinatorics. Cambridge Studies in Advanced Mathematics, 62, Bd. 2. Cambridge University Press, Cambridge (1999)
Stroth, G.: Elementare Algebra und Zahlentheorie. Birkhäuser, Basel (2012)
Steen, L.A.: Counterexamples in Topology. Springer, New York (1978)
Tappe, S.: Einführung in die Wahrscheinlichkeitstheorie. Springer Spektrum, Berlin (2013)
Tittmann, P.: Graphentheorie: Eine anwendungsorientierte Einführung. Hanser, München (2011)
Volkert, K. (Hrsg.): David Hilbert: Grundlagen der Geometrie. Springer Spektrum, Berlin (2015)
Werner, D.: Funktionalanalysis. Springer, Heidelberg (2011)
Wiles, A.: Modular Elliptic curves and Fermat's last theorem. Ann. Math. **141**, 443–551 (1995)
Wolf, H.E.: Introduction to Non-Euklidean Geometry. The Dreyer Press, New York (2007)
Zhang, Y.: Bounded gaps between primes. Ann. Math. **179**, 1121–1174 (2014)

Stichwortverzeichnis

© Springer-Verlag GmbH Deutschland, ein Teil von Springer Nature 2020

J. Neunhäuserer, *Mathematische Begriffe in Beispielen und Bildern*,
https://doi.org/10.1007/978-3-662-60764-0

T

springer.com

Willkommen zu den Springer Alerts

Jetzt anmelden!

- Unser Neuerscheinungs-Service für Sie: aktuell *** kostenlos *** passgenau *** flexibel

Springer veröffentlicht mehr als 5.500 wissenschaftliche Bücher jährlich in gedruckter Form. Mehr als 2.200 englischsprachige Zeitschriften und mehr als 120.000 eBooks und Referenzwerke sind auf unserer Online Plattform SpringerLink verfügbar. Seit seiner Gründung 1842 arbeitet Springer weltweit mit den hervorragendsten und anerkanntesten Wissenschaftlern zusammen, eine Partnerschaft, die auf Offenheit und gegenseitigem Vertrauen beruht.

Die SpringerAlerts sind der beste Weg, um über Neuentwicklungen im eigenen Fachgebiet auf dem Laufenden zu sein. Sie sind der/die Erste, der/die über neu erschienene Bücher informiert ist oder das Inhaltsverzeichnis des neuesten Zeitschriftenheftes erhält. Unser Service ist kostenlos, schnell und vor allem flexibel. Passen Sie die SpringerAlerts genau an Ihre Interessen und Ihren Bedarf an, um nur diejenigen Information zu erhalten, die Sie wirklich benötigen.

Mehr Infos unter: springer.com/alert

Printed in the United States
By Bookmasters